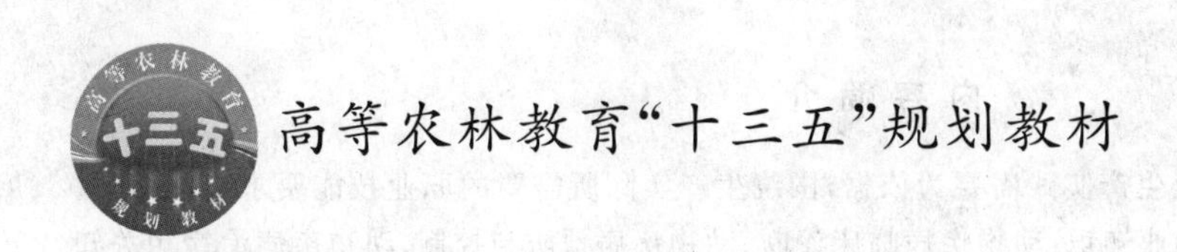

动物医学专业实训教程

邬向东　李　林　主编

中国农业大学出版社
·北京·

内容简介

本教材内容是以动物医学专业生产实践需要为依据，围绕生产实际所需要的职业技能要求而编写的。主要综合了动物医学专业必备的专业知识：动物疾病临床诊断、动物疾病预防与控制、动物疾病治疗相关知识点。内容包括动物疾病诊断综合实训、动物疾病防控综合实训、动物疾病治疗综合实训、常见禽病诊治综合实训、常见猪病诊治综合实训、常见反刍动物疾病诊治综合实训、常见马属动物疾病诊治综合实训、常见小动物疾病诊治综合实训共八篇，筛选73个实训，充分体现了现代专业教育中以工作过程为导向，以动物疾病防治为目的的教育理念。

图书在版编目(CIP)数据

动物医学专业实训教程/邬向东，李林主编. —北京：中国农业大学出版社，2018.5
ISBN 978-7-5655-1967-3

Ⅰ.①动…　Ⅱ.①邬…　②李…　Ⅲ.①兽医学-高等学校-教材　Ⅳ.①S85-33

中国版本图书馆CIP数据核字(2017)第326683号

书　　名　动物医学专业实训教程
作　　者　邬向东　李　林　主编

策划编辑　潘晓丽　　**责任编辑**　洪重光
封面设计　郑　川
出版发行　中国农业大学出版社
社　　址　北京市海淀区圆明园西路2号　　**邮政编码**　100193
电　　话　发行部010-62818525,8625　　**读者服务部**　010-62732336
　　　　　编辑部010-62732617,2618　　**出　版　部**　010-62733440
网　　址　http://www.caupress.cn　　**E-mail**　cbsszs@cau.edu.cn
经　　销　新华书店
印　　刷　北京时代华都印刷有限公司
版　　次　2018年5月第1版　　2018年5月第1次印刷
规　　格　787×1 092　　16开本　　23印张　　560千字
定　　价　60.00元

图书如有质量问题本社发行部负责调换

编写名单

主　编　邬向东　李　林

副主编　刘文华　董　婧

编　者　（按姓氏音序排列）

陈培富（云南农业大学）
董　婧（沈阳农业大学）
兰旅涛（江西农业大学）
李　林（沈阳农业大学）
刘文华（青岛农业大学）
卢德章（西北农林科技大学）
潘树德（沈阳农业大学）
曲哲会（信阳农林学院）
宋德平（江西农业大学）
邬向东（江西农业大学）

前　言

《国家中长期教育改革和发展规划纲要(2010—2020年)》发布以来,我国积极推动农林高等教育教学改革。根据普通高等教育"十三五"规划要求,结合动物医学专业人才培养的实际情况,以及社会、企业对动物医学人才的需要,编写《动物医学专业实训教程》,作为动物医学专业配套实践教学课程的指导教材。

动物医学专业具有非常强的实践要求,动物医学专业实训教程就是一门综合性、实践性很强的专业课程。本课程可应用于动物医学专业课程结束后的实践环节,也可应用于其他相关学科的实践环节。因此,本课程着重强调"理实一体化",让学生在动物医院、养殖企业等环境中,对动物疾病认识、诊断、治疗、防治等全过程进行实践学习。努力提高动物医学专业人才的动手技能,培养创新型人才。本教材以工作过程为导向,以动物医学专业岗位需求为依据,围绕未来的实际岗位群所需的职业技能,根据兽医微生物学、兽医免疫学、兽医临床诊断学、兽医内科学、兽医外科学、动物传染病学、动物寄生虫与寄生虫病学等专业知识点,结合畜牧兽医生产实际选择73个具体实训项目,较好地体现了实训教材"以应用为主旨、以能力培养为主线"的特色。

本教材特点是体例新颖、内容结合生产实际、图文并茂、直观易懂和实用性强,既可作为本科教学之用,也供养殖企业技术人员和养殖户成员学习使用。

教材编写过程中,得到了全国部分高等农业院校同行的大力支持,在此一并表示深深的感谢!

本教材在编写体例、结构和内容选取等方面进行了适当的改革尝试,但由于编者的能力和水平所限,教材中难免有不妥甚至错误之处,敬请同行专家和使用者批评指正。

编　者

2018年2月

目　录

第一篇　动物疾病诊断综合实训

第二篇　动物疾病防控综合实训

第三篇　动物疾病治疗综合实训

第四篇　常见禽病诊治综合实训

第五篇　常见猪病诊治综合实训

第六篇　常见反刍动物疾病诊治综合实训

第七篇　常见马属动物疾病诊治综合实训

第八篇　常见小动物疾病诊治综合实训

第一篇　动物疾病诊断综合实训

实训 1-1　动物的接近和保定

一、实训目标和要求

掌握各种动物的接近与保定方法并了解注意事项，确保临床诊疗过程中的人畜安全。

二、实训设备和材料

1. 动物　牛、羊、猪、犬、猫。

2. 器材　六柱栏、耳夹子、鼻捻子、牛鼻钳子、保定绳、伊丽莎白项圈、猫保定包。

三、知识背景

(1)接近马时，禁止或避免从马的后躯方向靠近；当需要在马后侧方工作时，应与马后躯保持一定距离，安全区应在 3.0～3.5 m 及以外。

(2)牛是群居性动物，若有头牛带领则相对容易控制。

(3)羊的性情温顺，捕捉时，可抓住一后肢的跗关节或跗前部，羊即可被控制住。

(4)猪对陌生人的警惕性较高，操作中给猪造成较大的疼痛感时很有可能遭到攻击。在操作前先用手抚摩猪的腹部，尤其是耳根部，提高亲和力再进行操作。

(5)犬、猫的种类多，体型差异大，生长环境不同，犬、猫表现有极大差异。在临床中不管犬、猫的调教程度如何，都要保持警惕，对训教不良的犬、猫也要保持耐心。

四、实训操作方法和步骤

(一)接近动物前

(1)向动物主人了解动物的性情，有无踢、咬、抓挠、抵等恶癖；

(2)以温和的呼叫声，向动物发出欲接近的信号；

(3)从动物的左前方慢慢接近，绝对不可从后方突然接近动物。

(二)接近动物时

(1)要求动物主人在旁边协助保定；

(2)检查者用手轻抚动物的颈侧或臀部，待其安静后，再进行检查；

(3)检查时将一手放于动物的肩部或髋结节部，一旦动物剧烈骚动抵抗时，即可以作为支点向对侧推动并迅速离开，以防意外的发生，确保人畜安全。

(三)动物保定方法

1. 马的保定法

(1)鼻捻子保定法：将鼻捻子的绳套套入一手(左手)上并夹于指间；另一手(右手)抓住笼

头，持有绳套的手自鼻梁向下轻轻抚摸至上唇时，迅速有力地抓住马的上唇，此时一右手离开笼头，将绳套套于唇上，并迅速向一方捻转把柄，直至拧紧为止(图 1-1)。

(2)耳夹子保定法：先将一手放于马耳后的颈侧，然后迅速抓住马耳，以持夹子的另一手迅速将夹子放于耳根并用力夹紧，此后应一直握紧耳夹，免因骚动、挣扎而使夹子脱手甩出。也可用左手抓住笼头，右手紧拧马耳做徒手保定(图 1-2)。

图 1-1 鼻捻子及其使用　　图 1-2 耳夹子及其使用

2.牛的保定

(1)徒手保定法：用一手握住牛角根部，另一手提紧鼻绳、鼻环或用拇指、食指与中指捏住鼻中隔即可保定(图 1-3)。此法可用于一般检查、灌药、肌肉及静脉注射。

(2)鼻钳保定法：用鼻钳经鼻孔夹紧鼻中隔，用手握住持钳柄加以保定。此法可用于一般检查、灌药、肌肉及静脉注射。

(3)两后肢保定法：对牛的两后肢，通常可用绳在飞节上方绑在一起(图 1-4)。

图 1-3 牛的徒手保定

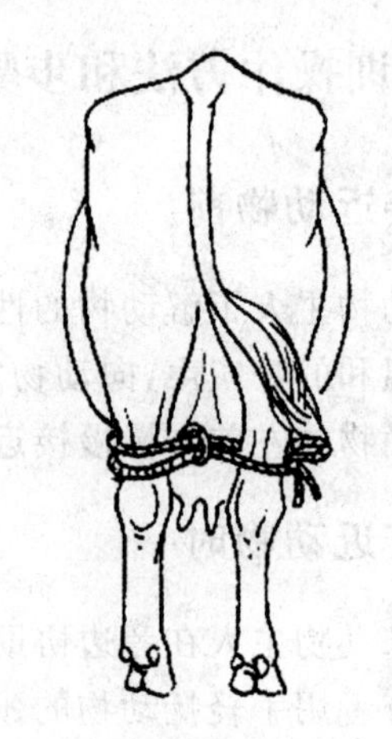

图 1-4 两后肢绳套固定

3.羊的保定

(1)站立保定法：两手握住羊的两角，骑跨羊身上，以大腿内侧加持羊两侧胸壁即可保定。此法可用于羊的临床检查或治疗。

(2)倒卧保定法：保定者俯身从对侧一手抓住两前肢系部或抓一前肢臂部，另一只手抓住

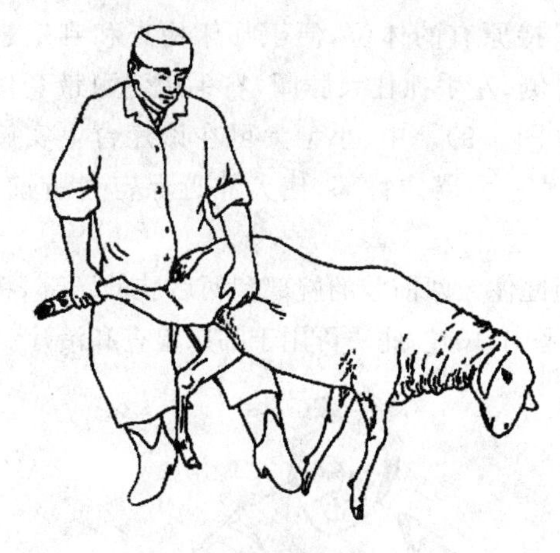

图 1-5　倒羊法

腹肋部膝襞处扳倒羊，然后改抓两后肢系部，前后一起即可按住。也可按图 1-5 的方式倒羊。此法可用于治疗过程或简单的小手术。

4. 猪的保定

(1)站立保定法：先抓住猪耳、猪尾或后肢，然后再做进一步保定。也可在绳的一端做一活套，使绳套自猪的鼻端滑下，套入上颌犬齿后面并勒紧，然后由一人拉紧保定绳或拴于栏上。此时，猪多呈用力后退姿势。此法适用于一般的临床检查、灌药、注射和采血等。

(2)提举保定法：抓住猪的两耳，迅速提举，使猪腹部朝前，同时用膝部夹住其颈胸部。此法适用于胃管投药、肌肉注射等。

(3)保定架保定法：将猪放于特制的活动保定架或较适宜的木槽内，使其呈仰卧姿势，或行背位保定。此法可用于前腔静脉注射、采血及腹部手术等。

(4)侧卧保定：左手抓住猪的右耳，右手抓住右侧膝部前皱褶，并向术者怀内提举放倒，然后使前后肢交叉，用绳在掌跖部拴紧固定。此法可用于大猪的去势、腹腔手术、耳静脉采血等。

(5)后肢提举保定：两手握住后肢飞节并将其提起，头部朝下，用膝部夹住背部即可固定(图 1-6)。此法可用于直肠脱的整复、腹腔注射及阴囊和腹股沟疝手术等。

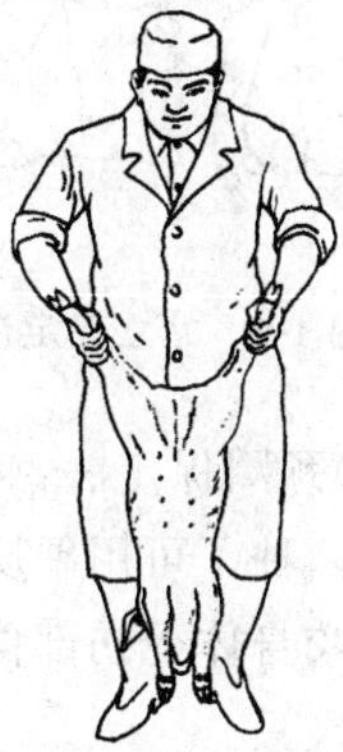

图 1-6　猪后肢提举保定

5. 犬的保定

(1)口套保定法和扎口保定法：犬口套一般由牛皮革等材料制成。可根据动物个体大小选用适宜的口套给犬套上，将其带子绕过耳扣牢(图 1-7)。此法主要用于大型品种。扎口保定法是用绷带在犬的上下颌缠绕两圈后收紧，交叉绕于颈部打结，以固定犬嘴不得张开(图 1-8)。

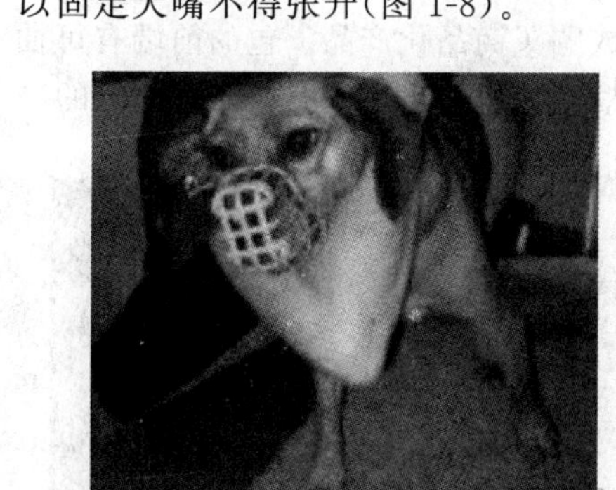

图 1-7　口套保定法

图 1-8　扎口保定法

(2)站立保定法:站立保定可使犬的各组织器官保持原有的体位,便于临床检查和判定患病部位。站立保定最好由主人协助。保定者蹲于犬右侧,左手抓住犬脖圈,右手用牵引带套住犬嘴。再将脖圈及牵引带移交右手,左手托住犬腹部(图 1-9)。中、小型犬可在诊疗台上实施站立保定。保定者站在犬一侧,一手臂托住胸前部,另一手搂住臀部,使犬靠近保定者胸前。为防止犬咬,可先做扎口保定。

(3)侧卧保定法:先将犬做扎口保定,然后两手分别握住犬两前肢的腕部和两后肢的跖部,将犬提起横卧在平台上,以右臂压住犬的颈部,即可保定(图 1-10)。此法可用于临床检查和治疗。

图 1-9　站立保定法

图 1-10　侧卧保定法

(4)颈圈保定法:又称颈枷和伊丽莎白颈圈,是一种防止自我损伤的保定装置,有圆盘形和圆筒形两种。可用硬质皮革或塑料制成特制的颈圈。犬术后或其他外伤时戴上颈圈,头不能回转舔咬身体受伤部位,也防止犬爪搔抓头部(图 1-11)。此法一般不适用于性情暴躁和后肢瘫痪的犬只。

6.猫的保定

(1)抓猫法:抓猫前轻摸猫的脑门或抚摸猫的背部以消除猫的敌意,然后再用右手抓起猫的颈部或背部皮肤,迅速用左手或左小臂抱猫,同时用右手抚摸其头部。如果是幼猫,只需一只手轻抓颈部或腹部即可。

(2)猫保定包法:猫保定包可用人造革或粗帆布自制或购买商品化产品。包的前端有可抽紧及放松的带子。将猫装入保定包后先拉上拉锁,再抽紧包口(图 1-12),此时拉住露出的猫

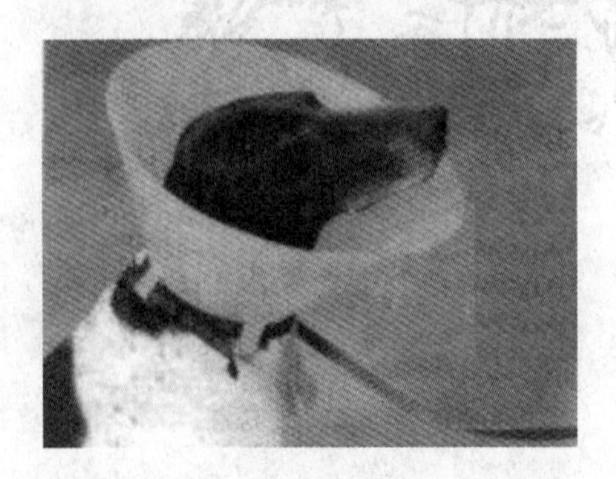

图 1-11　颈圈保定法

图 1-12　猫保定包法

的后肢可测量猫的体温，也可进行灌肠、注射等治疗措施。

五、操作重点提示

接近动物的注意事项如下。

（1）检查者应熟悉动物的各种习性，特别是异常的表现（如马耳竖立，瞪眼；牛低头凝视、前肢刨地；犬、猫龇牙、低吼等），以便及时躲避或采取相应措施。

（2）在接近动物前应了解动物的临床表现，初步估计病情，防止恶性传染病的接触传染。

（3）可以采取喂食、呼唤、抚摸等方法，与动物建立信任（消除敌意）。

（4）接近后，应用手轻轻抚摸动物的颈侧和肩部，使其保持安静和温顺状态，再进行检查，对猪，则可在其腹下部用手轻轻搔痒，使其安静或卧下，然后进行检查。

六、实训总结

兽医临床工作要与多种动物接触，为了更有效地对动物实行控制，首先应学习各类动物的习性和与动物相处的有关知识。因此，了解动物的习性、行为、驾驭手段和合理的保定方法等，已成为兽医临床诊疗工作的重要组成部分，也是本部分学习的主要内容。

七、思考题

1. 简述各种动物接近的方法与注意事项。
2. 马的保定方法有哪些？简述每种保定方法。
3. 牛的保定方法有哪些？简述每种保定方法。
4. 羊的保定方法有哪些？简述每种保定方法。
5. 猪的保定方法有哪些？简述每种保定方法。
6. 犬的保定方法有哪些？简述每种保定方法。
7. 猫的保定方法有哪些？简述每种保定方法。

实训 1-2　临床基本检查法和一般检查

一、实训目标和要求

1.介绍一般的临床诊断程序，要求了解进行临床检查的基本过程和内容。

2.练习问、视、触、叩、听诊的方法，要求初步掌握操作方法、应用范围及注意事项。

3.练习整体状态的检查方法及体温、脉搏、呼吸数的测量方法，要求初步掌握操作方法、正常与异常状态的判定标准。

二、实训设备和材料

1.**动物**　牛、羊、猪、犬、猫。

2.**器材**　体温计、秒表。

三、知识背景

(一)临床基本检查方法

1.**问诊与搜集病史**　就是以询问的方式，听取动物所有者或饲养、管理人员关于动物发病情况和经过的介绍。问诊的主要内容包括：现病历，既往史，平时的饲养、管理及使役或利用的情况。

2.**视诊**　是用肉眼直接地观察动物的整体概况或其某些部位的形态，经常可以搜集到很多重要的症状或资料。其主要内容包括：

(1)观察其整体状态，如体格的大小，发育的程度，营养的状况，体质的强弱，躯体的结构，胸腹及肢体的匀称性等。

(2)判断其精神及体态、姿势与运动、行为，如精神的沉郁或兴奋，静止时的姿势改变或运动中步态的变化，是否有腹痛不安、运步强拘或强迫运动等病理性行动等。

(3)发现其表被组织的病变，如被毛状态、皮肤及黏膜的颜色及特性，体表的创伤、溃疡、疹疱、肿物等外科病变的位置、大小、形状及特点。

(4)检查某些与外界直通的体腔，如口腔、鼻腔、阴道等。注意其黏膜的颜色改变及完整性的破坏，并确定其分泌物、排泄物及其混合物的数量、性状。

(5)注意其某些生理活动的异常，如动物呼吸及有无喘息、咳嗽，采食、咀嚼、吞咽、反刍等消化活动及有无呕吐、腹泻，排粪、排尿的姿态及分辨尿液的数量、性状与混合物。

3.**触诊**　是利用触觉及实体觉的一种检查方法，通常用检查者的手去实施。一般可用于：

(1)检查动物的体表状态，如判断皮肤表面的温热度，湿度，皮肤与皮下组织的质地、弹性及硬度，浅在淋巴结及局部病变的位置、大小、形态及其温度、内容性状、硬度、可动性及疼痛反应等。

(2)检查某些器官、组织，感知其生理性或病理性的冲动。如检查心搏动，判定其位置、强度、频率及节律；瘤胃蠕动的次数及力量强度；检查浅在的动脉脉搏，判定其频率、性质及节律等变化。

(3)腹部触诊除可判定腹壁的紧张度及敏感性外，还可感知腹腔的状态（如腹水），胃肠内容物的性状，肝、脾的边缘及硬度，肾脏与膀胱以及母畜的子宫与妊娠情况等。而对大动物（马、骡、牛等），通过直肠进行内部触诊（直肠检查）对后部腹腔器官与盆腔器官的疾病诊断非常重要，特别在马、骡腹痛病的诊断与治疗及产科学上的应用有重要意义。

(4)触诊也可作为对动物机体某一部位所给予的机械刺激，并根据动物对此刺激的反应，而判断其感受力与敏感性。

4.叩诊　是对动物体表的某一部位进行叩击，借以引起其振动并发生音响，根据产生的音响的特性，去判断被检杳的器官、组织的物理状态的一种方法。应用范围包括：

(1)可以检查浅在的体腔（如头窦、胸腔与腹腔）及体表的肿物，以判定内容物的性状与含气量的多少。

(2)根据叩击体壁可间接地引起其内部器官振动的原理，以检查含气器官（肺脏、胃肠）的含气量及病变时的物理状态。

(3)根据动物机体有些含气器官与实质器官交错排列的解剖学上的有利条件，可依叩诊产生某种固有的音响的区域轮廓，去推断某一器官（含气的或实质的）的位置、大小、性状及其与周围器官、组织的相互关系。

5.听诊　是利用听觉去辨识音响的一种检查方法，是听取机体在生理或病理过程中所自然发生的音响。听诊的主要内容包括：

(1)对心脏血管系统，听取心脏及大血管的声音，特别是心音。判定心音的频率、强度、性质、节律以及是否有杂音。

(2)对呼吸系统，听取呼吸音，如喉、气管以及肺泡呼吸音，附加的杂音（如啰音）与胸膜的病理性声音（如摩擦音、震荡音）。

(3)对消化系统，听取胃肠的蠕动音，判定其频率、强度及性质以及腹腔的震荡音（当腹水、瘤胃或真胃积液时）。

6.嗅诊　主要应用于嗅闻动物的呼出气体、口腔的臭味以及动物所分泌和排泄的带有特殊臭味的分泌物、排泄物（粪、尿）以及其他的病理产物。

（二）整体状态的观察

1.精神状态　主要观察病畜的神态。根据其耳、眼的活动，面部表情及各种反应、动作而判定。

健康畜禽表现为头耳灵活，眼光明亮，反应迅速，行动敏捷，毛羽平顺并富有光泽。幼畜则显得活泼好动。

患病畜禽则可表现有抑制状态、兴奋状态等异常变化。

抑制状态：一般表现为耳耷头低，眼半闭，行动迟缓或呆然站立，对周围淡漠而反应迟钝；重者可见嗜睡或昏迷，鸡则羽毛蓬松，垂头缩颈，两翅下垂，闭眼呆立。

兴奋状态：轻者左顾右盼，惊恐不安，竖耳刨地；重者不顾障碍地前冲、后退，狂躁不驯或挣脱缰绳。牛可哞叫或摇头乱跑；猪则有时伴有痉挛与癫痫样动作。严重时可见攀登饲槽、跳越障碍，甚至攻击人畜。

2.**营养**　主要根据肌肉的丰满程度,皮下脂肪的蓄积量及被毛情况而判定。

健康动物营养良好,肌肉丰满,骨骼棱角不显露,被毛光滑平顺。

患病动物多表现为营养不良,消瘦并骨骼表露明显,被毛粗乱无光,皮肤缺乏弹性。常常将营养状态区分为营养良好、营养中等和营养不良三种程度。

3.**发育**　主要根据骨骼的发育程度及躯体的大小而定。

健康动物发育良好,体躯发育与年龄相称、肌肉结实、体格健壮。

发育不良动物可表现为躯体矮小,发育程度与年龄不相称;幼畜多表现为发育迟缓甚至发育停滞。

4.**躯体结构**　主要注意患畜的头、颈、躯干及四肢、关节各部的发育情况及其形态、比例关系。

健康动物的躯体结构紧凑而匀称,各部的比例适当。

患病动物可表现为:单侧的耳、眼睑、鼻、唇松弛、下垂而导致头面歪斜(如面神经麻痹)。头大颈短、面骨膨隆、胸廓扁平、腰背凹凸、四肢弯曲、关节粗大(如佝偻病)(图 1-13)。腹围极度膨大,胁部胀满(如肠臌气)。马鼻唇部浮肿呈现类似河马头样外观(如血斑病)。猪的鼻面部歪曲、变形(如传染性萎缩性鼻炎)。

5.**姿势与步态**　主要观察病畜表现的姿势特征。

健康动物姿势自然。马多站立,常交换歇其后蹄,偶尔卧下,但听到吆喝声时会站起;牛站立时常低头,采食后喜欢四肢集于腹下而卧,起立时先起后肢,动作缓慢;羊、猪于采食后喜欢躺卧,生人接近时迅速起立,逃避。犬、猫主要有站立、蹲、卧三种姿势,正常时姿势自然、动作灵活而协调,生人接近时迅速起立,或主动接近或逃避。

典型的异常姿势可见有:全身僵直:表现为头颈挺伸,肢体僵硬,四肢不能屈曲,尾根挺起,呈木马样姿势(如破伤风)(图 1-14)。

图 1-13　犊牛和羔羊佝偻病的状态

图 1-14　马的破伤风姿势

异常站立姿势:病马两前肢交叉站立而长时间不改换(如脑室积水);病畜单肢悬空或不敢负重(如跛行);两前肢后踏、两后肢前伸而四肢集于腹下(如蹄叶炎)。鸡可呈现两腿前后叉开姿势(如马立克氏病)(图 1-15)。

站立不稳:躯体歪斜或四肢叉开,依靠墙壁而站立;鸡呈扭头曲颈,甚至躯体滚转(如维生素 B 缺乏症)(图 1-16)。

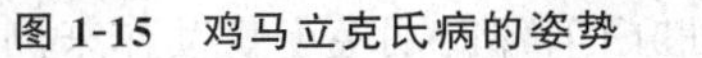

图 1-15　鸡马立克氏病的姿势

图 1-16　鸡维生素 B_1 缺乏时曲颈背头姿势

骚动不安：马骡可表现为前肢刨地，后肢踢腹，回视腹部（图 1-17），伸腰摇摆，时起时卧，起卧滚转或呈犬坐姿势或呈仰腹朝天等（如各种腹痛症时）；牛、羊可见以后肢踢腹动作。异常躺卧姿势：牛呈曲颈伏卧而昏睡（如生产瘫痪）（图 1-18）；马呈犬坐姿势而后躯轻瘫（如肌红蛋白尿症）。

步态异常：常见有各种跛行，步态不稳，四肢运步不协调或呈蹒跚、跄踉、摇摆、跌晃，而似醉酒状（如脑脊髓炎症）。

图 1-17　马腹痛时回视腹部的姿势

图 1-18　乳牛生产瘫痪时姿态

6. 体温、脉搏及呼吸数的测定

（1）体温的测定：测直肠温度。

首先甩动体温计使水银柱降至 35℃以下；再用酒精棉球擦拭消毒并涂以润滑剂后再行使用。被检动物应适当地保定。测温时，检查者站在动物的左后方，以左手提起其尾根部并稍推向对侧，右手持体温计经肛门慢慢捻转插入直肠中；再将带线绳的夹子夹于尾毛上，经 3～5 min 后取出，用酒精棉球擦除粪便或黏附物后读取度数。用后甩下水银柱并放入消毒瓶内备用。

测温时应注意：体温计在用前应统一进行检查、验定；门诊病畜，应使其适当休息并安静后再测；测温时要注意人畜安全；体温计的玻璃棒插入的深度要适宜；用前须甩下体温计的水银柱；测温的时间要适当；勿将体温计插入宿粪中；对肛门松弛的母畜，可测阴道温度，但是，通常阴道温度较直肠温稍低（0.2～0.5℃）。

（2）脉搏数的测定：测定每一分钟脉搏的次数，以次/min 表示。

马属动物可检查颌外动脉。检查者站在马头一侧；一手握住笼头，另一手拇指置于下颌骨外侧，食指、中指伸入下颌枝内侧，在下颌枝的血管切迹处，前后滑动，发现动脉管后，用手指轻压即可感知。牛通常检查尾动脉，检查者站在牛的正后方。左手抬起牛尾，右手拇指放在尾根部的背面，用食指、中指在距尾根 10 cm 左右处尾的腹面检查。猪和羊可在后肢股内侧的股动脉处检查。检查脉搏时，应待动物安静后再测定。一般应检测 1 min；当脉搏过弱而不感于手时，可用心跳次数代替。

(3)呼吸次数的测定：测定每分钟的呼吸次数，以次/min 表示。一般可根据胸腹部起伏动作而测定。检查者站在动物的侧方，注意观察其腹胁部的起伏，一起一伏为一次呼吸。在寒冷季节也可观察呼出气流来测定。鸡的呼吸灵敏，可观察肛门下部的羽毛起伏动作来测定。

测定呼吸数时，应在动物休息、安静时检测。一般应检测 1 min。观察动物鼻翼的活动或将手放在鼻前感知气流的测定方法是不够准确的，应注意。必要时可用听诊肺部呼吸音的次数来代替。

四、实训操作方法和步骤

1.病畜登记 按病志所列各项详细记载，如畜主姓名、住址；患畜的种别、年龄、性别、毛色、特征；发病日期等。

2.病史调查 需要查明下列问题：

(1)动物何时发病？

(2)发病原因是什么？在什么情况下发病？

(3)病畜表现哪些现象？

(4)病畜过去得过什么病？

(5)附近畜禽有无同样疾病的发生？

(6)病畜经过何人治疗？如何治的？疗效如何？

3.问诊 就是向畜主调查，了解畜群或病畜有关发病的各种情况，一般在着手进行病畜体检前进行。问诊的主要内容包括：

(1)病史：病畜既往的患病情况。

(2)现病历：本次发病的时间、地点、病畜的主要表现；对发病原因的估计，发病的经过及所采取的治疗措施与效果。

(3)平时的饲养、管理、使役情况。

(4)有关流行病学情况的调查，特别是有可能发生传染或群发现象时，应详细问诊。

(5)语言要通俗，态度要和蔼，要取得畜主的很好配合。

(6)在内容上既要有重点，又要全面搜集情况；一般可采取启发的方式进行询问。

(7)对问诊所得到的材料，应结合现症检查结果，进行综合分析。

4.视诊 通常用肉眼直接观察被检动物的状态，必要时，可利用各种简单器械作间接视诊。视诊可以了解病畜的一般情况和判明局部病变的部位、形状及大小。直接视诊时，一般先不要接近病畜，也不宜进行保定，应尽量使动物保持自然的姿势。检查者在动物左前方 1～1.5 m 处开始，首先观察其全貌。然后由前向后，从左到右，边走边看，观察病畜的头、颈、胸、腹、脊柱、四肢。当到正后方时，应注意尾、肛门及会阴部，并对照观察两侧胸、腹部是否有异常。为了观察运动过程及步态，可进行牵遛，最后再接近动物，进行局部检查。

5.触诊 一般在视诊后进行。对体表病变部位或有病变可疑的部位，用手触摸，以判定其病变的性质(图 1-19)。触诊的方法因检查的目的与对象的不同而不同。

图 1-19　触诊

(1)检查体表的温度、湿度或感知某些器官的活动情况时,应以手指、手掌或手背接触皮肤进行感知。

(2)检查局部与肿物的硬度,应以手指进行加压或揉捏,根据感觉及压后的现象去判断。

(3)以刺激为目的而判定动物的敏感性时,应在触诊的同时注意动物的反应及头部、肢体的动作,如动物表现回视、躲闪或反抗,常是敏感、疼痛的表现。

(4)对内脏器官的深部触诊,须依被检动物的个体特点及器官的部位和病变情况的不同而选用手指、手掌或拳进行压迫、插入、揉捏、转动或冲击的手法进行。对中、小动物可通过腹壁深部触诊;对大动物还可通过直肠进行内部触诊。

(5)对某些管道(食管、瘘管等),可借助器械(探管、探针等)进行间接触诊(探诊)。

6.叩诊　是对动物体表的某一部位进行叩击,根据所产生的音响的性质,来推断内部病理变化或某些器官的投影轮廓。

(1)直接叩诊法是用手指或叩诊锤直接向动物体表的一定部位(如副鼻窦、喉囊、马盲肠、反刍兽瘤胃)叩击的方法,以判断其内容物性状,含气量及紧张度。

(2)间接叩诊法:又分为指指叩诊法与锤板叩诊法。本法主要适用于检查肺脏、心脏及胸腔的病变,也可用以检查肝、脾的大小和位置。

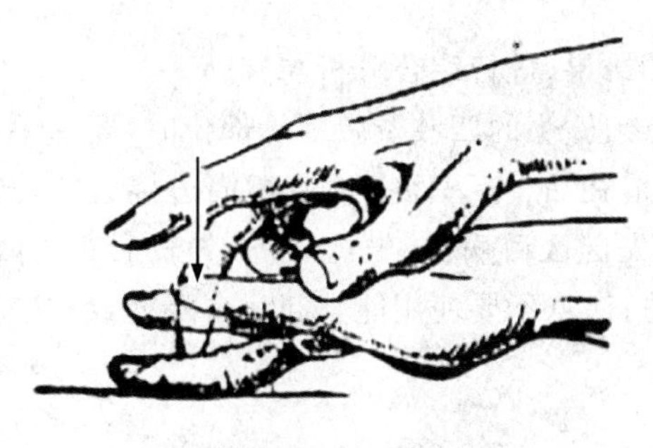

图 1-20　叩诊

指指叩诊法:主要用于中、小动物的叩诊。通常以左手的中指紧密地贴在检查部位上(用做叩诊板);用由第二指关节处呈 90°屈曲的右手中指做叩诊锤(图 1-20)。并以右腕作轴而上下摆动,用适当的力量垂直地向左手中指的第二指节处进行叩击。

锤板叩诊法:即用叩诊锤和叩诊板进行叩诊。通常适用于大家畜。一般以左手持叩诊板,将其紧密地放于检查的部位上,用右手持叩诊锤,以腕关节作轴,将锤上下摆动并垂直地向叩诊板上连续叩击 2～3 次,以听取其音响。

(3)叩诊的基本音调有三种,包括:

清音(满音):如叩诊正常肺部发出的声音。

浊音(实音):如叩诊厚层肌肉发出的声音。

鼓音:如叩诊含气较多的马盲肠或反刍兽瘤胃上部时发出的声音。

7.听诊　是听取病畜某些器官在活动过程中所发生的声音,借以判定其病理变化的方法。

(1)直接听诊法先于动物体表放一块听诊布,然后用耳直接贴在动物体表的检查部位进行听诊。检查者可根据检查的目的采取适宜的姿势。

(2)间接听诊法即应用听诊器在被检查器官的体表相应部位进行听诊(图 1-21)。

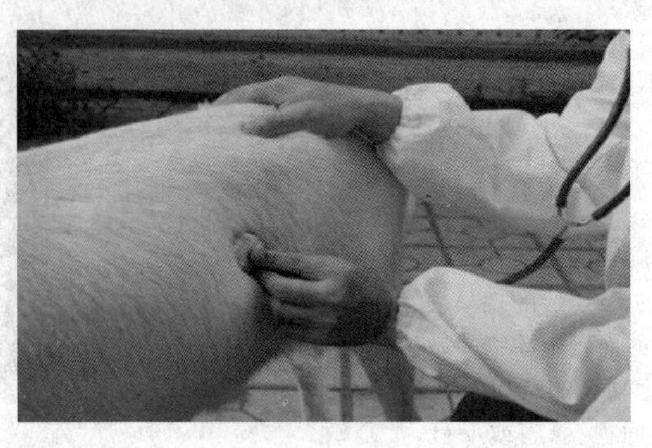

图 1-21　听诊

8.**嗅诊**　如果呼出气体及鼻液有特殊的腐败臭味，是提示呼吸道及肺脏的坏疽性病变的重要线索；尿液及呼出气有酮味，可提示牛、羊酮病；阴道分泌物的化脓、腐败臭味，可见于子宫蓄脓或胎衣不下。

五、操作重点提示

(1)对于问诊材料的价值，应该抱着客观的态度，将问诊的材料和临床检查的结果加以联系，进行全面的综合分析，从而得到诊断线索。

(2)视诊时应注意：

①新来的门诊病畜，应使其稍休息，先适应一下新的环境后再进行检查。

②最好在天然光照的场所进行。

③收集症状要客观而全面，结合其他方法检查的结果，进行综合分析与判断。

(3)触诊时应注意安全，必要时应进行保定。触诊马、牛的四肢及腹下等部位时，要一手放在畜体适宜部位做支点，以另一手进行检查；并应从前往后，自下而上地边抚摸边接近欲检部位，切忌直接突然接触。检查某部位的敏感性时，应先健区后病部，先远后近，先轻后重，并注意与对应部位或健区进行比较；应先遮住病畜的眼睛；注意不要使用能引起病畜疼痛或妨碍病畜表现反应动作的保定法。

(4)叩诊的注意事项：

①叩诊板应紧密地贴于动物体壁的相应部位上。

②叩诊板不应过于用力压迫体壁，除叩诊板外，其余手指不应接触动物体壁。

③叩诊锤应垂直地叩在叩诊板上，叩诊锤在叩打后应很快离开。

④注意掌握叩诊强度，以腕关节作轴，轻轻地上、下摆动进行叩击。

⑤对比叩诊时，应尽量做到叩击的力量、叩诊板的压力以及动物的体位等都相同。

⑥叩诊锤的胶头要注意及时更换。

(5)听诊时应注意：

①为了排除外界音响的干扰，应在安静的室内进行。

②听诊器两耳塞与外耳道相接要松紧适当；听诊器的集音头要紧密地放在动物体表的检查部位，防止滑动；听诊器的胶管不要与手臂、衣服、动物被毛等接触、摩擦。

③听诊时要聚精会神，并同时注意动物的活动与动作，如听诊呼吸音时要注意呼吸动作；听诊心脏时要注意心搏动等。并注意与传导来的其他器官的声音相鉴别。

④听诊胆怯易惊或性情暴烈的动物时，要由远而近地逐渐将听诊器集音头移至听诊区，以免引起动物的反抗。

六、实训总结

一般来说，视诊可以获得关于动物整体和浅在病变的初步印象并为深入的重点检查提供线索；触诊可进一步判断病变局部的内容、性状（如形态、大小、软硬度、湿润度，可动性与敏感性等）；叩诊在确定内脏器官的物理状态，尤其是对胸腔与肺脏病变的诊断上有特殊的意义；而听诊所得到的关于内脏器官的音响的改变，不仅能提供其形态变化的症状，而且可以进一步判断其机能状态。显然，一种方法不能解决他种方法所能解决的问题，自然，任何方法也不能将他种方法完全替代。因此，临床实践中，适当地选择有价值的方法并配合必要的其他方法，再将检查结果进行综合比较分析，以期对某一器官与病变，得到全面的印象与合理的判断和解释。

七、思考题

1.什么是叩诊？

2.清音的概念是什么？

3.临床检查的基本方法有哪几种？

4.问诊的注意事项包括哪些？

实训 1-3 临床系统检查技术

一、实训目标和要求

1. 介绍临床系统检查技术，要求了解进行临床系统检查的基本内容。

2. 初步掌握被毛、皮肤、心血管系统、呼吸系统、消化系统、泌尿系统听诊的检查方法及注意事项。

3. 练习各系统的检查方法及正常与异常状态的判定标准。

二、实训设备和材料

1. **动物** 牛、羊、猪、犬、猫。

2. **器材** 体温计、秒表、听诊器。

三、知识背景

动物皮毛状态是其健康与否的标志，也是判定营养状况的依据。皮肤本身的疾病很多，许多疾病在病程中可伴随着多种皮肤病变和反应。皮肤的病变和反应有的是局部的，有的是全身的。检查时应注意其全身各部皮肤的病变，除头、颈侧、胸腹侧外，还应仔细检查其会阴、乳房甚至蹄、趾间等部位。临床上因动物品种不同，除全面检查外，还应对特定部位进行重点检查，如禽类的羽毛、冠、髯及其耳垂；牛的鼻镜、猪的鼻盘及其他动物的鼻端。被毛和皮肤检查主要通过视诊和触诊，有时需要穿刺检查和显微镜检查相配合。

心搏动是心室收缩时撞击左侧心区的胸壁而引起的振动，多用手掌放于左侧肘头后上方的心区部位进行触诊，以感知其搏动。检查心搏动时，应注意其位置、频率，特别是其强度的变化。可用叩诊的方法来判定心脏的浊音区；并应用听诊的方法，诊查心音，判断心音的频率、强度、性质和节律的改变以及是否有心杂音。

由于呼吸道与外界相通，所以温热的、机械的、化学的和微生物的各种因素都能引起呼吸系统疾病。许多传染病也主要侵害呼吸系统，如流行性感冒、马腺疫等。另外，某些寄生虫，如羊鼻蝇幼虫，牛、羊、猪肺线虫等也可侵害呼吸系统而致病。因此，呼吸系统的检查主要应用视诊、触诊、叩诊和听诊的方法，其中尤以听诊和叩诊方法更为重要。此外，尚可根据需要，配合应用某些特殊的检查方法，如 X 线摄影、血气分析、胸腔穿刺等方法以及其他有关的生化检查等。

四、实训操作方法和步骤

(一)被毛皮肤及皮下组织的检查

1. 鼻盘、鼻镜及鸡冠的检查 通过视诊、触诊检查做出判定(图 1-22)。

健康牛、猪、犬鼻镜或鼻盘均湿润，并附有少量水珠，触诊有凉感。健康鸡冠和肉髯为鲜红色。

病畜可表现为:鼻镜或鼻盘干燥与增温,甚至龟裂;白猪的鼻盘有时可见到发绀现象。患病鸡的鸡冠和肉髯其颜色可变淡或呈蓝紫色,有时出现疹疱(如鸡痘)。

2.**被毛检查**　主要通过视诊观察羽毛的清洁、光泽、脱落情况(图1-23)。

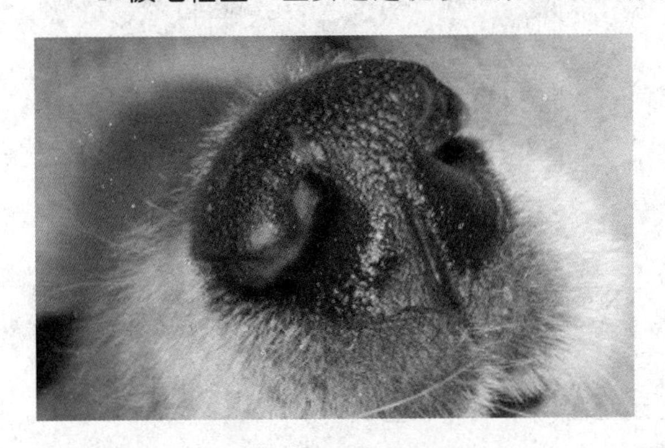

图1-22　鼻镜的检查

图1-23　被毛检查

健康动物的被毛平顺而富有光泽,每年春秋两季适时脱换新毛。

病畜可表现为:被毛蓬松粗乱,失去光泽,易脱落或换毛季节推迟。羊的局限性脱毛常提示螨病。

3.**皮肤检查**　主要通过视诊和触诊进行(图1-24)。

(1)皮肤小点状出血(指压不褪色),较大的红色充血性疹块(指压褪色),皮肤青白或发绀。

(2)湿度用手或手背触诊检查,对马可触摸耳根、颈部及四肢;牛、羊可检查鼻镜,角根、胸侧及四肢;猪可检查耳及鼻端;犬、猫可检查耳根、腹部的皮温;禽可检查肉髯。

病畜可表现为全身皮温的增高或降低,局部皮温的升高或降低,或皮温分布不均(如马鼻寒耳冷,四肢末梢厥冷)。

(3)温度检查通过视诊和触诊进行,可见有出汗与干燥现象。

(4)检查皮肤弹性的部位,马在颈则,牛在最后肋骨后部,小动物可在背部。检查方法:将检查部位皮肤作一皱襞后再放开,观察其恢复原状的情况。健康动物放手后立即恢复原状。皮肤弹性降低时,则放手后恢复缓慢。

(5)检查丘疹、水泡和脓疱时要特别注意被毛稀疏处、眼周围、唇、蹄趾间等处。

4.**皮下组织的检查**　皮下或体表有肿胀时,应注意肿胀部位的大小,形状,并触诊判定其内容物性状、硬度、温度、移动性及敏感性等(图1-25)。

常见的肿胀类型及其特征有:

皮下浮肿:表面扁平,与周围组织界线明显,用手指按压时有生面团样的感觉,留有指压痕,且较长时间不易恢复,触诊时无热痛;而炎性肿胀则有热痛;有或无指压痕。

皮下气肿:边缘轮廓不清,触诊时发出捻发音(沙沙声),压迫时有向周围皮下组织窜动的感觉。颈侧、胸侧、肘后的皮下气肿,多为窜入性,局部无热痛反应;而厌气性细菌感染时,气肿局部有热痛反应,且局部切开后可流出混有泡沫的,带腐败臭味的液体。

脓肿及淋巴外渗:外形多呈圆形突起,触之有波动感,脓肿可触到较硬的囊壁,可用穿刺进行鉴别。

图 1-24　犬疥螨、蠕形螨混合感染

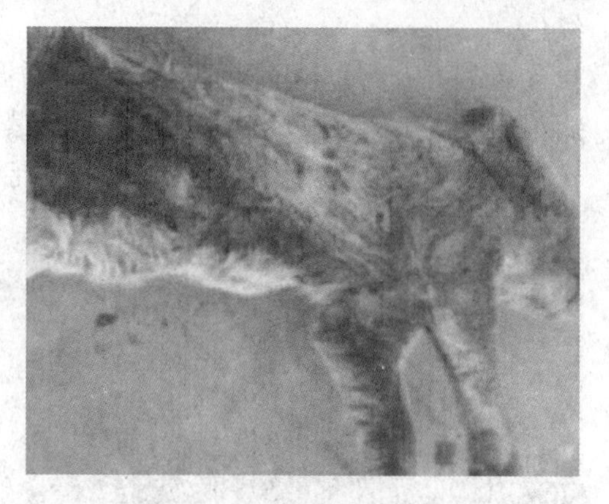

图 1-25　猪浅表淋巴结肿胀水肿

疝:触诊有波动感,可通过触到疝环及整复试验而与其他肿胀鉴别。

猪常发生阴囊疝及脐疝,大动物多发生腹壁疝。

5.眼结膜的检查　首先观察眼睑有无肿胀、外伤及眼分泌物的数量、性质。然后再打开眼睑进行检查。检查马的眼结膜时,通常检查者站立于马头一侧,一手持缰绳,另一手食指第一指节置于上眼睑中央的边缘处,拇指放在下眼睑,其余三指屈曲并放于眼眶上面作为支点。食指向眼窝略加压力,拇指则同时拨开下眼睑,即可使结膜露出而检查(图 1-26a)。

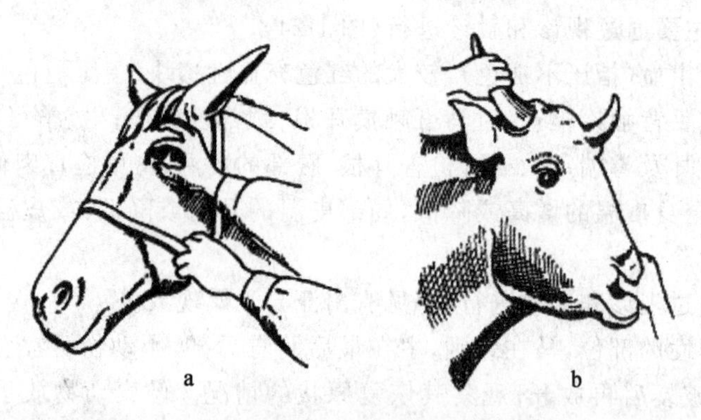

图 1-26　结膜检查法

a.马结膜检查法　b.牛巩膜检查法

检查牛时主要观察其巩膜的颜色及其血管情况,可一手握牛角,另一手握住牛鼻中隔并用力扭转其头部,即可使巩膜露出;也可用两手握牛角并向一侧扭转,使牛头偏向侧方;检查牛眼结膜时,可用大拇指将下眼睑拨开观察(图 1-26b)。

健康马、骡的眼结膜呈淡红色;牛的颜色较马稍淡,但水牛的则较深;猪眼结膜呈粉红色,犬、猫的眼结膜呈淡红色,猫的比犬要深些。结膜颜色的变化可表现为:潮红(可呈现单眼潮红、双眼潮红、弥漫性潮红及树枝状充血),苍白,黄染,发绀及出血(出血点或出血斑)。

检查眼结膜时最好在自然光线下进行,因为红光下对黄色不易识别,检查时动作要快,且不宜反复进行,以免引起充血。应对两侧眼结膜进行对照检查。

6.浅表淋巴结的检查　检查浅表淋巴结时主要进行触诊。检查时应注意其大小、形状、硬度、敏感性及在皮下的可移动性。马常检查下颌淋巴结(位于下颌间隙,正常时为扁平分叶状,较小,不坚实,可向周围滑动)。检查时,一手持笼头,另一手伸于下颌间进行揉捏或挤压。牛常检查颌下,肩前、膝襞、乳房上淋巴结等。猪可检查腹股沟淋巴结。犬、猫可检查颌下、耳下、肩前、腹股沟淋巴结等。

淋巴结的病理变化如下。

急性肿胀:表现淋巴结体积增大,并有热痛反应,常较硬,化脓后可有波动感。

慢性肿胀:多无热痛反应,较坚硬,表面不平,且不易向周围移动。

(二)心脏检查

1.心搏动的视诊与触诊

(1)检查方法:被检动物取站立姿势,左前肢向前伸出半步,充分显露心区。检查人员位于动物左侧方。视诊时,仔细观察左侧肘后心区被毛及胸壁的震动情况;触诊时,右手放于动物的鬐甲部,左手的手掌紧贴于被检动物的左侧肘后心区,感知胸壁震动的强度及频率。

健康动物,随每次心室的收缩而引起左侧心区附近胸壁的轻微振动。振动强度,受动物营养状态和胸壁厚度的影响。动物在运动过后、兴奋或恐慌时,可见生理性的搏动增强。

(2)病理变化:

①心搏动增强,可见于各种原因引起的心机能亢进,如热性病的初期,剧烈的疼痛性疾病及心肌炎、急性心力衰竭和贫血等。心搏动的过度增强,可随心搏动而引起病畜全身的震动,称为心悸。

②心搏动减弱,表现为心区的震动微弱,见于各种原因引起的心脏衰弱,及渗出性心包炎(如牛创伤性心包炎)、胸腔积水及垂危病畜。

③心搏动移位,向前移位,向右移位。

④心区压痛,心包炎、胸膜炎。

2.心脏的叩诊

(1)检查方法:被检动物取站立姿势,左前肢向前伸出半步,充分显露心区。大动物宜用锤板叩诊法,小动物用手指叩诊法。

沿肩胛骨后角向下的垂线进行叩诊,直至心区,同时标记由清音转变为浊音的一点;再沿与前一垂线呈45°左右的斜线,由心区向后上方叩诊,并标记由浊音变为清音的一点;连接两点所形成的弧线,即为心脏浊音区的后上界。

(2)正常状态:马的心脏叩诊区,在左侧呈近似的不等边三角形,其顶点相当于第3肋间距肩关节水平线向下3～4 cm处;由该点向后下方引一弧线并止于第6肋骨下端,为其后上界。

图1-27　马的心脏叩诊浊音区

1.绝对浊音区　2.相对浊音区

在心区反复地用较强和较弱的叩诊进行检查,依产生浊音及半浊音的区域,可判定马的心脏绝对浊音区(直接与胸壁接触的部分)及相对浊音区(心大部分被肺脏掩盖的部分,标志着心脏的真正大小)(图1-27)。相对浊音区在绝对浊音区的后上方,呈带状,宽3～4 cm。牛在左侧第3、4

肋间，胸廓下 1/3 的中央部，只有相对浊音区，且其范围较小。羊的类似于牛。犬、猫的绝对浊音区在左侧第 4～6 肋间，前缘达 4 肋骨，上缘达肋软骨和肋软骨结合部，后缘无明显界限。

(3)病理变化：

①心脏叩诊浊音区缩小，主要提示肺气肿(绝对浊音区缩小)。

②心脏叩诊浊音区扩大，可见于心肥大、心扩张以及渗出性心包炎、心包积水(相对浊音区扩大)。肺萎缩造成绝对浊音区扩大。

③心区敏感，当心区叩诊时，动物表现回顾、躲闪或反抗呈疼痛不安，是心区敏感反应，见于心包炎、胸膜炎。

④心区鼓音，当牛患创伤性心包炎时，除浊音区扩大，呈敏感反应外，有时可呈鼓音或浊鼓音。

3.心脏的听诊

(1)听诊方法：动物取站立姿势，左前肢向前伸出半步，充分显露心区，用听诊器听取。当心音微弱而听不清时，可使动物做短暂的运动，在运动之后立即听取。听取心音时，应注意心音的频率、强度、性质、节律不齐和心杂音等。

(2)正常心音："鲁吧—特吧"(Lub—tub)前一个是低而浊的长音，后一个是稍高而短的声音。心肌、瓣膜和血液的振动是产生心音的基础。两个心音的区别(声音特点、最强部位、时距，与心搏动、动脉搏的关系)。马第一心音(S1)的音调较低，持续时间长且音尾拖长；第二心音(S2)短促、清脆、音尾突然终止；牛的第一心音较马清晰，但持续时间较短；水牛及骆驼的心音不如马的清晰；猪的心音较钝浊，第一心音与第二心音的间隔大致相等；犬的心音清晰，第一心音与第二心音的音调、强度、间隔及持续时间大致相等。第三心音(S3)相当于心室的快速充盈期，是一种弱、短而低的声音。第四心音(S4)又叫心房音，正常情况下，微弱而不易听到。

马的各瓣膜口心音最佳听取点如图 1-28 所示。

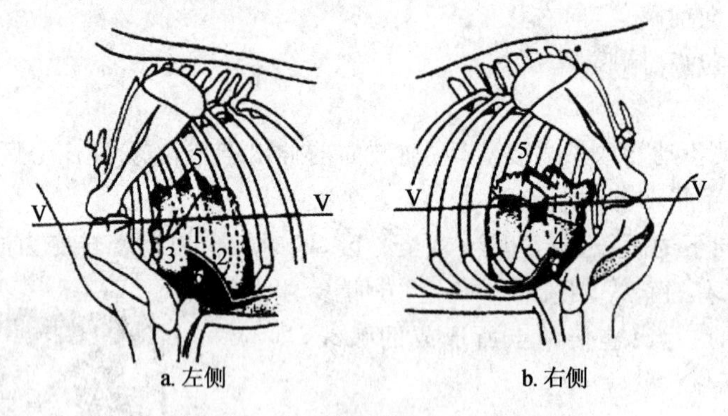

图 1-28　马的各瓣膜口心音最佳听取点

V-V. 肩关节水平线　1. 主动脉口　2. 左房室口　3. 肺动脉口
4. 右房室口　5. 第五肋间　6. 心浊新区

(3)病理变化：

①心音频率的改变。计测每分钟心率，高于正常，称为心率过速。心率过快，往往是心脏储备力不良的标志；低于正常，称心率徐缓，一般见于迷走神经兴奋、心脏传导功能障碍时。

②心音强度的改变。

心音增强：心音强度的改变，由本身的强度和传导介质状态所决定。表现为两个心音同时增强或减弱，也可以表现为某一心音的增强或减弱。

第一、二心音增强：见于非心脏病和心脏病代偿时，如热性病初期，伴有剧痛性疾病及心脏肥大；第二心音增强：由于肺动脉压及主动脉血压升高所致，可见于肺气肿、肺瘀血、二尖瓣闭锁不全、肾炎、左心肥大或高血压。

心音减弱：第一、二心音均减弱，可见于心机能障碍的后期以及渗出性胸膜炎或心包炎、肺气肿等；第二心音减弱甚至消失，见于大失血、高度心力衰竭、休克与虚脱（血容量减少疾病）、主动脉根部血压降低的疾病（如主动脉口狭窄、主动脉瓣闭锁不全），在临床中比较多见。第二心音显著减弱并伴有心率过速、心律不齐，常为垂危之兆，预后谨慎。

③心音性质的改变。

心音浑浊：主要是由于心肌变性或心肌营养不良、瓣膜病变，使心肌收缩无力或瓣膜活动不充分而引起的。见于热性病、贫血、高度衰竭症等。

胎性心音：酷似胎儿心音，又类似钟摆"滴答"声，故称"钟摆律"，提示着心肌损害。

奔马律：又称为三音律，听到的是一种低调而沉闷的声音，常出现于心率较快时。三个心音如同马奔跑时的蹄声，是舒张期由心室振动所产生的。舒张期奔马律的出现常常表示心肌功能衰竭或即将衰竭，见于严重的心肌损害，提示预后不良，故有人称为"心脏呼救声"。

④心音分裂和重复。即第一或第二心音变为两个音响，这两个声音的性质与心音完全一致。间隔较短的叫心音分裂，间隔较长的，称心音重复。其诊断意义相同，故现在一般将二者概括地称为心音分裂，而不加详细区分。

第一心音分裂：实际上只能听到S1的延长或模糊，第一部分（M1）较响，第二部分（T1）低浊，呈"特、拉—塔"（Tra—ta）的音响，由左（二尖瓣）、右（三尖瓣）房室瓣关闭时间不一致所造成，见于重度心肌损害而致的传导机能障碍。具体包括完全性右束支传导阻滞，起源于左心室的异位心律、一侧心室衰竭、三尖瓣狭窄、肺动脉高压症、先天性心脏病。健康马、牛因运动、兴奋或一时性血压升高，出现第一心音分裂，但安静后便自然消失，并无诊断意义。

第二心音分裂：在正常情况下，主动脉瓣比肺动脉瓣关闭略早。如果两者的时距超过0.03 s，并能听到该音分裂为二段，即称为第二心音分裂。类似"塔—特拉"（Ta—tra）的音响。其原因有生理性分裂（吸气性分裂），至于病理性分裂，造成肺动脉第二心音（P2）延迟的原因包括右束支完全性传导阻滞、左心室异位搏动、肺动脉口狭窄、肺动脉高压并发右心衰竭、房间隔缺损等。造成主动脉第二心音（A2）提早的原因包括二尖瓣闭锁不全、室间隔缺损等。主要反映主动脉与肺动脉根部血压有较悬殊的差异，如左、右心室某一方的血液量少或主动脉、肺动脉某一方的血压低，则其心室收缩时间短，而其动脉根部的半月瓣提早关闭，遂造成第二心音分裂，可见于重度的肺充血或肾炎。

⑤心杂音是伴随心脏活动而产生的正常心音以外的附加音响。以形成部位的不同，可分为心内性杂音和心外性杂音。

心内性杂音：是心内瓣膜及其相应的瓣膜口发生形态改变或血液性质发生变化时，伴随心脏的活动而产生的杂音。依心内膜有否器质性病变而分为器质性杂音与非器质性杂音。

心外性杂音：可分为心包摩擦音和心包拍水音等。

（三）呼吸系统检查

1.呼吸类型　呼吸类型是指家畜的呼吸方式（简称呼吸式）。检查呼吸类型时应注意胸廓和腹壁起伏动作的协调性和强度。健康动物除犬外均为胸腹式呼吸。

病理性的呼吸类型主要为：

①胸式呼吸，病畜呼吸时，以胸部或胸廓的活动占优势，表现胸壁的起伏动作明显大于腹壁，表明病变在腹壁和腹腔器官。

②腹式呼吸，病畜呼吸时，腹壁的起伏动作特别明显，提示病变在胸部。

临床上单纯的呼吸类型比较少见，在疾病过程中常见一种类型占优势的混合呼吸。

2.呼吸节律 健康动物呼吸运动呈现一定的节律性，每次呼吸后间隔的时间相等，并且具有一定的深度和长度，如此周而复始的呼吸称为节律性呼吸。

呼气时间一般比吸气略长。吸气与呼气时间之比因动物品种不同而有一定差异，牛为1∶1.26，绵羊和猪为1∶1，山羊为1∶2.7，马为1∶1.8，犬为1∶1.64。生理情况下，呼吸节律随运动、兴奋和恐惧等因素而发生暂时性的改变。

呼吸节律的变化如下。

①吸气延长：即气体吸入发生障碍，表现为吸气时间显著延长，吸气动作吃力，见于上呼吸道狭窄和阻塞性疾病。

②呼气延长：即肺泡内气体排出受阻，表现为呼气时间显著延长，提示肺泡弹性下降及小支气管狭窄，见于肺气肿、细支气管炎。

③间断性呼吸：即吸气或呼气分成二段或若干段，表现为断续性的浅而快的呼吸。

吸气间断，可见于上呼吸道狭窄、胸膜疼痛。呼气间断，见于肺排气不畅，如细支气管炎、慢性肺泡气肿、伴疼痛的腹病。

④陈-施二氏呼吸：其特征是病畜呼吸由浅逐渐加深、加快，当达到高峰后，又逐渐变弱、变浅、变慢，然后呼吸出现15～30 s的暂停后，又重复如上变化的周期性呼吸，又称为潮式呼吸(图1-29)。常见于脑炎、中毒、心力衰竭等。

⑤毕欧特氏呼吸：又称间歇呼吸，其特征为数次连续的、深度正常或稍加强的呼吸与呼吸暂停交替出现(图1-30)，提示呼吸中枢的兴奋性显著降低，病情严重，提示预后不良。见于各型脑膜炎、中毒性疾病(如尿毒症、蕨中毒、重症酸中毒等)及濒死期。

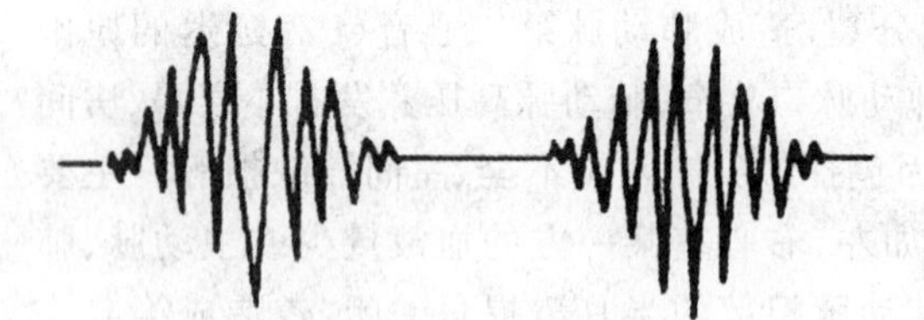

图1-29 陈-施二氏呼吸

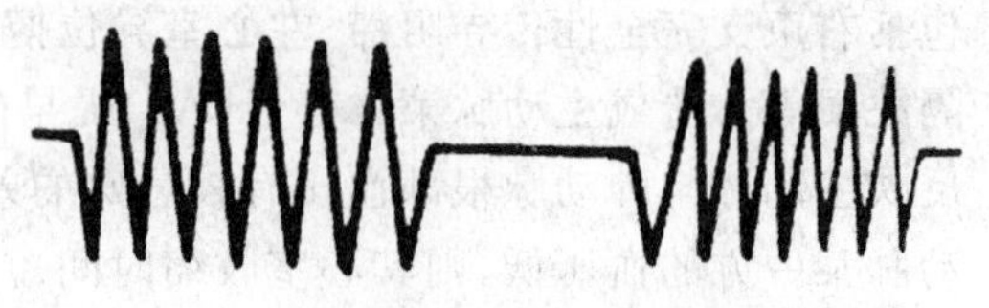

图1-30 毕欧特氏呼吸

⑥库斯茂尔氏呼吸：其特征为呼吸显著的深而长，没有呼吸中断期，呼吸次数显著减少(图1-31)，并伴有明显的呼吸杂音，如鼻鼾声和飞箭声。这种呼吸节律亦称为大呼吸，见于颅内压升高性疾病(如脑水肿、脑肿瘤等)、尿毒症、重症酸中毒、濒死期。

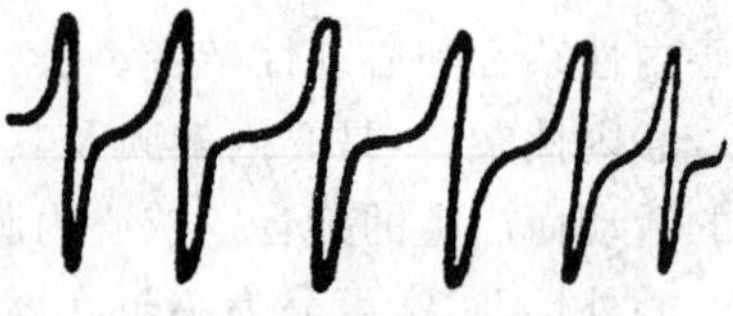

图1-31 库斯茂尔氏呼吸

3.呼吸的对称性 健康家畜呼吸时，左右两侧胸壁的起伏动作和强度完全一致，称为对称性呼吸或呼吸匀称。反之，则称为呼吸不对称。

检查呼吸的对称性时，可站在家畜的正后方，对照观察两侧胸壁和腹壁起伏动作强度是否一致。健康家畜呼吸时，两侧胸壁和腹壁起伏动作的强度完全一致。

引起呼吸不对称的原因主要是一侧胸部患病时，患侧胸壁的呼吸运动减弱或消失，引起健康一侧胸壁的呼吸运动出现代偿性加强。见于一侧性的胸膜炎、胸腔积液、肋骨骨折、气胸等。

4.呼吸困难

(1)吸气性呼吸困难：表现为头颈平伸、鼻翼开张、胸廓极度扩展、肘头外展，吸气时间延长，并随喜且出现特有的狭窄音，同时伴呼吸次数减少，严重者张口吸气。吸气困难是上呼吸道狭窄的特征。

(2)呼气性呼吸困难：补助呼吸肌参与活动，呼气时间显著延长，多呈两段呼出，沿肋弓形成息劳沟，多伴有脊背弓起、肷部突出及全身震动。明显的呼气性呼吸困难，主要提示慢性肺气肿，也可见于细支气管炎。

5.呼出气的检查　主要检查呼出气流的强度、温度及气味三项。健康家畜两侧鼻孔的呼出气流强度、温度是一致的，无特殊气味。

呼气强弱：一侧减弱，是该侧鼻道狭窄或堵塞的结果。见于一侧鼻炎、额窦蓄脓、头部骨质疾病。

呼气温度：健康家畜呼出的气体稍有温热感。当体温升高时，可使呼出气体的温度明显增高，见于热性病及呼吸道炎症。呼出气体的温度显著降低，见于虚脱、临死前体温下降等。

呼气气味：健康家畜呼出的气体一般无特殊气味。呼出气体有恶臭，表示呼吸道和肺内腐败、化脓、坏死。见于腐败性支气管炎、鼻甲骨坏疽；副鼻窦蓄脓；肺坏疽、肺脓肿破溃等。当酮血症时，呼出气体可能有丙酮气味。

(四)鼻液的检查

1.鼻液的量

多量鼻液：呼吸系统急性炎症和某些传染病。

少量鼻液：慢性呼吸系统疾病和某些传染病。

鼻液量不定：副鼻窦炎、喉囊炎。

2.鼻液的性状　浆液性、黏液性、脓性、腐败性鼻液、血性鼻液、铁锈色鼻液。

3.混杂物　气泡、饲料碎片和唾液、呕吐物。

(五)鼻部的检查

1.鼻腔外部状态的检查

(1)形态变化：鼻孔周围组织的肿胀、水泡、脓肿、溃疡和结节以及鼻甲骨的形态学变化均可引起鼻腔外部形态发生变化。

(2)鼻端干燥：牛鼻镜、猪鼻盘和犬、猫的鼻端，健康时这些部位经常呈湿润状态。当机体持续发热或代谢紊乱时，鼻端表现干燥，并有热感，甚至发生龟裂，见于热性病。

(3)鼻部的痒感：当鼻部及其邻近组织发痒时，病畜常用爪(蹄)搔之或在槽头、木桩、树干上摩擦。见于鼻卡他、猪传染性萎缩性鼻炎、鼻腔寄生虫病、异物刺激、鼻腔内肿瘤以及吸血昆虫的刺螫等。

2.鼻黏膜的检查　检查鼻黏膜时，应适当保定病畜，将头略为抬高，使鼻孔对着阳光或人

图 1-32　马的鼻黏膜的检查法

工光源(图 1-32)。用手指或开鼻器适当地扩张鼻孔,使鼻黏膜充分暴露。检查鼻黏膜时应注意其颜色、肿胀、水泡等。

(1)颜色:马鼻黏膜的正常颜色呈淡蓝红色,其他家畜的鼻黏膜为淡红色。但有些牛鼻孔附近因有色素沉着,鼻黏膜颜色难以辨认,检查时应予以注意。

在病理情况下,鼻黏膜的颜色可呈现发红、发绀、发白、发黄等变化。鼻黏膜发红(潮红)见于热性病、鼻卡他等;而出血性斑点,则见于败血病、血斑病、马传染性贫血和某些中毒性疾病。其他颜色变化的临床意义与眼结膜的色泽变化大致相同。

(2)肿胀:弥漫性肿胀见于急性鼻卡他,此时鼻黏膜有光泽,光滑如镜;还可见于牛恶性卡他热及犬瘟热等。

(3)水泡和脓疱:在口蹄疫、猪传染性水泡病等疾病的经过中,都可形成由粟粒大到黄豆大的水泡,之后变成脓疱,并有黏稠脓样渗出物。

(4)结节、溃疡和瘢痕:主要见于马鼻疽,根据疾病发展阶段的不同,在鼻中隔的鼻黏膜上可分别形成特异性的鼻疽结节、溃疡和瘢痕。

(5)肿瘤:较少见,有时鼻黏膜可发生乳突瘤、纤维瘤、血管瘤等。

3.副鼻窦的检查　副鼻窦包括额窦、上颌窦、蝶腭窦和筛窦,临床上主要检查额窦和上颌窦,以视诊、触诊和叩诊检查为主,亦可配合应用骨针穿刺术、X 线检查或圆锯术探查等方法。

(1)视诊:当发生副鼻窦炎时,常常从单侧或两侧鼻孔排出多量鼻液。额窦和上颌窦区膨隆、变形主要见于窦腔蓄脓、佝偻病、骨软症等。牛上颌窦区出现骨质增生性肿胀,见于牛放线菌病。

(2)触诊:应注意副鼻窦区敏感性、温度和硬度的变化。触诊时局部敏感性和温度增高,见于急性窦炎、急性骨膜炎;局部骨壁凹陷和疼痛,见于外伤;窦区局部隆起、变形,触诊坚硬,疼痛不明显,常见于骨软症、肿瘤和牛放线菌病。

(3)叩诊:健康家畜的窦区叩诊呈空盒音,声音清晰而高朗。当窦内积液或有肿瘤组织充塞时,叩诊呈浊音。应先轻后重、两侧对照地进行叩诊。

(六)咳嗽的检查

咳嗽是一种保护性反射动作,可排除分泌物和异物(图 1-33)。

(1)性质:干咳、湿咳。

(2)频度:①单发性,稀咳、周期性咳嗽;②连续性,连咳;③发作性,痉挛性咳嗽、痉咳。

(3)强度:①强咳,喉炎、气管炎;②弱咳,肺炎、肺气肿、胸膜炎。

(4)痛咳:急性喉炎、胸膜炎。

图 1-33　马的人工诱咳法

（七）胸廓的视诊和触诊

1.视诊

（1）形状

①桶状胸：特征为胸廓向两侧扩大，左右横径显著增大，肋间隙显著变宽，呈圆桶状。见于严重的肺气肿。

②扁平胸：特征为胸廓狭窄而变平，左右径显著狭小，呈变平状。见于骨软病、营养不良和慢性消耗性疾病。

③两侧不对称：见于单侧性胸腔疾病以及一侧型肺实变或肺扩张。

（2）外伤和肿胀　注意胸廓皮肤的外伤。胸前、胸下水肿见于牛创伤性网胃心包炎、营养不良、贫血、心力衰竭等。

2.触诊　触诊的目的在于测定胸壁的温度、敏感性及胸膜摩擦感。

（1）胸壁的温度：局部温度增高，见于局部炎症。胸侧壁温度增高，见于胸膜炎。检查时应左右对照。

（2）胸壁的疼痛：触诊胸壁时，病畜表现骚动不安、回顾、躲闪、反抗或呻吟，为胸壁敏感、疼痛的表现。见于胸膜炎、肋骨骨折等。

（3）胸膜摩擦感：当触诊胸壁时，有时感觉出手下发生胸膜摩擦感，主要反映胸膜炎。此外，当大支气管内啰音粗大而严重时，胸壁也有轻微的震颤感，称为支气管震颤。

（4）肋骨状态：在佝偻病和骨软症经过中，肋骨与肋软骨结合处可摸到隆起的膨大部，呈串珠样。

（八）胸肺叩诊

1.胸肺叩诊方法

（1）叩诊方法：大动物采用锤板叩诊；小动物一般应用指指叩诊。

（2）叩诊用力：肺上界和前界，较强力量；肺的后下界，较弱力量；肺中部，中等力量。

2.肺叩诊区　叩诊健康动物的肺区，发出清音的区域，称为肺叩诊区。健康动物的肺叩诊区比肺本身约小1/3。

（1）牛、羊肺叩诊区：牛、羊的肺叩诊区基本相同，近似三角形。上界为一条距背中线约一手掌宽（10 cm左右）、与脊柱平行的直线；前界为起自肩胛骨后角并沿肘肌后缘向下所画的一条类似S形的曲线，终止于第4肋间下部；后界是一条由第12肋骨与脊柱交接处开始，向下、向前经过以下2点所画的弧线：髋结节水平线与第11肋间的交点和肩关节水平线与第8肋间的交点，终止于第4肋间下端（图1-34）。

（2）马肺叩诊区：近似直角三角形。其上界与牛相同；前界为起自肩胛骨后角并沿肘肌后缘向下所画的一条直线，终止于第5肋间下部；后界是一条由第17肋骨与脊柱交接处开始，向下、向前经过下述3点所画的弧线：髋结节水平线与第16肋间的交点，坐骨结节水平线与第14肋间的交点，肩关节水平线与第10肋间的交点，终止于第5肋间下端（图1-35）。

（3）犬肺叩诊区：上界为一条自肩胛骨后角所画的距背中线2～3指宽的水平线；前界为起自肩胛骨后角并沿其后缘向下所画的一条垂线，终止于第6肋间下部；后界为自第12肋骨与脊柱交接处开始，向下、向前经过以下3点所画的弧线：髋结节水平线与第11肋间的交点，坐

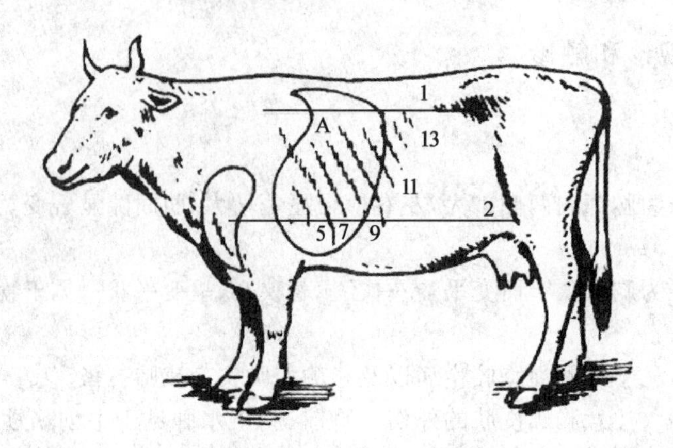

图 1-34　牛的肺脏叩诊区

1.髋结节水平线　2.肩关节水平线　5、7、9、11、13.示肋骨数

骨结节水平线与第 10 肋间的交点,肩关节水平线与第 8 肋间的交点,终止于第 6 肋间下部。

(4)猪肺叩诊区:上界距背中线 4～5 指宽(6～8 cm);前界由肩胛骨后角向下所画的一条垂线,终止于第 4 肋间下部;后界为自第 11 肋骨与脊柱交接处开始,向下、向前经过以下 3 点所画的弧线:髋结节水平线与第 11 肋间的交点、坐骨结节水平线与第 9 肋间的交点、肩关节水平线与第 7 肋间的交点,终止于第 4 肋间下端。而肥猪的肺叩诊区不明显,其上界往往下移,前界后移。

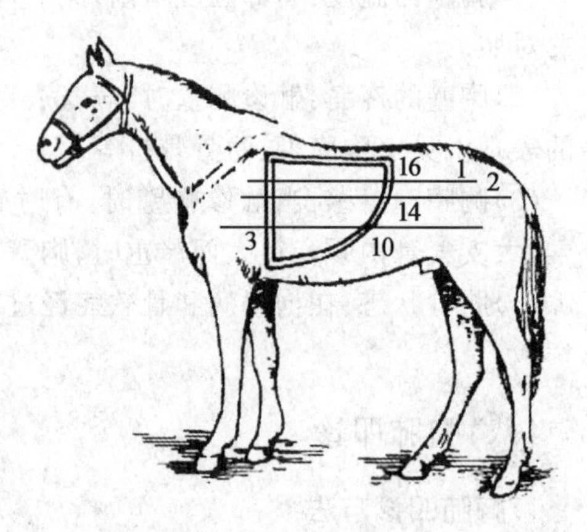

图 1-35　马的正常肺脏叩诊区

1.髋结节水平线　2.坐骨结节水平线
3.肩关节水平线　10、14、16.示肋骨数

3.肺叩诊区的病理变化　肺叩诊区的病理变化主要表现为扩大或缩小。其变动范围与正常肺叩诊区相差 2～3 cm 及以上时,才可认为是病理征象。

(1)肺叩诊区扩大:肺界扩大主要是由于肺体积增大(肺气肿)或胸腔积气造成的,表现为肺叩诊区后界后移。急性肺气肿时,肺后界后移常达最后一个肋骨,心脏绝对浊音区缩小或消失。大家畜慢性肺气肿时,肺界可后移 2～10 cm。

(2)肺叩诊区缩小:表现为肺叩诊区后界前移,主要是腹内压增高性疾病导致的对膈的压力增强,见于急性胃扩张、急性肠臌气、急性瘤胃臌气、急性瘤胃积食、腹腔积液等。有时也可表现为肺叩诊区下界上移,提示心肥大、心扩张和心包积液,见于牛创伤性心包炎。

4.叩诊音的病理变化　在病理情况下,胸肺叩诊音的性质可能发生显著的变化。其性质和范围取决于胸肺病变的性质、大小以及病变的深浅。病理性叩诊音一般包括浊音、半浊音、水平浊音、鼓音、过清音、金属音和破壶音。

(1)浊音或半浊音:由肺的炎性渗出和肺实变引起。大片浊音区主要见于大叶性肺炎肝变区。大小不等散在的浊音或半浊音区主要见于小叶性肺炎。

(2)水平浊音:当胸腔积液(渗出液、漏出液、血液等)达一定量时,叩诊积液部位则呈现浊音。由于液体上界呈水平面，故浊音区的上界亦呈水平线，称为水平浊音。水平浊音的位置随病畜姿势的改变而变化。

(3)鼓音：

①当肺泡内含气量减少，伴有肺泡弹性减低时，如大叶性肺炎的充血期和吸收期，声音的传导性增强，叩诊呈浊鼓音。

②肺空洞：当肺实质部分溶解、缺损形成空洞，叩诊呈鼓音。空洞越大(其直径不小于3～4 cm)、越接近肺表面(不远于3～5 cm)、空洞的四壁越光滑且紧张力越高时，鼓音越明显。见于肺脓肿和肺坏疽破溃期、肺结核的空洞期等。

③支气管扩张：慢性支气管炎、肺结核、肺寄生虫病等往往引起支气管扩张，叩诊可听到鼓音。

④气胸：当胸腔积气时，叩诊可闻鼓音。声音的高低与气体的多少和胸壁紧张度有关。

⑤含气的腹腔器官：胃肠臌气压迫膈肌时，叩诊肺的后下界呈鼓音。膈疝，充气的肠管进入胸腔时，叩诊呈局限性鼓音。当肠管内容物为液体或粪便时，则叩诊呈浊音或半浊音。

⑥胸腔积液：由于水平浊音区的上方肺组织发生膨胀不全，叩诊此部位呈鼓音。或小动物胸腔大量积液，在横卧叩击胸壁时发出鼓音。

⑦皮下气肿：当发生气肿疽、窜入性皮下气肿，使胸壁皮下积气时，叩诊呈鼓音。

(4)过清音：为清音和鼓音之间的一种过渡性声音，其音性类似敲打空盒的声音，故亦称空盒音或高朗音。表示肺组织弹性显著减低，气体过度充盈，主要见于慢性肺气肿。

(5)金属音：类似敲打空的金属容器所发出的声音，其音调比鼓音高朗。这是由于肺组织内有较大的肺空洞，且位置浅表、独立囊腔无通道，叩诊即呈金属音。

(6)破壶音：类似敲打破瓷壶所发出的声音。此乃叩诊经支气管与外界相通的较大的肺空洞时，空洞内的空气受排挤而急速从支气管逸出所发出的声音。见于肺脓肿、肺坏疽和肺结核等形成的大空洞。

(九)胸肺听诊

1.听诊法　肺部听诊区和叩诊区基本一致。听诊时，首先从肺叩诊区中1/3开始，由前向后逐渐听取，其次为上1/3，最后听诊下1/3，每个部位听2～3次呼吸音，并两侧胸部应对照听诊。一般大动物的呼吸音比小动物要弱，小动物的呼吸音在整个肺区都很清楚。当呼吸音不清楚时，可以人工方法增强呼吸，如将动物做短暂的驱赶运动，或短时间堵塞鼻孔，待引起深呼吸时，再行听诊。

2.生理性呼吸音　在正常肺部可听到两种不同性质的呼吸音，即肺泡呼吸音和支气管呼吸音。

(1)肺泡呼吸音：是由于空气在细支气管和肺泡内进出导致肺泡弹性的变化及气流的振动产生的声音。当动物吸气时，气流经细小支气管进入肺泡，产生气流旋涡运动，冲击肺泡壁发出的声音；当动物呼气时，肺泡内气体通过狭窄的肺泡口被挤出，使细支气管壁震动，同时肺泡壁由紧张变为迟缓时发出的声音，即构成了呼吸时的肺泡呼吸音。

肺泡呼吸音为柔和吹风样的"Fu—fu"声。正常情况下，肺泡呼吸音的强弱和性质与家畜的种类、品种、年龄、营养状况、胸壁的薄厚等有关。

犬和猫的肺泡呼吸音最强，其次是绵羊、山羊和牛，而马属动物的肺泡呼吸音最弱。

(2)支气管呼吸音:为喉呼吸音和气管呼吸音的延续,但较气管呼吸音弱,比肺泡呼吸音强。支气管呼吸音的性质类似舌尖顶住上腭呼气所发出的"赫、赫"音。特征为吸气时弱而短,呼气时强而长,声音粗糙而高。这是由于呼气时声门裂隙较吸气时更为狭窄的缘故。

健康马由于解剖生理的特殊性,其肺部听不到支气管呼吸音,如果听到支气管呼吸音则为病理现象。其他健康动物的肺前部可以听到支气管呼吸音,但并非纯粹的支气管呼吸音,而是带有肺泡呼吸音的混合呼吸音,吸气时肺泡呼吸音较明显,呼气时支气管呼吸音较明显。

3.病理性呼吸音

(1)肺泡呼吸音的变化

①肺泡呼吸音增强。有普遍性增强和局限性增强。

普遍性增强:其特征为病畜两侧的整个肺区可听到粗唳的明显增强的肺泡呼吸音。临床上见于发热性疾病、贫血、代谢性酸中毒及支气管炎、肺炎或肺充血的初期。

局限性增强:亦称为代偿性增强。这是由于一侧肺或一部分肺组织有病变而使其呼吸机能减弱或消失,引起健侧或无病变部分的肺组织呼吸机能代偿性增强的结果。见于大叶性肺炎、小叶性肺炎、肺结核、渗出性胸膜炎等疾病时的健康肺区。

②肺泡呼吸音减弱或消失。

进入肺泡的空气量减少:上呼吸道狭窄性疾病(如喉水肿、慢性支气管炎、支气管狭窄):细支气管炎:呼吸肌麻痹:胸部疼痛性疾病(如胸膜炎、肋骨骨折等):全身极度衰弱(如脑炎后期、中毒性疾病的后期以及濒死期)。

肺组织浸润或炎症时:肺泡内有大量的渗出物而不能充分扩张,导致该区肺泡音减弱或消失,见于各型肺炎、肺结核及引起呼吸道分泌物增加的疾病等。

肺泡壁弹性减低:当肺组织极度扩张而丧失弹性时,肺泡音亦减弱,见于肺气肿。

空气完全不能进入肺泡:支气管堵塞、大叶性肺炎肝变期

呼吸音传导障碍:渗出性胸膜炎、胸腔积液、胸壁肿胀等,引起肺泡音的传导不良,听诊时肺泡音减弱或消失。

(2)病理性支气管呼吸音　马的肺部听到支气管呼吸音总是病理现象,其他家畜正常范围(支气管区)以外的其他部位出现支气管呼吸音或肺部听到不含肺泡呼吸音的支气管呼吸音,均为病理性支气管呼吸音。其特征为支气管呼吸音显著增强,呈强的"赫、赫"音。

病理性支气管呼吸音产生条件为:

①肺组织内有范围较大的实变区。常见于大叶性肺炎的实变期。

②肺组织内有较大的肺空洞。常见于肺脓肿、肺结核等。

③压迫性肺不张。见于渗出性胸膜炎、胸腔积水等。

4.啰音

(1)湿啰音:为气流通过呼吸道内稀薄的分泌物(如渗出液、痰液、血液、黏液、脓液等),形成的水泡破裂或液体移动所产生的声音,又称水泡音。

根据产生湿啰音的支气管内径大小不同,可将其分为大、中、小水泡音,即分别产生于大支气管、中支气管和小支气管。大水泡音声音粗大,呼噜声或沸水声明显,有时不用听诊器即可听到。而中、小水泡音声音较弱、细碎。

湿啰音是支气管疾病最常见的症状,亦为肺部许多疾病的重要症状之一。水泡音发生于细支气管炎和支气管肺炎;中水泡音发生于中等大的支气管炎;大水泡音发生于大支气管炎和

肺空洞。

(2)干啰音：是由于呼吸道炎症引起黏膜充血水肿及支气管平滑肌痉挛，使管腔变得狭窄；或支气管产生大量黏稠的分泌物，气流通过发生振动而产生的声音。

5.捻发音　捻发音是由于肺泡内有少量渗出物(黏液)，使肺泡壁或毛细支气管壁互相黏合在一起，当吸气时气流使黏合的肺泡壁或毛细支气管壁被突然冲开所发出的一种爆裂音。捻发音的性质类似在耳边用手指捻搓一束头发所发出的极细碎而均匀一致的"噼啪"声。特征是仅在吸气时可听到，在吸气之末最为清楚。

捻发音表明肺实质(肺泡)发生了病变，常见于细支气管和肺泡的炎症或充血，如大叶性肺炎的充血期、溶解吸收期以及肺水肿的初期。

6.胸膜摩擦音　胸膜摩擦音的特征如下：

(1)类似在耳边两手背互相摩擦所发出的声音，或捏雪声、揉革声、细砂纸摩擦声，声音干而粗糙，呈断续性。

(2)只能在疾病过程的某一阶段出现，声音不稳定，可在短时间内出现、消失或再出现，亦可持续存在数日或更长。

(3)吸气和呼气时均可听到，一般以吸气之末或呼气之初较为明显，深呼吸或将听诊器聚音头用力压迫胸壁时，则声音增强。

(4)可出现在胸膜的任何部位，但在肺脏移动范围较大的部位，如肘后、肺区的下 1/3 以及肋骨弓的倾斜部，听诊比较明显。

(5)触诊有胸膜摩擦感，病畜伴有疼痛、敏感表现。

胸膜摩擦音是纤维蛋白性胸膜炎的示病症状。发生于胸膜炎的初期和渗出液吸收期。

7.拍水音　拍水音是由于胸腔内有多量液体和气体同时存在，随呼吸运动或病畜突然改变体位或心搏动时，引起液体振荡所发出的声音。特征为类似心包拍水音，或半瓶子水振荡发出的声音，故又称振荡音或击水音。吸气和呼气时均能听到，见于渗出性胸膜炎、血胸、脓胸。

8.空瓮音　空瓮音是气流经过细小支气管进入内壁光滑的大的肺空洞时，空气在空洞内共鸣而发出的声音。类似吹狭口空瓶或空保温瓶所发出的声音，声音柔和而深长，常带有金属性质。常见于肺脓肿、肺坏疽、肺结核等。

五、操作重点提示

(1)白色皮肤部分，颜色的变化容易识别；有色素的皮肤，则应参照可视黏膜的颜色变化。此外，在鸡应该注意鸡冠的颜色；而猪则应检查鼻盘颜色的变化。

(2)健康动物的可视黏膜湿润，有光泽，呈微红色，随动物种类不同稍有差别，如水牛眼结膜呈鲜红色，马、骡淡红色，猪为粉红色。而且在判定眼结膜颜色变化时，应在自然光线下进行，并注意两眼的比较对照检查。

(3)体温、脉搏、呼吸数等生理指标的测定，是临床诊疗工作的重要内容，对任何病例都要认真地实施。一般来说，体温、脉搏、呼吸数的相关变化，通常是并行的，如体温身高，随之脉搏、呼吸数也相应地增加；而体温下降，则脉搏、呼吸数也随之而减少。

(4)当动物颈部检查时，颈静脉沟处出现肿胀、硬结并伴发有热、痛反应，是颈静脉及其周围炎症的特征，多有静脉注射时消毒不全或刺激性药物(如氯化钙)漏注于脉管外的病史。但应注意，在牛当颈部垂皮肿胀严重时，也可引起颈静脉沟处的肿胀，一般无热痛反应，常见于创伤性心包炎。

(5)心脏听诊时,需要注意的是每个心动周期中有两个心音,某些病理过程中只能听到一个心音(如当血压过低或心率过快时第二心音可极度减弱甚至难以听到)。此际,应配合心搏动或动脉脉搏频率的检查结果而确定。

(6)肺部听诊时,常听到一些与呼吸无关的杂音,此类声音往往扰乱听诊,特别是初学者有时会误认为呼吸音。属于这一类的声音包括咀嚼、吞咽食物、反刍、嗳气、磨牙、呻吟、肌肉震颤、被毛摩擦、心音异常高朗和前胃收缩以及胃肠的蠕动引起的声音等,对此应予以特别注意。

(7)呼吸音的共同特征为伴随着呼吸运动和呼吸节律而出现。若为病理性呼吸音,则常伴有呼吸器官疾病的其他症状和变化,而其他杂音的发生则与呼吸无关。由于膈疝或膈破裂部分肠管进入胸腔而产生的肠蠕动音或肠管振荡音,应结合病史、腹痛症状和 X 线检查结果,进行全面综合分析。

六、实训总结

一般来说,除了调查病史外,对于疾病的诊断更为重要的是对动物进行细致的检查,全面的搜集症状。搜集症状,不但要全面系统,防止遗漏,而且要依据疾病的进程,随时观察和补充。因为每一次对动物的检查,都只能观察到疾病全过程中的某个阶段的变化,而往往要综合每个阶段的变化,才能够对疾病有比较完整的认识。在搜集症状的过程中,还要善于及时归纳,不断地做大体上的分析,以便发现线索,一步步地提出要检查的项目。

七、思考题

1. 皮肤肿胀的类型有哪些?
2. 常见心脏杂音的类型和特点是什么?
3. 临床上呼吸困难的分类和特点是什么?

实训 1-4　动物剖检技术

一、实训目标和要求

动物剖检是运用病理解剖学知识，通过检查尸体的病理变化来诊断疾病的一种方法。目的和要求是剖检时必须对病尸的病理变化做到全面观察，客观描述，详细记录，然后进行科学分析和推理判断，从中做出符合客观实际的病理解剖诊断。

二、实训设备和材料

1.**动物**　马、牛、羊、猪、犬、猫。

2.**器材**　解剖刀、剥皮刀、脏器刀、外科刀、脑刀、外科剪、肠剪、骨剪、骨钳、镊子、骨锯、双刃锯、斧头、骨凿、阔唇虎头钳、探针、量尺、量杯、注射器、针头、天平、磨刀棒或磨刀石等。

三、知识背景

(1)尸体剖检是最为客观、快速的畜禽疾病诊断方法之一。对于一些群发性疾病，如传染病、寄生虫病、中毒性疾病和营养缺乏症等，或对一些群养动物(尤其是中、小动物如猪和鸡)疾病，通过尸体剖检，观察器官特征病变，结合临床症状和流行病学调查等，可以及时做出诊断(死后诊断)，及时采取有效的防治措施。

(2)尸体剖检还是病理学不可分割的、重要的实际操作技术，是研究疾病的必需手段，也是学生学习病理学理论与实践结合的一条途径。随着养殖业的迅速发展和一些新畜种、新品种的引进，临床上常会出现一些新病，老病可能发生新变化，给诊断造成一定的困难。对临床上出现的新问题，对新的病例进行尸体剖检，可以了解其发病情况，疾病的发生、发展规律以及应采取的防治措施。

四、实训操作方法和步骤

1.**外部检查**　在剥皮之前检查尸体的外表状态。外部检查的内容，主要包括：

(1)尸体概况，畜别、品种、性别、年龄、毛色、特征、体态等。

(2)营养状态，可根据肌肉发育情况及皮肤和被毛状况判断。

(3)皮肤，注意被毛的光泽度、皮肤的厚度、硬度及弹性、有无脱毛、褥疮、溃疡、脓肿、创伤、肿瘤、外寄生虫等，有无粪泥和其他病理产物的污染。此外，还要注意检查有无皮下水肿和气肿。

(4)天然孔(眼、鼻、口、肛门、外生殖器等)的检查，首先检查各天然孔的开闭状态、有无分泌物、排泄物及其性状、量、颜色、气味和浓度等。其次应注意可视黏膜的检查，着重检查黏膜色泽变化。

(5)尸体变化的检查，家畜死亡后，舌尖伸出于卧侧口角外，由此可以确定死亡时的位置。

尸体变化的检查,有助于判定死亡发生的时间、位置,并与病理变化相区别。

2.**致死动物** 发病系统不同、检验目的不同,致死动物的方法也不同。

(1)放血致死:大、中、小动物均适用。即用刀或剪切断动物的颈动脉、颈静脉、前腔动静脉等,使动物因失血过多而死亡。

(2)静脉注射药物致死:如静脉注射甲醛、来苏儿等。

(3)人造气栓致死:从静脉中注入空气,使动物在短时间内死于空气性栓塞。

(4)断颈致死:用于小动物或禽类。即将第一颈椎与寰椎脱臼,致使脊髓及颈部血管断裂而死,临床上常用于鸡的致死。这种方法方便、快捷,多数情况下不需器具,但却可造成喉头和气管上部出血,故呼吸道疾病时要注意区别。

(5)断延髓:用于大家畜如牛的致死。这种方法要求有确实的把握,否则较危险。

3.**内部检查** 内部检查包括剥皮、皮下检查、体腔的剖开及内脏的采出和检查等。

(1)剥皮和皮下检查:为了检查皮下病理变化并利用皮革的经济价值,在剖开体腔以前应先剥皮(图 1-36)。在剥皮过程中,注意检查皮下有无充血、出血、水肿、脱水、炎症和脓肿等病变并观察皮下脂肪组织的多少、颜色、性状及病理变化的性质等。剥皮后,应对肌肉和生殖器官作一大概的检查。

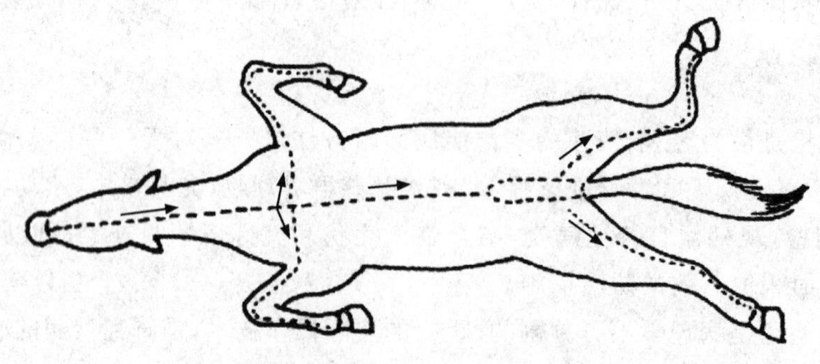

图 1-36 剥皮顺序

(2)暴露腹腔:视检腹腔脏器。按不同的切线将腹壁掀开,露出腹腔内的脏器(图 1-37),并立即进行视检。检查的内容包括:腹腔液的数量和性状,腹腔内有无异常内容物,腹膜的性状,腹腔脏器的位置和外形,横膈膜的紧张程度,有无破裂等。

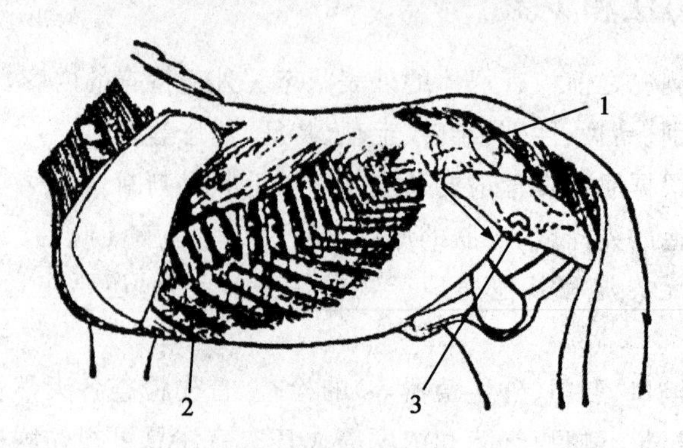

图 1-37 马腹腔切开

1.肷窝 2.剑状软骨 3.耻骨前缘

(3)胸腔的剖开和胸腔脏器的视检：剖开胸腔(图 1-38)，注意检查胸腔液的数量和性状，胸腔内有无异常内容物，胸膜的性状，肺脏，胸腺，心脏等。

(4)腹腔脏器的采出：腹腔脏器的采出与检查可以同时进行，也可以先采出后检查。腹腔脏器的采出包括胃、肠、肝、脾、胰、肾和肾上腺等的采出(图 1-39)。

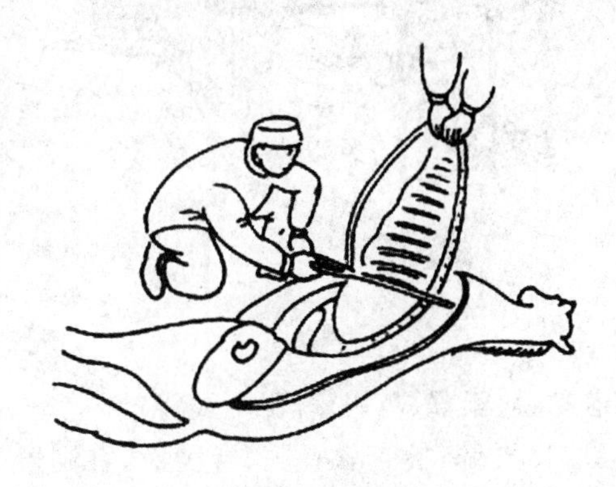

图 1-38　锯开胸腔

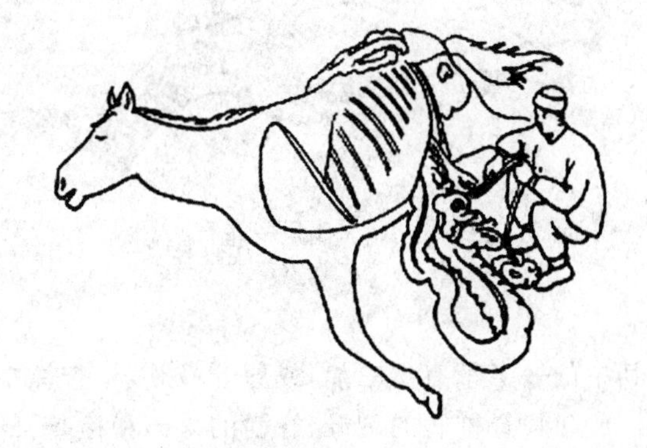

图 1-39　小肠采出

(5)胸腔脏器的采出：为使咽、喉头、气管、食道和肺联系起来，以观察其病变的互相联系，可把口腔、颈部器官和肺脏一同采出。但在大家畜一般都采用口腔、颈部器官、胸腔器官分别采出。

(6)口腔和颈部器官的采出：先检查颈部动静脉、甲状腺、唾液腺及其导管，颌下和颈部淋巴结有无病变，然后采出口腔和颈部的器官(图 1-40)。

(7)颈部、胸腔和腹腔器官的检查：脏器的检查最好在采出的当时进行，因为此时脏器还保持着原有的湿润度和色泽。如果采出过久，由于受周围环境的影响，脏器的湿润度和色泽会发生很大的变化，使检查发生困难。但是，应用边采出边检查的方法，在实际工作中也常感不便，因为与病畜发病和致死原因有关的病变有时被忽略。通常，腹腔、胸腔和颈部各器官和病畜发病致死等问题的关系最密切，所以这三部分脏器采出之后就要进行检查。检查后，再按需要采出和检查其他各部分。至于这三部分器官的检查顺序应服从疾病的情况，即先取与发病和致死的原因最有关系的器官进行检查，与该病理过程发生发展有联系的器官可一并检查。或考虑到对环境的污染，应先检查口腔器官，再检查胸腔器官，之后再检查腹腔脏器中的脾和肝脏，最后检查胃肠道。总之，检查顺序服从于检查目的和现场的情况，不应墨守成规。既要细致搜索和观察重点的病变，又要照顾到全身一般性检查。脏器在检查前要注意保持其原有的湿润程度和色彩，尽量缩短其在外界环境中暴露的时间。

(8)骨盆腔脏器的采出和检查：在未采出骨盆腔脏器前，先检查各器官的位置和概貌。可在保持各器官的生理联系下一同采出。公畜先分离直肠并进行检查，然后检查包皮、龟头、尿道黏膜、膀胱、睾丸、附睾、输精管、精囊及尿道球腺等。母畜检查直肠、膀胱、尿道、阴道、子宫、输卵管和卵巢的状态。如剖检妊娠子宫，要注意检查胎儿、羊水、胎膜和脐带等。

(9)脑的采出和检查：剖开颅腔采出脑后，先观察脑膜有无充血、出血和淤血。再检查脑回和脑沟的状态(禽除外)，然后切开大脑，检查脉络丛的性状和脑室有无积水。最后横切脑组织，检查有无出血及溶解性坏死等变化(图 1-41)。

(10)鼻腔的剖开和检查：用骨锯(大、中动物)或骨剪(小动物和禽)纵行把头骨分成两半，

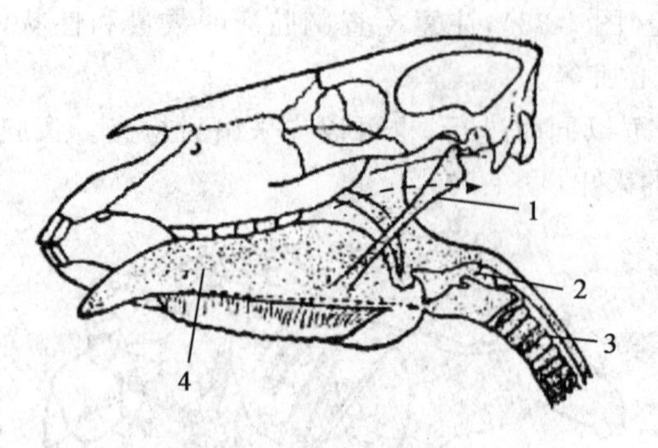

图 1-40 采出口腔器官

1.舌骨 2.喉 3.气管 4.舌

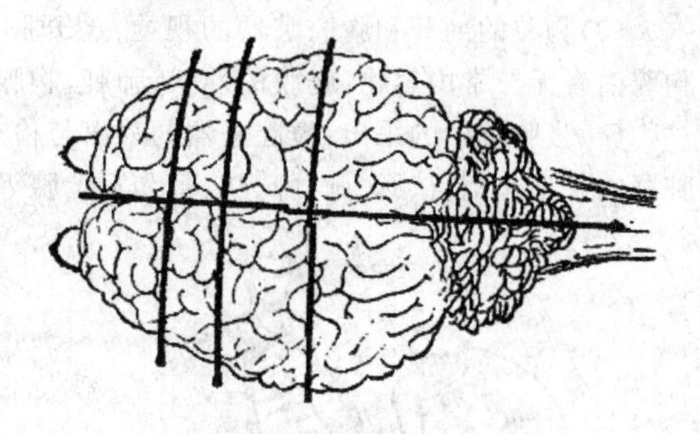

图 1-41 脑的检查

其中的一半带有鼻中隔，或剪开鼻腔，检查鼻中隔、鼻道黏膜、额窦、鼻甲窦、眶下窦等。

(11)脊椎管的剖开、脊髓的采出和检查：剖开脊柱取出脊髓，检查软脊膜、脊髓液、脊髓表面和内部。

(12)肌肉、关节的检查：肌肉的检查通常只是对肉眼上有明显变化的部分进行，注意其色泽、硬度，有无出血、水肿、变性、坏死、炎症等病变。关节的检查通常只对有关节炎的关节进行，看关节部是否肿大，可以切开关节囊，检查关节液的含量、性质和关节软骨表面的状态。

(13)骨和骨髓的检查：主要对骨组织发生疾病的病例进行，先进行肉眼观察，检验其硬度及其断面的形象。骨髓的检查对于与造血系统有关的各种疾病极为重要。检查骨干和骨端的状态，红骨髓及黄骨髓的性质、分布等。

4.某些组织器官检查要点

(1)淋巴结：要特别注意颌下淋巴结、颈浅淋巴结、髂下淋巴结、肠系膜淋巴结、肺门淋巴结等的检查。注意检查其大小、颜色、硬度与其周围组织的关系及横切面的变化。

(2)肺脏：首先注意其大小、色泽、重量、质度、弹性、有无病灶及表面附着物等。然后用剪刀将支气管剪开，注意检查支气管黏膜的色泽、表面附着物的数量、黏稠度(图 1-42)。最后将整个肺脏纵横切割数刀，观察切面有无病变，切面流出物的数量、色泽变化等(图 1-43)。

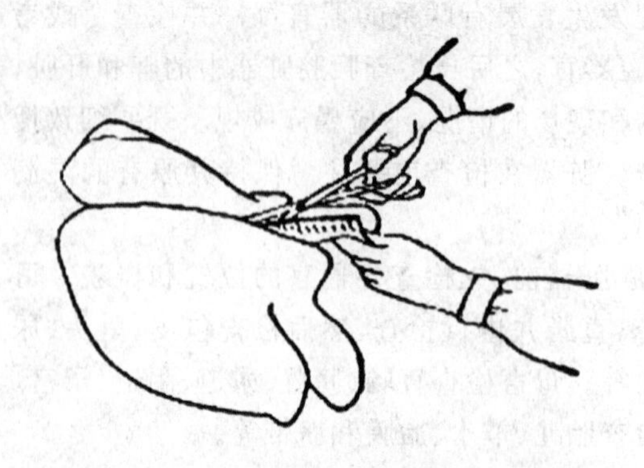

图 1-42 肺脏的检查(剪开气管、支气管)

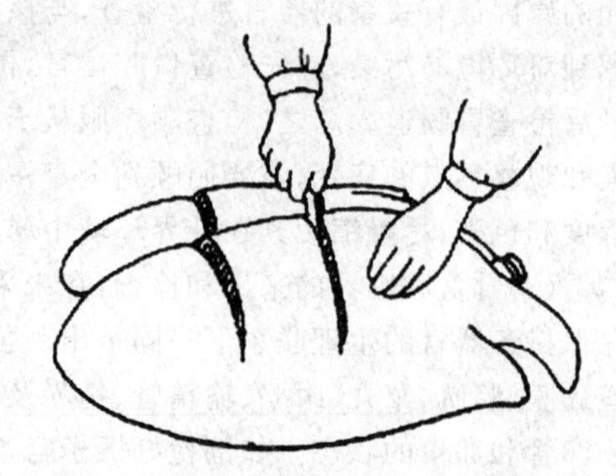

图 1-43 肺脏检查(横行切开肺)

(3)心脏：先检查心脏纵沟、冠状沟的脂肪量和性状，有无出血。然后检查心脏的外形、大小、色泽及心外膜的性状，最后切开心脏检查心腔。沿左侧纵沟切开右心室及肺动脉，同样再切开左心室及主动脉。检查心腔内血液的性状，心内膜、心瓣膜是否光滑、有无变形、增厚，心肌的色泽、质度，心壁的厚薄等(图 1-44)。

(4)脾脏：脾脏摘出后，注意其形态、大小、质度，然后纵行切开，检查脾小梁、脾髓的颜色，红、白髓的比例，脾髓是否容易刮脱(图 1-45)。

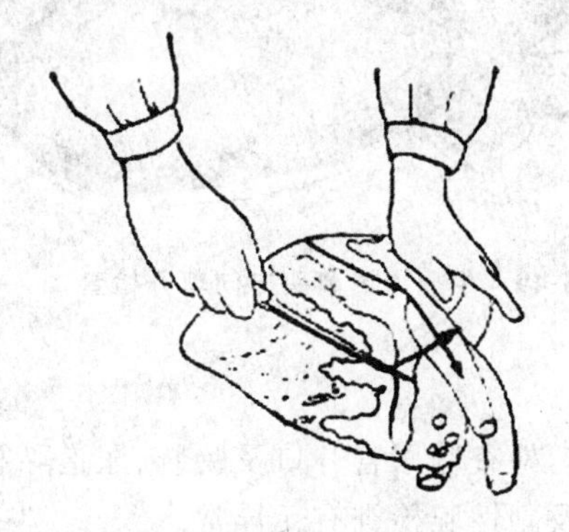

图 1-44　心脏的检查

图 1-45　脾脏检查

(5)肝脏：先检查肝门部的动脉、静脉、胆管和淋巴结。然后检查肝脏的形态、大小、色泽、包膜性状、有无出血、结节、坏死等。最后切开肝组织，观察切面的色泽、质度和含血量等情况。注意切面是否隆突、肝小叶结构是否清晰、有无脓肿、寄生虫性结节和坏死等(图 1-46)。

(6)肾脏：先检查肾脏的形态、大小、色泽和质度，然后由肾的外侧面向肾门部将肾脏纵切为相等的两半，禽除外。检查包膜是否容易剥离，肾表面是否光滑，皮质和髓质的颜色、质度、比例、结构，肾盂黏膜及肾盂内有无结石等(图 1-47)。

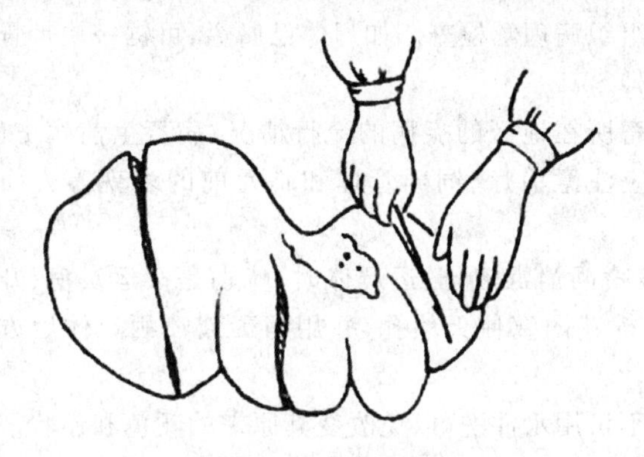

图 1-46　肝脏检查

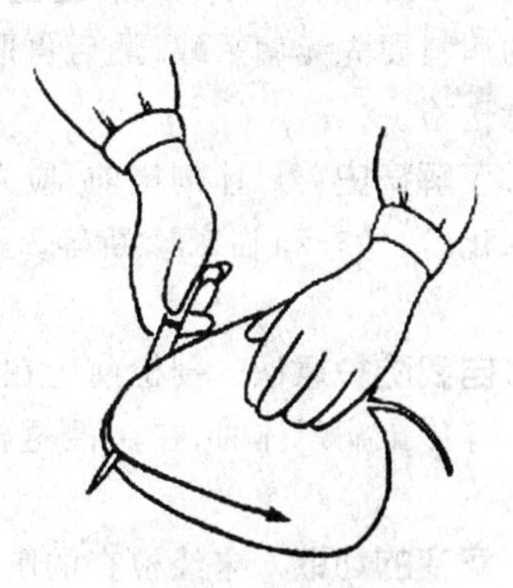

图 1-47　肾脏检查

(7)胃：检查胃的大小、质度、浆膜的色泽、有无粘连、胃壁有无破裂和穿孔等。然后沿胃大弯剖开胃，检查胃内容物的性状、黏膜的变化等(图 1-48)。反刍动物胃的检查，特别要注意网胃有无创伤，是否与膈相粘连。如果没有粘连，可将瘤胃、网胃、瓣胃、皱胃之间的联系分离，使四个胃展开。然后沿皱胃小弯与瓣胃、网胃之大弯剪开。瘤胃则沿背缘和腹缘剪开，检查胃内容物及黏膜的情况(图 1-49)。

(8)肠管：从十二指肠、空肠、回肠、大肠、直肠分段进行检查。在检查时先检查肠管浆膜面的情况。然后沿肠系膜附着处剪开肠腔，检查肠内容物及黏膜情况。

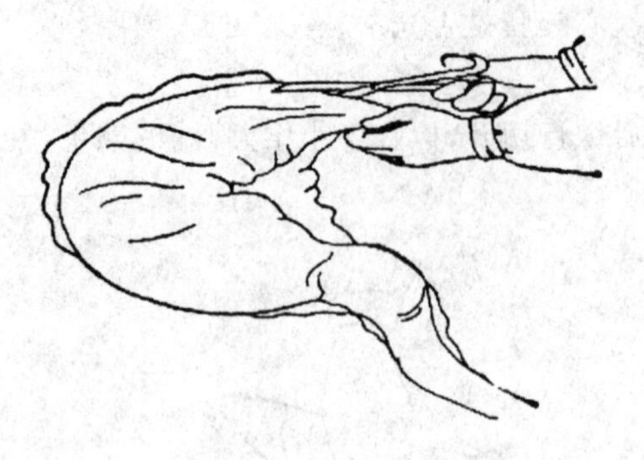

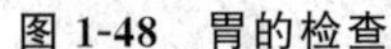

图 1-48　胃的检查

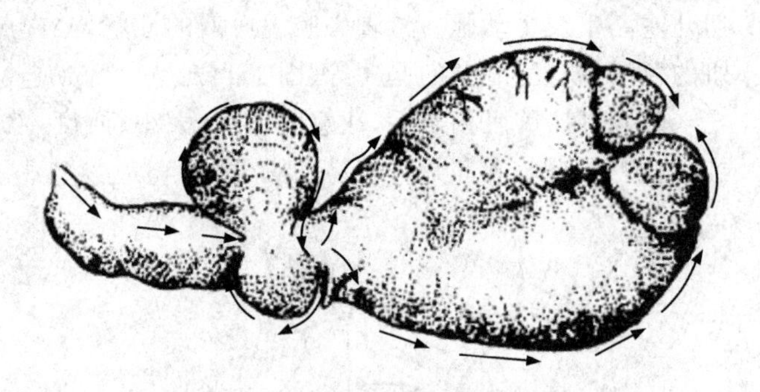

图 1-49　牛瘤胃沿箭头方向剪开检查

(9)骨盆腔器官：

公畜生殖系统的检查，从腹侧剪开膀胱、尿管、阴茎，检查输尿管开口及膀胱、尿道黏膜，尿道中有无结石，包皮、龟头有无异常分泌物。切开睾丸及副性腺检查有无异常。

母畜生殖系统的检查，沿腹侧剪开膀胱，沿背侧剪开子宫及阴道，检查黏膜、内腔有无异常，检查卵巢形状、卵泡、黄体的发育情况，输卵管是否扩张等。

五、操作重点提示

1.尸体剖检的时间　尸体剖检应在病畜死后愈早愈好。尸体放久后，容易腐败分解，尤其是在夏天，尸体腐败分解过程更快，这会影响对原有病变的观察和诊断。剖检最好在白天进行，因为在灯光下，一些病变的颜色(如黄疸、变性等)不易辨认。供分离病毒的脑组织要在动物死后 5 h 内采取。一般死后超过 24 h 的尸体，就失去了剖检意义。此外，细菌和病毒分离培养的病料要先无菌采取，最后再取病料做组织病理学检查。如尸体已腐烂，可锯一块带骨髓的股骨送检。

2.了解病史　尸体剖检前，应先了解病畜所在地区的疾病的流行情况、病畜生前病史，包括临床化验、检查和临床诊断等。此外，还应注意治疗、饲养管理和临死前的表现等方面的情况。

3.自我防护意识　剖检前应在尸体体表喷洒消毒液，搬运尸体时，特别是搬运炭疽、开放性鼻疽等传染病尸体时，在用浸透消毒液的棉花团塞住天然孔，并用消毒液喷洒尸体后方可运送。

4.病变的切取　未经检查的脏器切面，不可用水冲洗，以免改变其原来的颜色和性状。切脏器的刀、剪应锋利，切开脏器时，要由前向后，一刀切开，不要由上向下挤压或拉锯式的切开。切开未经固定的脑和脊髓时，应先使刀口浸湿，然后下刀，否则切面粗糙不平。

5.尸检后处理

(1)衣物和器材：剖检中所用衣物和器材最好直接放入煮锅或手提高压锅内，经灭菌后，方可清洗和处理。解剖器械也可直接放入消毒液内浸泡消毒后，再清洗处理。

(2)尸体：为了不使尸体和解剖时的污染物成为传染源，剖检后的尸体最好是焚化或深埋。特殊情况如人兽共患病或烈性病尸体要先用消毒药处理然后再焚烧。野外剖检时，尸体要就地深埋，深埋之前在尸体上洒消毒液，尤其要选择具有强烈刺激异味的消毒药如甲醛等，以免尸体被意外挖出。

(3)场地：剖检场地要进行彻底消毒，以防污染周围环境。如遇特殊情况(如禽流感)，检验工作应在现场进行，当撤离检验工作点时，要做终末消毒，以保证继用者的安全。

六、实训总结

为了全面系统地检查尸体所呈现的病理变化，尸体剖检必须按照一定的方法和顺序进行。但考虑到各种家畜解剖结构的特点，器官和系统之间的生理解剖学关系，疾病的性质以及术式的简便和效果等，各种动物的剖检方法和顺序既有共性又有个性。因此，剖检方法和顺序不是一成不变的，而是依具体条件和要求有一定的灵活性。不管采用哪种方法都是为了高效率地检查全身各个组织器官。对于所有的动物而言，一般剖检先由体表开始，然后是体内。体内的剖检顺序，通常从腹腔开始，之后胸腔，再后则其他。

七、思考题

1. 动物处死的方法有哪几种？
2. 内部检查的顺序是什么？

实训1-5　动物疾病病料采取、包装和送检

一、实训目标和要求

初步掌握病料的采集、包装和送检的方法。

二、实训设备和材料

1.**器材**　剪刀、镊子、手术刀、注射器、酒精灯、酒精棉、碘酊棉、灭菌棉签、标签、胶布、灭菌手套、无菌样品容器(小瓶、平皿等)、载玻片等。

2.**药品**　消毒液、生理盐水、30%甘油盐水缓冲液、50%甘油盐水缓冲液、10%甲醛等。

3.**动物**　新鲜动物的尸体。

三、知识背景

(1)对患病动物进行病理学、微生物学诊断,并获得准确结果,是疾病诊断最确切的依据之一。要发现组织病变、分离病原微生物,必须准确采集患病组织器官和含菌(病毒)最多的病料。而要准确采集病料,又必须充分了解各种组织器官的正常和病理状态,以及病原微生物在患病动物体内及其分泌物和排泄物中的分布情况。病原微生物在患病动物体内的分布情况是不同的;即使是同一种病原微生物,在病程的不同时期和不同病型中的分布也不相同。因此,在采集病料之前,必须根据该传染病的流行病学特点、临床表现和病理解剖学检验的结果,对被检动物可能患有什么样的疫病做出初步的诊断。然后有针对性地采集最合适的病料进行病理学和微生物检验,这样才容易得到准确结果。

(2)采集病料时应尽可能避免杂菌的污染,要求尽量做到无菌操作,所用的器械、容器等均要求无菌。生前采集的病料,如血液、脓汁、分泌物、粪尿等应尽早送检,不宜久置。动物死后,应立即剖检采取病料,以防组织腐败,不利于病原体的分离。采得的病变组织亦应立即送检。因故缓期送检时,则需冻结保存,保存的时间也不应太久。小动物(如家禽、家兔、羔羊、仔猪等)可将其整个尸体装入塑料袋内送检。

(3)动物的病理学和微生物学诊断方法较多(如显微镜检查、电子显微术、分离培养、组织培养术、荧光抗体法及一般血清学反应等),各个方法对病料的要求又各不相同,因此要求病料在采集时间、初步处理、保存条件、运送方法等方面都要符合实验室相应检查方法的要求。

四、实训操作方法和步骤

(一)病料的采取

1.**棉拭子样品**　应用灭菌的棉拭子采集鼻腔、咽喉或气管内的分泌物、泄殖腔内容物。采集后立即将棉拭子侵入保存液中,密封后低温保存。一般每支棉拭子需保存液1 mL。

2.**血液**　大家畜的采血部位在颈静脉或尾静脉;禽类翅静脉,也可心脏采血;兔子耳缘静

脉,也可心脏采血;犬、猫主要在前肢的头静脉、后肢的隐静脉。

(1)全血样品:通常用于血液学分析、细菌和病毒或原虫的培养。无菌采取全血 10 mL,立即注入盛有抗凝剂(3.8%柠檬酸钠或乙二胺四乙酸钠($EDTANa_2$)或肝素)的灭菌试管内,离心分离出血浆。

(2)血清样品:如要分离血清,可无菌采取血液 10 mL,不加抗凝剂。注入灭菌试管内,离心分离血清。

(3)操作方法:采血前,先将采血部位清洗干净,用 75%的酒精消毒,然后使用一次性采血器或注射器进行采血。如需要全血样品,在采血前直接向采血管中加入抗凝剂,采血后充分摇匀;如需要血清样品,则血液不需加入抗凝剂,在室温下(不能暴晒)静置,待血清析出,经离心机离心分离血清,分装。

(4)保存方法:血清若要长时间保存,则将其置冰箱冷冻层保存,但不可反复冻融。

3.其他液体样本

(1)胆汁:先用烧红的刀片或铁片烙烫胆囊表面,再用灭菌吸管或注射器刺入胆囊吸取胆汁,盛于灭菌试管中。

(2)脓汁:用灭菌注射器无菌操作,抽取未破溃的脓肿深部的脓汁,置灭菌试管中。若为开口的化脓灶或鼻腔时,则用无菌棉签浸蘸后,放在灭菌试管中。

(3)乳汁:乳房先用消毒药水洗净(取乳者的手亦应事先消毒),并把乳房附近的毛刷湿,弃去最初所挤的 3～4 股乳汁,然后采集 10 mL 左右乳汁于灭菌试管中。

(4)供显微镜检查用的脓、血液及黏液抹片:在剖检或采取病料时,取脓汁、血液、渗出液等病料用载玻片制作涂片;脏器等病料可用载玻片制成触片,干燥后包扎好待检。做成的抹片、触片上应注明号码,并另附说明。

4.小家畜及家禽　将整个尸体包入不透水塑料薄膜、油纸或油布中,装入不漏水的容器内,送往实验室。

5.皮肤　用灭菌器械采取病变部位及与之交界的小部分健康皮肤,大小约 10 cm×10 cm 的皮肤一块,保存于 30%甘油缓冲溶液中,或 10%饱和盐水溶液中,或 10%甲醛液中。

6.一般组织　切开动物皮肤、体腔后,需另换一套器械切取器官的组织块并单独放在灭菌的容器内。

(1)用于微生物学检验的病料应新鲜,尽可能减少污染。首先以烧红的刀片或燃着的酒精棉球烫烙脏器表面,用灭菌剪切开一新鲜切口,做涂片或划线接种培养。

(2)淋巴结及内脏:将淋巴结、肺、肝、脾及肾等有病变的部位,各采取 1～2 cm^3 的小方块,分别置于灭菌试管或平皿中。

(3)组织病理学检查样品:采集包括病灶及临近正常组织的组织块,立即放入 10%福尔马林溶液中固定。组织块厚度不超过 0.5 cm,一般切成 1～2 cm^2。

(4)肠道组织、内容物或粪便:选择病变最明显的肠道部分,通过灭菌生理盐水冲洗弃去其中的内容物,取肠道组织。取肠道内容物时,烧烙肠道表面后穿一小孔,持灭菌棉签插入肠内,采取肠管黏膜或内容物;亦可用线扎紧一段肠道(约 6 cm)两端,将两端以外切断,置于灭菌器皿内。

7.胎儿　将流产后的整个胎儿,用塑料薄膜、油布或数层不透水的油纸包装,装入容器内,立即送往实验室。

8.**脑、骨髓** 如作病毒检查,可将脑、脊髓浸入50%甘油盐水液中或将整个头部割下,包入浸过消毒液的纱布或油布中,装入不漏水的容器内送检。

9.**骨头** 剔除表面肉、韧带,表面撒上食盐,然后用浸有5%苯酚(石炭酸)或0.1%升汞的纱布包扎,装入不漏水的容器内。

(二)病料的保存与运输

1.**细菌检验病料** 通常保存于30%甘油生理盐水中。

2.**病毒检验病料** 通常保存于50%甘油生理盐水或加有青、链霉素的磷酸缓冲盐水中或培养病毒用的维持液中保存、送检。

3.**血清学检验病料** 血清可放在灭菌玻璃瓶或青霉素小瓶中,于4℃条件下保存,不要反复冻融。为了防腐,每毫升血清中可加入5%石炭酸溶液1～2滴,或加1/10 000的叠氮钠防腐。

4.**病理组织材料** 用10%福尔马林溶液固定,固定液量为组织体积的5～10倍。容器底应垫脱脂棉,以防组织固定不良或变形,固定时间为12～24 h。已固定的组织,可用固定液浸湿的脱脂棉或纱布包裹,置于玻璃瓶封固或用不透水塑料袋包装于木匣内送检。送检的病理组织学材料要有编号,组织块名称、数量,送检说明书和填写送检单,供检验单位诊断时参考。

5.**微生物检验材料的采取和送检** 采取病料应于病畜死后立即进行,或于病畜临死前扑杀后采取,尽量避免外界污染,以无菌操作采取所需组织,采后放在预先消毒好的容器内。所采组织的种类,要根据诊断目的而定。如急性败血性疾病,可采取心血、脾、肝、肾、淋巴结等组织供检验;生前有神经症状的疾病,可采取脑、脊髓或脑脊液;局部性疾病,可采取病变部位的组织如坏死组织、脓肿病灶、局部淋巴结及渗出液等材料。在与外界接触过的脏器采病料时,可先用烧红的热金属片在器官表面烧烙,然后除去烧烙过的组织,从深部采病料,迅速放在消毒好的容器内封好;采集体腔液时可用注射器吸取;脓汁可用消毒棉球收集,放入消毒试管内;胃肠内容物可收集放入消毒广口瓶内或剪一段肠管两端扎好,直接送检;血液涂片固定后,两张涂片涂面向内,用火柴杆隔开扎好,用厚纸包好送检;小动物可整个尸体包在不漏水的塑料袋中送检,对疑似病毒性疾病的病料,应放入50%甘油生理盐水溶液中,置于灭菌的玻璃容器内密封、送检。

6.**中毒病料的采取与送检** 应采取肝、胃等脏器的组织、血液和较多的胃肠内容物及食后剩余的饲草、饲料,分别装入清洁的容器内,并且注意切勿与任何化学药剂接触,混合密封后,在冷藏的条件下,装于放有冰块的保温瓶,送出。

总之,样品应密封于防渗漏的容器中保存,如塑料袋或瓶。样品若能在24 h内送到实验室,可冷藏运输;否则,应冷冻后运输。暂时不用或备份样品应冷冻(最好－70℃或以下)保存。

五、操作重点提示

(1)严禁剖检疑似炭疽病的动物。对血液凝固不良或天然孔流血的患病(死亡)动物,应采集耳尖血液,尽快确诊是否患有炭疽病。

(2)采集病料最好在使用治疗药物前,死亡动物内脏病料的采集应在其死亡后立即进行,最迟不超过6 h。

(3)在采集血液样品前,动物需禁食8 h,采集血液应根据采集对象、所需血量来确定采血方法与部位。

(4)采样时必须无菌操作，避免外源性污染及样本的交叉感染。解剖采样时，应从胸腔到腹腔，先采集实质脏器，再采集腔肠等易造成污染的组织器官及其内容物。

(5)采样所用刀、剪要锋利，切割要迅速、准确(切忌锯式切割)，还要防止挤压病料，以免人为造成组织病变。

(6)要有选择性地采集病变典型的脏器和其内容物，兼顾病变和健康组织。实质器官采集样品大小一般以不小于 1.5 cm 为宜。

(7)对死因不明的动物尸体采集病料，应根据症状和病例变化有所侧重。有败血症病例变化的，应采集血液、淋巴结、心、脾、肝等；有明显神经症状的，应采集脑、脊髓液等；有流产症状的，应采集流产胎儿、死胎、母畜阴道分泌物等；疑似中毒的，应采集残余饲料及病死动物的呕吐物、胃内容物、血液等。

(8)采样时应注意动物福利和对环境的影响。

(9)动物疫病防控工作人员要做好个人防护工作。一是采集样品时，要戴口罩、穿工作服(防护服)、戴手套、戴护眼镜等，操作要规范；当有皮肤有破损时，更要小心，防止感染病毒或病菌；二是注重个人卫生。接触患畜或其粪便等污染物后要洗手、消毒；三是注意饮食卫生，禁止食用死亡的动物。

六、实训总结

(1)病理组织材料的采样要全面，而且具有代表性，保持主要组织结构的完整性，如肾脏应包括皮质、髓质和肾盂；胃肠应包括从黏膜到浆膜的完整组织等。采取的病料应选择病变明显的部位，而且应包括病变组织和周围正常组织。并应多取几块。切取组织块时，刀要锋利，应注意不要使组织受到挤压和损伤，切面要平整。要求组织块厚度 5 mm，面积 1.5～3 cm^2，易变形的组织应平放在纸片上，一同放入固定液中。

(2)送检时，除注意冷藏保存外，还需将病料妥善包装，避免破损散毒。若系邮寄送检，应将病料于固定液中固定 24～48 h 后取出，用浸有同种固定液的脱脂棉包好后装在塑料袋中，放在盒内邮寄。

(3)送检样品时，应附动物尸体剖检记录、采样记录等有关材料，并写明送检动物品种、年龄、发病情况、采集时间、畜主信息、病料种类、病料数量、检验目的、送检时间、送检单位及通信地址等。

七、思考题

简述常规病理材料采集的方法和注意事项。

实训 1-6　动物血液常规检验技术

一、实训目标和要求

1. 掌握动物血液样本的采集、抗凝方法。

2. 掌握红细胞及白细胞分类、计数，血红蛋白、红细胞压积等的检验操作方法。

二、实训设备和材料

1. 动物　马、牛、羊、猪、犬、猫。

2. 器材　注射器、针头、计数板、盖玻片、显微镜、计数器、吸管。

三、知识背景

1. 采血方法　采血方法的选择，主要决定于实验的目的和所需血量以及动物种类。凡用血量较少的检验如红细胞、白细胞计数，血红蛋白的测定，血液涂片以及酶活性微量分析法等，可刺破组织取毛细血管的血。当需要量较多时可做静脉采血。静脉采血时，若需要反复多次，应自远离心脏端开始，以免发生栓塞而影响整条静脉。有时候血液样品也可以从动脉或心脏穿刺采取。

2. 抗凝方法　采集全血或血浆样品时，在采血前应在采血管中加入抗凝剂，制备抗凝管。如用注射器采血，应在采血前先用抗凝剂湿润注射器。常用的抗凝剂如下。

(1)草酸盐：与血液中钙离子结合形成不溶性草酸钙而起抗凝作用。1 mL 血液用 2 mg 草酸盐即可抗凝。常用的草酸盐为草酸钾、草酸钠等，配成 10%溶液，根据抗凝血量加入试管或玻瓶中，置 45～55℃(不超过 80℃)烘箱内烤干备用。此抗凝剂不适宜钾、钠和钙含量的测定，并且能使红细胞缩小 6%，故也不适宜红细胞压积容量的测定。临床上一般用草酸盐合剂，配方为草酸钾 0.8 g、草酸铵 1.2 g，加蒸馏水 100 mL 溶解，取此液 0.5 mL 加入试管或玻瓶中，可抗凝 5 mL 血液。此抗凝剂能保持红细胞的体积不变(草酸铵使红细胞膨胀，草酸钾使红细胞皱缩)，适用于血液细胞学检查，但不适用于非蛋白氮、血氨等含氮物质和钾、钙的测定。

(2)枸橼酸钠：与血液中钙离子形成非离子化的可溶性钙化合物而起抗凝作用，溶解度和抗凝度较弱，5 mg 可抗凝 1 mL 血液。使用时配成 3.8%溶液，0.5 mL 可抗凝 5 mL 全血。主要用于红细胞沉降速率的测定和输血，一般不作为生化检验的抗凝剂。

(3)乙二胺四乙酸二钠($EDTA\text{-}Na_2$)：与钙离子形成 EDTA-Ca 螯合物而起抗凝作用，1 mL 血液需 1～2 mg，常配成 10%溶液，取此液 2 滴加入试管或玻瓶中，置 50～60℃干燥箱中烘干备用，可抗凝 5 mL 血液。该抗凝剂对血细胞形态影响很小，常用于血液学检验。

(4)肝素：主要是抑制凝血酶原转化为凝血酶，使纤维蛋白原不能转化为纤维蛋白。0.1～0.2 mg 或 20 IU(1 mg 相当于 126 IU)可抗凝 1 mL 血液，常配成 1%溶液，加入试管或玻瓶后在 37℃左右烘干备用，适用于大多数实验诊断的检查。缺点是白细胞的染色性较差。

四、实训操作方法和步骤

(一)血液样本的采集

1.牛、马、羊采血方法

(1)采集少量血液,可容易地在耳背静脉采取。穿刺部剪毛消毒,涂以少量的油脂,以使血液呈滴状,便于采集。

(2)牛、马、羊颈静脉采血:将动物保定,稍抬头颈,于颈静脉沟上 1/3 处交界部剪毛消毒,一手拇指按压采血部位下方颈静脉沟血管,促使静脉怒张,另一手执针头,垂直刺入,血液顺器壁流入容器内,防止气泡产生,待血量达到要求后,拔下针头,用消毒棉球按压针眼,轻按止血。

(3)牛尾静脉采血:固定动物,使牛尾往上翘。在离尾根 10 cm 左右中点凹陷处(第 4、5 尾椎骨交界中点凹陷处),先用酒精棉球消毒,然后将采血针头垂直刺入(约 1 cm 深),针头触及尾骨后再退出 1 mm 进行抽血,采血结束后,消毒并按压止血。

2.猪采血方法

(1)耳静脉采血:将猪站立或横卧保定,耳静脉局部按常规消毒处理。一人用手指捏压耳根部静脉处或用胶带于耳根部结扎,使静脉充盈、怒张(或用酒精棉反复于局部涂擦以引起其充血);术者用左手把持猪耳,将其托平并使注射部位稍高;右手持连接针头的注射器,沿耳静脉使针头与皮肤呈 30°～45°角,刺入皮肤及血管内,轻轻抽活塞手柄如见回血即为已刺入血管,再将注射器放平并沿血管稍向前伸入,解除结扎胶带或撤去压迫静脉的手指采血即可。

(2)前腔静脉采血:由助手将保定绳套于猪口腔上颌(在犬齿之后)行站立保定,将头向上拉起约 30°角,头部偏向左侧,采血部位为颈部下方最低凹处,即两前肢腋窝与气管交汇处(在颈下部沿中线伸延之间)。采血部位先用酒精棉球消毒,采血人员手持注射器,进针前可先用拇指轻轻下压以固定血管避免滑动,针头偏向气管约 15°角方向刺入血管,轻拉注射器活塞即见血液流入针管,抽取所需血量即可。

3.家禽血液采血方法　翼下静脉采血、心脏采血、跖骨内侧静脉采血、右侧颈静脉采血。采血方法的选择,主要取决于采血的目的、所需血样或血清的数量以及家禽的种类、年龄等。凡用血量较少的检验如血液涂片、鸡白痢全血平板凝集试验等,可刺破冠、脚蹼皮下静脉等组织,以吸管或毛细吸管直接取新鲜的血液;用中量血时可从颈、翅静脉血管采集;当需血量较多时可以从心脏采集。雏鸡(1～30 日龄)、水禽可采用跖骨内侧静脉采血法,成鸡(30 日龄以上)可采用翅内侧翼下静脉采血法。

(1)翼下静脉采血法:将被采鸡只翅膀展开,露出腋窝,将羽毛拔去,即可见到明显的翼根静脉,翅静脉是由翼根进入腋窝的一条较粗静脉。用 75%酒精消毒皮肤,抽血时用左手拇指、食指压迫此静脉向心端,血管即怒张。右手拿注射器,针头由翼根向翅膀方向沿静脉平行刺入(约与皮肤呈 15°角)血管内,即可抽血。

(2)跖骨内侧静脉采血法:助手一手固定两翼根部,另一手固定一脚,使禽侧卧,禽脚朝向采血者。采血人员左手固定另一脚,按住跖骨内侧的静脉,使腿部静脉突起,常规消毒后,右手持注射器与跖骨皮肤呈 10°角顺血管方向进针取血。

4.犬、猫的采血　犬、猫的采血方法通常是在其前肢的前臂头静脉和后肢的阴静脉进行采血。对于一些静脉采血比较困难的犬、猫或采血量比较大时,可以考虑颈静脉采血(图 1-50)。

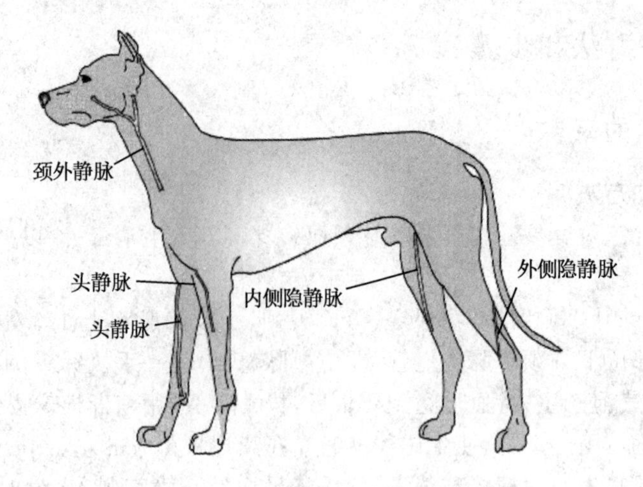

图 1-50　犬、猫静脉血采集可选的静脉

(1)静脉采血:采血者选择一个合适的腿,然后在近心端用合适的止血绷带(小型犬、猫可以用橡皮筋代替)扎紧,前肢扎在肘关节后面,后肢扎在踝关节上面。然后在前肢的臂部或后肢的掌部要采血的部位用酒精棉球消毒,用拇指的掌面部感受怒张的血管,必要的时候可以沿着怒张的血管进行剪毛(如果血管怒张不明显,可以沿着前肢中间的一根明显的韧带或后肢掌面的正中部),找到血管后开始进针。将头皮针接在注射器上,固定牢结合处。第一次的进针点选择在血管的远心端。当血管怒张不是太明显,动物挣扎不是太厉害时,可以正对着血管进针;血管怒张比较明显,动物挣扎比较厉害时,可以从血管的侧面进针,使动物适应后,再进入血管。开始进针时,左手握在其掌部(前肢),使腕关节弯曲,右手拿针,使针与皮肤呈 45°角,进针后见到血将针放平,沿着血管的走向往前进针,在运针时会有一种比较轻松的感觉。然后用左手的拇指压住头皮针的针柄,右手松开止血带后用用手抽动注射器进行采血,或者有助手来抽动注射器采血,操作者用右手挤压进针点的近心端或调整头皮针以利于采血。采足够的血后,放松注射器,使其呈自然状态,然后用右手快速的抽出头皮针,并及时用棉球压迫。

(2)股动脉采血:将犬、猫仰卧后固定,伸展后肢向外拉直,暴露腹股沟,在腹股沟三角区动脉搏动的部位剪去被毛,用碘酒、酒精消毒。左手中指、食指探摸股动脉搏动部位并固定好血管,右手区静脉滴注针,针头由动脉搏动处慢慢刺入,当血液流入注射器时,固定好针头,连接好注射器可抽到大量血液。

5.心脏采血法　心脏采血对心脏损伤较大,也易伤及其他脏器,造成内脏出血,影响正常生长,甚至会造成死亡。特别是雏鸡,常因针头刺破心脏或肝脏导致出血过多而死。心脏采血虽然较有难度,但是采血速度快、血量多、效率高,尤其适用于需要多量血液时采用。4 周龄以内雏鸡:先用手固定鸡的翅膀,使鸡胸骨脊朝上,用手指触摸鸡的心脏三角区、胸骨的前端及两侧锁骨融合成"V"字形的地方(鸭、鹅两锁骨的联合处较圆),能摸到心脏搏动最明显的地方,用酒精棉消毒后,以 9～13 号针头(5 mL 注射器),呈 45°角刺入 2～3 cm 至心脏,即可采得心血。成年鸡心脏穿刺部位是:从胸骨嵴前端至背部下凹处连接线的 1/2 点即为穿刺部位,用细针头在穿刺部位与皮肤垂直刺入 2～3 cm 即可采得心血。

(二)血液常规检验技术

1.细胞沉降速度的测定　是指在室温下观察抗凝血中红细胞在一定时间内在血浆中的沉降速率。测定血沉率的方法很多,兽医临床上常用魏氏(Westergren)法(图1-51)。

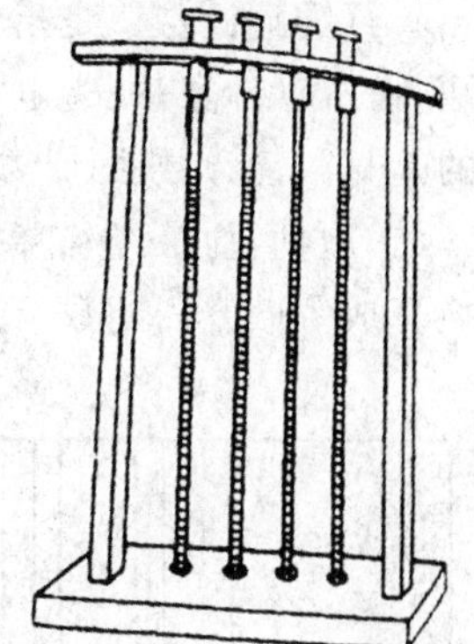

图1-51　魏氏血沉测定器

(1)原理:红细胞沉降速度与红细胞串钱状的形成、红细胞数目的多少、血浆蛋白的组成、测定时室温的变化及血沉管倾斜的程度等因素有关。

(2)操作方法:魏氏血沉管长30 cm,内径为2.5 mm,管壁有200个刻度,每个刻度之间距离为1.0 mm,附有特制的血沉架。测定方法如下:

①取3.8%枸橼酸钠液0.4 mL置于小试管中。

②自颈静脉采血,沿管壁加入上述试管,轻轻混合。

③用血沉管吸取抗凝血至刻度0处,用棉花擦去管外血液,直立于血沉架上。

④经15、30、45、60 min,分别记录红细胞沉降的刻度数,用分数形式表示(分母代表时间,分子代表沉降距离,单位mm)。

2.血红蛋白的测定——沙利氏比色法　血红蛋白是红细胞的主要内含物,它是血红素和珠蛋白肽链联接而成的一种结合蛋白,属色素蛋白。血红蛋白测定是指测定并计算出每升血液中血红蛋白的克数。

(1)原理:血液与盐酸作用后,释放出血红蛋白,并被酸化后变为褐色的盐酸高铁血红蛋白,与标准柱相比,求出每百毫升血液中血红蛋白的克数或百分数。

(2)方法:

①向沙利氏比色管内加0.1 mol/L盐酸5滴。

②用沙利氏吸血管吸血至20 μL刻度处,擦去管外黏附的血液。

③徐徐吹入沙利氏比色管内,不要产生气泡,再反复吸、吹数次,以洗出沙利氏吸血管中的血液。轻轻振动比色管,使血液与盐酸充分混合。

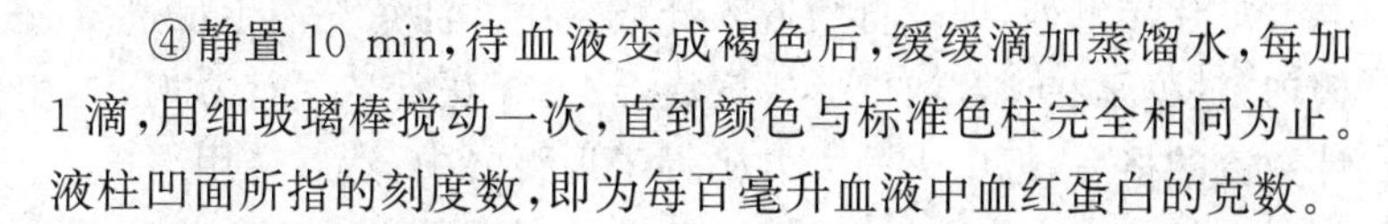

④静置10 min,待血液变成褐色后,缓缓滴加蒸馏水,每加1滴,用细玻璃棒搅动一次,直到颜色与标准色柱完全相同为止。液柱凹面所指的刻度数,即为每百毫升血液中血红蛋白的克数。

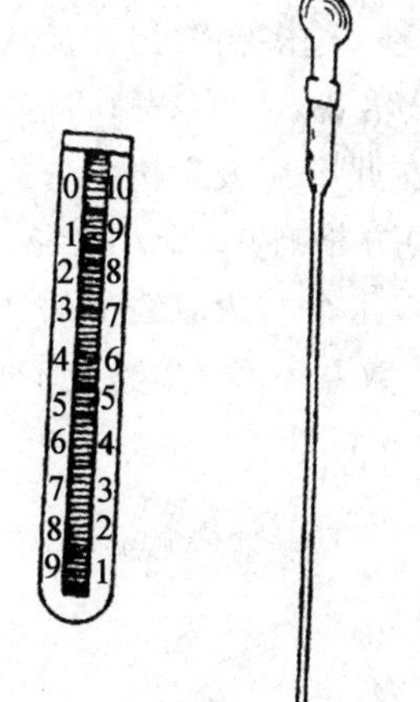

图1-52　温氏管及充血长针头

3.红细胞压积容量测定　又称红细胞比容测定,是指红细胞在血液中所占容积的比值,测定时将抗凝血在一定的条件下离心沉淀,即可测得每升血液中血细胞所占容积的比值。

(1)原理:在100刻度玻璃管中,充入抗凝血至刻度,经一定时间离心后,红细胞下沉并紧压于玻璃管中,读取红细胞柱所占的百分比,即为红细胞压积容量(PCV又称压容、比容)。

(2)方法:

①用长针头吸满抗凝血,插入温氏管底部,轻捏胶皮乳头,自下而上挤入血液至刻度10处(图1-52)。

②置离心机中，以 3 000 r/min 的速度离心 30～45 min(马的血液离心 30 min，牛、羊的血液离心 45 min)，取出观察，记录红细胞层高度，再离心 45 min，如与第一次离心的高度一致，此时红细胞柱层所占的刻度数，即为 PCV 数值用%表示。

4.**红细胞计数** 是指计算每升血液内所含红细胞的数目。红细胞计数的方法有显微镜计数法、血沉管计数法、光电比色法、血细胞电子计数器计数法等。目前在兽医临床上使用最广泛的是显微镜计数法(计数板法)(图 1-53，图 1-54)。

(1)原理：血液经稀释后，充入血细胞计数板，用显微镜观察，计数一定容积内的红细胞数并换算成每微升内的数目。

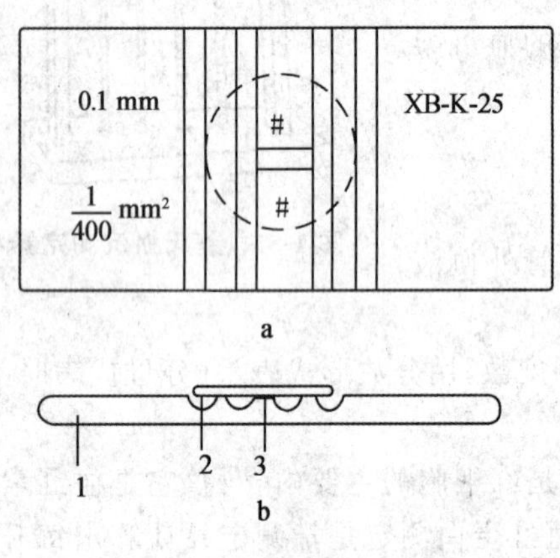

图 1-53 血细胞计数板

a. 正面图 b. 纵切面图

1. 血细胞计数板 2. 盖玻片 3. 计数室

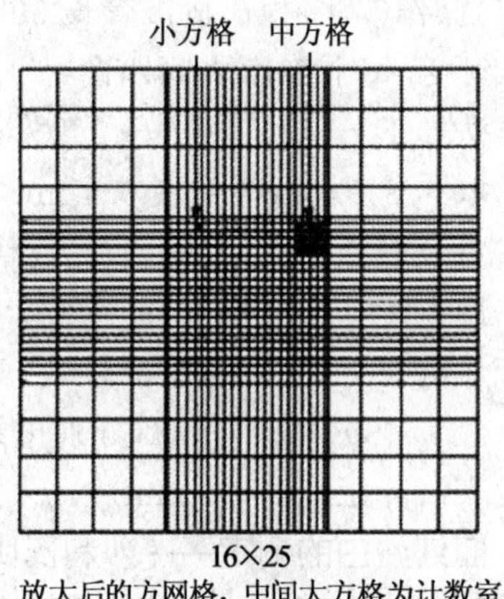

图 1-54 血细胞计数室

(2)方法：用 5 mL 吸管吸取红细胞稀释液 3.98 mL(或 4 mL 亦可)置于试管中。用沙利氏吸血管吸取全血样品至 20 μL 刻度处(或吸血至刻度 10 处，红细胞稀释液用 2 mL)。擦去吸管外壁多余的血液，将此血液吹入试管底部，再吸、吹数次，以洗出沙利氏管内黏附的血细胞，然后试管口加塞，颠倒混合数次，再用毛细吸管(或玻棒)吸取已稀释好的血液，放于计数室与盖玻片接触处，即可自然流入计数室中。注意充液不可过多或过少，过多会溢出而流入两侧槽内，过少则在计数池中形成气泡，致使无法计数。计数时，先用低倍镜，光线要稍暗些，找到计数室的格后，把中央的大方格置于视野之中，然后转用高倍镜。在此中央大方格内选择四角与最中间的 5 个中方格(或用对角线的方法数 5 个中方格)，每个中方格有 16 个小方格，所以共计数 80 个小方格。计数时注意压在左边双线上的红细胞计在内，压在右边双线上的红细胞则不计数在内；同样，压在上线的计入，压在下线的不计入，此所谓“数左不数右，数上不数下”的计数法则。

(3)计算：

$$Y = \frac{X}{80} \times 400 \times 200 \times 10$$

式中：Y ——1 mm^3 血液中红细胞个数。

X ——5 个中方格(即 80 个小方格)内的红细胞总数。

400——一个大方格，即面积 1 mm^2 内共有 400 个小方格。

200——稀释倍数。

10——血盖片与计数板的实际高度是 1/10 mm，乘 10 后则为 1.0 mm。

上式简化后为 $Y = 10\ 000X$（红细胞数/mm^3）。

5.**白细胞计数**　是指计算每升血液内所含白细胞的数目。白细胞计数的方法有显微镜计数法和血细胞电子计数器计数法等。

（1）原理：用稀释液将红细胞破坏后，计算出每微升血中白细胞数。

（2）方法：用 1 mL 吸管吸取白细胞稀释液 0.38 mL（也可吸 0.4 mL）置一小试管中。用沙利氏管吸取被检血至 20 μL 处，擦去管外黏附的血液，吹入小试管中，反复吸吹数次，以洗净管内所黏附的白细胞，充分振荡混合，再用毛细吸管或沙利氏吸血管吸取被稀释的血液，充入已盖好盖玻片的计数室内，静置 1～2 min，低倍镜检查。将计数室四角 4 个大方格内的全部白细胞依次数完，注意压在左线和上线的计入，压在右线和下线的不计入。

（3）计算：

$$Y = \frac{X}{4} \times 20 \times 10$$

式中：Y——每微升白细胞数。

X——四角 4 个大方格内的白细胞总数。

$X/4$——一个大方格（面积为 1 mm^3）内的白细胞数。

20——稀释倍数。

10——血盖片与计数板的实际高度是 1/10 mm，乘 10 后则为 1 mm。

上式简化后为 $Y = 50X$（白细胞数/μL）。

五、操作重点提示

1.采血时的注意事项

（1）采血场所有充足的光线，室温夏季最好保持在 25～28℃，冬季 15～20℃为宜。

（2）采血器具和采用部位一般需要进行消毒。

（3）采血用的注射器和试管必须保持清洁干燥。

（4）若需抗凝全血，在注射器或试管内需预先加入抗疑剂。

2.血沉测定时的注意事项

（1）血沉管必须垂直静立（牛、羊的血液，血沉速度很慢，可倾斜 60°角，以加速沉降。注意，其正常值也相应增加）；血液柱面上不应有气泡；抗凝剂的量要按规定加入，少了会产生血凝块，多了会使血液中的盐分过多，血沉变慢。

（2）报告结果时要注明测定方法。

3.血红蛋白测定的注意事项

（1）吸取抗凝血时，应先将血样振荡混合后再吸取，吸血量要准确，吸血管中的血不应混有气泡，管外黏附的血液要擦去。

（2）血液加盐酸后，要求放置的时间不应少于 10 min，否则会使测定结果偏低。

4.测定红细胞压积的注意事项

(1)温氏管及充液用具必须干燥,以免溶血。

(2)离心时,离心机的转速必须达3 000 r/min以上,并遵守所规定的时间。

(3)用一般离心机离心后,红细胞层呈斜面,读取时应取斜面1/2处所对应的刻度数。血浆与红细胞层之间的灰白层由白细胞与血小板组成,不应计算在内。

5.红细胞计数时的注意事项

(1)红细胞计数是一项细致的工作,稍有粗心大意,就会引起计数不准。关键是防凝、防溶、取样正确。取抗凝血时,抗凝剂的量要合适,不可过少使血液部分呈小块凝集;采血时应注意及时将抗凝剂与血液混匀。防溶是指防止过分振摇而使红细胞溶解,或是器材用水洗后未用生理盐水冲洗而发生溶血,使计数结果偏低。取样正确是指吸血10 μL或20 μL一定要准确,吸血管外的血液要擦去,吸血管内的血液要全部洗入稀释液中,稀释液的用量要准;充液量不可过多或过少,过多可使血盖片浮起,过少则计数室中形成小的空气泡,使计数结果偏低甚至无法计数。此外,显微镜台未保持水平,使计数室内的液体流向一侧,这些操作上的错误均可使计数结果不准确。

(2)器材清洗方法:沙利氏吸血管或试管,每次用完后,先用清水吸吹数次,然后用蒸馏水、酒精、乙醚,按次序分别吸吹数次,干后备下次使用。血细胞计数板用蒸馏水冲洗后,用绒布轻轻擦干即可,切不可用粗布擦拭,也不可用酒精、乙醚等溶液冲洗。

6.白细胞计数的注意事项

(1)与红细胞计数的注意事项相同。

(2)初学者容易把尘埃异物与白细胞混淆,可用高倍镜观察,白细胞有细胞核的结构,而尘埃异物的形状不规则,无细胞核结构。

六、实训总结

血液常规检测是临床上最一般、最基本的血液检验。血液由液体和有形细胞两大部分组成,血常规检查的是血液的细胞部分。血常规检查项目包括红细胞、白细胞、血红蛋白及血小板数量等。通过观察数量变化及形态分布,判断疾病。血常规检查是医生诊断病情的常用辅助检查手段之一。

1.红细胞沉降率的临床意义

(1)血沉率加快:常见于各种贫血性疾病、炎症性疾病及组织损伤或坏死(如结核病、风湿热、全身性感染等)。随着疾病的好转,血沉率逐渐变慢并恢复正常。

(2)血沉率减慢:常见于机体严重的脱水,如胃扩张、肠阻塞、急性胃肠炎、瓣胃阻塞、发热性疾病、酸中毒等。

2.血红蛋白的临床意义

(1)血红蛋白增多:主要见于脱水,血红蛋白相对增加。也见于真性红细胞增多症,是一种原因不明的骨髓增生性疾病,目前认为是多能干细胞受累所致。其特点是红细胞持续性显著增多,全身总血量也增加,见于马、牛、犬和猫。

(2)血红蛋白量减少:主要见于各种贫血。

3.红细胞压积的临床意义

(1)红细胞压积增高:见于各种原因所引起的血液浓缩,使红细胞相对性增多,如急性胃肠炎、肠便秘、肠变位、瓣胃阻塞、渗出性胸膜炎和腹膜炎,以及某些传染病和发热性疾病。由于红细胞压积增高的数值与脱水程度成正比,因此在临床上可根据这一指标的变化而推断机体的脱水情况,并计算补液的数量及判断补液量的实际效果。另外,也见于各种原因所致的红细胞绝对性增多,如真性红细胞增多症、肺动脉狭窄、高铁血红蛋白血症等。

(2)红细胞压积降低:见于各种贫血,但降低的程度并不一定与红细胞数一致,因为贫血有小细胞性贫血、大细胞性贫血及正细胞性贫血之分。

4.红细胞计数的临床意义

(1)红细胞增多:每升血液中红细胞数及血红蛋白含量高于正常参考值上限时,称红细胞和血红蛋白增多。可分为相对性增多和绝对性增多两类。

相对性增多:这是由于血浆中水分丢失,血液浓缩所致,见于严重呕吐、腹泻、大量出汗、急性胃肠炎、肠便秘、肠变位、瘤胃积食、瓣胃阻塞、真胃阻塞、渗出性胸膜炎、渗出性腹膜炎、日射病与热射病、大面积烧伤等。

绝对性增多:这是由于红细胞增生活跃的结果。按发病原因分为原发性和继发性两类。

①原发性红细胞增多:原发性红细胞增多又称真性红细胞增多症,是一种原因不明的骨髓增生性疾病,目前认为是多能干细胞受累所致。其特点是红细胞持续性显著增多,全身总血量也增加,见于马、牛、犬和猫。

②继发性红细胞增多:是非造血系统疾病,发病的主要环节是血中红细胞生成素增多。

A.红细胞生成素代偿性增加:因血氧饱和度减低,导致组织缺氧,红细胞生成素增加,骨髓制造红细胞的机能亢进而引起红细胞增多。红细胞增多的程度与缺氧程度成正比。见于高原适应、慢性阻塞性肺病、先天性心脏病(如肺动脉狭窄、动脉导管未闭、法乐氏四联综合征)、血红蛋白病(如高铁血红蛋白症、硫化血红蛋白症)。

B.红细胞生成素病理性增加:红细胞生成素增加与肾脏疾病或肿瘤有关,如肾囊肿、肾积水、肾血管缺陷、肾癌、肾淋巴肉瘤、小脑血管瘤、子宫肌瘤、肝癌等。

(2)红细胞数减少:见于贫血。每升血液中红细胞数、血红蛋白量及红细胞压积容量低于正常参考值下限时,称为贫血。按病因可将贫血分为4类。

失血性贫血:慢性失血性贫血见于胃溃疡、球虫病、钩虫病、捻转胃虫病、螨病、维生素C和凝血酶原缺乏等疾病。急性失血性贫血见于丙酮苄烃香豆素中毒、草木樨中毒、脾血管肉瘤、犬和猫自体免疫性血小板减少性紫癜、手术和外伤等。

溶血性贫血:见于牛巴贝西虫病、牛泰勒虫病、钩端螺旋体病、马传染性贫血;绵羊、猪、犊牛的甘蓝中毒和野洋葱中毒;新生骡驹溶血病、犬自体免疫性溶血性贫血等。

营养性贫血:见于蛋白质缺乏,铜、铁、钴等微量元素缺乏,维生素B_1、维生素B_2、维生素B_6、维生素B_{12}、叶酸、烟酸缺乏等。

再生障碍性贫血:见于辐射病、蕨中毒、马穗状葡萄球菌毒病、梨孢镰刀菌毒病、羊毛圆线虫病、犬欧利希文病、猫传染性泛白细胞减少症、慢性粒细胞白血病、淋巴细胞白血病、垂体功能低下、肾上腺功能低下、甲状腺功能低下等。

5.白细胞计数的临床意义

(1)白细胞增多:当白细胞数高于参考值的上限时,称白细胞增多。见于大多数细菌性传染病和炎性疾病,如炭疽、腺疫、巴氏杆菌病、猪丹毒、纤维素性肺炎、小叶性肺炎、腹膜炎、肾炎、子宫炎、乳房炎、蜂窝织炎等疾病。此外,还见于白血病、恶性肿瘤、尿毒症、酸中毒等。

(2)白细胞减少:当白细胞数低于参考值的下限时,称白细胞减少。见于某些病毒性传染病,如猪瘟、马传染性贫血、流行性感冒、鸡新城疫、鸭瘟等;见于各种疾病的濒死期和再生障碍性贫血。此外,还见于长期使用某些药物时,如磺胺类药物、青霉素、链霉素、氯霉素、氨基比林、水杨酸钠等。

七、思考题

1.动物的采血方法有哪些?

2.简述红细胞计数的操作方法和计算方法。

3.白细胞增多的临床意义是什么?

实训 1-7　尿液检验技术

一、实训目标和要求

掌握尿液理化性质的检验方法及尿沉渣的检查方法，要求能熟练掌握各种检验方法并能认识尿沉渣和管型。

二、实训设备和材料

1.器材　pH 试纸、试管、滴管、滤纸、离心机。

2.试剂　联苯胺、冰醋酸、过氧化氢、乙醚、乙醇、5%硝普钠（亚硝基铁氰化钠），10%氢氧化钠。

三、知识背景

尿液是血液经过肾小球滤过，肾小管和集合管的重吸收、分泌及排泄产生的终末代谢产物。引起尿液理化成分改变的因素很多，例如：物质代谢障碍，特别是肝、肠的机能障碍；血液理化性质的改变；血液循环的紊乱；神经体液调节机能的障碍；泌尿器官，特别是肾脏的机能性和器质性病变；各种毒物中毒等均可使尿液发生变化。由此可见，尿液的检验，不但对泌尿器官疾病的诊断具有重要意义，也具有决定性的意义，而且对一些内分泌及代谢疾病、循环系统疾病等的判断和分析也具有辅助诊断意义。此外，对预后和检验疗效也有一定的意义。

四、实训操作方法和步骤

（一）尿液酸碱度测定

1.pH 试纸法　可先用 pH 广泛试纸条，然后再用精密试纸条浸润被检的新鲜尿液，立即与标准色板比较，判断尿液的 pH 范围，做出半定量。

2.pH 计测定法　用 pH 计电极可精确测出尿液的 pH。

（二）尿液蛋白质测定

1.干化学试纸法　按蛋白质试纸产品说明书要求，取有效试纸条，浸入被测尿液中一定时间，取出后在容器边缘除去多余尿液，30 s 内对照标准色板比色，根据说明判断结果。

2.硝酸法　取中试管 1 支，滴加 35%硝酸 1～2 mL（20～40 滴），再沿试管壁缓缓滴加尿液，使两液重叠，静置 5 min，观察结果。两液重叠而产生白色环者为阳性反应。白色环愈宽，表示蛋白质含量愈高，可用 1～3 个“+”号表示之。

3.加热乙酸法　取约 10 mL 新鲜澄清尿液于一耐热大试管中，将试管斜置在火焰上，煮沸上部尿液。滴加稀乙酸（冰醋酸 5 mL 加水至 100 mL 配制而成）3～4 滴，再煮沸后，在黑色背景下对光观察结果。如有浑浊或沉淀，提示尿中含有蛋白质。浑浊程度越高，表示蛋白质含量越高，可用1～4个“+”号表示之。

4.磺基水杨酸法 取1支试管，加入澄清尿液2～3 mL，滴加磺基水杨酸试剂（由磺基水杨酸20 g，加入水溶解至100 mL配制而成），立即轻轻混匀，于1 min内观察结果，根据浑浊程度判断，可用1～4个“+”号表示之。

（三）尿中潜血的检验

1.尿液分析仪检测尿潜血 使用尿液分析仪与仪器配套的尿分析试纸条，于混匀的10 mL新鲜尿液中浸入尿试纸条1 s后取出，上仪器进行测定。测定后，自动打印结果。

2.镜检方法 取尿液10 mL于试管中，在离心力为400 g、回转半径15 cm、水平离心机1 500 r/min条件下有效离心5 min。然后手持离心管45°～90°弃去上层液，保留0.2 mL尿沉渣，轻轻混匀后，取20 μL于载玻片上镜检。首先在10个低倍镜下观察尿沉渣的分布情况，再转高倍镜视野仔细观察细胞，记录10个视野的红细胞数，计算出平均值报告。如数量过多可报告红细胞占视野的面积情况，如1/3视野、1/2视野、满视野等。

（四）尿胆原检测

1.Ehrlich醛酸反应定性法

（1）操作方法：

①如尿液内含胆红素，应先取尿液和0.5% mol/L氯化钡各1份混匀，2 000 r/min离心5 min，除去胆红素，取上清液试验；②直接取尿液或除去胆红素的上清1.0 mL，加Ehrlich试剂0.1 mL混匀；③静置10 min，在白色背景下从管口向底观察结果。

（2）结果判定：

阴性：不显樱红色；弱阳性：呈淡樱红色；阳性：呈樱红色；强阳性：呈深樱红色。

（3）注意事项：

①尿液必须新鲜，避光保存；②尿中有酮体、磺胺类药物等可出现假阳性；③反应结果受试管中液体高度影响，应统一用10 mm×75 mm试管；④也可用尿胆原试纸检测，但敏感性较差。

2.尿胆原定量测定法

（1）操作方法：

①取尿液作胆红素定性试验，如阳性，应以尿液10 mL与0.5 mol/L氯化钙2.5 mL充分混合后过滤，收集尿液备用。报告结果时应将测定结果乘以1.25，以校正稀释倍数。

②溶100 mg抗坏血酸于10 mL尿液内，混匀后取两支试管，分别标明测定管和空白管，每管中各加入上述尿液1.5 mL；向空白管中加饱和乙酸钠溶液3.0 mL，混匀再加醛试剂1.5 mL；测定管加醛试剂1.5 mL，混匀再加饱和乙酸钠溶液3.0 mL。

③10 min内，用562 nm波长比色，蒸馏水调零，分别读取空白管、测定管及标准管的吸光度（562 nm波长，光径1 cm比色皿，此标准液吸光度为0.384）。

④计算结果：

$$\text{尿胆原含量}(\mu\text{mol/L})=\frac{\text{测定管吸光度}-\text{空白管吸光度}}{\text{标准管吸光度}}\times 5.86\times\frac{6.0}{1.5}$$

$$=\frac{\text{测定管吸光度}-\text{空白管吸光度}}{\text{标准管吸光度}}\times 23.4$$

(2)注意事项：

①标本必须新鲜，收集后立即测定，避免光的照射。

②尿中其他物质也可能与醛试剂显色，但通常反应时间较长，故在加入醛试剂混匀后，应立即加入饱和乙酸钠终止颜色反应。

③尿中如有胆红素则呈绿色反应，必须预先除去。

④磺胺类、普鲁卡因、卟胆原、5-羟吲哚乙酸等与醛试剂作用呈假阳性。

(五)尿液葡萄糖的检验

1. 葡萄糖氧化酶试纸定性(半定量)试验

(1)操作方法：一般将尿糖试纸浸入尿液中，2～4 s 后取出，1 min 后在自然光下与标准色板比较判断结果。

(2)结果判定：

①不变色为阴性(－)；②淡灰色为弱阳性(＋)；③灰色为阳性(＋＋)；④灰蓝色为强阳性(＋＋＋)；⑤紫蓝色为极强阳性(＋＋＋＋)。

2. 糖还原试验(班氏，Bebedict)法

(1)操作方法：取班氏试剂 5 mL 置于试管中，加尿液 0.5 mL(约 10 滴)充分混合，加热煮沸 1～2 min，静置 5 min 后观察结果。

(2)结果判定：

①管底出现黄色或黄红色沉淀者为阳性反应.

②黄色或黄红色的沉淀愈多，表示尿中葡萄糖含量愈高。

(3)注意事项：

①尿液中如果含有蛋白质，应把尿液加热煮沸，然后过滤，再进行检验。

②尿液与试剂一定要按规定的比例加入，如尿液加入得过多，由于尿液中某些微量的还原物质，也可产生还原作用而呈现假阳性反应。

③应用水杨酸类、水合氯醛、维生素 C 及链霉素治疗时，尿中可能有还原物质而呈现假阳性反应。

(六)尿中酮体的检验

1. Lange 法

(1)操作方法：取中试管 1 支，先加入尿液 5 mL，随即加入 5%亚硝基铁氰化钠溶液和 10%氢氧化钠溶液各 0.5 mL(约 10 滴)，颠倒混匀，再加入 20%的醋酸约 1 mL(20 滴)，再颠倒混匀，观察结果。

(2)结果判定：尿液呈现红色者为阳性，加入 20%醋酸后红色又消失者为阴性。根据颜色深浅的不同，可估计酮体的大约含量。

2. Rothera 改良法　取试剂约 1 g 放在白色磁凹板上，加 2～3 滴尿液，混合。在数分钟内出现不褪色的紫红色为阳性。

3. 试纸法　将酮体检查试纸浸入尿中取出，除去试纸上多余尿液，按规定时间与标准比色板比较判定结果。

(七)尿沉渣的检查

1.操作方法

(1)将尿液静置 1 h 或低速(1 000 r/min)离心 5～10 min。

(2)取沉淀物 1 滴,置于载玻片上。用玻璃棒轻轻涂布使其分散开来。滴加 1 滴稀碘溶液(不加也可),加盖玻片,低倍镜观察。

(3)镜检时,宜将聚光器降低,缩小光圈,使视野稍暗,用低倍镜观察得到大体印象后转换高倍镜仔细观察。

2.镜检结果

(1)尿中的有机沉渣:

①上皮细胞,肾上皮细胞、肾盂及尿路上皮细胞、膀胱上皮细胞(图 1-55)。

②血细胞,红细胞、白细胞。

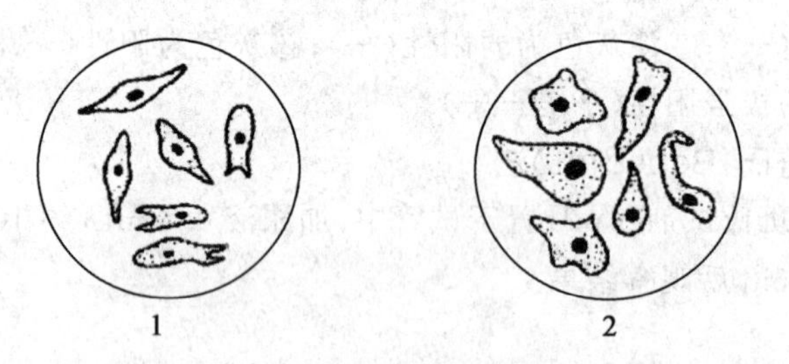

图 1-55　尿沉渣中的上皮细胞

1.肾盂、输尿管上皮细胞　2.膀胱上皮细胞

③管型,透明管型、颗粒管型、上皮管型、红细胞管型、白细胞管型、血红蛋白管型(图 1-56)、脂肪管型、蜡样管型。

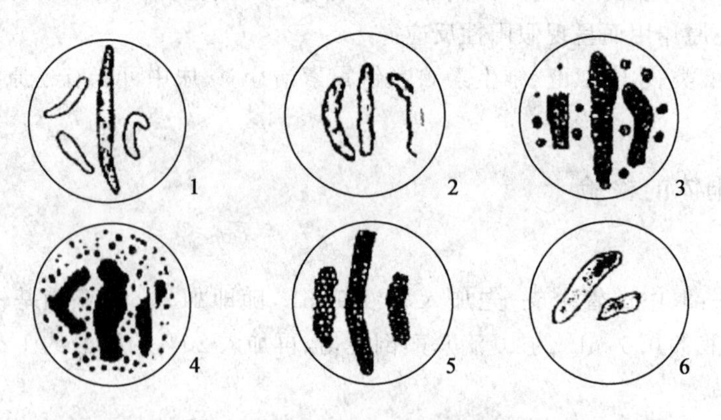

图 1-56　尿沉渣中的各种管型

1.透明管型　2.颗粒管型　3.上皮管型　4.红细胞管型　5.白细胞管型　6.血红蛋白管型

(2)尿中的无机沉渣:

①碱性尿中的无机沉渣,碳酸钙结晶、磷酸铵镁结晶、磷酸钙(镁)结晶、尿酸铵结晶、马尿酸结晶(图 1-57)。

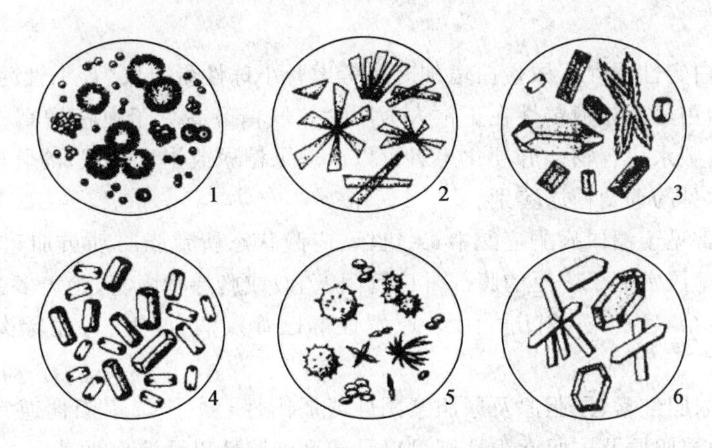

图 1-57　碱性尿中的无机沉渣

1.碳酸钙结晶　2.磷酸钙结晶　3、4.磷酸铵镁结晶　5.尿酸铵结晶　6.马尿酸结晶

②酸性尿中的无机沉渣，草酸钙结晶、硫酸钙结晶、尿酸钙结晶、尿酸盐结晶(图 1-58)。

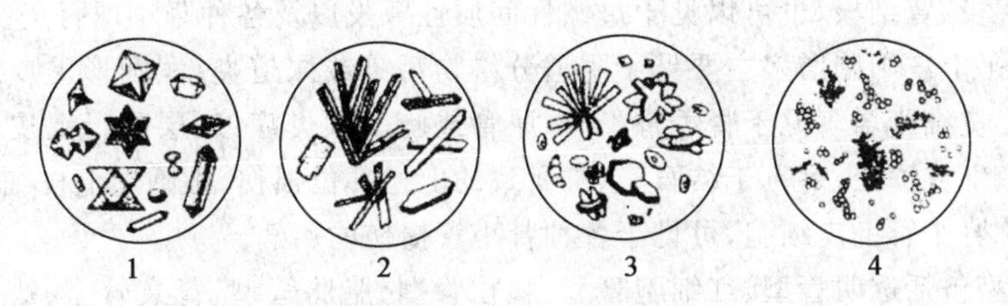

图 1-58　酸性尿中的无机沉渣

1.草酸钙结晶　2.硫酸钙结晶　3.尿酸钙结晶　4.尿酸盐结晶

五、操作重点提示

(1)尿中蛋白测定时，因为马的尿中含有大量碳酸钙，因此应事先加入适量 10%醋酸溶液使尿液呈酸性，尿液即可透明，便于观察结果。

(2)测定尿潜血时，尿液应该先加热煮沸，以破坏可能存在的过氧化氢酶，防止产生假阳性。

六、实训总结

尿常规检查包括尿液一般性状检查、尿液化学检查、尿沉渣显微镜检查三部分内容。综合分析尿常规检查是判断肾脏疾病以及肾功能最重要的指标。尿液一般性状包括尿量、尿色、透明度、泡沫、气味、酸碱度、密度；尿液生化检查包括尿蛋白、尿糖、尿酮体、尿胆原、尿胆素、尿胆红素、尿亚硝酸盐；尿沉渣镜检主要包括红细胞、白细胞、脓细胞、上皮细胞、管型、盐类结晶、磺胺结晶，以及脂肪滴、黏液丝、细菌、真菌、原虫等。

正常尿液呈弱酸性，高蛋白饮食、酸中毒、发热、严重缺钾、痛风以及服用某些酸性药物如氯化铵、维生素 C 等可以导致酸性尿，而碱性尿则见于进食多量蔬菜或水果，碱中毒，Ⅰ型肾小管酸中毒，产尿素酶细菌感染或污染，服用碳酸氢钠、乙酰唑胺(醋唑磺胺)、咪嗪类利尿剂等。

正常人尿蛋白定性阴性。尿蛋白增加时应考虑肾小球性蛋白尿、肾小管性蛋白尿、溢出性蛋白尿、组织性蛋白尿。尿糖定性在正常人为阴性。尿糖升高见于血糖增高、肾性糖尿、应激性糖尿、大量进食碳水化合物。肝硬化患者可以出现果糖尿或半乳糖尿,哺乳期妇女可出现乳糖尿,应注意与常见的葡萄糖尿鉴别。

尿酮体阳性常见于糖尿病酮症酸中毒、饥饿、应激状态所致脂肪动员加速,肝脏酮体生成增加等情况。乳糜尿常见于广泛的腹部淋巴管阻塞和/或胸导管阻塞,绝大多数由班氏丝虫病所致,极少数可由结核、肿瘤、创伤、手术、原发性淋巴管疾病、妊娠、肾盂肾炎、包虫病、疟疾所致。

正常尿液中尿胆红素、尿胆原及尿胆素阴性或弱阳性。尿胆红素阳性通常见于肝细胞性或梗阻性黄疸,而尿胆原及尿胆素阳性则可以见于肝细胞性以及溶血性黄疸。

尿液中红细胞增多也称为血尿,是各种泌尿外科疾病、内科疾病、全身性疾病的常见临床表现之一,也偶尔见于剧烈活动、高热、严寒、重体力劳动、长久站立等生理条件下。一旦发现血尿,应认真进行定位诊断和病因诊断。尿液中白细胞增多,不但可以见于肾盂肾炎、膀胱炎、尿道炎、前列腺炎、肾结核,也可以见于过敏性间质性肾炎以及各种肾小球肾炎。

尿液中扁平上皮细胞增多主要见于阴道分泌物污染或尿道炎;大圆形上皮细胞增多见于膀胱炎;尾形上皮细胞增多见于肾盂肾炎、输尿管或膀胱颈炎症;底层移行上皮细胞来自输尿管、膀胱和尿道上皮深层,可见于结石、感染所致的上述部位损伤,小圆形上皮细胞来自肾小管立方上皮,亦称肾小管上皮细胞,可见于各种肾小管损伤的疾病。

尿液中管型包括透明管型、红细胞管型、颗粒管型、脂肪管型、肾衰管型、蜡样管型等。正常人清晨浓缩尿中可有透明管型,在剧烈活动、高热、全身麻醉和心功能不全等尿中均可见此类管型,但尿液中透明管型增加也常见于各种肾实质病变。红细胞管型常见于急、慢性肾小球肾炎、间质性肾炎、急性肾小管坏死、肾移植急性排异反应,以及各种肾实质出血的疾病。白细胞管型多见于肾盂肾炎,也可见于急性肾炎。上皮细胞管型常提示有肾小管病变。细颗粒管型可见于急、慢性肾小球肾炎,而粗颗粒管型则见于慢性肾小球肾炎以及各种药物、重金属中毒所致肾小管损伤。脂肪管型常见于肾病综合征患者。肾衰管型可见于急性肾功能衰竭多尿早期,慢性肾衰时如出现此类管型,提示应激状态所致脂肪动员加速、肝脏酮体生成增加。蜡样管型的出现一般提示患有长期严重的肾脏病变,如慢性肾衰、淀粉样变性肾病等。

七、思考题

1. 尿常规检测通常需要检测哪些指标?
2. 尿沉渣的组成成分以及管型的种类有哪些?

实训 1-8　粪便检查技术

一、实训目标和要求

了解粪便检验的内容，掌握酸碱度及粪便潜血检验的方法。对粪中寄生虫卵的检查，应有初步的认识。

二、实训设备和材料

1.试剂　pH 试纸、酸度计、联苯胺冰醋酸溶液、30％过氧化氢溶液、饱和食盐水。

2.器材　载玻片、镊子、酒精灯、小试管、60 目金属铜筛、显微镜。

三、知识背景

常规检验方法主要有目视检查、显微检查和化学检查三种。在某些疾病情况下，粪便的颜色、性状等有特定的显著改变，这些肉眼可见的显著变化具有一定的诊断意义。如在胆道梗阻时，粪便因缺乏胆色素而呈白陶土样灰白色；上消化道出血时，大便可呈柏油样黑而具有特殊光泽；在肿瘤导致下消化道出血时，大便往往带有鲜血。另外，消化不良时，粪便含较多未消化的食物残渣；蛔虫、绦虫等寄生虫感染时，有时能从粪便中看见虫体。

四、实训操作方法和步骤

（一）粪便酸碱度测定

常用 pH 试纸法。取 pH 试纸 1 条，用蒸馏水浸湿（若粪便稀软则不必浸湿），也可用“酸度计”，将电极直接与粪球接触，即可读出 pH。

（二）粪便潜血的检验

（1）用竹镊子在粪便的不同部分，选取绿豆大小的粪块，置于洁净的载玻片上涂成直径约 1 cm 的范围。如粪便干燥，可加少量蒸馏水调和涂布。

（2）将玻片在酒精灯缓缓通过数次，以破坏粪中的过氧化氢酶。

（3）冷后，滴加联苯胺冰醋酸溶液 10～20 滴及新鲜 30％过氧化氢酶溶液 10～20 滴，混匀后，将玻片放置于白色背景上观察。

（三）粪中病理混杂物的观察

粪便涂片法：由粪便不同部分采取少许粪块，置于载玻片上，加少量生理盐水，用火柴棒混合并涂成薄片，以能透过书报字迹为宜，加盖玻片，用低倍镜观察整个涂片，然后用高倍镜仔细观察。

(四)粪中寄生虫卵的观察

1.直接涂片法 本法是最简便和最常用的虫卵检查法,但检出率很低。检查时在干净的载玻片上滴少许50%的甘油水溶液,在其中放少量的被检粪便,然后用火柴杆或牙签等加以搅拌,去掉粪便中硬固的渣子,使载玻片上留有一层均匀的粪液,然后盖上盖玻片镜检。

2.饱和盐水漂浮法 于容积约为50 mL的烧杯内,加少量饱和盐水,用竹签挑取不同部位的粪便5～10 g,在饱和盐水中调成糊状,再加饱和盐水,搅成稀水样,挑去大块粪渣,加饱和盐水至满,覆盖载玻片。静置30 min后,小心翻转载玻片,加盖玻片镜检。

3.沉淀法 取被检粪便约5 g,加50 mL水搅拌均匀,用金属筛过滤。滤液静置沉淀20～40 min,倾去上清液,保留沉渣,再加水混匀,再沉淀,如此反复操作直到上层液体透明后,吸取沉渣涂片镜检(图1-59)。

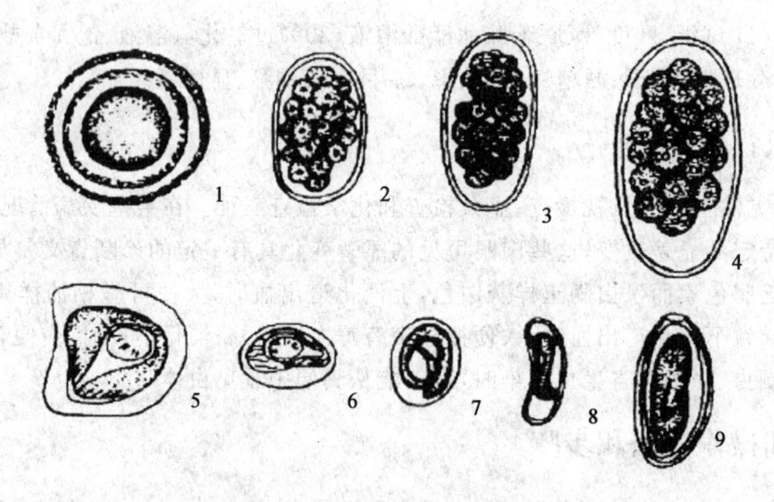

图1-59 马体内寄生虫虫卵形态

1.马蛔虫卵 2.圆形线虫卵 3.毛线虫卵 4.细颈三齿线虫卵 5.裸头线虫卵 6.侏儒副裸头线虫卵 7.韦氏类圆线虫卵 8.柔线虫卵 9.马蛲虫卵

五、操作重点提示

(一)粪便潜血检验时注意事项

(1)所有器材应清洁无血迹;

(2)一定要将粪便标本加热处理,否则可呈现假阳性;

(3)肉食动物应禁食3天肉类食物;

(4)联苯胺、过氧化氢溶液存储时间过久者,不易发生颜色反应。

(二)粪中病理混杂物的观察

1.红细胞 为小而圆、无细胞核的发亮物,常散在或与白细胞同时出现。

2.白细胞 为圆形、有核、结构清晰的细胞,常分散存在。

3.**脓球**　结构模糊不清，核隐约可见，常常聚在一起甚至成堆存在。

4.**上皮细胞**　柱状上皮细胞来自肠黏膜，扁平上皮细胞来自肛门附近。

5.**中性脂肪**　镜检淡黄色折光性强，呈滴状或无色有折光块状，苏丹Ⅲ染红色，在冷乙醇或氢氧化钠中不溶，但加热或用乙醚可溶化。

6.**游离脂肪酸**　为无色细长针状结晶或块状，苏丹Ⅲ染色块状呈红色，针状结晶不着色，加热、冷乙醇、氢氧化钠和乙醚均可使其溶化。

7.**结合脂肪酸**　为针束状或块状，苏丹Ⅲ染色不着色，除冷乙醇可使其溶化外，加热、氢氧化钠和乙醚都不会使其溶化。

(三)粪中寄生虫卵的观察注意事项

(1)寄生虫虫卵大小极不一致，观察时注意形状、大小、卵壳及卵盖、卵细胞等，按照寄生虫图谱所描绘的各种畜禽寄生虫虫卵进行辨认。

(2)制备涂片不可太厚，以能透视书报字迹为宜。

(3)先以低倍镜观察，按上下、左右方向逐次移动以检查全片，必要时转换高倍镜观察。

六、实训总结

通过显微镜镜检可以检出粪便标本中的脂肪小滴、红细胞、白细胞、某些寄生虫和寄生虫虫卵等病理成分。发现脂肪小滴增多提示有肠蠕动亢进、腹泻或胰腺外分泌功能减退等可能；发现大量脓细胞或白细胞，提示有菌痢等感染性肠炎；发现大量红细胞和极少量白细胞，多提示为下消化道出血；发现寄生虫或虫卵可以确诊该寄生虫感染。隐血实验主要用于消化道出血的诊断，胆红素及其衍生物检验可用于严重腹泻、消化道菌群大量抑制、胆道梗阻以及溶血性疾病的辅助诊断实验。目前随着新技术和新方法的出现，如粪便基因检验、色谱和质谱分析等技术的应用，粪便检查也变得更加全面和准确，在临床检查中的作用也将越来越重要。

七、思考题

1.粪潜血的检查方法有哪些？

2.粪中寄生虫检查的方法有哪几种？

实训 1-9　X 线检查技术

一、实训目标和要求

1. 了解 X 线机的一般构造，掌握其使用方法与注意事项。
2. 结合 X 线机的使用，进行透视检查法的一般操作，并初步了解动物胸透的操作方法。
3. 了解 X 线摄影检查的计数条件以及其确定方法。
4. 初步掌握大小动物 X 线摄影检查的方法、步骤与注意事项。
5. 了解 X 线照片的暗室操作技术。

二、实训设备和材料

1. 器材　X 线机、X 线胶片、暗盒及增感屏、铅号码、测后尺、暗室灯、洗片架、洗片桶等。

2. 动物　犬、猫、猪、羊、马、牛。

三、知识背景

(一)X 线的产生

X 线是由高速运动的自由电子群，撞击在一定物质后被突然阻止而产生的，因此，它的产生必须具备三个条件，即自由活动的电子群、电子群高速运行和电子群运行过程中突然被阻止。这三个条件的发生又必须具备两项基本设备，即 X 线管和高电压装置。X 线管的阴极电子受阳极高电压的吸引而高速运动，撞击到阳极靶面而受阻时，大部分动能转变为热，少部分为电磁波辐射，这种辐射就是 X 线。

(二)X 线的特性

X 线本身是一种电磁波，波长极短并且以光的速度直线传播，除具有可见光的基本特征外，主要有以下几种特性：

1. 穿透作用　X 线波长很短，光子的能量很大，对物质具有很强的穿透能力，能透过可见光不能透过的物质。由于 X 线具有这种能穿透动物体的特殊性能，故可用来进行诊断。但穿透的程度与被穿透物质的原子序数及厚度有关，原子序数高或厚度大的物质则穿透弱，反之则穿透强。穿透程度又与 X 线的波长有关，X 线的波长愈短，则穿透力愈强，反之则弱。波长的长短由管电压(kV)决定，管电压愈高则波长愈短。在实际工作中，以千伏的高低表示穿透力的强弱。

2. 荧光作用　X 线是肉眼所不能看见的，当它照射在某些荧光物质上，如铂氰化钡，硫化锌、镉和钨酸钙等时，则可发出微弱光线，即荧光。这是 X 线用于荧光透视检查的基础。

3. 摄影作用　摄影作用也即感光作用，X 线与可见光一样，具有光化学效应，可使摄影胶片的感光乳剂中的溴化银感光，经化学显影定影后，变成黑色金属银的 X 线影像。由于这种作用,X 线又可用作摄影检查。

4.电离作用　物质受 X 线照射时,都会产生电离作用,分解为正负离子。如气体被照射后,离解的正负离子,可用正负电极吸引,形成电离电流,通过测量电离电流量,就可计算出 X 线的量,这是 X 线测量的基础。X 线的电离作用,又是引起生物学作用的开端。

5.生物学作用　X 线照射到机体而被吸收时,以其电离作用为起点,引起活的组织细胞和体液发生一系列理化性质改变,而使组织细胞受到一定程度的抑制、损害以至生理机能破坏。所受损害的程度,与 X 线量成正比,微量照射,可不产生明显影响,但一定剂量,将可引起明显改变,过量照射可导致不能恢复的损害。不同的组织细胞,对 X 线的敏感性也有不同,有些肿瘤组织特别是低分化者,对 X 线最为敏感,X 线治疗就是以其生物学作用为根据的。同时因其有损害作用,又必须注意对 X 线的防护。

(三)X 线机的基本构造

1.X 线管

(1)阴极:通常是一条长螺旋形灯丝,双焦点 X 线管装有两条灯丝。它的用途是当通以低压电流使灯丝点燃加热时能发射电子,灯丝装在一个阴极集射罩内,其一端与罩相连,使罩为负电位而使电子成束状聚射。对电子进行聚焦集束,使撞击靶面的电子束具有一定的形状和大小,形成 X 线管的焦点。

(2)阳极:是一块钨靶,镶在铜柱上,在管内制成具有倾角的斜面,能耐高温的钨块称为靶面,它承受高速运动的电子撞击而产生 X 线。电子的撞击面称为焦点面,产生的热借铜柱面传导出去。但现实的 X 线管内的阳极端,多连接一个防护的铜质阳极罩,其顶面有椭圆入射孔,使电子束能通过而入射于靶面,其侧面有圆孔,为 X 线的射出孔。

(3)管壁由特种硬质玻璃制成,用以固定阴极和阳极,并维持管内的真空(图 1-60)。

现代大型 X 线机,为提高 X 线管的性能和诊断效果,都已使用旋转阳极 X 线管。与静止阳极不同,旋转阳极是一个钨制或合金圆盘,连接在电动机转子的轴上,圆盘周围倾斜。曝光时阳极高速旋转,使电子撞击的焦点不固定在靶面的一个地方,而是整个圆盘的周围,故能耐受的热容量大大提高,可使 X 线管功率增加 2～5 倍,有效焦点面积也缩小数倍,使 X 线的摄影效果和清晰度大为改进。

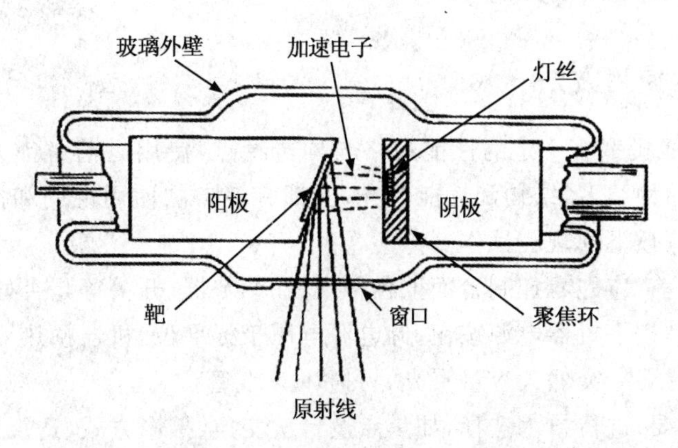

图 1-60　固定阳极 X 线管结构

2. **变压器**

(1)灯丝变压器:灯丝变压器是一种降压变压器,初级线圈与自耦变压器或电源连接,次级线圈与X线管(或整流管)阴极灯丝相连,把输入的电源电压降为数伏至十余伏的低压电供灯丝加热。其次级的一端与高压的次级相连,故灯丝变压器与高压变压器一起装在绝缘油箱或机头内。

(2)高压变压器:高压变压器是一种升压变压器,将交流电的电压升高至数万伏以上供给X线管,使X线管两极间产生很高的电位差,将阴极发射的电子吸引向阳极高速运动,撞击靶面而产生X线。高压变压器的初级线圈与电源或自耦变压器连接。次级线圈圈数很多,分别绕成圈数相等的两卷,中间与毫安表串联并接地,两端与X线管的阴极和阳极连接。

3. **自耦变压器** 自耦变压器也称单卷变压器,只有一组线圈,接电源的输入端为初级,接负载的输出端为次级,利用抽头把线圈分成若干部分,各个抽头的电压便有不同。自耦变压器装在X线机的控制台内,将交流电源输入的单一电压变成各种不同的电压,以供X线机各部分的需要。

4. **整流装置** 小型X线机都是采用自整流电路,即利用X线管本身的单向偏导特性,只在交流电的正半周内有X线产生,负半周X线管无电流通过,也没有X线产生,故其性能低,存在较大缺陷。为克服以上缺点,使交流电正负两半周都产生X线,故200 mA以上的X线机采用全波整流电路,用4只高压整流管组成全波整流电路,使X线管阳极经常保持正电位。随着半导体工业发展,很多大型X线机已采用半导体高压整流器代替原来的高压整流管进行整流,目前应用较广的是高压硅整流管。

5. **控制器** 控制器或称操纵器,是开动一台X线机并调节X线质量的必备装置。控制器通常包括有各种按钮或电磁开关、各种仪表、各种调节器、计时器、交换器、保险丝、指示灯等,集中装在两个称为控制台或操纵台的箱内。其基本用途是调节管电流,以控制X线的量;调节管电压,以控制X线的质;调节限时器,控制X线的照射时间,获得符合诊断要求的X线影像,从而选择不同部位的最佳投照条件。X线机除上述的电气部分外,尚有立柱、道轨、诊断床等附属机械和点片摄影、滤线器摄影,断层摄影等辅助装置。

四、实训操作方法和步骤

(一)X线机的使用方法

各种类型的X线机都有一定的性能规格与构造特点,使用之前必须先了解清楚,切勿超性能使用。X线机的种类多,结构和性能各异,但都有各自的使用说明和操作规程,使用者必须严格遵守。一般应按下列规程操作:

(1)操纵机器以前,应先看控制台面上各种仪表、调节器、开关等是否处于零位。

(2)合上电源闸,按下机器电源按钮,调电源电压于标准位,机器预热。特别要注意在冬季室温较低时,如不经预热,突然大容量曝光,易损坏X线管。

(3)根据工作需要,进行技术选择,如焦点及台次交换、摄影方式、透视或摄影的条件选择。在选择摄影条件时,应注意毫安、千伏和时间的选择顺序,即首先选毫安值,然后选千伏值,切不可先选择千伏值后定毫安值。

(4)曝光时操纵脚闸或手开关的动作要迅速,用力要均衡适当。严格禁止超容量使用,并尽量避免不必要的曝光。摄影曝光过程中,不得调节任何调节旋钮。曝光过程中应注意观察控制台面上的各种指示仪表的动作情况,倾听各电气部件的工作声音,以便及时发现故障。

(5)机器使用完毕,各调节器置最低位,关闭机器电源,最后断开电源闸。

(二)透视检查操作法

1.透视器材的准备

(1)在机头放射窗外安装好活动光门,并检查光门的开张和闭合能否自如。

(2)安装好透视荧光屏,并轻轻旋转机头使放射窗的中心垂直对准荧光屏的中心。

(3)单人作透视观察,应在荧光屏上装上活动折叠式暗箱,集体观察时不装暗箱,但需在透视暗室内进行。

(4)透视者戴红眼镜进行暗适应,调节眼睛适应于在黑暗中观察的视力。

2.机器的调节及透视操作

(1)把透视摄影交换器旋转对准透视标记处,并把脚踏开关接上操纵台的曝光插座,调节好电源电压。

(2)透视检查的条件:管电流通常使用2～3 m最高时亦不能超过5 mA。管电压按被检动物种类及被检部位厚度而定,小动物由50～70 kV,大动物由65～85 kV不等。距离可根据具体情况考虑,一般在50～100 cm之间。曝光时间由脚踏开关控制,通常踏下脚踏开关持续曝光3～5 s,再放松脚踏开关2～3 s,断续进行。

(3)稍打开活动光门,露出一方形小孔,闭目除去红眼镜,即把眼睛套在荧光屏的活动暗箱口处,踏下脚踏曝光,观看方形的淡绿色荧光照射野是否位于荧屏中央,否则调整机头至对准为止。然后在曝光之下再开大活动光门,适当扩大照射野范围(只能小于而不能等于荧光屏,更不能大于荧光屏的面积)。即可正常地进行检查。透视小的部位时,照射野要相应缩小。

(4)留意观察体会荧光的亮度,然后曝光数秒,间歇数秒后再进行小动物四肢较薄部位的观察,注意认识软组织、骨骼、关节间隙的阴影与亮度,体会X线的穿透作用、荧光作用与影响X线穿透力与荧光亮度的因素,理解透视检查在疾病诊断上的意义。

(三)X线摄影检查技术操作方法

(1)根据动物大小,准备相应大小的胶片,装入在暗盒内的两块增感屏之间,紧闭暗盒备用。若把较小的胶片装入较大的暗盒内,须在暗盒上标明胶片的位置。

(2)X线摄片登记和编号。在号码牌上按所编X线号排好铅号码、日期和左、右等铅字,并贴挂在暗盒上。

(3)用测厚尺测量胸厚度(cm),参照条件表选择投照条件。但在毫安秒值维持不变的情况下,尽量用高毫安和短时间曝光。

(4)按选定的投照条件调节好电压(kV)、电流(mA)、曝光时间和距离。

(5)把暗盒装在摄影架上,动物用保定带(或绳)保定两前肢及头部垂直悬挂起来(注意勿压迫气管),进行水平投照。如用卧位摄影,暗盒平放地上或床上,人工保定动物进行垂直投照。

(6)摆放好位置并对准X线束中心。背腹位摄影,矢状面与片盒垂直,胸骨柄与片盒上界等高。侧位投照矢状面与片盒平行,片盒侧缘与胸骨剑突对齐,X线束的中心对准胶片的中心。

(7)接通机器电源,调节好电源电压,在动物安静的瞬时进行曝光,曝光完毕即关闭电源。

(四)暗室技术的操作方法

1.胶片的装卸

(1)X线胶片开盒:胶片装卸过程全部在暗室内进行。先把胶片纸盒封口撕开,关闭白灯,在安全红灯下把盒内包裹胶片的塑料铝箔密封袋反折的封口剪(或切)开,即可进行装片。

(2)装片:把暗盒底朝上平放桌面,打开暗盒。把已开盒的X线胶片密封袋折口打开,用右手拇指及食指伸入封袋内连同保护纸轻轻取出二张胶片,左手掀去护纸的下页,把胶片放入暗盒内的增感屏上,再用左手食指和中指隔着面页护纸检查胶片前沿及两角,若已正确位于暗盒后,右手即把胶片平放盒内并将保护纸取出,把底盖盖好并卡紧。随后把胶片密封袋口反折好,放回纸盒内盖好(如胶片尺寸大,按需要裁小后再行装片)。

(3)卸片:经过摄影曝光的胶片可以卸片后进行冲洗。把暗盒平放于台上打开盒盖,把胶片倒出以手接住。如不能脱出可用指甲在片角上轻轻将其刮起,用食指和拇指拿着片角取出,再夹在洗片架上进行冲洗。

2.X线胶片的冲洗 可以按照比例自行配制显影剂和定影剂,或用分装定影粉成品直接配制。

(1)显影:把已卸下的胶片在洗片架上夹好,放入清水中浸湿后拿起,滴去清水,即放入显影桶内上下移动几次,然后加盖显影,显影液温度为20℃,显影时间4～6 min,如用盆冲时,则不装洗片架。

(2)洗影:把显影完毕的胶片拿起,滴去显影液,再放入清水中漂洗片刻(由数秒至20 s不定)取出滴去清水。

(3)定影:洗影完毕的照片,放入定影桶内定影(盆冲时平放定影室内)10～15 min并加盖。中间可翻动1次。

(4)冲影:定影完毕的胶片拿出,滴去定影液,放入流动清水冲洗0.5～1 h。

(5)干燥:冲影完毕的胶片,拿起滴去清水,放在晾片架上晾干,或放入电热干片箱内烤干。最后装入封套登记,送阅片室阅片和归档。

五、操作重点提示

(一)X线机的使用注意事项

(1)启开电源开关后不要立即曝光,应稍待片刻,使灯丝预热产生足够电子。但使用完毕应立即关闭电源,免使灯丝不必要地点燃,增加蒸发而缩短寿命。

(2)必须在额定性能内使用,切勿过负荷。同时每次摄影曝光之后,应有数分钟间歇,以待阳极靶面散热。连续透视，如机头超过额定温度，应停机冷却，或加风扇散热，免至超过规定的热容量。

(3)在曝光过程中，除透视电流(mA)以外，不能作任何其他调节，有需要时要停止曝光再行调节。

(4)注意熟悉X线机正常使用现象，若发现异常声音、臭味、漏油、荧光过亮或过弱、毫安表指针震动或下跌等等，应立即停机检查。

(5)X线机平日要注意防震防潮，保持清洁干燥，定时检查，安全接地，小心操作使用。

(二)透视的注意事项

(1)透视检查前必须经过眼睛的暗适应，透视者在眼睛未充分适应前，不应开始透视。

(2)透视者必须穿戴铅橡皮围裙及手套。

(3)透视者必须养成全面系统检查的习惯，以免遗漏。

(4)光门不要开得太大，照射野应小于荧光屏，切勿超过荧光屏范围。

(5)在达到准确诊断的基础上，透视时间愈短愈好，不做无谓的不必要的曝光观察。

(6)如系做大批透视普查或透视时间过长，要注意检查机头或管头温度，避免过热。

(7)透视过程中要注意随时确保人员、设备及动物的安全。

(三)拍摄X线照片时的注意事项

(1)胶片的放置与被检部位要一致，方位要正确。

(2)片盒要紧贴被检部位，局部要清洁干燥。

(3)X线束中心要对准被检部位中心并与胶片垂直，拍摄关节时中心线束要对准关节间隙。

(4)拍摄长骨等细长部位，胶片长轴与X线管长轴垂直。拍摄长而宽的部位(如胸、腹)时，X线管长轴与胶片长轴平行，X线管的阳极端应位于投照部较薄的一端。

(四)暗室操作技术的注意事项

(1)暗室内应切实保持黑暗，不能漏光。

(2)胶片的装卸和操作，应避免在红灯下暴露时间过久，致使胶片发灰。

(3)冲洗过程中，胶片避免摩擦划伤，避免重叠或黏着。

六、实训总结

由于X线本身具有特殊的性质，动物体各组织器官因密度不同而具有天然对比，加上人工造影技术的应用，故使X线能应用于诊断。在进行X线检查和诊断疾病时，应遵循以下几项原则：

1.决定X线检查是否必要及其检查的部位与方法　根据临床检查的结果，考虑X线检查是否必要，并进而确定检查的部位和方法。X线检查须根据临床检查的目的要求，确定检查的部位，采用何种检查(透视、普通摄影或特殊造影)，选择何种投照方法及其位置与技术条件。有时经过初次检查后，按实际情况的需要，可再提出进一步的X线检查方案。

2.认识正常、辨别异常 认识正常与辨别异常是X线诊断的一项重要原则。当观察患畜的X线照片或其荧光屏上的影像时,首先要求认识其正常的解剖生理表现,以便通过比较,来辨别是否发生异常变化。对异常的变化进行研究分析,透过现象看本质,从而推断解剖生理的异常表现所代表的病理性质,联系临床资料和病史、症状及化验结果等,最后提出诊断意见。

3.正确评估X线的诊断价值 X线具有独特的性能,可以排除某些症状假象而客观反映动物体内的病理变化,对确定诊断常有重要意义。

七、思考题

1.简述X线机各个部件的性能及其操作方法。

2.简述X线摄影与X线透视的区别。

3.简述X线胶片冲洗的顺序。

实训 1-10　超声波诊断技术

一、实训目标和要求

1. 了解 A 型、B 型、M 型和 D 型超声诊断仪的使用方法。

2. 掌握 B 型超声诊断仪的操作方法和注意事项。

3. 掌握主要脏器如肝、肾、脾和膀胱的探查方法。

二、实训设备和材料

1. **器材**　A 型、B 型、C 型和 D 型超声诊断仪，耦合剂，毛剪，电动推子。

2. **动物**　牛、马、羊、犬、猫。

三、知识背景

（一）超声的物理特性

1. **超声的定向性**　又称方向性或束性。当探头的声源晶片振动发生超生时，声波在介质中以直线的方向传播，声能随频率的提高而集中，当频率达到兆赫的程度时，便形成了一股声束，犹如手电筒的圆柱形光束，以一定的方向传播。诊断上则利用这一特性做器官的定向探查，以发现体内脏器或组织的位置和形态上的变化。

2. **超声的反射性**　超声在介质中传播，若遇到声阻抗不同的界面时就会出现反射。入射超声的一部分声能引起回声反射，所余的声能继续传播。如介质中有多个不同的声阻界面，则可顺序产生多次的回声反射。

超声波垂直于入射界面时，反射的回声可被返回探头接收而在示波屏显示。入射超声与界面成角而不垂直时，入射角与反射角相等，探头接收不到反射的回声。若介质间阻抗相差不大而声速差别大时，除成角反射外，还可引起折射。

3. **超声的吸收和衰减性**　超声在介质中传播时，会产生吸收和衰减。超声由于与介质中的摩擦产生黏滞性和热传播而吸收，又由于声速本身的扩散、反射、散射、折射与传播距离的增加而衰减。吸收和衰减除与介质的不同有关外，亦与超声的频率有关。但频率又与超声的穿透力有关，频率愈高，衰减愈大，穿透力愈弱。故若要求穿透较深的组织或易于衰减的组织，就要用 0.8～2.5 MHz 较低频的超声，若要求穿透不深的组织但要分辨细小结构，则要用 5～10 MHz 较高频的超声。

在超声传播的介质中，当有声阻抗差别大于 0.1％的界面存在时，就会产生反射。超声诊断主要是利用这种界面反射的物理特性。

（二）动物体的声学特性

1. **不同组织结构的反射规律**　超声在动物体内传播时，具有反射、折射、绕射、干涉、速度、声压、吸收等物理特性。由于动物体的各种器官组织(液性、实质性、含气性)对超声的吸收(衰减)、声阻抗、反射界面的状态以及血流速度和脉管搏动振幅的不同,因而超声在其中传播时,就会产生不同的反射规律。分析、研究反射规律的变化特点,是超声影像诊断的重要理论基础。

(1)实质性、液性与含气性组织的超声反射差异:

①在实质性组织中,如肝、脾、肾等,由于其内部存在多个声学界面,故在示波屏上出现多个高低不等的反射波或实质性暗区。

②在液性组织中,如血液,胆汁,尿液,胸、腹腔积液,羊水等,由于它们为均质介质,声阻抗率差别很小,故超声经过时不呈现反射,在示波屏上显示出“平段”或液性暗区。

③在含气性组织中,如肺、胃、肠等,由于空气和机体组织的声阻抗相差近 4 000 倍,超声几乎不能穿过,故在示波屏上出现强烈的饱和回波(递次衰减)或递次衰减变化光团。

(2)脏器运动的变化规律:心脏、动脉、横膈、胎心等运动器官,一方面由于它们与超声发射源的距离不断地变化,其反射信号则出现有规律的位移,因而可在 A 型、B 型、M 型仪器的示波屏上显示;另一方面又由于其反射信号在频率上出现频移,又可用多普勒诊断仪监听或显示。

(3)脏器功能的变化规律:利用动物体内各种脏器生理功能的变化规律及对比探测的方法,判定其功能状态。如采食前、后测定胆囊的大小,以估计胆囊的收缩功能;排尿前、后测定膀胱内的尿量,以判定有无尿液的潴留等。

(4)吸收衰减规律:动物体内各种生理和病理性实质性组织,对超声的吸收系数不同。肿大的病变会增加声路的长度,充血、纤维化的病变增加反射界面,从而使超声能量分散和吸收。由此出现了病变组织与正常组织间,对超声吸收程度的差异。利用这一规律可判断病变组织的性质和范围。超声诊断,就是依据上述反射规律的改变原理,用来检查各种脏器和组织中有无占位性病变、器质性的或某些功能性的病理过程。

2.不同组织结构反射波型的特征 各种类型脉冲超声诊断仪,主要是依据反射波型特征判断被探查组织器官的病理状态。按反射吸收衰减的原理,一般把反射波型分为四种。

(1)液性平段(暗区)型:液体是体内最均匀的介质,超声在其中通过时,由于无声阻抗率的差别,其反射系数为 0,因而无反射波。在 A 型仪示波屏上表示为平段,B 型仪显示为暗区。如正常的尿液、羊水;病理状态下的心包积液,胸、腹腔积液,各种良性囊肿内的黏液性液体。

(2)均质的实质性平段(暗区)型:也称少反射型。反射波型表现为平段或暗区。如正常生理状态下的肝、肾、颅脑、脾及病理状态下的胸腔肥厚、黑肉瘤等。均质的实质性平段或暗区与液性平段或暗区的区别,是当仪器的灵敏度(增益)加大时,实质性平段内可出现少数回波,如用最大灵敏度时,就会有多数回波出现而液性平段则仍无回波出现,只是平段范围有所缩小。

(3)非均质实质性少或多反射(光点)型:也叫多反射型。如正常的乳腺、眼球、厚层肌肉组织等病理状态下的各实质器官炎症或占位性病变(囊性例外)。由于其内部存在着声阻抗率的差别,形成多个声学界面。因此随着非均质的程度不同,反射波或多或少。

(4)全反射(光点)型:也称强反射型。如正常生理下的肺,由于肺泡内充满空气,胸壁的软组织及胞膜的空气间声阻抗率差别很大,因此在正常灵敏度下,就可表现为全反射波(光点),反射能量很大,在肺表面与探头之间来回反射,形成多次反射。其特征是反射波的波幅(A

型)逐次衰减,故又称递减波,在B型仪上表现为逐次递减多层明亮光带。

超声波图像如图1-61,图1-62所示。

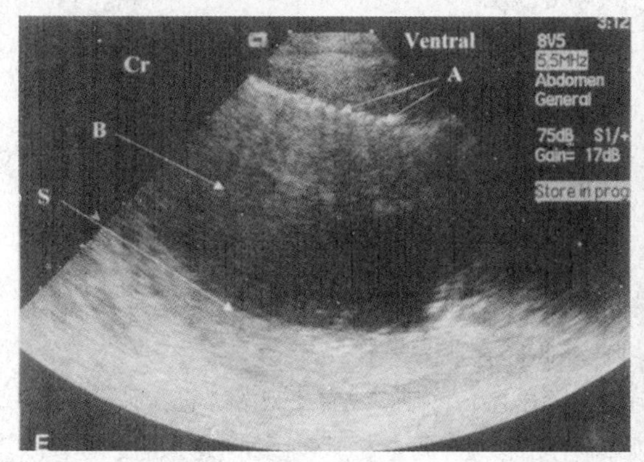

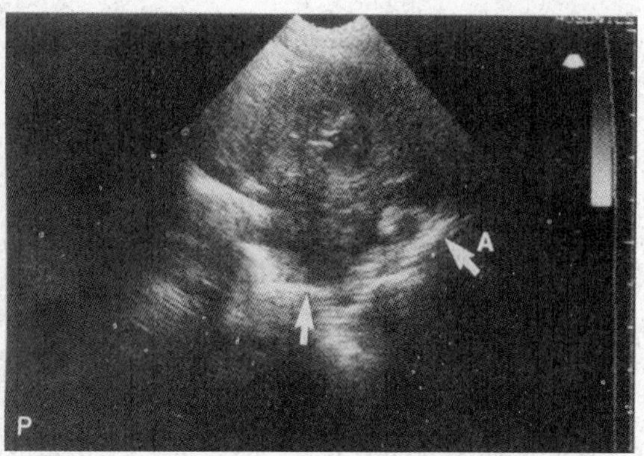

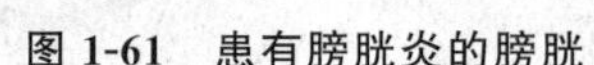
图1-61　患有膀胱炎的膀胱

图1-62　肺癌

(三)超声检查的类型

超声检查的类型较多,目前最常用的是按显示回声的方式进行分类。主要有A型、B型、M型、D型和C型5种。

1.A型探查法　即幅度调制型。此法以波幅的高低代表界面反射信号的强弱,可探知界面距离,测量脏器径线及鉴别病变的物理特性,可用于对组织结构的定位。该型检查法由于其结果粗略,目前在医学上已被淘汰。

2.B型探查法　即辉度调制型。此法是以不同辉度光点表示界面反射信号的强弱,反射强则亮,反射弱则暗,称灰阶成像。因其采用多声束连续扫描,故可显示脏器的二维图像。根据探头和扫描方式的不同,又可分为线形扫描、扇形扫描及凸弧形扫描等。高灰阶的实时B超扫描仪,可清晰显示脏器的外形与毗邻关系,以及软组织的内部回声、内部结构、血管与其他管道的分布情况等。因此,本法是目前临床使用最为广泛的超声诊断法。

3.M型探查法　此法是在单声束B型扫描中加入慢扫描锯齿波,使反射光点自左向右移动显示。纵坐标为扫描空间位置线,代表被探测结构所在位置的深度变化;横坐标为光点慢扫描时间。探查时,以连续方式进行扫描,从光点移动可观察被测物在不同时相的深度和移动情况,所显示出的扫描线称为时间的运动曲线。此法主要用于探查心脏,临床称其为M型超声心动图描记术。本法与B型扫描心脏实时成像结合,诊断效果更佳。

4.D型探查法　是利用超声波的多普勒效应,以多种方式显示多普勒频移,从而对疾病做出诊断。本法多与B型探查法结合,在B型图像上进行多普勒采样。临床多用于检测心脏及血管的血流动力学状态,尤其是先天性心脏病和瓣膜病的分流及反流情况,有较大的诊断价值。目前医学上也已广泛用于其他脏器病变的诊断与鉴别诊断,有较好的应用前景。

多普勒彩色血液显像,系在多普勒二维显像的基础上,以实时彩色编码显示血液的方法,即在显示屏上以不同的彩色显示不同的血液方向和速度,从而增强对血液的直观感。

5.C型探查法　即等深显示技术,使用多晶体探头进行B型扫描,其信号经门电路处理后,显示与扫描方向垂直的前后位多层平面断层像。要用于乳腺疾病的诊断。

四、实训操作方法和步骤

(一)A型超声诊断仪的使用操作方法

1.接上电源 使用前先了解仪器要求的电源与供电电源电压是否一致,核实后方能接通,电源不稳定时要另加稳压器。

2.开通电源开关 接通电源开关后指示灯发亮,1~2 min后视波屏上出现扫掠线,即可进行下列各项调节。

3."辉度"、"聚焦"调节 "辉度"控制扫掠线及波形的亮度,调至亮度适中即可,过亮过暗均不适宜。"聚焦"调节扫掠线与波形的粗细,以调至细而清晰为宜。

4.扫掠线"水平"与"垂直"调节 "垂直"调节使基线上下移动,为便于观察,通常调至略高于视波屏标尺刻度上方。"水平"调节可使基线始端左右移动,调至标尺刻度0处,始波调节以其前沿为准,调于标尺的0位或便于观察和计算的整数位上。

5.探查方式 一般选择"单向"显示,用探头插入"Ⅰ"插座,选择器旋至"单向"挡。探查比较脑中线波时选择双向显示,另将频率相同的探头插入"Ⅱ"插座,选择器旋至"双向"挡。

6.频率选择 对距体表位置浅和结构较复杂的部位,要求高分辨率的探查用5 MHz的高频超声,常用于眼球。位置深、体积大的组织器官如大动物的腹部探查,用1.25 MHz的低频超声。一般常用频率为2.5 MHz。

7.扫掠时间调节 按动物或器官的大小和位置深浅选择,用"粗调"或"微调"调整。浅部探测,扫掠时间短。可按示波屏刻度数据直接读出被测组织器官的深度(cm)。

8."增益"与"抑制"调节 增益与抑制调节关系到仪器的灵敏度的高低。一般是将增益旋于6~7挡之间,抑制旋于5挡。

9.输出调节 增加输出则加强超声发射强度,亦对灵敏度有改变。有些仪器是固定输出,无须调节。

10.灵敏度调节 灵敏度是超声探查的条件,超声诊断必须以一定的灵敏度条件作为标准。这样才能使相同的条件下相同组织器官或病理变化,在超声示波屏上出现相同波形,超声检查才有共同的依据。灵敏度过高,可使低的波幅变高,少的回声变多。灵敏度过低,又会使高的波幅变低,应有的回声减少甚至没有回声出现。

(二)B型、M型超声诊断仪操作方法及心、肝、脾的探查方法

1.操作方法

(1)连接电源:要在使用前了解所在检查室电源电压与仪器的要求是否一致,如电源电压不稳时,要连接稳压装置。

(2)连接探头:按探测扫描的脏器大小、深度等要求选择不同频率的探头(换能器)。

(3)各功能旋钮的检查:打开电源开关指示灯发亮,待预热2~3 min后,按具体仪器说明书要求检查各功能键的工作状态,待确认图像显示,辉度调节,图像放大、缩小、移动、贮存、冻结、取消、分割、测量及记录等各项功能正常工作时,方可进行下步具体探测扫描工作。

2.探测扫描方法

(1)探查部位:牛、羊、犬几种主要脏器探查扫描部位见表1-1。

表 1-1　牛、羊、犬主要脏器探查扫描部位

动物	肺动脉瓣	肝	脾	肾
牛	左侧 3、4 肋间肘头稍偏上方	右侧 8～12 肋间肩端线下方	左侧 11、12 肋间上缘	右肾：右侧 12 肋间上部及肷部上前方 左肾：右侧肷部上后方或中央部
羊	左侧 3、4 肋间肘头稍偏上方	右侧 8～10 肋间肩端线下方	左侧 8～12 肋间上缘	右肾：右侧 12 肋间上部及肷部上前方 左肾：右侧肷部上后方或中央部
犬	左侧 3、4 肋间胸骨左右缘稍偏上方	左、右侧 9～10 肋间、肋骨弓下方	左侧最后肋间及肷部	左、右 12 肋间上部及最后肋骨后缘

(2)探查方法：

①动物准备：大动物可在保定栏内保定，探查部位剪毛或用新配制的 7%硫化钠脱毛。

②涂耦合剂：将耦合剂涂于局部皮肤或蘸在探头上。

③探测方法：紧握探头柄，垂直轻压皮肤或进行多点滑行，也可做定点转动呈扇形扫描。

3.动物心、肝、脾的探查方法

(1)犊牛肺动脉瓣的探查：先使动物左前肢向前方踏出半步，以充分露出心区，再于左侧 3、4 肋间(主要是 3 肋间)肘头部，探头向对侧肘头进行探查。

(2)犬肝探查：犬肝探查，可采取立、横卧及犬坐等各种体位，在肋骨弓下，胸骨后缘及左、右 9～12 肋间，向头侧可扫描出肝及胆囊的图像。

(3)犬脾探查：可采取立位、右侧横卧、仰卧及犬坐等体位。于左侧最后肋间及肷部可显示出脾的图像。

(4)牛肾探查：

右肾：于右侧肷部上方，大致与腰椎横突相对，探头作平行扫描，可显示其纵断像；同侧 12 肋骨上后方及 13 肋骨后缘，探头向左侧扫描，可显示其横断像。

左肾：右侧肷部上后方或右肷部中央可扫描出。多数在右肾后方和左侧前方同时可扫描出，营养状态较差的牛，压迫右侧肷部较容易扫描到肾。

肾的内部回声是皮质部呈低强度、髓质部不规则，肾盂为高强度变化。

五、操作重点提示

1.超声波操作注意事项

(1)被检动物皮肤要注意清洁，尽量去毛，去除皮屑或用水使其充分湿润和擦净，涂耦合剂以减少声阻。

(2)探头要垂直紧贴皮肤，使有适度的压痕，以消除探头与皮肤之间可能存在的间隙。

(3)注意探头灵活转动，使声束与被检测器官的界面垂直。经过多点探测，病变定位，对比正常，重复显示，排除假象，联系临床，然后提出检查结果意见。

2.心、肝、脾的探查时的注意事项

(1)心瓣膜探查：心探查于右侧扫描时，应注意避开胸骨阻碍产生多重反射现象；马由于心脏较大，心窗宽扩，各瓣膜较容易扫描出；犬等小动物超声扫描，希望探头直径要小些，用线阵式或扇形扫描较为合适。

(2)肝探查：马的肝背侧为肺，从体表探查肝的横断面时，大部被肺覆盖，致使探查受到很大限制;牛、羊则以右叶为中心扫描可看到肝的实质,门脉主干及其分支;犬的肝探查,由于采用多种体位,致使其影像多种多样,肋间扫描受肋骨声影响干扰较大,故采用肋骨弓下或腹壁探查,当排除肠管气体回声时,可收到较好的效果。

(3)脾探查:牛、羊脾扫描局限于背侧的部分区域,马和犬的部位较大,各种动物脾的位置、大小均有差异。

(4)肾的探查:

①扫描部位:牛由于左侧为瘤胃。当其中充满内容物时,肾被胃挤向右侧肷部,因此不易扫描;小牛及羊压迫对侧(右侧)时于肷部可扫描出;马于左侧最后肋间可顺利扫描出;犬排除肠管内气体回声后通过腹壁扫描可较容易得到肾的图像。

②肷部皮肤松软,探查时应用力压迫使探头与皮肤密切接触,效果较好。

六、实训总结

超声波检查是运用超声波的物理特性及动物体的声学特性,对动物体的组织器官形态结构与功能状态做出判断的一种非创伤性检查法。具有操作简便,可多次重复,能及时获得结论,无特殊禁忌等优点。主要用于测定实质性脏器的体积、形态及其走向;检测心脏、大血管及外周血管的结构、功能与血流的动力学状态;鉴定脏器内占位性病灶的物理性质;检测体腔积液的存在与否,并对其数量做出初步估计;引导穿刺、活检或导管植入等辅助诊断。

七、思考题

1.超声如何分类?

2.超声的原理是什么?

3.简述超声扫描的操作方法。

4.不同动物肺动脉瓣、肝、脾和肾的检查部位和注意事项有哪些?

实训 1-11　心电图诊断技术

一、实训目标和要求

1.掌握心电图机的使用方法。

2.熟悉犬、马、牛或羊的导联部位和心电图描记方法。

3.了解心电图的测量方法和分析步骤。

二、实训设备和材料

1.器材　心电图机、胶皮垫或塑料布、双脚规、剪毛剪、酒精棉。

2.动物　犬、马、牛、羊。

三、知识背景

(一)心电图的导联

心电导联,是指心电图机的正、负极导线与动物体表相连接而构成描记心动电流图的电路。按照容积导电的原理在动物体表就可任意选出无数个导联来。但是为了对不同个体的心电图进行比较,或对同一个体的患病前后以及病程中进行比较,就必须做出统一的规定。兽医学上目前虽然对各种动物提出了许多导联,但尚未做出哪种动物应该使用哪几种导联的统一规定。这些导联如果按电极与心脏电位变化的关系来分类,大致可分为单极导联(即形成电路的负极或称无干电极,几乎不受心脏电位的影响)及双极导联(两电极均受心脏电位的影响)两类。如果按电极与心脏的关系来分类,可分为直接导联(探查电极与心肌直接接触)、半直接导联(电极靠近心脏,如胸导联)及间接导联(电极远离心脏,如肢体导联)三类。

目前,在介绍心电摘记的导联时,一般只说明电极在动物体表的放置部位,至于如何与心电图机的正负极连接,都不用说明。因为国内外生产的心电图机都附有统一规定的带颜色的导线。

红色(R)——连接右前肢

黄色(L)——连接左前肢

蓝或绿色(LF)——连接左后肢

黑色(RF)——连接右后肢

白色(C)——连接胸导联

在具体操作时,只要按照上述颜色的导线连接在四肢的电极板上,将心电图机上的导联选择开关拨到相应的导联处,即描出该导联的心电图。

(二)心电图各组成部分的名称

1.心电图各波的名称

(1)P 波:代表心房肌除极过程的电位变化,也称心房除极波。

(2)QRS 波群:代表心室肌除极过程的电位变化,也称心室除极波。这一波群是由几个部分组成的,每个部分的命名通常采用下列规定。

Q 波:第一个负向波,它前面无正向波。

R 波:第一个正向波,它前面可有可无负向波。

(3)T 波:反映心室肌复极化过程的电位变化,也称为心室复极波。

2.心电图各间期及段的名称

(1)P-R(Q)间期:自 P 波开始至 R(Q)波开始的时间。它代表自心房开始除极到心室开始除极的时间。

(2)P-R(Q)段:自 P 波终了到 R(Q)波开始的时间。代表激动通过房室结及房室束的时间。

(3)QRS 间期:自 R(Q)波开始到 S 波终了的时间。代表两侧心室肌(包括心室间膈肌)的电激动过程。

(4)S-T 段:自 S 波终了至 T 波开始,反映心室除极结束以后到心室复极开始前的一段时间。

(5)Q-T 间期:自 R(Q)波开始至 T 波终了的时间。代表在一次心动周期中,心室除极和复极过程所需的全部时间。

(三)心电图记录纸

心电图记录纸有粗细两种纵线和横线。横线代表时间,纵线代表电压。细线的间距为 1 mm,粗线的间距为 5 mm,纵横交错组成许多大小方格。通常记录纸的走纸速度为 25 mm/s,故每一小格代表 0.04 s,每一大格(5 小格)代表 0.20 s。一般采用的定准电压,输入 1 mV 电压时,描记笔上下摆动 10 mm(10 小格),故每一小格代表 0.5 mV。如 1 mV 标准电压,使描记笔摆动 8 mm,则每 1 mm 的电压就等于 1÷8=0.125(mV)。

正常猫的心电图如图 1-63 所示。

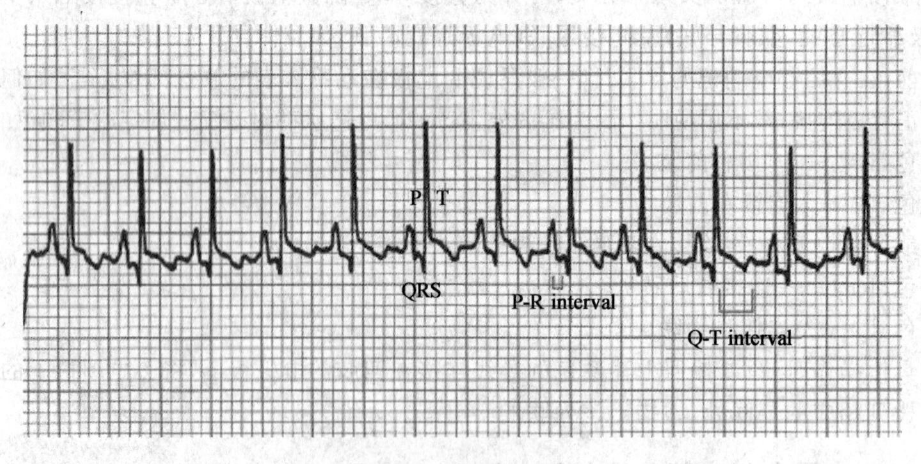

图 1-63 正常猫的心电图

P-R interval,P-R 间期 Q-T interval,Q-T 间期

(四)心电图的测量方法

测量心电图时,首先应检查定准电压曲线是否合乎标准,每小格代表多大电压,以免影响心电图的判断。测量正向波的振幅,应从等位线的上缘量至波顶;测量负向波时应从等位线的下缘量至波底。等位线应以 T-P 段为标准,这段时间内,整个心脏无心电活动,电位相当于 0。在测量各间期时,应选择波幅最大、波形清楚的导联。因为波幅低小时,其起始及终了部分常不清晰,易造成误差。测量各波的时间应自该波起始部的内缘至终了部分的内缘。

四、实训操作方法和步骤

(一)动物的保定

大动物多取站立姿势,在柱栏内保定,柱栏内地面应垫以 3～5 cm 厚的木板或胶皮垫,如用铁制柱栏保定时,要用塑料带或薄胶片条缠住柱栏,以保证良好的绝缘。

犬及羊多采用右侧卧于胶布或塑料上,由戴胶皮手套的助手握住动物四肢保定。

猪可用保定架或网绳保定,使其四肢离开地面。

不管何种动物,描记心电图时,应尽可能地避免使用药物、耳夹及鼻捻子等保定。因为这些措施对心电图都有不同程度的影响。

(二)操作方法

(1)接通电源,预热 5 min 后开始工作。

(2)按照所描导联的要求,将导联分别连接于动物体表。

(3)描记时注意基线是否平稳,有无干扰。如遇有心律失常或其他特殊情况时,可加长描记Ⅱ导联。

(4)如遇有基线不稳或干扰,应注意检查电极与皮肤接触是否良好,电极的接线是否牢固,导联线及地线的连接是否牢固,以及周围有无交流电器等。

(5)描记完毕后,关闭电源,并及时在心电图纸上注明动物所属、日期及导联等。

五、操作重点提示

在描记心电图的过程中,常出现干扰现象,严重的干扰,甚至使描记无法进行,或无法辨认心电图的波形。干扰的原因主要来自交流电和被验动物两个方面。

1.交流电的干扰　特点是在心电图的基线上,出现每秒 50 周的边缘整齐而规则的锯齿状宽线。其发生主要与下面一种或数种原因有关。

(1)皮肤阻力过高,如被毛剪得不彻底、脱脂不充分或电极线内部铜丝断裂(导线外层的绝缘物仍完整)。

(2)心电图机附近有带电的电线或交流电器(如电扇、电话、电灯、电冰箱等)。

(3)动物体表与铁制保定栏或地面直接接触。

(4)心电图机的地线未接妥。

(5)心电图机的金属外壳与其他金属物品接触。

(6)操作者或保定者的手或身体与动物体表接触。

为防止交流电干扰,可针对原因采取下列措施:

①在动物和心电图机 2 m 内,不应有任何带电的仪器和电线通过。

②心电图机的地线应接在自来水管或埋在底下的专用线上,不应接在暖气管上。

③调节电源插头的方向有时也可能减少干扰。

④操作者一手接触心电图机的面板,另一手接触动物体表,由于操作者感应到的干扰电流恰与动物所感应的电流相互抵消,也可减少干扰。

⑤用电表仔细检查各导联线,如有内部铜丝折断时,应剥开导联线外面的绝缘层,重新焊接好,这是常见的隐蔽故障之一。

⑥检查各导联线与动物体表的接触有无松动或脱落。

2.**被检动物的干扰** 最常见的是动物的骚动所引起的基线上下摆动。其次,是动物的肌肉震颤,其干扰波表现为不规则的微细波纹,每秒 10～300 周不等,且常发生在与某一肢有关的导联中。呼吸运动及胃肠蠕动,常引起缓慢而不显著的基线移位。描记中电极脱落时,也会突然发生干扰。防止的办法,是尽量使动物保持安静,动物骚动时立即停止描记。中、小动物尽量采用横卧保定姿势描记。

六、实训总结

初学者在分析心电图时,往往不知从何着手,如能遵循一定的步骤,依次阅读分析,通常可采取下列步骤依次测量观察。

(1)将各导联心电图剪好,按Ⅰ、Ⅱ、Ⅲ、aVR、aVL、aVF 等顺序贴好,注意各导联的 P 波要上下对齐。检查心电图导联的标志是否准确,导联有无错误,定标电压是否准确,有无干扰波。

(2)找出 P 波,确定心律,尤其要注意 aVR 和 aVF 导联。窦性心律时,aVR 为阴性 P 波,aVF 为阳性 P 波。同时观察有无额外节律如期前收缩等。仔细观察 QRS 或 T 波中有无微小隆起或凹陷,以发现隐没于其中的 P 波。利用双脚规精确测定 P-P 间距以确定 P 波的位置,以及 P 波与 QRS 波群之间的关系。

(3)测量 P-P 或 R-R 间距以计算心率,一般要测 5 个以上间距求平均数(s),如有心房纤颤等心律失常时,应连续测量 10 个 P-P 间距,取其平均值以计算心室搏动率,计算公式如下:

$$\text{每分钟心率}=\frac{60(\text{s})}{\text{平均 P-P 或 R-R 间距(s)}}$$

(4)根据Ⅰ、Ⅲ导联 QRS 波形的方向,用目测法确定心电轴。

(5)测量 P-R、Q-T 间期。

(6)观察各导联中 P 波、QRS 波群的形态,振幅及间期,注意各波之间的关系和比例。

(7)注意 S-T 段有无移位,T 波的形态和振幅。

(8)按上列各项要求填写报告单,写出心电轴、心率类别及异常变化。最后写出心电图诊断意义。

七、思考题

1.描述不同颜色的心电导联的放置位置。

2.心电图各波的名称及意义是什么?

3.心电图各个间期的名称及意义是什么?

第二篇　动物疾病防控综合实训

实训 2-1　动物疫情调查及报告撰写
实训 2-2　动物栏舍的消毒技术
实训 2-3　显微镜的使用与细菌结构观察
实训 2-4　细菌的分离培养技术
实训 2-5　细菌药物敏感性检测技术
实训 2-6　病毒的鸡胚培养技术
实训 2-7　动物寄生虫的诊断技术
实训 2-8　动物尸体及产品无害化处理技术

实训 2-1 动物疫情调查及报告撰写

一、实训目标和要求

1.学会动物疫情调查的一般方法。

2.掌握调查资料的撰写方法。

二、实训设备和材料

相机、交通工具、记录本、笔、调查表等。

三、知识背景

任何疫情的发生都具有一定的流行病学特点，对动物疫情进行调查可以准确掌握疫情分布特征和发展趋势，掌握动物群体特征和影响疫情流行的社会因素，是获得全面流行病学资料的必要手段。

四、实训操作方法和步骤

（一）确定调查的内容

1.疫情流行情况

（1）最初发病时间、地点，蔓延情况，疫情传播速度和持续时间。

（2）发病家畜的种类、数量、年龄、性别，感染率，发病率、病死率、死亡率。

（3）发病前的饲养管理、饲料、用药及发病后诊治情况以及采取了哪些措施。

2.疫情调查 疫情调查包括以下几方面：疫点、疫区、受威胁区、患病动物上端原产地、患病动物下端原产地。

（1）疫点 患病动物临床症状、剖检变化，初诊结论；发病前存栏数、发病数、死亡数；免疫情况、免疫程序；发病前 21 天和发病后至调查日进出疫点及产品；消毒及无害化处理执行情况；疫点近 3 年内相关疫情。

（2）疫区 疫区相关动物免疫情况及程序；发病数和死亡数；疫情（近 3 年内）及疫情处置情况；近 6 个月内免疫抗体与病原监测；消毒及无害化处理。

（3）受威胁区 易感动物的免疫及免疫程序；是否进行过免疫抗体与病原监测，免疫是否在有效期内；动物免疫是否存在空白区域；预防消毒情况。

（4）患病动物上端原产地（溯源） 相关动物的免疫及免疫程序；动物所在地的疫情及疫情处置。

（5）患病动物下端原产地（追踪） 去向、途径、终点（销售点、饲养点等）上述地点周边易感动物免疫情况；患病动物的处置及无害化处理。

3.传播途径和方式的调查

(1)调查传染源:即病畜、带菌者或染病动物产品的来源情况。

(2)调查传播方式:一是没有外界因素情况下,病畜与健康畜直接接触的直接传播。二是病原体通过媒介物如饲料、饮水、空气、土壤、用具、动物、工作人员等的间接传播。

(3)当地动物防疫卫生状况,畜禽流动、交易市场、交通检疫、产地检疫、屠宰检疫、检疫申报、检疫隔离、动物调运备案、病死畜禽无害化处理情况。

(二)动物群发病调查的主要方法

1.询问调查 是流行病学调查的最主要方法。通过向畜主、管理人员、当地居民进行询问、调查等方式,了解传染源、传播媒介、自然情况、动物群资料、发病和死亡等情况,并将调查收集到的资料记入流行病学调查表中。

调查询问人员要掌握动物的传染病和流行病学知识,特别是要掌握本地及附近地区和畜禽调出地区动物疫情情况。调查询问的方法如下。

(1)积极宣传动物防疫法律、法规,取得畜主的支持和配合,以便得到更多真实可靠的材料。

(2)询问动物周边环境情况。调查动物来源和免疫注射情况,当地动物疾病史,动物的生活环境和日常的防疫卫生措施等。

(3)询问动物饲养管理情况。调查包括饲料、饮水、饲喂方式,平常的饲养管理、消毒净化和患病情况等。

(4)询问动物流动情况。调查动物的产地检疫和流动、收购、调拨中防疫卫生情况及运输检疫情况等。

(5)询问畜禽的屠宰情况。调查屠宰场的设置,畜禽宰前健康情况与原因,屠宰时间、地点,屠宰工具和方法,屠宰中和宰后有何异常情况等。

询问野生动物的捕获情况。调查捕获时间、地点、方法等。

(6)询问肉品保存运输情况。调查畜、禽、鱼等肉品的保存时间、方法、设备和运载单位、工具、时间、方法等。

2.现场观察 深入疫区现场进行实地观察,进一步了解流行发生的经过和关键问题所在。可根据不同种类的疾病进行重点项目调查。如发生肠道传染病时,特别注意饲料来源和质量、水源卫生、粪便、尸体处理情况等。发生由节肢动物传播的传染病时,应注意当地节肢动物的种类和分布、生态习性和感染情况等。对于疫区的地形特点、植被和气候条件也应注意调查。

3.实验室检查 检查的主要目的是确定诊断,查明传染源,发现隐性传染,证实传播途径,摸清畜群免疫水平和有关病因。一般是在初步调查印象的基础上,应用病原学、血清学、变态反应、尸体剖检和病理组织学等各种诊断方法进行实验室检查。

(三)调查表格

1.基础信息 见表 2-1,表 2-2。

表 2-1　疫点所在场/养殖小区/村概况

名称		地理坐标	经度：	纬度：
地址	省(自治区、直辖市)　县(市、区)　乡(镇)　村(场)			
联系电话		启用时间		
易感动物种类	养殖单元数/户(舍)		存栏数/头(只)	

表 2-2　调查简要信息

调查原因					
调查人员姓名		单位			
发现首个病例日期		接到报告日期		调查日期	

2.**现况调查**　见表 2-3 至表 2-9。

表 2-3　发病单元[户(舍)]概况

户名或畜舍编号	动物种类①	存栏数②/头(只)	最后一次该病疫苗免疫情况							病死情况	
			应免数量	实免数量	免疫时间	疫苗种类	生产厂家	批号	来源	发病数③/头(只)	死亡数/头(只)

①动物种类：同一单元存在多种动物的，分行填写。

②存栏数：是指发病前的存栏数。

③发病数：是指出现该病临床症状或实验室检测为阳性的动物。

表 2-4　疫点发病过程

自发现之日起	新发病数	新病死数
第 1 日		
第 2 日		
第 3 日		
第 4 日		
第 5 日		
第 6 日		
第 7 日		
第 8 日		
第 9 日		
第 10 日		

表 2-5　诊断情况

<table>
<tr><td>初步诊断</td><td colspan="7">临床症状：
病理变化：
初步诊断结果：
诊断人员：
诊断日期：</td></tr>
<tr><td rowspan="5">实验室诊断</td><td>样品类型</td><td>数量</td><td>采样时间</td><td>送样单位</td><td>检测单位</td><td>检测方法</td><td>检测结果</td></tr>
<tr><td></td><td></td><td></td><td></td><td></td><td></td><td></td></tr>
<tr><td></td><td></td><td></td><td></td><td></td><td></td><td></td></tr>
<tr><td></td><td></td><td></td><td></td><td></td><td></td><td></td></tr>
<tr><td></td><td></td><td></td><td></td><td></td><td></td><td></td></tr>
<tr><td>诊断结果</td><td>疑似诊断</td><td colspan="3"></td><td>确诊结果</td><td colspan="2"></td></tr>
</table>

表 2-6　疫情传播情况

村/场名	最初发病时间	存栏数	发病数	死亡数	传播途径

表 2-7　疫点所在地及周边地理特征

请在县级行政区域图上标出疫点所在地位置；注明周边地理环境特点，如靠近山脉、河流、公路等。

表 2-8　疫点所在县易感动物生产信息(为判断暴露风险及做好应急准备等提供信息支持)

易感动物种类	疫区		受威胁区		全县	
	养殖场/户数	存栏数/万头(只)	养殖场/户数	存栏数/万头(只)	养殖场/户数	存栏数/万头(只)

表 2-9　当地疫情史

3.疫情可能来源调查(追溯) 对疫点第一例病例发现前1个潜伏期内的可能传染途径进行调查(表2-10)。

表2-10 疫情可能来源

可能来源途径	详细信息
家畜引进情况(种类、年龄、数量、用途和相关时间、地点等)	
易感动物产品购进情况	
饲料调入情况	
水源	
本场/户人员到过其他养殖场/户或活畜交易市场情况	
配种情况	
放牧情况	
公共奶站挤奶情况	
营销人员、兽医及其他相关人员到过本场/户情况	
外来车辆进入或本场车辆外出情况	
与野生动物接触过情况	
其他	
初步结论	

4.疫情可能扩散范围调查(追踪) 疫点发现第一例病例前1个潜伏期至封锁之日内,对以下时间进行调查(表2-11)。

表2-11 疫情可能扩散范围调查

可能事件	详细时间
家畜调出情况(数量、用途及相关时间、地点等)	
配种	
参展情况	
公共牧场放牧情况	
公共奶站挤奶情况	
与野生动物接触过情况	
兽医巡诊情况	
相关人员外出与易感动物接触情况	
其他	
初步结论	

5.**疫情处置情况**　根据防控技术规范规定的内容填写(表 2-12)。

表 2-12　疫情处置情况(根据防控技术规范规定的内容填写)

疫点处置	扑杀动物数	
	无害化处理动物数	
	消毒情况(频率、药名、面积等)	
	隔离封锁措施(时间、范围等)	
	其他	
疫区防控	封锁时间、范围等	
	扑杀易感动物数	
	无害化处理数	
	消毒情况	
	紧急免疫数	
	检测情况	
	其他	
受威胁区防控	免疫数	
	消毒情况	
	监测情况	
	其他	
其他(如市场关闭等)		

填表人姓名：　　　　　　　　　　　　　　联系电话：

填表单位(签章)　　　　　　　　　　　　　省级动物疫情预防控制机构复核(签章)

(四)调查报告的撰写

1.**动物疫情信息筛选**　根据动物疫情分析评估目标对所收集到的信息,通过分类整理,去伪存真,将有用的动物疫情信息筛选出来,作为动物疫情分析、评估的基本材料。

2.**分析内容**　如实写出经筛选用于分析评估的动物疫情信息资料。分析内容包括:

(1)历年发病率分析:根据疫情报告资料或历年来调查资料,比较历年发病率高低,或用发病指数来表示某病的消长规律,以分析该病的动态和严重性。

(2)发病率按时间分析:用以分析传染病发病时间的变动规律。某些传播快的传染病,如口蹄疫、猪流行性腹泻、鸡传染性法氏囊炎等数天内即可传遍全群;而传播缓慢的传染病,则流行时间长,病例数不集中,如鸡大肠杆菌病、猪链球菌病等。

(3)发病季节分析:用以分析某种传染病在不同季节发病的变动规律。某些传染病发病有明显的季节性,如流行性日本乙型脑炎多发生于蚊虫多的夏季、炭疽多发生于洪水泛滥的季节、猪传染性胃肠炎多发生于 12 月份至翌年 4 月份等。

(4)发病动物分布分析:按不同动物种类、年龄分析发病率,有助于分析病因和采取预防措施。如口蹄疫、日本乙型脑炎、鸡新城疫等可使多种动物发病;猪瘟、鸡新城疫等可发生于不同年龄;鸭传染性肝炎雏鸭发病率高,鸭瘟则成年鸭发病率高。

(5)地区分布分析:传染病的地区分布与疫源地和传播速度有关。如炭疽大多在疫源地周围发生,范围较小;破伤风虽然呈零星散发,但范围广泛;禽流感传播速度快,常呈大流行。

3.**方法与结果** 阐明分析方法、过程、结果,评估依据、过程、结论等。

4.**建议** 根据分析评估结论提出建议或意见。

五、操作重点提示

(1)对Ⅰ类动物疫情进行调查时,应注意做好生物安全防护。

(2)调查询问要善于引导、启发,从动物来源、免疫注射、病史、饲养管理乃至粪便情况、生活环境、行为习惯等作细致的询问,收集动物及其产品全方位的情况,从中发现疑点,为进一步判定提供依据。

六、实训总结

本节从动物疫病流行情况、传播方式和途径等方面确定疫情调查的内容;介绍了动物群发病调查的主要方法以及如何对调查内容进行分析和调查报告的撰写。

七、思考题

1.动物疫情调查及统计的意义是什么?

2.设计一种动物疫情调查的表格。

实训 2-2　动物栏舍的消毒技术

一、实训目标和要求

1. 结合生产实践掌握动物栏舍的消毒方法；

2. 了解检查消毒质量的方法。

二、实训设备和材料

高筒靴、防护服、口罩、护目镜、橡皮手套等防护用品，消毒器械、消毒剂、天平、量筒、刷子等。

三、知识背景

动物栏舍的消毒工作，是控制动物疫病发生和传播的重要手段。据试验，采用清扫方法，可以使鸡舍内细菌数减少 21.5%；如果清扫后再用清水冲洗，则鸡舍内细菌数可减少 54%～60%；清扫、冲洗后再用消毒剂喷雾消毒，舍内细菌数可减少 90%。消毒不能消除患病动物体内的病原体，仅是预防和消灭传染病的重要措施之一，它需配合免疫接种、隔离、杀虫、灭鼠、扑灭和无害化处理等措施才能取得成效。

四、实训操作方法和步骤

动物栏舍的消毒一般分两个步骤进行，即物理消毒和化学消毒。

（一）物理消毒法

1. 清扫　清除动物栏舍、运动场地、环境和道路等场所的粪便、垫料、剩余饲料、尘土和废弃物等。清扫工作要做到全面彻底，不留任何死角，不遗漏任何地方。

2. 洗刷　对水泥地面、饲槽、水槽、用具或动物体表用清水或消毒液进行洗刷或用高压水龙头冲洗。

3. 通风　通风虽不能杀灭病原体，但可排除畜禽舍内污秽的气体和水汽，在短时间内使舍内空气清新，降低湿度，减少空气中的病原体数量，对预防由空气传播的传染病有一定的意义，一般采取开窗、舍内安装天窗、安装排风扇等。

4. 过滤　在动物栏舍的门窗、通风口处安装粉尘、微生物过滤网，阻止粉尘、病原微生物进入舍内，防止传染病的发生。

（二）化学消毒法

1. 准备工作　消毒前，要按照消毒计划，根据消毒对象，做好以下各项准备工作。

(1)消毒器械:喷雾器、天平、量筒、刷子、抹布和容器等;

(2)消毒药品:根据病原体的抵抗力,消毒对象的特点,选择高效低毒、使用简便、质量可靠、价格便宜、容易保存的消毒剂;

(3)配制消毒液:根据消毒面积或体积,准确计算出所用药量,按要求进行配制;

(4)准备好防护用品:高筒靴、防护服、口罩、护目镜、橡皮手套、毛巾、肥皂等。

2.选择适宜的消毒方法 根据消毒药的性质和消毒对象的特点,选择喷洒、熏蒸、洗刷、擦拭、撒布等适宜方法。

3.常用化学消毒剂及其用法

(1)火碱

用途:用于病毒性传染病的畜舍、栏舍和场地的消毒。用法:常规消毒取97份水加3份火碱,搅拌溶解后即成3%的火碱水。

(2)福尔马林与高锰酸钾

用途:常用于禽舍的消毒。用法:福尔马林毫升数与高锰酸钾克数之比为2∶1。一般按福尔马林30 mL/m^3、高锰酸钾15 g/m^3 计算用量。

(3)漂白粉

用途:用于畜舍、用具、地面、粪便和污水等的消毒。注意不能作金属及工作服的消毒。此药有强烈腐蚀性。用时注意人畜安全。喷雾后立即洗净。混悬液配后在48 h内用完。

用法:取5～20份漂白粉,加水80～95份,搅拌后即成为5%～20%混悬液。

此外,季铵盐类、聚维酮碘和戊二醛类亦可用于栏舍消毒。

(三)消毒类型

根据消毒的具体目标,又可分为预防消毒、紧急消毒和终末消毒三种类型。

1.动物栏舍的预防消毒 一般情况下,可每年春秋各进行一次,在进行动物栏舍预防性消毒时,凡是动物停留过的场所都需进行消毒。

2.动物栏舍的紧急消毒 指在发生传染病时,为了及时消灭从患病动物体内排除的病原体而采取的应急性消毒措施。消毒的对象包括畜禽所在的圈舍、隔离场地以及被病畜禽分泌物、排泄物污染和可能污染的一切场所、用具和物品。

3.动物栏舍的终末消毒 在最后一头病畜禽痊愈或死亡(扑杀)后,经过一个潜伏期的监测,未出现新的病例,在解除封锁前,为了消灭疫区内可能残留的病原体而进行的疫区全面彻底的最后大消毒。终末消毒后经验收合格即可解除封锁。

五、操作重点提示

(1)应选择对人、动物和环境比较安全,没有残留毒性,对设备没有破坏性,在动物体内不产生有害积累的消毒剂。尽可能选用广谱作用的消毒药或根据特定的病原体选用对其作用最强的消毒药。

(2)消毒剂使用的注意事项:稀释浓度要准确;注意温度、湿度和酸碱度;消毒剂的使用剂量和作用时间要充足;消毒时注意做好自身防护。

六、实训总结

本节介绍了动物栏舍常用的物理消毒法、化学消毒法以及常用的化学消毒剂的种类。并对临床常见的三种消毒类型，即预防消毒、紧急消毒和终末消毒进行了说明。

七、思考题

1. 物理消毒法除机械消毒法外，还有哪些消毒方法？

2. 常用于动物栏舍的化学消毒剂有哪些？

实训 2-3　显微镜的使用与细菌结构观察

一、实训目标和要求

1. 学会正确使用和维护普通光学显微镜。

2. 熟悉油镜的原理和使用方法。

3. 认识细菌的基本外形和排列方式。

4. 认识细菌的特殊构造。

二、实训设备和材料

1. **器材**　普通光学显微镜、香柏油、擦镜纸、二甲笨等。

2. **细菌标本片**　大肠杆菌、葡萄球菌、链球菌、巴氏杆菌、荚膜、鞭毛、芽孢等。

三、知识背景

微生物实验室观察细菌的形态与结构时，多使用油浸镜，简称油镜。该镜头是一种物镜，其上标有放大倍数，如 100×或 oil 等字样。油镜头下缘还常常漆有白环或红环，而且油镜镜身比低倍镜和高倍镜长，但镜片最小，这也是识别油镜的另一标志。

油镜的镜片细小，进入镜中的光线也较少，其视野比用低倍镜和高倍镜的暗。当油镜和承载微生物标本的载玻片之间为空气层所隔离时，由于空气的折光系数(1.0)与玻璃的折光系数(1.52)不同，会有一部分光线被折射掉而不能进入油镜中，使视野更暗；如果在油镜与载玻片之间滴上与玻璃折光系数接近的油类，如香柏油(折光系数 1.51)等，使光线最大限度地进入镜头而不被折射掉，从而视野亮度充足，物像明亮清晰，可清楚地对标本进行观察或检查。细菌是单细胞微生物，个体微小，其形态和结构的观察需借助于显微镜油镜。

四、实训操作方法和步骤

(一)显微镜的使用

1. **安放**　将显微镜端正直立桌上，不得使载物台倾斜。

2. **检查**　检查显微镜是否有毛病，是否清洁，如有污物，需先用清洗液清洁。

3. **对光**　接通电源，打开光源。一般用低倍镜或高倍镜观察不染色标本时，需下降集光器并适当缩小光圈，使光度减弱，若用油镜检查染色标本时，光度宜强，应将显微镜亮度开关调至最亮，光圈完全打开，集光器上升至与载物台相平。

4. **放置标本片**　将标本片置于载物台上，注意切勿放反。用标本推进器固定，将待检部分移至物镜下。先用低倍镜找出标本的位置，然后提高镜筒，在标本的待检部位滴一滴香柏油，转换油镜观察。

5. **调焦**　转动粗调节器使载物台徐徐上升(或使镜筒缓缓下降)，眼睛从侧面观察，直至油镜头浸没至油中即可，勿与标本接触，以免压碎标本片和损坏镜头。

6.**观察**　使用单目显微镜时，两眼同时睁开，用左眼由目镜注视镜内，同时慢慢转动粗螺旋，下降载物台(或上升镜筒)，当出现模糊物象时，转动细调螺旋至物像清晰为止。认真仔细观察，多扫描观察不同视野以便把混杂物、重叠等现象与细菌目的物区别清楚。

7.**处理**　观察完毕，应先提高镜筒，并将油镜头扭向一侧，再取下标本片。油镜用过后，应立即用擦镜纸将镜头和标本上的油擦去，然后再用干净擦镜纸擦拭干净。如观察时间较久，应在擦去油后，再用擦镜纸蘸少量二甲苯，擦去镜头残留油迹，最后再用擦镜低擦拭 2～3 下即可。

(二)细菌形态的观察

1.球菌

(1)链球菌：注意其链状排列，链的长短，个体的形态。

(2)葡萄球菌：注意其因三维分裂，靠原浆带连接，不规则地堆在一起的形态。

2.杆菌

(1)单杆菌：注意其单个散在的状态，菌体外形、大小和菌端的形态。

(2)双杆菌：主要其成双的排列以及菌体外形、大小和菌端的形态。

(3)链杆菌：注意其成链状排列，链的长短，菌体的外形、大小和菌端的形态。

3.螺旋状菌

(1)弧菌：注意其弯曲成弧形以及菌体大小和菌端的形态。

(2)螺菌：注意其具有两个以上弯曲的螺旋状及菌体的长度、大小和菌端的形态。

(三)细菌的特殊构造

1.**荚膜**　注意荚膜的位置、形状、大小、染色及相互间的联结。

2.**鞭毛**　注意鞭毛的形态、长度、大小、数目及在菌体上的排列。

3.**芽孢**　注意芽孢的形状、与菌体相比的大小以及在菌体中的位置。

4.**异染颗粒**　注意其与菌体不同的染色反应、形状、大小、多少、位置等。

五、操作重点提示

(1)取送显微镜时，一只手持镜臂，另一只手托镜座，平端于胸前。操作台要求平稳。

(2)擦拭显微镜时，要求用擦镜纸顺一个方向旋转擦拭。

(3)不用时，将物镜转开呈“八”字形，使其不正对集光器，集光器下降，罩上镜套。登记使用前后的情况，签名记录，对号归位。

六、实训总结

本节介绍了显微镜油镜的使用方法和细菌基本形态及构造的观察方法。

七、思考题

1.简述油镜的工作原理。

2.如何计算和表示普通光学显微镜的放大倍数？

3.分别简述大肠杆菌、葡萄球菌、链球菌、巴氏杆菌的形态特征。

实训 2-4　细菌的分离培养技术

一、实训目标和要求

1. 掌握细菌分离培养的基本要领和方法。

2. 了解常见细菌在平板、斜面、半固体培养基和液体培养基中的生长特征。

3. 了解细菌培养性状对细菌鉴别的意义。

4. 了解不同细菌的培养条件和方法。

二、实训设备和材料

温箱、接种环、酒精灯、无菌平皿、记号笔、手术刀、病料、大肠杆菌和金黄色葡萄球菌平板、斜面培养物、斜面培养基等。

三、知识背景

自然界中多种微生物混杂生活在一起，即使极少量的样品也有许多微生物群体共存。不同的细菌具有不同的生物学特性，人们要研究某种微生物的特性，首先必须使该微生物处于纯培养状态。培养基含有细菌生长所需要的营养成分，当取自不同来源的样品接种于培养基上，在适宜条件下培养，每一菌体即能通过很多次细胞分裂繁殖，表现不同的培养特征。根据其培养特征可以检查培养物中细菌的类型及获得纯种菌。微生物在不同的培养基，如固体、半固体和液体培养基中，表现出各自特有的培养特征，这些特征可以作为不同种类微生物的鉴别特征之一。

四、实训操作方法和步骤

(一)细菌的分离

1. 平板的制备　按无菌操作要求，在无菌区域操作（图 2-1），取融化并冷却至 50℃的培养基，在酒精灯火焰外焰旁倒入无菌培养皿中，厚约 3 mm，平放桌面待其充分凝固，再倒置保存备用。

2. 分区划线分离法

(1)左手中指、无名指和小指掌握平皿底，用左手的拇指和食指将皿盖打开呈一角度。

(2)右手取接种环在火焰上灭菌（一次性接种环可直接使用），待冷却后，无菌操作取病料，若为液体病料，可直接用灭菌的接种环取病料一环；若为固体病料，首先将手术刀在酒精灯上灭菌，立即用其在病料表面烧烙灭菌，并在烧烙部位做一切口，然后用灭菌接种环从切口插入组织，缓缓转动接种环，取少量组织或液体。

(3)将取好材料的接种环伸入平皿，“之”字形划线于培养基边缘，划完一区后，将接种环烧灼灭菌，再从上一区划过再划第二区，如此连续划 3～4 区（图 2-2）。接种完毕，在皿底上做好菌名、日期和接种者等标记，平皿倒置于37℃温箱培养24 h。划线前先将接种环稍稍弯曲，这样易和平皿内琼脂面平行，不致划破培养基。接种完毕，在皿底上做好菌名、日期和接种者等标记，将平皿倒置放于37℃温箱培养24 h观察结果。

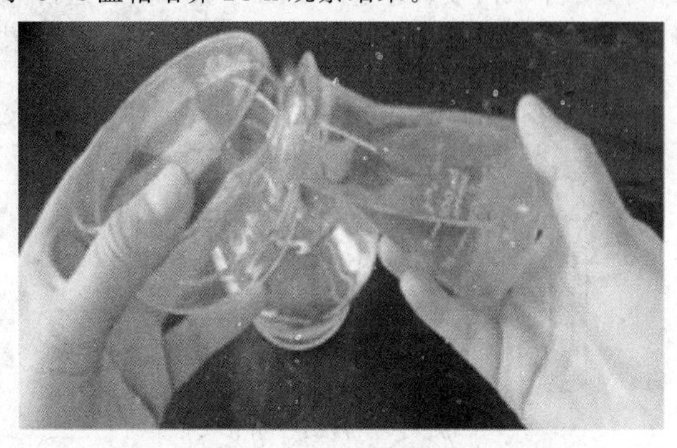

图 2-1　倒平板的方法

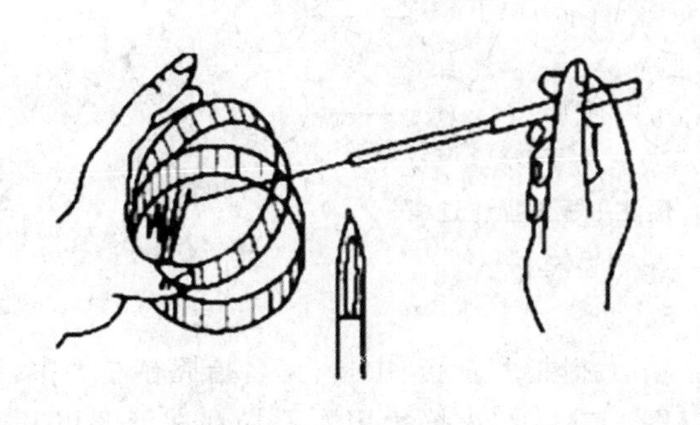

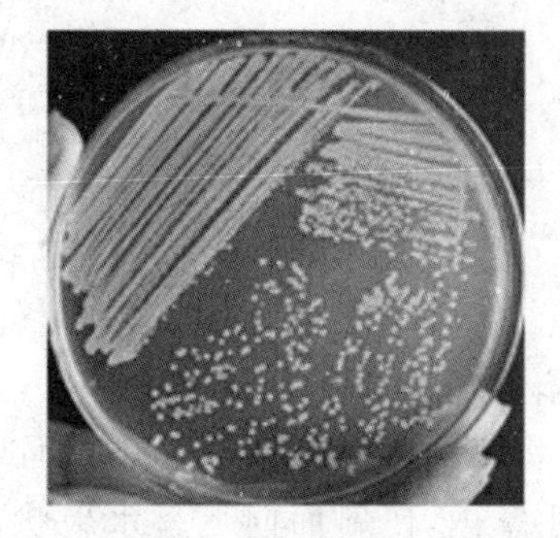

图 2-2　划线分离示意图

3.**平板涂布培养**　用无菌吸管吸取100 μL葡萄球菌和大肠杆菌混合菌液，小心滴在平板培养基表面中央位置。右手拿无菌涂棒，平放在平板培养基表面上，将菌悬液先沿一条直线轻轻地来回推动，使之分布均匀(图2-3)，然后改变方向沿另一垂直线来回推动，平板内边缘处可改变方向用涂棒再涂布几次。室温下静置5～10 min，使菌液吸收进培养基。标记后将培养基平板倒置于37℃温箱中培养18～24 h，观察结果。

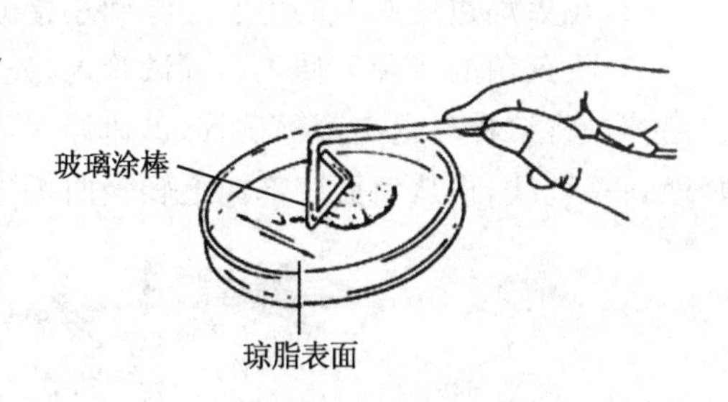

图 2-3　平板涂布操作示意图

4.**倾注平板法**

(1)取6支无菌试管，标明1、2、3、4、5和6号。用无菌吸管分别吸取无菌生理盐水于6支试管中，每管9.9 mL。

(2)用无菌吸管吸取待测菌液0.1 mL，加入1号试管中，用吸管吹吸3次，使之混合均匀。然后用无菌吸管从此管中吸取0.1 mL混合菌液，加入2号试管中混合均匀，依此类推制成10^{-1}、10^{-2}、10^{-3}、10^{-4}、10^{-5}和10^{-6}不同稀释度的混合菌稀释液，如图2-4a所示。

(3)取灭菌的空平皿分别在平皿底面用记号笔写上 10^{-4}、10^{-5}和 10^{-6} 3 个稀释度，然后用无菌吸管分别由 10^{-4}、10^{-5}和 10^{-6}三管待测菌稀释液中各吸取 0.1 mL，对号放入已写好稀释度的空平皿中(图 2-4b)，每一平皿内倾入适量冷至 45～50℃的普通营养琼脂培养基，迅速将平皿轻轻摇匀，使稀释液与融化琼脂混合均匀。然后平放于桌上，静置，待冷后倒置于 37℃温箱培养 24～48 h，观察结果。

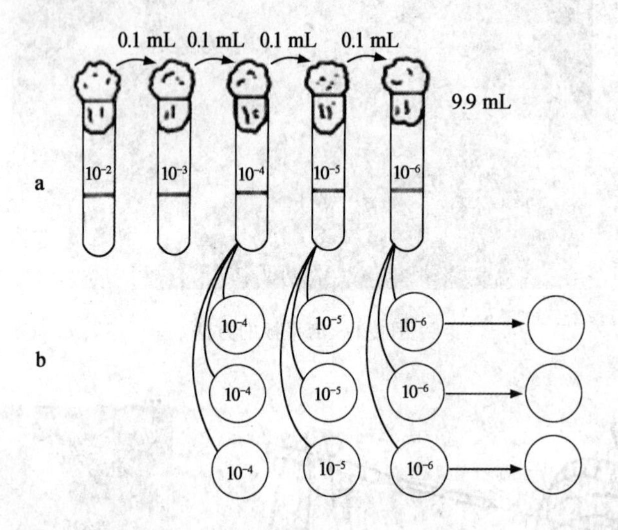

图 2-4 倾注平板法操作过程

5.斜面培养基接种法

(1)将菌种试管和待接种的斜面试管，用大拇指和食指、中指、无名指握在左手中，试管底部放在手掌内，使斜面向上呈水平状态(图 2-5a)，在火焰边用右手松动试管塞以利于接种时拔出。

(2)在火焰边用右手的手掌边缘和小指分别夹持胶塞将其取出，并迅速烧灼管口。

(3)将灭菌的接种环伸入菌种试管内，先将环接触试管内壁，使接种环冷却，然后再挑取少许菌苔。将接种环退出菌种试管，迅速伸入待接种的斜面试管，在斜面上自试管底部向上端轻轻地划一直线，再从斜面底部向上轻轻曲折连续划线(图 2-5b)。

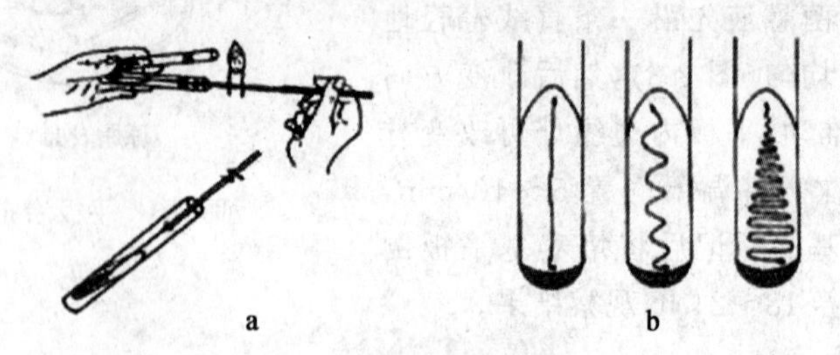

图 2-5 斜面培养基接种法

(4)接种环退出斜面试管，再用火焰烧灼管口，并在火焰边将试管塞上。灭菌接种环。

(5)在斜面培养基试管上用记号笔标明待接种的菌种名称、日期和接种者。

(6)将接种物于 37℃温箱中培养 18～24 h，观察结果。

6.**液体接种法**　用于肉汤、蛋白胨水、糖发酵管等液体培养基的接种。用接种环从平板上挑取菌落，先在接近液面的试管壁上研磨，并蘸取少许液体培养基与之调和，使细菌均匀分布于培养基中，管口过火焰后加塞、标记，经 37℃孵育 18～24 h。由于菌种不同，可出现均匀浑浊、沉淀生长或表面生长(形成菌膜)等不同的生长现象。

7.**半固体穿刺接种法**

(1)参照斜面培养基接种法握持接种的半固体培养基。

(2)接种时先将接种针灭菌冷却，挑取菌落，而后垂直穿入半固体培养基中心接近试管底部，但注意不可穿至管底，然后迅速沿原路退出。

(3)灭菌接种针，塞好胶塞。做好标记。放入 37℃温箱培养 24 h 后取出观察结果。

(二)细菌的培养方法

1.**需氧培养法**　将已接种好标本的各种培养基，置 37℃温箱中培养 18～24 h，一般细菌即可于培养基上生长。但难以生长的细菌需培养 3～7 d 甚至更长时间。

2.**二氧化碳培养法**　某些细菌的生长需要一定浓度的 CO_2，如布鲁氏菌、鸭疫里默氏菌等。常用的产生 CO_2 的方法有烛缸法和 CO_2 培养箱法。

3.**厌氧培养法**

(1)焦性没食子酸平板法：用无菌接种环取菌，划线接种于一血平板上，然后取无菌玻璃板，中央纱布上放 1 g 焦性没食子酸，用吸管加入 2 mL 20% NaOH，立即将接种的平板倒扣覆盖于其上，并迅速用融化的石蜡封好平板与玻璃板之间的空隙，待封固后置 37℃温箱中孵育 48 h 观察结果(图 2-6)。

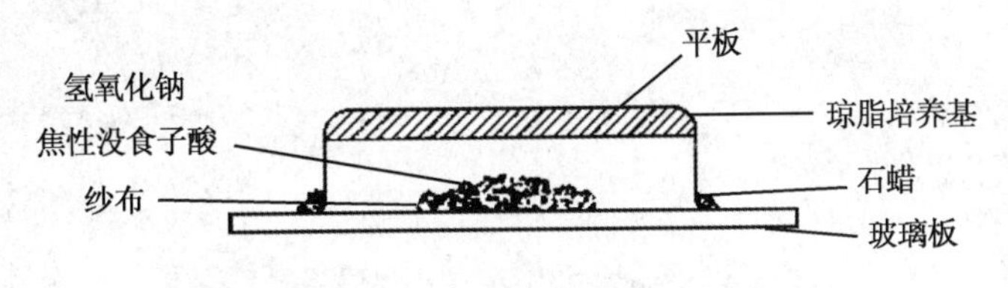

图 2-6　焦性没食子酸法厌氧平板培养

(2)厌氧生物袋法：将接种好的平板放入生物袋中，排出袋中气体，卷叠好袋口，用弹簧夹夹紧，然后折断气体发生小管中安瓿，使发生反应产生 CO_2、H_2 等。在催化剂钯的作用下，H_2 与袋中剩余 O_2 生成 H_2O，使袋内环境达到无氧。约 30 min 后，再折断亚甲蓝(美蓝)液安瓿(美蓝在无氧环境中无色，在有氧环境中变成蓝色)，如指示剂不变蓝，表示袋内已成无氧环境，此时即可放入 37℃温箱中培养，观察并记录菌种生长情况。

(3)厌氧培养箱法：将接种好的平板直接放入充入氮气的厌氧培养箱中培养的方法。

五、操作重点提示

(1)注意无菌技术，避免空气中细菌的污染。

(2)选择适合于所分离细菌生长的培养基。

(3)划线要致密但不能重叠，充分利用平板的表面积，划线时先将接种环稍稍弯曲，这样易和平皿内琼脂面平行，不致划破培养基。

六、实训总结

本节介绍了进行细菌分离常用的固体培养基和液体培养基接种方法以及根据细菌对气体的需求与否选择的需氧和厌氧培养方法。

七、思考题

1.细菌分离培养的目的是什么？

2.如何进行平板分区划线？

实训 2-5　细菌药物敏感性检测技术

一、实训目标和要求

1. 熟悉和掌握纸片扩散法检测细菌对抗菌药物敏感性的操作程序和结果判定方法。

2. 了解最低抑菌浓度试验的原理和方法。

3. 了解药敏试验在实际生产中的重要意义。

二、实训设备和材料

1. **菌种**　大肠杆菌、金黄色葡萄球菌。

2. **药敏纸片**　含不同抗生素药物的滤纸片，分装于灭菌西林瓶中。

3. **培养基**　普通肉汤、普通琼脂平板培养基。

5. **器材**　台式高速离心机、水浴锅、药敏纸片打孔器、微量加样器、Eppendorf 管、吸管等。

三、知识背景

在给细菌感染动物进行治疗时，测定细菌对药物的敏感性，不仅有助于选择合适的药物，而且可为药物的用量提供依据。细菌在体外的敏感度和临床的疗效大体是符合的，但也会受到药物剂型、吸收途径等因素的影响而出现不一致的情况。目前供药敏试验的方法很多，可归纳为两大类，即稀释法和扩散法。有的以抑制细菌生长为评定结果的标准，有的则以杀灭细菌为标准。一般可报告为细菌对某抗菌药物敏感、轻度敏感或耐药。

稀释法是将抗菌药物稀释为不同的浓度，作用于被检菌株，定量测定药物对细菌的最低抑菌浓度（MIC）或最低杀菌浓度（MBC），可在液体培养基或固体培养基中进行。

扩散法是将抗菌药物置于已接种待测细菌的固体培养基上，抗菌药物通过向培养基内扩散，抑制敏感菌的生长，从而出现抑菌环。药物扩散的距离越远，达到该距离的药物浓度就越低，故可根据抑菌环的大小，判断细菌对药物的敏感度。抑菌环边缘的药物含量即该药物的敏感度。此法操作简便，容易掌握，但因受含药量及接种量等多种因素影响结果不稳定，因此试验时应同时设立已知敏感度的质控菌株作为对照。

四、实训操作方法和步骤

1. 试管二倍稀释法

（1）抗生素原液的配制及保存：将抗生素制剂无菌操作溶于适宜的溶剂，如蒸馏水、磷酸盐缓冲液中，稀释至所需浓度。抗生素的最初稀释剂通常用蒸馏水，但是有些抗生素必须用其他溶剂作初步溶解。常用抗生素原液的溶剂和最初稀释剂见表 2-13。若制剂中可能含有杂菌，配制后宜用孔径 0.22 μm 的一次性细菌滤器过滤除菌。分装小瓶，在 −20℃冷冻状态下保存，可保存 3 个月或更久。每次取出一瓶保存于 4℃冰箱，可用 1 周左右。

（2）培养基：一般采用 MH 培养基。如细菌生长缓慢，可加入 5%左右的血清。

表 2-13　抗生素原液的溶剂和稀释剂

抗生素	溶剂	稀释剂
青霉素 G	pH 6.8 的柠檬酸缓冲液	pH 6.8 的柠檬酸缓冲液
氨苄西林钠	蒸馏水	蒸馏水
阿莫西林	蒸馏水	蒸馏水
头孢噻呋钠	蒸馏水	蒸馏水
硫酸庆大霉素	蒸馏水	蒸馏水
单硫酸卡那霉素	蒸馏水	蒸馏水
硫酸链霉素	蒸馏水	蒸馏水
硫酸新霉素	蒸馏水	0.1 mol/L PBS(pH 7.2)
硫酸安普霉素	蒸馏水	0.1 mol/L PBS(pH 7.2)
氟苯尼考	二甲基甲酰胺或二甲基乙酰胺	乙醇或甲醇
多黏菌素 B 或 E	蒸馏水	蒸馏水
盐酸四环素	蒸馏水	蒸馏水
盐酸多西环素	蒸馏水	蒸馏水
盐酸氧氟沙星	蒸馏水	蒸馏水
盐酸环丙沙星	蒸馏水	蒸馏水
盐酸恩诺沙星	蒸馏水	蒸馏水
磷酸替米考星	蒸馏水	蒸馏水
酒石酸泰乐菌素	蒸馏水	0.1 mol/L PBS(pH 7.2)
泰妙菌素	蒸馏水	0.1 mol/L PBS(pH 7.2)
硫氰酸红霉素	0.1 mol/L PBS(pH 7.2)	0.1 mol/L PBS(pH 7.2)
林可霉素	蒸馏水	蒸馏水
磺胺类	1.0 mol/L NaOH 或 2.5 mol/L 盐酸	PBS(pH 6.0)

(3)方法：

被测菌种悬液的制备。将菌种接种于肉汤培养管中，置 37℃温箱中培养 6 h(生长缓慢者可培养过夜)，试管稀释法一般选用细菌浓度为 10^5 CFU/mL，纸片扩散法一般选用细菌浓度为 10^8 CFU/mL(细菌浓度可通过测定菌悬液 OD_{600} 和平板菌落计数法来确定，麦氏比浊法比较简便，但因受细菌种类和大小的影响会导致误差较大)。

抗生素溶液的二倍连续稀释。取 13 mm×100 mm 灭菌带胶塞试管 13 支(管数多少可依具体需要而定)。除第 1 管加入稀释菌液 1.8 mL 外，其余各管均各加 1.0 mL。即于第 1 管加入抗生素原液 0.2 mL，混合后吸出 1.0 mL 加入第 2 管中，用同法依法稀释至第 12 管，弃去 1.0 mL。第 13 管为生长对照。

培养及结果观察。放置 37℃培养 16～24 h，观察结果，凡药物最高稀释管中无细菌生长者，该管的浓度即为 MIC。

MBC 的测定。从无细菌生长的各管取材，分别划线接种于琼脂平板培养基，于 37℃培养过夜(或 48 h)，观察结果。琼脂平板上无细菌生长而含抗生素最少的一管，即为 MBC。也可将上述各管在 37℃继续培养 48 h，无细菌生长的最低浓度即相当于该抗生素的 MBC。

结果报告。一般以 MIC 作为细菌对药物的敏感度,如第 1～8 管无细菌生长,第 9 管开始有细菌生长,则把第 8 管抗生素的浓度报告为该菌对这种抗生素的敏感度;如全部试管均有细菌生长,则报告该菌对这种抗生素的敏感度大小第 1 管中的浓度或对该药耐药;如除对照管外,全部都不生长时,则报告为细菌对该抗生素的敏感度等于或小于第 12 管的浓度,或高度敏感。

可以用 96 孔圆底微量反应板代替试管进行 MIC 和 MBC 的测定(按比例减少体积,一般每孔终体积为 200 μL)。

2.扩散法(K-B 法)

(1)含药滤纸片的制备:含有各种抗菌药物的滤纸片是扩散法中应用最多的。目前,我国生产含药滤纸片的单位不多,且多为人医用药,针对兽医临床生产的药敏纸片几乎没有,所以一般可应用抗菌药物原粉自制药敏滤纸片。其方法如下:

滤纸片:选用新华 1 号定性滤纸,用打孔器打成直径为 6 mm 的小圆片,根据需要将 50 片或 100 片作为一组包成一纸包或放入带胶塞的小瓶或小平皿内,121℃灭菌 15 min,置 100℃干燥箱内烘干备用。

药液的配制:常用药物的配制方法及所用浓度见表 2-14。

表 2-14　药敏纸片的制备及含药浓度

药物	剂型	制备方法	药液浓度/(μg/mL)	纸片含药量/μg
青霉素	注射用粉针	30 mg 加 pH 6.8 的柠檬酸缓冲液 10 mL	3 000	10 U/30
硫酸链霉素	注射用粉针	10 mg 加 pH 7.8 的 PBS 10 mL	1 000	10
土霉素	口服粉剂或片剂	25 mg 粉末,加 2.5 mol/L HCl 15 mL 溶解后,以蒸馏水稀释至 25 mL	1 000	10
四环素	口服粉(片)剂	同土霉素	1 000	10
	注射用针剂	以生理盐水稀释	1 000	10
金霉素	口服粉剂	同土霉素	1 000	10
硫酸新霉素	口服粉剂	以 pH 7.2 的 PBS 溶解后稀释	1 000	10
硫氰酸红霉素	口服粉剂	以水溶解,以 pH 7.2 的 PBS 稀释	1 500	15
硫酸卡那霉素	注射用针剂	以 pH 7.2 的 PBS 稀释	3 000	30
硫酸庆大霉素	注射用针剂	以 pH 7.2 的 PBS 稀释	1 000	10
硫酸黏菌素	口服粉剂	以 pH 7.2 的 PBS 稀释	3 000	30
磺胺嘧啶钠	粉剂或针剂	以蒸馏水稀释	30 000	300
磺胺二甲基嘧啶钠	注射用针剂	以水或 pH 7.8 的 PBS 稀释	30 000	300
磺胺甲基异噁唑	片剂	300 mg 加水 2 mL 混悬,浓 HCl 0.5 mL 溶解,以 pH 6.0 的 PBS 稀释至 10 mL	30 000	300
磺胺间甲氧嘧啶钠	注射用针剂	以水或 pH 7.8 的 PBS 稀释	10 000	100
磺胺增效剂	片剂	5 mg 加水 2 mL 混悬,浓 HCl 0.25 mL 溶解,以 pH 6.0 的 PBS 稀释至 10 mL	500	5

注:本表所列药物剂量均为质量单位,临床应用时应注意与效价单位的换算。

含药纸片的制备:将灭菌滤纸片用无菌镊子摊布于灭菌平皿中,以每张滤纸片饱和吸水量为 0.01 mL 计,每 50 张滤纸片加入药液 0.5 mL 或每 100 张滤纸片加入药液 1.0 mL,不时翻动滤纸片,使滤纸片将药液均匀吸净,一般浸泡 30 min 即可。然后取出含药纸片置于一纱布袋中,以真空抽气使之干燥。或直接将滤纸片摊于 37℃温箱中烘干,烘烤的时间不宜过长,以免某些抗生素失效。对青霉素、金霉素等纸片的干燥宜用低温真空干燥法。干燥后,立即装入无菌的小瓶中加塞,置于−20℃冰箱冷冻保存。少量供工作用的纸片从冰箱中取出后应在室温中放置 1 h,使纸片温度和室温平行,防止冷的纸片遇热产生凝结水。

药敏纸片的鉴定:取制好的纸片 3 张,以质控菌株测其抑菌环,大小符合标准者则为合格。纸片的有效期一般为 4～6 个月。

(2)操作方法:K-B 法是用含有一定量抗生素的药敏纸片,贴在已接种待检菌的琼脂平板上,经 37℃培养后,抗生素浓度梯度通过纸片弥散作用而形成。在敏感抗生素的有效范围内,细菌的生长受到抑制;在有效范围外,细菌能够生长,故能形成一个明显的抑菌环,以抑菌环的大小来判定试验菌对某一抗生素是否敏感及敏感程度。

用接种环挑取菌落 4～5 个,接种于肉汤培养基中,置 37℃培养 4～6 h。

菌液稀释:用灭菌生理盐水稀释培养液,使菌液浓度为 10^8 CFU/mL。

用无菌棉拭子蘸取上述稀释菌液,在管壁上挤压,除去多余的液体,用棉拭子涂满琼脂表面,盖好平皿,室温下干燥 5 min,待平板表面稍干即可放置含药纸片(亦可用涂布棒涂布菌液)。

用灭菌镊子以无菌操作取出含药纸片贴在涂有细菌的平板培养基表面。一个直径 9 cm 的平皿最多只能贴 7 张纸片,6 张纸片均匀地贴在离平皿边缘 15 mm 处,1 张贴于中心。贴纸片时要轻轻按压,以保证与培养基紧密接触。将平皿放 37℃恒温箱,培养 16～18 h,观察结果(图 2-7)。

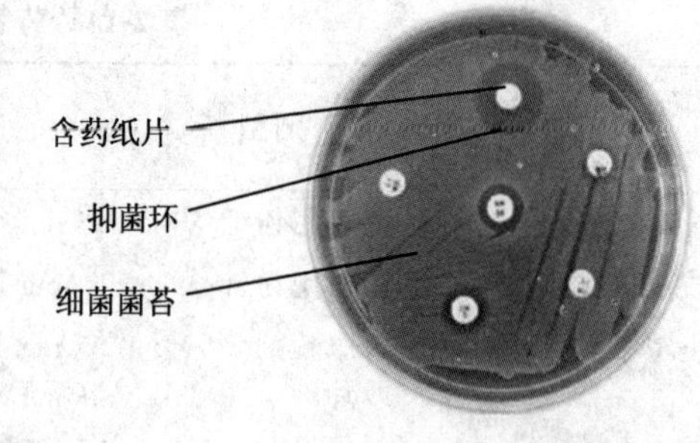

图 2-7 抑菌环

结果判定:观察含药纸片周围有无抑菌环,量取其直径(包括纸片直径)大小,用毫米数(mm)记录,按抑菌环直径的大小报告敏感、中度敏感和耐药,具体标准见表 2-15。

五、操作重点提示

(1)稀释时,每一个稀释度均应更换吸管。菌液及抗生素的加量要准确。

(2)培养的温度要恒定,时间为 16～18 h,结果不宜判读过早。但培养过久,则细菌能恢复生长,使抑菌环变小。

(3)对于一些色泽深或本身呈浑浊的中草药,其试管培养后不易观察细菌的生长情况。可从培养管移至平板培养基上,观察各管中的细菌是否被杀死。这种方法常用于测定药物的 MBC。

六、实训总结

本节介绍了用液体稀释法测定药物的 MIC 值和 MBC 值;用纸片扩散法测定细菌对某种抗菌药物的敏感程度。

七、思考题

1. 纸片法药敏试验操作时应注意什么?

表 2-15　抗菌药物的抑菌环与敏感标准

抗菌药物	活性单位/每片含药量/μg	抑菌环的直径/mm		
		耐药(R)	中等敏感(I)	敏感(S)
青霉素				
葡萄球菌	10 U	≤28	—	≥29
链球菌(非肺炎链球菌)	10 U	—	—	≥24
肠球菌	10 U	≤14	—	≥15
氨苄西林				
肠杆菌科	10	≤13	14～16	≥17
葡萄球菌	10	≤28	—	≥29
链球菌	10	—	—	≥24
肠球菌	10	≤16	—	≥17
阿莫西林	10	≤19	—	≥20
头孢噻呋	30	≤17	18～20	≥21
四环素类				
葡萄球菌	30	≤14	15～18	≥19
链球菌	30	≤18	19～22	≥23
肠杆菌科	30	≤12	13～15	≥16
链霉素	10	≤11	12～14	≥15
卡那霉素	30	≤13	14～17	≥18
庆大霉素	10	≤12	13～15	≥16
大观霉素	100	≤10	11～13	≥14
红霉素	15	≤13	14～22	≥23
替米考星	15	≤10	11～13	≥14
恩诺沙星	5	≤16	17～22	≥23
环丙沙星	5	≤15	16～20	≥21
氧氟沙星	5	≤13	14～16	≥17
林可霉素	2	≤14	15～20	≥21
氟苯尼考	30	≤18	19～21	≥22
泰妙菌素	30	≤8	—	≥9
多黏菌素 B 或 E	30	≤8	9～11	≥12
复方新诺明	1.25 单位/23.75	≤10	11～15	≥16
磺胺异噁唑	300	≤12	13～16	≥17
甲氧苄氨嘧啶	5	≤10	11～15	≥16

注：除标注活性单位(U)的药物之外，其余药物剂量均为质量单位，临床应用时应注意与效价单位的换算。

实训 2-6　病毒的鸡胚培养技术

一、实训目标和要求

1. 掌握病毒的鸡胚接种和收获方法。

2. 掌握病毒的血凝及血凝抑制试验的操作方法。

3. 掌握检测病毒毒价的方法。

二、实训设备和材料

(1)9～11 日龄 SPF 或非免疫鸡胚(最好白壳)。

(2)疑似含 NDV 的鸡内脏组织病料(脑、肾、肺、肝等)或 NDV IV 系苗、NDV 阳性血清、新鲜制备的 1%鸡红细胞悬液 50 mL。

(3)孵化箱、照蛋器、蛋架、研钵、打孔钢锥、镊子、酒精灯、1 mL 注射器、碘酒棉、75%酒精棉、吸耳球、灭菌吸管、96 孔“V”形微量反应板、10～50 μL 可调移液器及吸头、微量振荡器等。

(4)注射用青、链霉素,灭菌生理盐水,石蜡或胶布等。

三、知识背景

鸡胚是处于发育中的活的机体,组织分化程度低,细胞代谢旺盛,适于许多病毒(如流感病毒、新城疫病毒、传染性支气管炎病毒等)的生长增殖。在兽医研究中最常用于禽源病毒的分离、培养、生物学特性鉴定、疫苗制备和药物筛选等工作。鸡胚培养的优点是:来源充足,价格低廉,操作简单,无须特殊设备或条件,易感病毒谱较广,对接种的病毒不产生抗体等。

一般来说,孵育至 8～12 d 的鸡胚尚未长出羽毛,而且整体发育日趋完善,各种脏器均已形成,胚体对外源接种物的耐受性较强,利于病毒的增殖。12 日龄以后,鸡胚骨骼逐渐硬化,体表羽毛渐生,不便于病毒的感染。

新城疫(ND)是禽类的一种急性、高度接触性传染病,由一种侵害呼吸道、胃肠道以及中枢神经系统的新城疫病毒(NDV)引起。NDV 有囊膜,表面有纤突,内含血凝素神经氨酸酶(HA)和融合蛋白(F),NDV 有血凝特性,能凝集禽类、两栖动物、爬行动物等多种动物的红细胞以及人的 O 型红细胞。利用这一特性,可进行 NDV 鉴定及抗体监测。

四、实训操作方法和步骤

1.鸡胚的选择和孵育

将消毒种蛋置于温度为 37.5℃(高可到 38.5℃)的孵化箱或恒温箱中培养,相对湿度为 45%～60%。如果用恒温箱孵育 3 d 后每天应翻蛋 2～3 次,以保证气体交换均匀,鸡胚发育正常。孵育后第 4 天起用照蛋器对鸡胚发育情况进行检视,发育良好的鸡胚血管明显可见,胚体可以活动。未受精蛋无血管,死亡鸡胚血管消散呈暗色且胚体固定不动。应及时弃去未受精蛋和死亡鸡胚。实验室接种用的鸡胚最少是 6 日龄,最大不超过 12 日龄,一般多用 9～10

日龄鸡胚。

2. 接种前的准备

(1)病料的处理:取 1.0～2.0 g 疑似含 NDV 的鸡内脏组织病料,匀浆研磨后用生理盐水制成 1∶10 悬液,每 mL 加入青霉素和链霉素各 1 000～2 000 U,以抑制可能污染的细菌,然后经 2 000 r/min 离心 10 min,取上清液用 0.22 μm 的滤膜过滤,滤液作为接种材料。亦可用 NDV Ⅳ 系苗直接接种。

(2)照蛋:用铅笔标出气室位置,并在气室底边胚胎附近无大血管处标出接种部位。若要做卵黄囊接种或血管注射,还要标出相应部位。

(3)消毒:先后用碘酊和 75%酒精棉球消毒准备接种部位的蛋壳表面。

3. 鸡胚接种　常用的鸡胚接种途径有绒毛尿囊腔、绒毛尿囊膜、羊膜腔、卵黄囊和静脉等。新城疫病毒多采用绒毛尿囊腔接种法(图 2-8)。

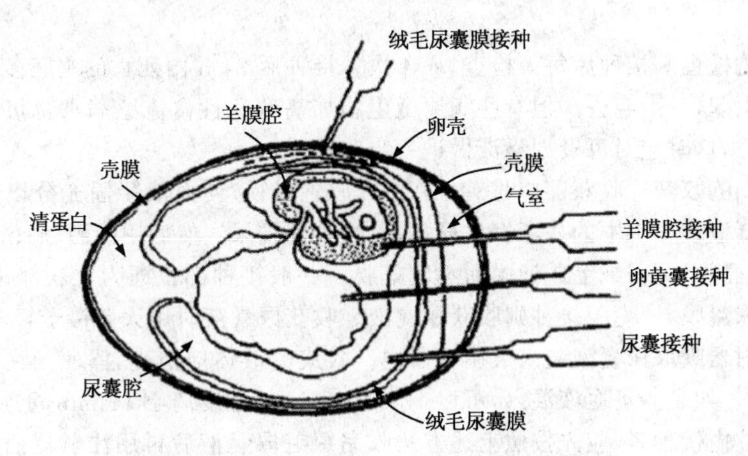

图 2-8　9～10 日龄鸡胚结构及接种部位示意图

(1)绒毛尿囊腔内接种:选用 9～11 日龄发育良好的鸡胚,气室向上置于蛋架上,在所标记接种部位及气室用经火焰消毒的钢锥各打一个小孔,注意要恰好使蛋壳打通而又不伤及壳膜。用 1 mL 注射器抽取接种物,与蛋壳呈 30°角斜刺入小孔 3～5 mm 达尿囊腔内(图 2-9),注入接种物。一般接种量为 0.1～0.2 mL。注射后用熔化的石蜡封闭注射小孔。气室朝上置于 37℃温箱中孵育。另有一种接种方法是仅在距气室底边 0.5 cm 处打一小孔,由此孔进针注射接种物(图 2-9)。

(2)绒毛尿囊膜接种:取 9～12 日龄鸡胚横放。在鸡胚的中上部标记接种部位用钝头锥子轻轻钻开一个小孔,以刚刚钻破蛋壳而不伤及壳膜为佳,再用消毒针头小心挑开壳膜,但勿伤及壳膜下的绒毛尿囊膜。壳膜白色,无血管,而绒毛尿囊膜薄而透明,有丰富血管,可以区别。另外在气室处钻一小孔,以针尖刺破壳膜后用吸耳球紧靠小孔,轻轻一吸,使第一个小孔处的绒毛尿囊膜陷下呈一小凹,即形成人

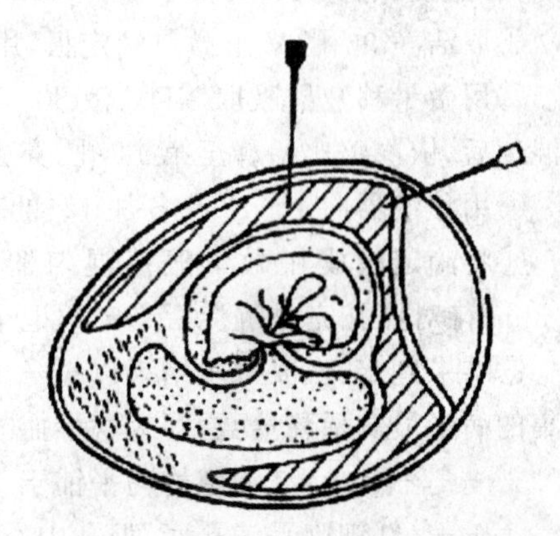

图 2-9　尿囊腔接种的两种途径示意图

工气室。用注射器将接种物滴在人工气室中，然后用石蜡封住人工气室和天然气室小孔，如果人工气室开孔较大，可用消毒胶布或盖玻片封闭。继续孵育时人工气室向上。

(3)卵黄囊内接种：取6～8日龄鸡胚，从气室顶部或鸡胚侧面钻1个孔，在照蛋器下将注射器针头插入卵黄囊接种。侧面接种不易伤及鸡胚，但针头拔出后，接种液有时会外溢一点。接种时钻孔、接种量、接种后封闭均同绒毛尿囊腔内接种。

(4)羊膜腔内接种：用10日龄左右鸡胚按照绒毛尿囊腔内接种法开孔，然后在照蛋器下将注射器针头向鸡胚刺入，深度以接近但不刺到鸡胚为度，因为包围鸡胚外面的就是羊膜腔。用石蜡封闭接种口后，将鸡胚直立孵化，气室向上。

(5)静脉接种：取12～13日龄的鸡胚在照蛋灯下标出血管位置，消毒后用钢锥小心钻开蛋壳，但不伤及壳膜。滴灭菌液状石蜡少许，以提高壳膜透明度，并在照蛋灯的照明下用细小针头进行静脉接种，注射量在0.1 mL以内。注射后会有少许出血，当即用石蜡或无菌胶布封住。

4.接种后的检查 接种后每天检查3～4次。接种后24 h内死亡的鸡胚多数由于鸡胚受损或污染细菌引起，一般弃去。但有些病原微生物如高致病性禽流感病毒也可能会在短时间内引起鸡胚死亡，这时应对可疑尿囊液做进一步鉴定。

5.鸡胚材料的收获 收获前应将鸡胚于4℃放置过夜，使血液凝固充分以免收获时流出的红细胞与尿囊液或羊水中的病毒发生凝集，影响实验结果。然后用碘酒、酒精消毒气室部蛋壳，去除蛋壳和壳膜，撕破绒毛尿囊膜而不破羊膜。一般接种部位即为收获部位，如绒毛尿囊膜接种则收获尿囊膜，尿囊腔接种则收获尿囊液。收获尿囊液时用灭菌镊子轻轻按住胚胎，以灭菌吸管或注射器吸取尿囊液装入灭菌容器内。收集的液体应清亮，浑浊则往往表示有细菌污染，需做菌检。如有少量血液混入，可以1 500 r/min的速度离心10 min，重新收获上清液。

对于羊膜腔内接种者，应先按照上述方法收完绒毛尿囊液后再用注射器插入羊膜腔内收集羊水。对于卵黄囊内接种者则在收集完绒毛尿囊液和羊水的基础上，用吸管收集卵黄液。所有收集到的材料通过无菌检查后置－70℃保存备用。

6.病毒鉴定 对分离的可疑病毒材料可用血凝试验(HA)和血凝抑制试验(HI)、中和试验、空斑减数试验及荧光抗体技术等方法加以鉴定。下面以新城疫病毒(NDV)为例，介绍血凝试验(HA)和血凝抑制试验(HI)的操作过程。

(1)血凝试验(HA)(表2-16)：

①取洁净96孔V形微量滴定板，用微量移液器从第1孔至第12孔各加生理盐水50 μL。

②用微量移液器吸取NDV液50 μL，加入第1孔并反复吸吹3～5次，使其与生理盐水充分混匀后，依次倍比稀释至第11孔，弃去50 μL，第12孔设为不加病毒液的对照。

③用移液器向1～12孔各加1%的鸡红细胞悬液50 μL。

④将滴定板放在微量振荡混匀器上(或用手工旋转)混匀，于37℃或室温静置15～30 min，待对照孔完全沉淀后判定并记录结果。

⑤结果判定：血凝试验结果以＋＋＋＋(#)、＋＋＋、＋＋、＋、－表示。能使红细胞完全凝集的病毒最高稀释倍数，即为病毒血凝价。

＋＋＋＋(#)：红细胞均匀平铺于V形孔底。

＋＋＋：红细胞平铺孔底，但孔中心稍有红细胞集聚。

＋＋：孔周边有凝集，孔中央红细胞集聚。

+：孔中央红细胞集聚形成小团，但边缘不光滑，四周有小凝块。

－：孔中央红细胞集聚形成小团，边缘光滑。

表 2-16　微量红细胞凝集（HA）试验术式

孔号	1	2	3	4	5	6	7	8	9	10	11	12
病毒稀释度	2^{-1}	2^{-2}	2^{-3}	2^{-4}	2^{-5}	2^{-6}	2^{-7}	2^{-8}	2^{-9}	2^{-10}	2^{-11}	
病毒/μL	50	50	50	50	50	50	50	50	50	50	50	50
生理盐水/μL	50	50	50	50	50	50	50	50	50	50	50	弃去 50
1%鸡红细胞/μL	50	50	50	50	50	50	50	50	50	50	50	50
37℃ 15～30 min 判定结果												

（2）微量 α 法血凝抑制试验（HI）：

①取洁净 96 孔 V 形微量滴定板，待检 NDV 稀释同上，做相同的 2 排。

②用微量移液器在第 1 排每孔各加生理盐水 50 μL，第 2 排每孔各加一定稀释度的 NDV 阳性血清 50 μL，混匀后，于室温或 37℃静置 15～30 min。

③在第 1 排和第 2 排每孔各加入 1%的鸡红细胞悬液 50 μL，混匀后，于室温或 37℃静置 15～30 min，待对照孔完全沉淀后判定并记录结果。

④结果判定：血凝试验（第 1 排）和 α 法血凝抑制试验（第 2 排）两排孔的血凝价相差 2 个滴度以上判为阳性，即判定待检病毒为 NDV；如两排孔的血凝价相等或差异小于 2 个滴度者为非特异性凝集，或由其他病毒引起，应判为阴性。

（3）微量 β 法血凝抑制试验（表 2-17）：

①β 法血凝抑制试验：首先需配制 4 个血凝单位病毒。假设新城疫病毒血凝价为 1∶320，则 1∶80 即为 4 个单位病毒，将病毒用生理盐水稀释 80 倍即可用于试验。

②取洁净 96 孔 V 形微量滴定板，用微量移液器从第 1 孔至 12 孔各加生理盐水 50 μL。

③用微量移液器吸取待检血清 50 μL，加入第 1 孔并反复吸吹 3～5 次，使其与生理盐水充分混匀后，依次倍比稀释至第 10 孔，弃去 50 μL。

表 2-17　微量 β 法血凝抑制（HI）试验术式

孔号	1	2	3	4	5	6	7	8	9	10	11	12
病毒稀释度	2^{-1}	2^{-2}	2^{-3}	2^{-4}	2^{-5}	2^{-6}	2^{-7}	2^{-8}	2^{-9}	2^{-10}	病毒对照	血清对照
生理盐水/μL	50	50	50	50	50	50	50	50	50	50	弃去 50	50
待检血清/μL	50	50	50	50	50	50	50	50	50	50		
4 单位病毒/μL	50	50	50	50	50	50	50	50	50	50	50	50
于微量振荡器上振荡混匀后，37℃ 15～30 min												
1%鸡红细胞/μL	50	50	50	50	50	50	50	50	50	50	50	50
37℃ 15～30 min 判定结果												

④在第1～11孔，每孔各加4个血凝单位病毒50 μL，第12孔加生理盐水50 μL，混匀后，于室温或37℃静置15～30 min。第11孔为4个血凝单位病毒对照，第12孔为生理盐水对照。

⑤每孔各加入1%的鸡红细胞悬液50 μL，混匀后，于20～30℃或室温静置30 min左右，待生理盐水对照孔完全沉淀后判定并记录结果。

⑥结果判定：能完全抑制红细胞凝集的血清最高稀释倍数为该血清的血凝抑制效价。第11孔病毒对照完全凝集，第12孔生理盐水对照完全不凝集时，则表示对照成立，反之则不成立。在对照成立时，才可判定结果。

7.病毒毒价测定

(1)鸡胚半数感染量(EID_{50})的测定：用灭菌生理盐水将新收获的含毒鸡胚尿囊液作10倍系列稀释，每个稀释度为一组，通过绒毛尿囊腔途径接种10日龄的SPF或非免疫鸡胚，每胚接种0.1 mL，每组5枚鸡胚，然后置37℃孵化4 d，观察记录鸡胚死亡的百分率。按Reed-Muench方法计算出EID_{50}值，具体公式为：

$$距离比=\frac{高于50\%的感染百分数-50}{高于50\%的感染百分数-低于50\%的感染百分数}$$

$$EID_{50}=高丁50\%感染的病毒最高稀释度的对数+距离比$$

(2)脑内接种致病指数(ICPI)的测定：用灭菌生理盐水将新收获的含毒鸡胚液作10倍稀释，脑内接种于10只1日龄SPF雏鸡，0.05 mL/只，同时设立4只生理盐水对照。所有雏鸡分组隔离饲养于硬壁式负压隔离器中，逐日观察8 d。根据每只鸡的症状用数字方法每天进行记录：正常鸡记为0，发病鸡记为1，病重鸡记为2，死亡鸡记为3，根据下列公式计算ICPI：

$$ICPI=\frac{8\ d内累计发病鸡数\times1+8\ d内累计病重鸡数\times2+8\ d内累计死亡鸡数\times3}{8\ d内累计观察鸡总数}$$

ICPI≥1.5为高致病力，0.5≤ICPI<1.5为中等致病力，ICPI<0.5为低致病力。

(3)静脉内接种致病指数(IVPI)的测定：用灭菌生理盐水将新收获的含毒鸡胚液作10倍稀释，羽静脉接种于8只6周龄SPF鸡，0.1 mL/只，同时设立生理盐水对照。所有鸡分组隔离饲养于负压隔离器中，逐日观察10 d。根据每只鸡的症状用数字方法每天进行记录：正常鸡记为0，发病鸡记为1，病重鸡记为2，死亡鸡记为3，根据下列公式计算IVPI：

$$IVPI=\frac{10\ d内累计发病鸡数\times1+10\ d内累计病重鸡数\times2+10\ d内累计死亡鸡数\times3}{10\ d内累计观察鸡总数}$$

IVPI≥1.2为高致病力，0.5≤IVPI<1.2为中等致病力，IVPI<0.5为低致病力。

五、操作重点提示

(1)病料处理、鸡胚接种、收获等，都应进行严格的无菌操作。

(2)接种病毒必须避开血管位置，以免因出血引起胚体死亡。

(3)血凝试验、血凝抑制试验及鸡胚半数感染量测定等实验中病毒稀释时必须准确。

六、实训总结

鸡胚作为培养病毒的宿主系统来源丰富，操作简单。某些具有血凝性的病毒如新城疫病毒、禽流感病毒等还可以通过鸡胚增殖进行 HA 和 HI 实验鉴定。病毒的毒力可以通过鸡胚半数感染量(EID_{50})、脑内接种致病指数(ICPI)和静脉内接种致病指数(IVPI)来测定，其中 EID_{50} 最常用。

七、思考题

1. 试述影响鸡胚病毒增殖的因素。
2. 试述新城疫病毒的检测方法。

实训 2-7　动物寄生虫的诊断技术

一、实训目标和要求

1. 掌握动物常见实验室寄生虫学诊断技术。

2. 理解常见诊断技术的原理。

二、实训设备和材料

显微镜、载玻片、盖玻片、离心机、三角瓶、试管、粪筛、玻璃棒、吸管、研钵、计数器、饱和盐水等。

三、知识背景

漂浮法是利用比重比虫卵大的溶液稀释粪便，将粪便中比重小的虫卵浮集于液体表面。常用饱和盐水做漂浮液，用以检查线虫和绦虫虫卵。此外，尚可采用其他饱和溶液，如饱和硫酸镁溶液等。沉淀法用于检查粪便中的吸虫卵，因为吸虫卵的比重大于水，可沉积于水底。可将离心沉淀法和漂浮法结合起来应用，以获得更高的检出率。锦纶筛兜淘洗法适用于宽度大于 60 μm 的球虫卵囊。因通过 260 目锦纶筛兜过滤、冲洗后，直径小于 40 μm 的细粪渣和可溶性色素均被洗去而使虫卵集中。虫卵计数法是测定每克粪便中的虫卵数，而以此推断动物体内某种寄生虫的数量方法，使用驱虫药前后虫卵数量的对比，可以检查驱虫效果。

虫卵计数的结果，常可作为诊断寄生虫病的参考。在马，当线虫卵数量达到每克粪便中含卵 500 枚时，为轻感染；800～1 000 枚时为中感染；1 500～2 000 枚时为重感染。在羔羊，还应考虑感染线虫的种类，一般每克粪便中含 2 000～6 000 虫卵时应认为是重感染，在每克粪便中含虫卵 1 000 枚以上，即认为应给予驱虫。在牛，每克粪便中含虫卵 300～600 枚时，即应给予驱虫。在肝片形吸虫，牛每克粪便中的虫卵数达到 100～200 枚时，羊达到 300～600 枚时即应考虑其致病性。

四、实训操作方法和步骤

(一)寄生虫虫卵的检测方法

1. 直接涂片法　取 1～2 滴清水，滴在载玻片；然后用火柴梗或牙签取黄豆大小的粪便与载玻片上的清水混匀；除去较粗的粪渣；将粪液涂成薄膜，薄膜的厚度以透过涂片隐约可见书上的字迹为宜；盖上盖玻片，置于低倍镜下检查。虽然所有的虫卵都可用直接涂片检测，但虫卵数量过少时往往检测不到。

2. 漂浮法　取粪便 10 g，加饱和盐水 100 mL，用玻棒搅匀；通过 60 目铜筛过滤到另一烧杯中，静置 30 min；用直径 5～10 mm 的铁丝圈，与液面平行接触以蘸取表面液膜，抖落于载玻片上,加盖玻片检查。本法适于检查线虫和绦虫虫卵。

3.沉淀法　取粪便 5 g,加清水 100 mL,用玻棒搅匀;通过 60 目铜筛过滤到另一烧杯中,静置 30 min;倾去上层液,保留沉渣;再加水混匀,又静置 30 min,再倾去上层液,保留沉渣;如此反复操作直到上层液体透明,最后倾去上层液;吸取沉渣检查。此法适于检测吸虫卵。

4.锦纶筛兜淘洗法　取粪便 5～10 g,加水搅匀;通过 40 或 60 目铜筛过滤;滤下液再通过 260 目锦纶筛兜过滤;在锦纶筛兜中继续加水冲洗,直到洗出液变清为止;挑取 260 目锦纶筛兜中的粪渣抹片检查。此法适于球虫卵囊的检测。

5.沉淀孵化法　本法是检查分体吸虫的特有方法,通过将血吸虫粪便冲洗沉淀,在特制的装置内,适宜的温度下使虫卵孵出幼虫(毛蚴),借毛蚴有向上、向光、向清的特性进行观察,做出诊断。具体操作如下:将粪便放入烧杯或搪瓷缸内(牛、马的孵化量为 100 g,羊为 10～20 g,猪为 40～60 g),先捣碎,然后加水约 500 mL,搅拌均匀,通过 40 或 60 目铜筛过滤至三角量杯中,加至九成满,静置沉淀,如此反复 3～4 次直到粪便澄清。沉淀换水时间,第一次为30 min,以后每隔 20 min 换水一次。最后将反复淘洗的沉淀材料加入 30℃的温水置三角烧杯中,用插玻管的方法进行培养,杯外用黑纸围起来(杯内的水量至杯口 2 cm 处为宜),放入 25～30℃的恒温箱中孵化,30 min 后开始观察,以后每隔 1 h 观察一次,需观察数次,任何一次发现毛蚴即可停止观察。毛蚴为针尖大的白色虫体,在水平面作快速直线运动或沿管壁绕行。可疑时可用吸管吸出毛蚴镜下观察。

(二)虫卵的计数方法

1.斯陶尔氏法(Stoll's method)　在一小玻璃容器上(如小三角烧瓶或大试管),在容量为 56 mL 和 60 mL 处各做一个标记;先取 0.4%的氢氧化钠溶液注入容器内到 56 mL 处;再加入被检粪便使液体升到 60 mL 处;加入一些玻璃珠,振荡使粪便完全破碎混匀;以 1 mL 的吸管吸取粪液 0.15 mL,滴于 2～3 张载玻片上,覆以盖玻片;在显微镜下循序检查,统计其中虫卵总数(图 2-10)。因 0.15 mL 粪液中实际含原粪量是 $0.15\times4/60=0.01$(g),因此,所得虫卵总数乘 100 即为每克粪便中的虫卵数。本法适用于大多数虫卵的计数。

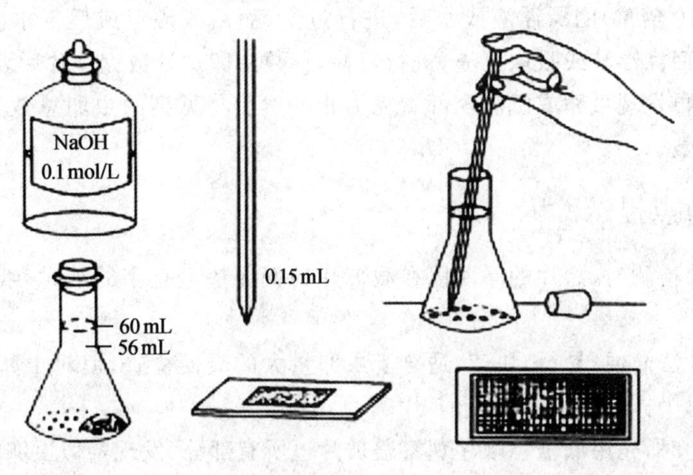

图 2-10　斯陶尔氏法

2.**麦克马斯特氏法(McMaster's method)** 取粪便 2 g,置研钵中;先加入 10 mL 水,搅匀,再加饱和食盐水 50 mL;充分振荡混匀;用 60 目铜筛过滤;将滤液振荡混匀后立即吸取粪液充满麦克马斯特计数板两个计数室;置于显微镜台上,静置 2～3 min;计数两个计数室的虫卵数(图 2-11)。该小室中的容积为 1 cm×1 cm×0.15 cm＝0.15 cm^3,内含粪 2÷(10＋50)×0.15＝0.005(g),两个计数室则为 0.01 g。故计数的虫卵数乘以 100 即为每克粪便中的虫卵数。本法只适用于可被饱和盐水漂浮起的各种虫卵。

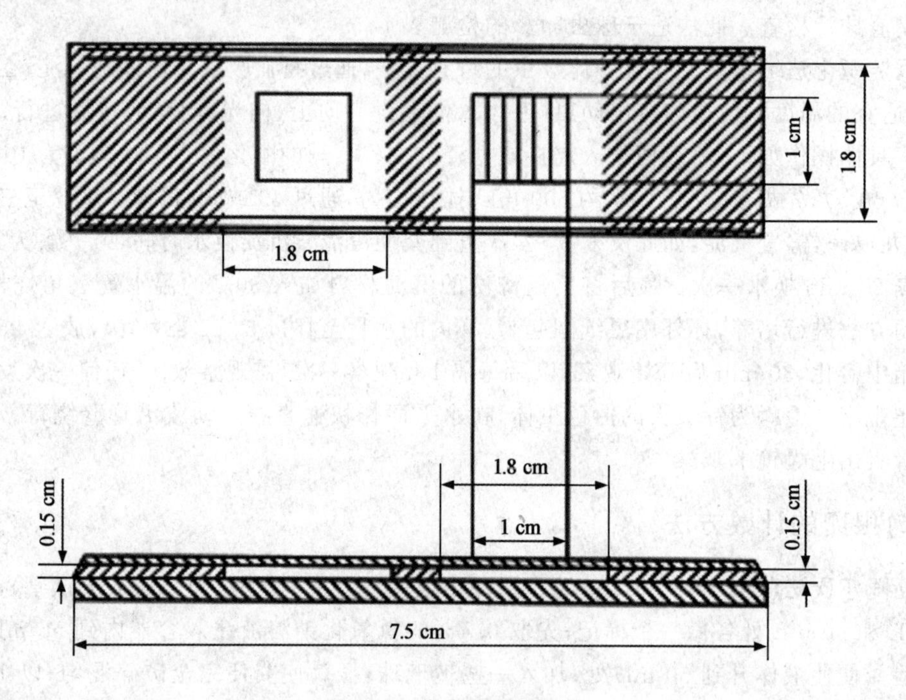

图 2-11 麦克马斯特氏法

除了上述方法外,也可以用漂浮法或沉淀法来进行虫卵计数。即称取一定量粪便(1～5 g),加入适量(10 倍量)的漂浮液或水后,进行过滤,而后或漂浮或反复水洗沉淀,最后用盖片或载片蘸取表面漂浮液或吸取沉渣,进行镜检,计数虫卵。计数完一片后,再检查第二片、第三片……直到不再发现虫卵或沉渣全部看完为止。然后将见到的虫卵总数除以粪便克数,即为每克粪便虫卵数。

五、操作重点提示

(1)直接涂片检测时,涂片的厚薄以在载玻片的下面垫上有字的纸时,纸上的字迹隐约可见为宜。

(2)直接涂片法简便、易行、快速,适合于虫卵量大的粪便检查,但对虫卵含量低的粪便检出率低,故此法每个样品必须检查 3～5 片。

(3)检查虫卵时,先用低倍镜顺序观察盖玻片下所有部分,发现疑似虫卵时,再用高倍镜仔细观察。因一般虫卵(特别是线虫卵)色彩较淡,镜检时视野宜稍暗一些。

六、实训总结

本节介绍了寄生虫虫卵常用的检测方法，包括直接涂片法、漂浮法、沉淀法、锦纶筛兜淘洗法和沉淀孵化法。虫卵的计数方法，常用斯陶尔氏法和麦克马斯特氏法。虫卵计数的结果，可作为诊断寄生虫病的参考。

七、思考题

1. 不同的寄生虫虫卵可分别选择什么检测方法？
2. 漂浮法检测虫卵有哪些注意事项？

实训 2-8　动物尸体及产品无害化处理技术

一、实训目标和要求

1. 掌握人员防护措施。
2. 了解动物尸体及产品的包装和运送规范。
3. 掌握不同无害化处理方法的适用范围和条件。

二、实训设备和材料

防护服、口罩、护目镜、胶鞋及手套等防护用具，运送工具，消毒器械，焚烧炉，化尸窖，生物热发酵菌种，消毒剂等。

三、知识背景

无害化处理是指用物理、化学等方法处理病死动物尸体及相关动物产品，消灭其所携带的病原体，消除动物尸体危害的过程。动物尸体及产品的处理方法包括以下几种：①焚烧法，是指在焚烧容器内，使动物尸体及相关动物产品在富氧或无氧条件下进行氧化反应或热解反应的方法。②化制法，是指在密闭的高压容器内，通过向容器夹层或容器通入高温饱和蒸汽，在干热、压力或高温、压力的作用下，处理动物尸体及相关动物产品的方法。③掩埋法，是指按照相关规定，将动物尸体及相关动物产品投入化尸窖或掩埋坑中并覆盖、消毒，发酵或分解动物尸体及相关动物产品的方法。④发酵法，是指将动物尸体及相关动物产品与稻糠、木屑等辅料按要求摆放，利用动物尸体及相关动物产品产生的生物热或加入特定生物制剂，发酵或分解动物尸体及相关动物产品的方法。

四、实训操作方法和步骤

1. 人员防护　进行动物尸体及相关产品的收集、暂存、装运、无害化处理操作的工作人员应经过专门培训，掌握相应的动物防疫知识。工作人员在操作过程中应穿戴防护服、口罩、护目镜、胶鞋及手套等防护用具。工作人员应使用专用的收集工具、包装用品、运载工具、清洗工具、消毒器材等。工作完毕后，应对一次性防护用品作销毁处理，对循环使用的防护用品消毒处理。

2. 动物尸体及产品的包装和运送

(1)包装：动物尸体及相关产品包装材料应符合密闭、防水、防渗、防破损、耐腐蚀等要求。包装材料的容积、尺寸和数量应与需处理动物尸体及相关动物产品的体积、数量相匹配。包装后应进行密封。使用后，一次性包装材料应作销毁处理，可循环使用的包装材料应进行清洗消毒。

(2)暂存：采用冷冻或冷藏方式进行暂存，防止无害化处理前动物尸体腐败。暂存场所应防水、防渗、防鼠、防盗，易于清洗和消毒。暂存场所应设置明显警示标志。应定期对暂存场所及周边环境进行清洗消毒。

(3)运送:选择专用的运输车辆或封闭厢式运载工具,车厢四壁及底部应使用耐腐蚀材料,并采取防渗措施。车辆驶离暂存、养殖等场所前,应对车轮及车厢外部进行消毒。运载车辆应尽量避免进入人口密集区。若运输途中发生渗漏,应重新包装、消毒后运输。卸载后,应对运输车辆及相关工具等进行彻底清洗、消毒。

3.处理动物尸体及产品的方法　动物尸体及产品的处理方法有多种,各具优缺点,在实际工作中应根据具体情况和条件加以选择。

(1)焚烧法:

①直接焚烧法。可视情况对动物尸体及相关动物产品进行破碎预处理。将动物尸体及相关动物产品或破碎产物,投至焚烧炉本体燃烧室,经充分氧化、热解,产生的高温烟气进入二燃室继续燃烧,产生的炉渣经出渣机排出。燃烧室温度应≥850℃。二燃室出口烟气经余热利用系统、烟气净化系统处理后达标排放。焚烧炉渣与除尘设备收集的焚烧飞灰应分别收集、贮存和运输。焚烧炉渣按一般固体废物处理;焚烧飞灰和其他尾气净化装置收集的固体废物如属于危险废物,则按危险废物处理。严格控制焚烧进料频率和重量,使物料能够充分与空气接触,保证完全燃烧。燃烧室内应保持负压状态,避免焚烧过程中发生烟气泄露。燃烧所产生的烟气从最后的助燃空气喷射口或燃烧器出口到换热面或烟道冷风引射口之间的停留时间应≥2 s。二燃室顶部设紧急排放烟囱,应急时开启。应配备充分的烟气净化系统,包括喷淋塔、活性炭喷射吸附、除尘器、冷却塔、引风机和烟囱等,焚烧炉出口烟气中氧含量应为6%~10%(干气)。

②炭化焚烧法。将动物尸体及相关动物产品投至热解炭化室,在无氧情况下经充分热解,产生的热解烟气进入燃烧(二燃)室继续燃烧,产生的固体炭化物残渣经热解炭化室排出。热解温度应≥600℃,燃烧(二燃)室温度≥1 100℃,焚烧后烟气在1 100℃以上停留时间≥2 s。烟气经过热解炭化室热能回收后,降至600℃左右进入排烟管道。烟气经过湿式冷却塔进行“急冷”和“脱酸”后进入活性炭吸附和除尘器,最后达标后排放。应检查热解炭化系统的炉门密封性,以保证热解炭化室的隔氧状态。应定期检查和清理热解气输出管道,以免发生阻塞。热解炭化室顶部需设置与大气相连的防爆口,热解炭化室内压力过大时可自动开启泄压。应根据处理物种类、体积等严格控制热解的温度、升温速度及物料在热解炭化室里的停留时间。

(2)化制法:

①干化法。可视情况对动物尸体及相关动物产品进行破碎预处理。动物尸体及相关动物产品或破碎产物输送入高温高压容器。处理物中心温度≥140℃,压力≥0.5 MPa(绝对压力),时间≥4 h(具体处理时间随需处理动物尸体及相关动物产品或破碎产物种类和体积大小而设定)。加热烘干产生的热蒸汽经废气处理系统后排出。加热烘干产生的动物尸体残渣传输至压榨系统处理。搅拌系统的工作时间应以烘干剩余物基本不含水分为宜,根据处理物量的多少,适当延长或缩短搅拌时间。应使用合理的污水处理系统,有效去除有机物、氨氮,达到国家规定的排放要求。应使用合理的废气处理系统,有效吸收处理过程中动物尸体腐败产生的恶臭气体,使废气排放符合国家相关标准。高温高压容器操作人员应符合相关专业要求。处理结束后,需对墙面、地面及其相关工具进行彻底清洗消毒。

②湿化法。可视情况对动物尸体及相关动物产品进行破碎预处理。将动物尸体及相关动

物产品或破碎产物送入高温高压容器，总质量不得超过容器总承受力的4/5。处理物中心温度≥135℃，压力≥0.3 MPa(绝对压力)，处理时间≥30 min(具体处理时间随需处理动物尸体及相关动物产品或破碎产物种类和体积大小而设定)。高温高压结束后，对处理物进行初次固液分离。固体物经破碎处理后，送入烘干系统；液体部分送入油水分离系统处理。高温高压容器操作人员应符合相关专业要求。处理结束后，需对墙面、地面及其相关工具进行彻底清洗消毒。冷凝排放水应冷却后排放，产生的废水应经污水处理系统处理达标后排放。处理车间废气应通过安装自动喷淋消毒系统、排风系统和高效微粒空气过滤器(HEPA过滤器)等进行处理，达标后排放。

(3)掩埋法：

①直接掩埋法。地址应选择地势高燥，处于下风向的地点。应远离动物饲养厂(饲养小区)、动物屠宰加工场所、动物隔离场所、动物诊疗场所、动物和动物产品集贸市场、生活饮用水源地。应远离城镇居民区，文化教育科研等人口集中区域，主要河流及公路、铁路等主要交通干线。掩埋坑体容积以实际处理动物尸体及相关动物产品数量确定。掩埋坑底应高出地下水位1.5 m以上，要防渗、防漏。坑底撒一层厚度为2～5 cm的生石灰或漂白粉等消毒药。将动物尸体及相关动物产品投入坑内，最上层距离地表1.5 m以上。用生石灰或漂白粉等消毒药消毒。覆盖距地表20～30 cm，厚度不少于1～1.2 m的覆土。掩埋覆土不要太实，以免腐败产气造成气泡冒出和液体渗漏。掩埋后，在掩埋处设置警示标志。掩埋后，第一周内应每日巡查1次，第二周起应每周巡查1次，连续巡查3个月，掩埋坑塌陷处应及时加盖覆土。掩埋后，立即用氯制剂、漂白粉或生石灰等消毒药对掩埋场所进行1次彻底消毒。第一周内应每日消毒1次，第二周起应每周消毒1次，连续消毒3周以上。

②化尸窖。畜禽养殖场的化尸窖应结合本场地形特点，宜建在下风向。应远离动物饲养厂(饲养小区)、动物屠宰加工场所、动物隔离场所、动物诊疗场所、动物和动物产品集贸市场、泄洪区、生活饮用水源地；应远离居民区、公共场所，以及主要河流、公路、铁路等主要交通干线。化尸窖应为砖和混凝土，或者钢筋和混凝土密封结构，应防渗防漏。在顶部设置投置口，并加盖密封加双锁；设置异味吸附、过滤等除味装置。投放前，应在化尸窖底部铺用一定量的生石灰或消毒液。投放后，投置口密封加盖加锁，并对投置口、化尸窖及周边环境进行消毒。当化尸窖内动物尸体达到容积的3/4时，应停止使用并密封。化尸窖周围应设置围栏、设立醒目警示标志以及专业管理人员姓名和联系电话公示牌，应实行专人管理。应注意化尸窖维护，发现化尸窖破损、渗漏应及时处理。当封闭化尸窖内的动物尸体完全分解后，应当对残留物进行清理，清理出的残留物进行焚烧或者掩埋处理，化尸窖池进行彻底消毒后，方可重新启用。

(4)发酵法：发酵堆体结构形式主要分为条垛式和发酵池式。处理前，在指定场地或发酵池底铺设20 cm厚辅料。辅料上平铺动物尸体或相关动物产品，厚度≤20 cm。覆盖20 cm辅料，确保动物尸体或相关动物产品全部被覆盖。堆体厚度随需处理动物尸体和相关动物产品数量而定，一般控制在2～3 m。堆肥发酵堆内部温度≥54℃，一周后翻堆，3周后完成。辅料为稻糠、木屑、秸秆、玉米芯等混合物，或为在稻糠、木屑等混合物中加入特定生物制剂预发酵后的产物。发酵过程中，应做好防雨措施。条垛式堆肥发酵应选择平整、防渗地面。应使用合理的废气处理系统，有效吸收处理过程中动物尸体和相关动物产品腐败产生的恶臭气体，使废气排放符合国家相关标准。

五、操作重点提示

(1)因重大动物疫病及人畜共患病死亡的动物尸体和相关动物产品不得使用发酵法进行处理。

(2)病死动物的收集、暂存、装运、无害化处理等环节应建有台账和记录。有条件的地方应保存运输车辆行车信息和相关环节视频记录。

六、实训总结

本节介绍了在动物尸体和相关产品处理过程中的人员防护、包装和运送规范以及处理动物尸体和产品的方法。

七、思考题

1.运送动物尸体及产品应注意哪些事项?

2.常用的处理动物尸体方法共有几种？简述其优缺点。

第三篇　动物疾病治疗综合实训

实训 3-1　动物常见投药技术

实训 3-2　动物常见注射技术

实训 3-3　动物免疫接种技术

实训 3-4　动物常见穿刺技术

实训 3-5　动物常见导尿技术

实训 3-6　动物子宫冲洗技术

实训 3-7　动物麻醉操作技术

实训 3-8　组织分离、止血、缝合和包扎技术

实训 3-9　犬胃切开术

实训 3-1　动物常见投药技术

一、实训目标和要求

1.掌握畜禽常用的投药方法。

2.了解不同投药方法的应用范围。

二、实训设备和材料

1.**器材**　胃管、石蜡油、水盆、桶、吸耳球、漏斗、雾化机、面罩、注射器、输液器、开口器、滴瓶等。

2.**动物**　牛、羊、猪、马、犬、猫等。

三、知识背景

对畜禽的投药方法分为自愿和强迫投药两种。自愿投药，是当动物有食欲时，将药物拌于饲料或饮水中，让动物自行服下的方法。在给药前需断绝饲喂和饮水，使动物处于饥饿、口渴状态。自愿投药只限于无特殊气味的药物，如磺胺类药、人工盐、某些抗生素、某些维生素类、碳酸钙等。稀盐酸可放饮水中让动物自由饮用。牛对苦味药，如龙胆、大黄等，一般能顺利随饲料采食而不嫌忌。家禽疾病的防治，广泛采用自愿服药的方法。强迫投药，是最广泛应用的方法。根据药物的性质、剂型和用药的目的，可以采用经鼻、经口、灌肠或注射、吸入等不同的投药途径。

四、实训操作方法和步骤

(一)水剂投药法

水剂投药法有经鼻投药、经眼给药和经口投药三种。投药时切忌药液误入气管，以免发生误咽性肺炎。当咽喉有疾病时，尽量采取其他途径给药。

1.**经鼻投药法**　主要用于马、牛等大家畜，投服大量药液时广泛采用。动物柱栏内保定。将胃管屈曲，前端涂少量石蜡油，站于动物的右前方，左手握住鼻端并掀起外侧鼻翼，右手持胃管，通过左手的指间沿鼻腔底壁缓缓插入，到达咽部后轻轻抽动刺激咽部引起吞咽，伴随着动物吞咽而将胃管插入食道。当动物无吞咽动作时，可轻轻揉捏咽部而诱发吞咽。按照食管探诊要领将投药管准确地插入食管中，达到食管的1/3处，接上漏斗，把药液倒入漏斗内，举高漏斗将药液灌入胃内。药液灌完后，再灌以少量温水，以冲洗漏斗及投药管。而后拔掉漏斗并将投药管内残留液体吹入胃内，用拇指堵住投药管外口或把管折叠，缓缓拔出。给牛经鼻投药时，判定投药管是否插入食管内，主要采用向投药管内吹气，看颈部食管是否有波动，或者用触摸颈部食管内的投药管的方法进行判定。因为牛常有嗳气，所以用压扁胶皮球或用嘴吸的试验方法来判定其结果往往不确实。药液灌注完毕后去掉漏斗，用橡皮球再向胃导管内打气，以排净残留在胃管内的药液，然后将胃管后端折叠，再缓缓抽出胃管。滴鼻免疫是雏鸡常用的免疫方法，滴鼻时将鸡头固定于水平面上，滴瓶垂直向下，将鸡嘴关闭，遮盖一侧鼻孔，向另一侧鼻孔滴入疫苗液，吸入后方可放开接种鸡。滴鼻时遇到鼻孔堵塞现象、疫苗不易吸入鼻孔内时，可更换另一侧鼻孔进行。

2.经眼投药法 点眼免疫也是一种常见的、适用于禽类一些预防呼吸道疾病的活疫苗免疫方法，包括新城疫Ⅳ系疫苗、传染性支气管炎疫苗、传染性喉气管炎疫苗，常用于雏鸡的基础免疫。

①免疫人员右手的拇指和食指握住滴瓶，左手将要接种鸡只的鸡头固定在水平状态，滴瓶垂直向下，滴嘴距离鸡眼的距离为 0.5～1 cm；

②向鸡只眼内滴入一滴疫苗，使用右手中指将滴入疫苗的眼睛轻轻闭上，避免将刚刚滴入的疫苗挤出；

③将滴过疫苗的一只眼睛轻轻睁开，观看眼角是否存在药液，待疫苗充分吸收后再放开接种鸡，便完成了本只鸡的点眼免疫；

④免疫完毕后将鸡只放回笼内，注意防止鸡只出现甩头现象，将疫苗甩出眼外。

3.经口投药法 经口投药法是投服少量药液时常用的方法。对猪和牛，投服大量水剂时也可经口插入投药管投药(图 3-1，图 3-2)。对猪可先行倒卧保定，装上开口器(长 15～20 cm，直径 2.5 cm 的铁管或木棒，中间钻一圆孔，两端有可以滑动的铁环，拴上绳子)，然后用猪的投药管自开口器中央圆孔慢慢插入，到达咽部时，轻轻抽动投药管刺激咽部，使猪产生吞咽动作，随即将投药管插入食管内，确实证明投药管在食管内时，接上漏斗，将药液灌下。牛用投药管经口投药时，也须装着开口器。经口投服少量水剂时，马等大动物可采用灌角、长颈酒瓶，犬猫等小动物则可用注射器作为投药工具。投药时不宜把动物头部吊得过高，否则容易引起误咽。水剂经口投药，应一点一点地倒入口内，使动物一口一口地咽下，否则容易灌呛或使药液漏失。投药中，若发现动物打呛或咳嗽，猪嚎叫时，应立即停止投药，并将动物头部放低，待其安静后再继续投药。

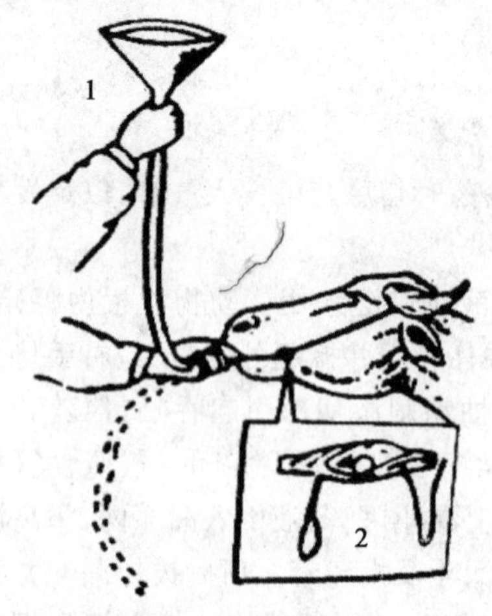

图 3-1 牛的胃管给药

1.接漏斗 2.开口器

图 3-2 猪的鼻端固定及经口投药法

(二)丸(片)剂投药法

丸剂投药法是将药物加适量赋形剂,做成适当大小的药丸(大动物每丸 10～20 g,中动物每丸 4～5 g,小动物及禽类制成高粱米粒大至黄豆大),也可使用现成的药丸(片)。给马、牛等大动物投丸剂时,先将动物保定好,术者一手持装好丸剂的投药器,另一手伸入口腔,先将舌拉出口外,同时将投药器沿硬腭送至舌根部,迅速把药丸推出,抽出投药器将舌松开,并托住下颌部,稍抬高病畜头,待其将药丸咽下后再松开。若没有丸剂投药器,可用手将药丸(片)投掷到舌根部,使其咽下即可。给猪投丸剂时,先按水剂投药时的保定法将猪保定住,术者一手用木棒撬开口腔,另一手将药丸投掷到舌根部,然后抽出木棒,使其咽下。给犬、猫等小动物投丸剂时,在畜主协助保定下,术者用两手分别把握上下腭,将唇压入齿列间被盖臼齿上,然后掰开其口,将药丸(片)投掷到舌根部,松开上下腭,使口闭合,将药咽下。给禽类投丸剂时,开口后将药丸一粒一粒填入口内,使其自然咽下。

(三)舔剂投药法

舔剂投药法是将不具有显著局部作用的药物,加适量的赋形药制成面团块,将其涂布在动物的舌根部,使其逐渐舔食并咽下。舔剂适用于小剂量、对口腔无刺激的苦味健胃药或者微量元素,利用其对于味觉神经的刺激,可以达到兴奋食欲和促进消化的目的。舔剂投药法常用于猪及牛、马、骡等动物。投舔剂时,先将药团放在舔剂板前端,一只手拉出动物的舌,另一只手持舔剂板,从一侧口角送入口内,迅速将药抹到舌根部后立即抽出舔剂板,松开舌头,抬高头部,便可咽下。也可将舔剂制成舔砖,供动物自行舔食。

(四)蒸汽吸入法

根据病情选用适当药物,煎煮时用口或鼻吸入药物蒸汽,或用雾化器将药液雾化后吸入口鼻进行治疗的方法即为蒸汽吸入法。常用于上呼吸道的炎症治疗,如鼻炎、喉炎、气管炎以及咽炎的治疗,效果较好。简便的蒸汽吸入法是将药物(如松节油、煤酚皂溶液等)放入盛有开水的圆桶中,桶口套以帆布袋或布袋,布袋另一端套在马头上,并固定好马头,药物便随蒸汽而被吸入。通常吸入时间为 10～20 min/次,2～3 次/d。犬、猫等小动物常用雾化器进行吸入治疗,用作雾化的药物应为水溶性、低黏度无刺激性的。雾化前,将雾化器药杯开盖,检查药杯是否完好,在药杯中加入配好的药液,在水箱中加入 350 mL 净水使浮子浮起,盖好盖子,连好管道及面罩,接通电源,检查机器是否正常运转。由主人将动物适当保定。将雾化器所连接面罩放至动物口部,雾化器设定时间,调整雾气量和风挡,一般雾化吸入时间为 20～30 min/次,1～2 次/d。

(五)直肠投药法

直肠投药法,是指从肛门向肠管内或胃内投灌药液的方法。该法治疗犬、猫的呕吐、腹泻、中毒或食入异物等胃肠疾病疗效很好。首先一人抓住犬、猫的两后肢,稍上方提举悬垂,使臀高头低,让犬、猫两前肢仍自然站立,另一人保定犬、猫头部。投药前要先将灌注的药液加温至 38～39℃,装入 500 mL 的空盐水瓶中,然后用一次性输液器(把前端带过滤网的头剪掉)的另一端插入盐水瓶上。助手将犬、猫的尾巴拽到一侧,露出肛门,将涂过石蜡油的输液管插入肛门，并轻轻向直肠内推进（幼犬和猫 4～5 cm，成年犬 8～10 cm），再由助手握紧肛门周围的皮肤与输液管。操作者将盐水瓶提高，打开输液器阀门，让药液自动流入犬、猫肠内，先灌入少量液体，软化直肠内的积粪，待排净积粪后，再大量灌入药液，同时按摩后腹部使药液深入，并与肠内容物充分接触。随着药液的深入，犬、猫的腹围逐渐变大，直至从犬、猫的口中排出灌入的液体为止。灌完药液后，放下尾巴，用手压紧尾根，防止药液由于努责而排出，稍等片刻，松解保定。

（六）注射给药法

注射给药，就是通过注射针头，把药物注射到动物体内的一种方法（图 3-3）。通常分肌肉注射法和静脉注射法。

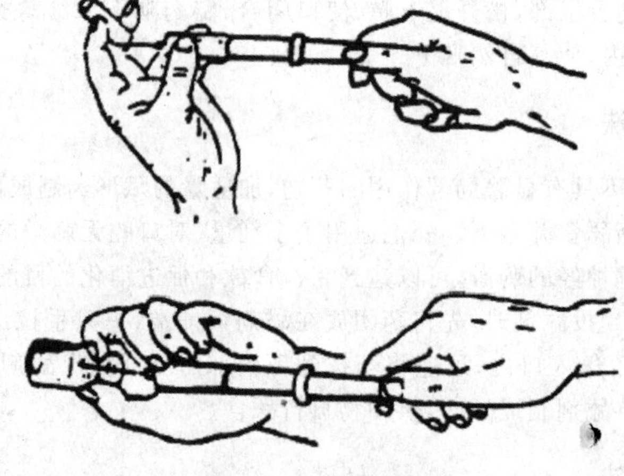

图 3-3　吸取药液两种姿势

1. **肌肉注射法**　大牲畜及猪、羊等动物注射部位选择臀部和颈部一侧（图 3-4）。猫、犬等小动物选择腰部肌肉注射，但注射疫苗或菌苗时选择腿部肌肉进行注射。注射前动物保定，注射部位剪毛消毒。术者手持注射器，将针头刺入肌肉内，慢慢将药液注入。注药完毕，拔出针头，注射部位用酒精棉球压迫片刻后松解保定。

图 3-4　猪、马的肌肉注射部位

2. **静脉注射法**　牛、羊等大牲畜，静脉注射部位选择其颈部上 1/3 与中 1/3 交界处的颈静脉血管，猪、兔常选用耳静脉，犬、猫可选用隐静脉。注射前动物保定，注射部位剪毛消毒。将静脉注射的药液配好，装在输液吊瓶架上，排净输液管内的气泡后即可准备进行注射。根据家畜大小，选择合适的针头。先用止血带扎紧注射部位上方，阻断血液回流，使静脉怒张。术者手持注射针头，顺血管方向与皮肤呈45°角刺入血管内，见针头回血后，继续将针头送入血管。然后解除刚才的压迫和结扎，打开输液管上的控制开关，点滴输液开始。最后用胶带固定针头，同时注意观察动物的反应，药液的流速等。注药完毕，拔出针头，注射部位用酒精棉球压迫片刻后松解保定。

五、操作重点提示

(一)胃管投药的注意事项

(1)插入胃管灌药前，必须判断胃管正确地插入后方可灌入药液，若胃管误插入气管内，灌入的药物将导致动物窒息或发生异物性肺炎。

(2)经鼻插入胃管时，插入动作要轻柔，防止损伤鼻腔黏膜，若黏膜损伤出血时，应拔出胃管，将动物头抬高，并用冷水浇头，使血液自然止血。

(二)雏鸡滴鼻和点眼投药的注意事项

(1)点眼与滴鼻免疫前，操作人员要洗手，确保手上无污垢或消毒药物；

(2)每次只免疫一只鸡，20日龄以上的鸡只由两人同时进行，其中一人负责抓鸡和固定鸡体，一人负责固定鸡头和免疫，免疫结束后抓鸡人员轻轻将鸡放回笼内，放鸡后检查是否有甩头现象，有甩头动作的鸡只需及时进行补免；

(3)免疫过程中，要始终保持滴头绝对垂直放置，以确保每滴疫苗的剂量恒定；

(4)滴嘴和鸡体不可直接接触，滴嘴距离鸡只眼睛或者鼻孔保持0.5～1 cm，高于1 cm时疫苗有可能溅出，低于0.5 cm时将因接触而导致剂量不足，并可能会损伤鸡只眼球；

(5)按照免疫要求，统一将疫苗滴入左侧或右侧眼睛或鼻孔，但若该侧眼睛或鼻孔处于病态时，可以改点另一侧眼睛或鼻孔。

(三)雾化治疗的注意事项

(1)雾化治疗每次雾化吸入时间不应超过30 min。

(2)超声波雾化用液体不能过多，否则可能会引起肺水肿或水中毒。

(3)对于喘、咳严重的犬、猫雾化吸入治疗时，不建议使用面罩，因为面罩的溢气孔太少，二氧化碳不能溢出，患病犬、猫实际上是在面罩中重复呼吸二氧化碳，其动脉血二氧化碳分压迅速上升，容易导致急性呼吸性酸中毒。

(4)对心肾功能不全及老年犬、猫要注意防止雾化量大造成肺水肿。

(5)雾化液每日新鲜配制。吸入时必须从小剂量开始，待适应后再逐渐加大剂量，直到吸完全部药液为止。切不可一开始就用大剂量，因大量的雾气急剧进入气道会使气道平滑肌痉挛，导致憋气或呼吸困难加重。

(6)临床还要注意防止局部吸入某些药物(如氨茶碱、庆大霉素等)的同时，进行全身治疗也使用同类药物，会使毒性叠加而造成严重后果。

(四)直肠给药时需注意

药液灌入的深度和数量,可根据个体的大小和病情等灵活掌握。一般投入的药液量,如果单纯直肠投药(包括中药),猫 25～60 mL,犬 25～120 mL;如是灌肠冲洗胃内容物,成年猫、幼犬 500 mL;成年犬 2 000 mL 以上。且可根据肛排口吐的数量反复补灌。还要注意,腹围扩张程度和呼吸变化。因为胃肠内液体急剧增多,向前压迫横膈,间接压迫心、肺,如发现呼吸异常,应立即停止投药并松解保定,以免引起窒息死亡。

六、实训总结

除了掌握各种给药方法和应用范围外,我们也要认识到每种方法均有其局限性,在临床使用时,兽医师除了要注意选择药物及其配制方法外,还应该注意根据患病动物的实际情况灵活掌握给药方法,以达到治疗的最佳效果。

七、思考题

1. 简述动物胃管投药的操作方法。
2. 如何判断胃管是否插入食道?
3. 简述直肠投药的操作方法。

实训 3-2　动物常见注射技术

一、实训目标和要求

1. 了解常用的注射法，理解常用注射法的应用范围；

2. 掌握皮内注射、皮下注射、肌肉注射、静脉注射、腹腔内注射、气管内注射、乳房内注射、反刍动物瘤胃和瓣胃注射等的适应症和注射技术。

二、实训设备和材料

1. 器材　注射器、剪毛剪、电动推子、酒精棉、碘酊、注射器、输液器。

2. 动物　牛、羊、猪、马、犬、猫。

三、知识背景

(一)皮内注射

皮内注射是将药液注入表皮与真皮之间的注射方法，多用于诊断。也用于疫苗的刺种。

1. 应用　皮内注射与其他治疗注射相比，其药液的注入量少，所以不用于治疗。主要用于某些疾病的变态反应诊断，如牛结核、副结核、牛肝片吸虫病、马鼻疽等，或做药物过敏试验。也用于痘疫苗、绵羊痘苗等的预防接种。一般仅在皮内注射药液或疫(菌)苗 0.1～0.5 mL。

2. 准备与注射部位　小容量注射器或1～2 mL 特制的注射器与短针头。根据不同动物可选在颈侧中部或尾根内侧或下腹部毛发稀疏的部位。

(二)皮下注射

皮下注射是将药液注入皮下结缔组织内的注射方法。

1. 应用　将药液注射于皮下结缔组织内，经毛细血管、淋巴管吸收进入血液，发挥药效作用，而达到防治疾病的目的。凡是易溶解、无强刺激性的药品及疫苗、菌苗、血清、抗蠕虫药(如伊维菌素等)、某些局部麻醉药，不能口服或不宜口服的药物要求在一定时间内发挥药效时，均可做皮下注射。

2. 准备　根据注射药量多少，可用 2 mL、5 mL、10 mL、20 mL、50 mL 的注射器以及相应针头。抽吸药液时，先将瓶封口端用酒精棉球消毒，并同时检查药品名称和质量。

3. 部位　多选在皮肤较薄、富有皮下组织、活动性较大的部位。大动物多在颈部两侧；猪在耳根后或股内侧(图 3-5)；羊在颈侧、背胸侧、肘后或股内侧；犬、猫在背胸部、股内侧、颈部和肩胛后部；禽类在翅膀下。

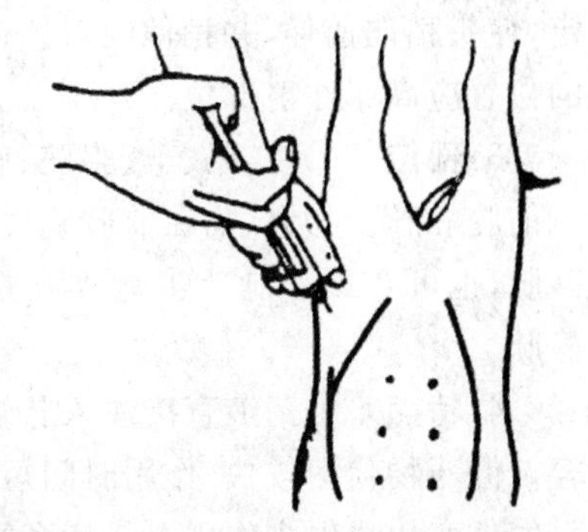

图 3-5　猪的皮下注射

4.特点 ①皮下注射的药液，可由皮下结缔组织分布广泛的毛细血管吸收而进入血液。②药物的吸收比经口给药和直肠给药快，药效确实。③与血管内注射比较，没有危险性，操作容易，大量药液也可注射，而且药效作用持续时间长。④皮下注射时，根据药物的种类，有时可引起注射局部的肿胀和疼痛。⑤皮下有脂肪层，吸收较慢，一般经 5～10 min，才能呈现药效。

(三)肌肉注射

肌肉注射是将药物注入肌肉内的注射方法。

1.应用 肌肉内血管丰富，药液注入肌肉内吸收较快。由于肌肉内的感觉神经较少，疼痛轻微。因此，刺激性较强或较难吸收的药液，进行血管内注射而有副作用的药液，油剂、乳剂等不能进行血管内注射的药液，为了缓慢吸收、持续发挥作用的药液等，均可采用肌肉内注射。但由于肌肉组织致密，仅能注射较少量的药液。

2.准备 同皮下注射。根据注射药量多少，可用 2 mL、5 mL、10 mL、20 mL、50 mL 的注射器以及相应针头。当抽吸药液时，先将安瓿封口端用酒精棉球消毒，同时检查药品名称和质量。

3.部位 大动物与犊、驹、羊、犬等多在颈侧及臀部；猪在耳根后、臀部或股内侧；禽类在胸肌部或大腿部。但应避开大血管及有神经径路的部位。

4.特点 ①肌肉内注射由于吸收缓慢，能长时间保持药效、维持血药浓度。②肌肉比皮肤感觉迟钝，因此注射具有刺激性的药物，不会引起剧烈疼痛。③由于动物的骚动或操作不熟练，注射针头或注射器(玻璃或塑料注射器)的接合头易折断。

(四)静脉内注射

静脉内注射又称血管内注射，是将药液注入静脉内的给药方法。

1.应用 用于大量的输液、输血；或用于以治疗为目的的急需速效的药物(如急救、强心等)；或注射药物有较强的刺激作用，又不能皮下、肌肉注射，只能通过静脉内才能发挥药效的药物。

2.准备 ①根据注射用量可备 50～100 mL 注射器及相应的针头(或连接乳胶管的针头)。大量输液时应使用输液瓶(250 mL、500 mL、1 000 mL)，并以乳胶管连接针头，在乳胶管中段装以滴注玻璃管或乳胶管夹子，以调节滴数，掌握其注入速度。有条件的用一次性输液器更好。②注射药液的温度要尽可能地接近体温(可用夹子式的输液加温器)。③大动物站立保定，使头稍向前伸，并稍偏向对侧；小动物可行侧卧保定或俯卧保定。④使用输液瓶时，输液瓶的位置应高于注射部位。

3.部位 ①牛、马、羊、骆驼、鹿等均在颈静脉的上 1/3 与中 1/3 的交界处。②猪在耳静脉或前腔静脉。③犬、猫在前肢腕关节正前方偏内侧的前臂皮下静脉和后肢跖部背外侧的小隐静脉，也可在颈静脉。④禽类在翅下静脉。⑤特殊情况，牛也可在胸外静脉及母牛的乳房静脉。

4.特点 ①药液直接注入脉管内，随血液分布全身，药效快、作用强，注射部位疼痛反应较轻。但药物代谢较快、作用时间短。②药物直接进入血液，不会受到消化道和其他脏器的影响而发生变化或失去作用。③病畜能耐受刺激性较强的药液(如钙制剂、水合氯醛、10%氯化钠、新胂凡纳明等)，能容纳大量的输液和输血。

(五)腹腔内注射

腹腔内注射与胸腔内注射一样，也是利用药物的局部作用和腹膜的吸收作用，将药液注入腹腔内的一种注射方法。

1.应用　当静脉管不宜输液时可用本法。此法在大动物的应用较少，而对小动物的治疗经常采用。在犬、猫也可用此法注入麻醉剂。另外，本法也可用于治疗腹水症，通过穿刺腹膜腔，排出积液，再借以冲洗、治疗腹膜炎。

2.准备　针头，常规消毒药品、器械等。

2.部位　牛在右侧肷窝部；马在右侧肷窝部；猪、犬、猫则宜在两侧后腹部(图 3-6)。另外，猪也可在第5～6 乳头之间，腹下静脉和乳腺中间进行。

3.特点　腹膜具有较大的吸收能力，药物吸收快，注射操作方便。

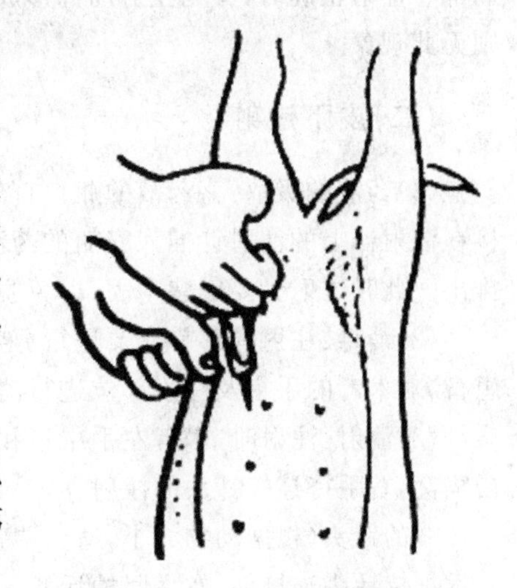

图 3-6　猪的腹腔注射

(六)瘤胃内注射

瘤胃内注射是把药物经套管针或其他针注入瘤胃的方法。

1.应用　主要用于牛、羊瘤胃臌气的止酵及瘤胃炎的治疗和瘤胃臌气的穿刺放气治疗。

2.准备　套管针或盐水针头(羊一般可选用较长的 14～16 号肌肉注射针头)、手术刀、毛剪及常规消毒药品。

3.部位　左侧腹部髋结节与最后肋间连线的中央，即肷窝部。

(七)嗉囊内注射

嗉囊内注射是禽类给药的方法之一，将药物注射入嗉囊内。

1.应用　用于肌胃阻塞、禽类胃肠炎、嗉囊炎及中毒性疾病的治疗。

2.准备　2～5 mL 注射器，针头，常规消毒药品、器械等。

3.部位　嗉囊是禽类暂时储存食物的器官，它位于胸腔的前部皮下，采食后明显突出于胸前。触诊之，可明显感知到嗉囊内的内容物。成年鸡的嗉囊如鸭蛋大小；鹅没有真正的嗉囊，仅在此处扩大呈纺锤形。

4.特点　①嗉囊注射易操作、简便、生效快，在某些急性中毒病治疗中效果显著。②嗉囊局部无大血管、神经，故此法不会引起局部出血和神经损伤。③可多次重复注射。

四、实训操作方法和步骤

(一)皮内注射

按常规消毒，排尽注射器内空气，左手绷紧注射部位的皮肤，右手持注射器，针头斜面向上与皮肤呈 5°角刺入皮内。待针头斜面全部进入皮内后，左手拇指固定针柱(栓)，右手推注药液，局部可见一半球形隆起，俗称“皮丘”。注毕，迅速拔出针头，术部轻轻消毒，但应避免压挤局部。注射正确时，可见注射局部形成一半球状隆起，推药时感到有一定的阻力，如误入皮下则无此现象。

（二）皮下注射

（1）药液的吸取：盛药液的瓶口首先用酒精棉球消毒，然后用砂轮切掉瓶口的上端，再将连接在注射器上的注射针插入安瓿的药液内，慢慢抽拉内芯。当注射器内混有气泡时，必须把它排出。此时注射针要安装牢固，以免脱掉。

（2）消毒：注射局部首先要进行剪毛、消毒、擦干，除去体表的污物。在注射时要切实保定患畜，对术者的手指及注射部位进行消毒。

（3）注射：注射时，术者左手中指和拇指捏起注射部位的皮肤，同时用食指尖下压使其呈皱褶陷窝，右手持连接针头的注射器，针头斜面向上，从皱褶基部陷窝处与皮肤呈 30°～40°角刺入 2/3 的针头（根据动物大小，适当调整进针深度），此时如感觉针头无阻抗，且能自由活动时，左手把持针头连接部，右手回抽活塞无血时即可向皮下推注药液。如需注射大量药液时，应分点皮下注射。注完后左手持干棉球按住刺入点，右手拔出针头，局部消毒。必要时对局部进行轻轻按摩促进吸收。当要注射大量药液时，应利用深部皮下组织注射，这样可以延缓吸收并能辅助静脉注射。

（三）肌肉注射

根据动物种类和注射部位不同，选择大小适当的注射针头，犬、猫一般选用 7 号，猪、羊用 12 号，牛、马用 16 号。

（1）动物适当保定，局部常规消毒处理。

（2）左手的拇指与食指轻压注射局部，右手持注射器，使针头与皮肤垂直，迅速刺入肌肉内。一般刺入 2～3 cm（小动物酌减），而后用左手拇指与食指捏住露出皮外的针头结合部分，以食指指节顶在皮上，再用右手抽动针管活塞，无回血后即可缓慢注入药液。如有回血，可将针头拔出少许再行抽试，见无回血后方可注入药液。注射完毕，用左手持酒精棉球压迫针孔部，迅速拔出针头。

（3）为术者安全起见，也可右手持注射针头，迅速用力刺入注射部位，然后以左手持针头，右手持注射器，将两者连接好，再行药液注射。这一方法主要适用于牛、马等大动物。

（四）静脉注射

1.牛的静脉内注射 牛的颈静脉位于颈静脉沟内（图 3-7）。皮肤较厚且敏感，一般应用突然刺针的方法。即助手用牛鼻钳或一手握角、一手握鼻中隔，或用保定栏将牛头部安全固定。术者左手中指及无名指压迫颈静脉的下方（近心端），或用一根细绳或乳胶管将颈部的中 1/3 下方缠紧，使静脉怒张，右手持针头对准注射部位并使针头与皮肤垂直，用腕部的弹拨力迅速将其刺入血管，见有血流出后，将针头再沿血管向前（向头端）推送，然后连接输液器或输液瓶的乳胶管，打开乳胶管上的小阀门，药液即可徐徐流入血管，同时调整好滴液的速度。

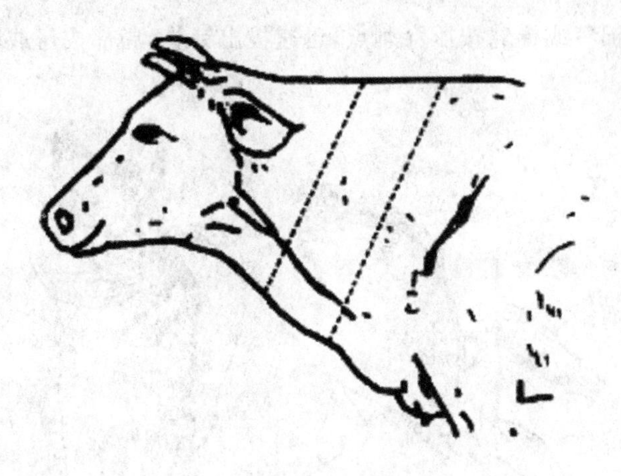

图 3-7　牛的静脉注射

2.马的静脉内注射　①马的颈静脉比较浅显，位于颈静脉沟内。首先确定颈静脉径路，然后术者用左手拇指横压注射部位稍下方(近心端)的颈静脉沟，使脉管充盈怒张。②右手持针头，使针尖斜面向上，沿颈静脉径路在压迫点前上方约 2 cm 处，将针头与皮肤呈 30°～45°角迅速刺入静脉内，并感到落空感或听到清脆声且有回血后，再沿脉管向前(向头端)进针，松开左手，同时用拇指与食指固定针头的连接部，靠近皮肤，放低右手减少其间角度，此时即可推动针筒活塞，徐徐注入药液。③可按上述原则，采取分解动作的注射方法，即按上述操作要领，先将针头(或连接乳胶管的针头)刺入静脉内，见有回血时，再继续向前进针，松开左手，连接注射器或输液瓶的乳胶管，即可徐徐注入药液。如为输液瓶时，应先放低输液瓶，验证有回血后，方可将输液瓶提至与动物头同高，并用夹子将乳胶管近端固定于颈部皮肤上，药物则徐徐流入静脉内(图 3-8)。④采用连接长乳胶管针头的一次注射法。先将连接长乳胶管的输液瓶或盐水瓶提高，流出药液，然后用右手将针头连接的乳胶管折叠捏紧，再按上述的方法将针头刺入静脉内，输入药液。⑤注射完毕，左手持酒精棉球或棉棒压紧针孔，右手迅速拔出针头，而后涂 5%碘酊消毒。

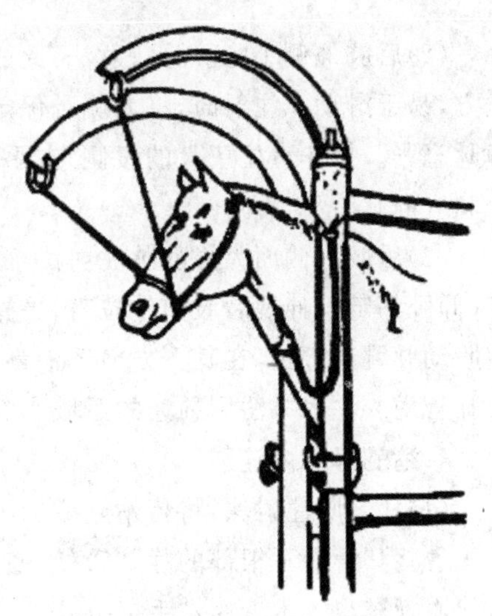

图 3-8　马的静脉注射

3.犬的静脉内注射(图 3-9)

(1)前臂皮下静脉注射法：此部位为犬最常用最方便的注射部位。此静脉位于前肢腕关节正前方稍偏内侧。犬可侧卧、俯卧或站立保定，助手或犬主人从犬的后侧握住肘部，使皮肤向上牵拉和静脉怒张，也可用止血带或乳胶管结扎使静脉怒张。操作者位于犬的前面，注射针由近腕关节 1/3 处向上(向心方)刺入静脉，当见到回血即可确定针头在血管内，然后顺静脉管进针少许，以防犬骚动时针头滑出血管。松开止血带或乳胶管，即可注入药液，并调整输液速度。静脉输液时，可用胶布缠绕固定针头。在输液过程中，必要时试抽回血，以检查针头是否在血管内。注射完毕,以干棉签或棉球按压穿刺点,迅速拔出针头,局部按压或叮嘱畜主按压片刻,防止出血。

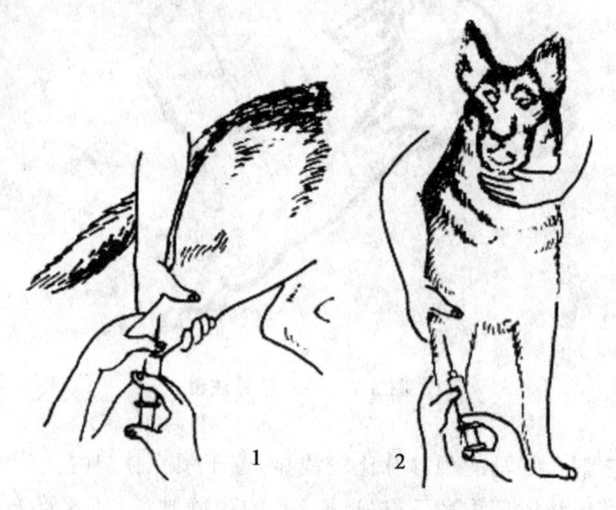

图 3-9 犬的静脉注射位置和方法

1.后肢外侧小隐静脉 2.前肢内侧头静脉

(2)后肢外侧小隐静脉注射法:此静脉位于后肢胫部下 1/3 的外侧浅表皮下,由前斜向后上方,易于滑动。注射时,将犬侧卧保定,局部剪毛消毒。用乳胶管或由助手握/扎紧股部,使静脉怒张。操作者位于犬的腹侧,左手从内侧握住下肢以固定静脉,右手持注射针由左手指端处刺入静脉。

(3)后肢内侧面大隐静脉注射法:此静脉在后肢膝部内侧浅表的皮下。助手将犬背卧后固定(仰卧保定),伸展后肢向外拉直,暴露腹股沟,在腹股沟三角区附近,先用左手中指、食指探摸股动脉跳动部位,在其下方剪毛消毒;然后,右手持针头由跳动的股动脉下方直接刺入大隐静脉管内。注射方法同前述的后肢小隐静脉注射法。

4.猪的静脉内注射

(1)耳静脉注射法:将猪站立或侧卧保定,耳静脉局部剪毛、消毒。具体方法如下:一人用手压着猪耳背面耳根部的静脉管处,使静脉怒张,或用酒精棉反复擦拭,并用手指反复弹叩,以引起血管充盈。术者用左手把持耳尖,并将其托平,右手持连接注射器的针头或头皮针,沿静脉管的径路刺入血管内,轻轻抽动针筒活塞,见有回血后,再沿血管向前(向心方)进针(图 3-10)。松开压迫静脉的手指,术者用左手拇指压住注射针头,连同注射器固定在猪耳上,右手徐徐推进针筒活塞或高举输液瓶即可注入药液。注射完毕,左手拿灭菌棉球紧压针孔处,右手迅速拔针。为了防止血肿或针孔出血,应压迫片刻,最后涂擦碘酊。

(2)前腔静脉注射法:用于大量输液或采血。前腔静脉由左右两侧的颈静脉和腋静脉在第一对肋骨间的胸腔入口处于气管腹侧面汇合而成。注射部位在第一肋骨与胸骨柄结合处的前方。由于左侧靠近膈神经,易损伤,故多于右侧进行注射。针头刺入方向,呈近似垂直并稍向中央及胸腔斜,刺入深度依据猪体大小而定,一般 2～6 cm。因此,应选用 7～9 号针头。猪取站立或仰卧保定。站立保定时的部位在右侧,于耳根至胸骨柄的连线上,距胸骨端约 1～3 cm

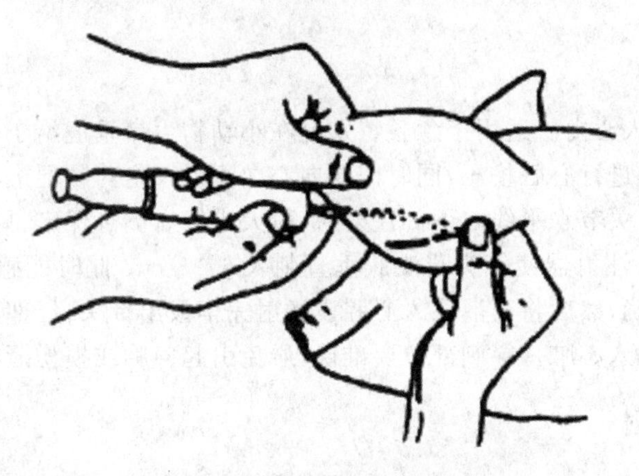

图 3-10　猪的耳缘静脉注射

处，术者拿连接针头的注射器，稍斜向中央刺向第一肋骨间胸腔入口处，边刺入边抽动注射器活塞/内管，见有回血时，即表明已经刺入前腔静脉内，可徐徐注入药液。取仰卧保定时，胸骨柄可向前/上突出，并于两侧第一肋骨接合处的直前侧方呈两个明显的凹陷窝，用手指沿胸骨柄两侧触诊时感觉更明显，多在右侧凹陷窝处进行注射。先固定好猪两前肢和头部，消毒后，术者持连接针头的注射器，由右侧沿第一肋骨与胸骨接合部前方的凹陷窝处刺入，并稍斜刺向中央及胸腔方向，边刺边回抽注射器活塞，见有回血后，即可注入药液，注完后左手持酒精棉球紧压针孔，右手拔出针头，涂碘酊消毒。

(五)腹腔注射

(1)单纯为了注射药物，牛、马可选择肷部中央。

(2)给猪、犬、猫注射时，先将两后肢提起行倒立保定，然后局部剪毛消毒。

(3)术者一手把握腹侧壁，另一手持连接针头的注射器在距离耻骨前缘 3～5 cm 处的中线旁，垂直刺入，摇动针头有空虚感即表明已经刺入腹腔，即可注入药液。

(4)注射完毕后，局部消毒处理。

(六)腹腔注射

动物站立保定，术部剪毛、消毒。若选用套管针，术者右手持套管针对准穿刺点呈 45°角迅速用力穿入瘤胃 10～20 cm，左手固定套管针外套，拔出内芯，此时用手堵针孔，间歇性地放出气体。待气体排完后，再行注射。如中途堵塞，可用内芯疏通后注射药液(常用止酵剂有：鱼石脂酒精、1%～2.5%的福尔马林、1%的来苏儿、0.1%的新洁尔灭、植物油等)。若无套管针时，手术刀在术部切开 1 cm 小口后，再用盐水针头(羊不必切开皮肤)刺入。注射完毕，视情况套管针可暂时保留，以便下次重复注射用。

(七)嗉囊内注射

局部常规消毒。患禽侧卧保定，术者左手拇指及食指捏住并固定嗉囊，右手持注射器，呈 45°角刺入嗉囊，将药液缓慢注入嗉囊即可。注射完毕，拔出针头，术部消毒。

(八)心内注射

指将药液直接注入心内。适用于急救特别是在小动物生命垂危给予药物的一种方法。任何原因所致心脏骤停,进行心脏按压,同时需要向心内注射一定药物促进心脏复跳。注射部位在左侧第3、7肋间,肩关节水平线之下。注射时,对犬进行右侧卧保定,局部剪毛,消毒。左手固定注射部位、右手持注射器使针头与皮肤垂直刺入6～8 cm,此时能感觉心脏的跳动,回抽有血液则表明刺入正确,然后将药液注入心腔。注射完毕拔出针头,局部以碘酊棉球压迫。穿刺针要长,以确保能进入心脏。穿刺部位要准确,避免引起气胸或损伤冠状血管。

(九)气管内注射

将药液直接注入气管内。适用于治疗气管及肺部疾病和肺部驱虫等(图3-11,图3-12)。注射部位在颈腹侧上1/3下界的正中线上,于第4～5气管环间。注射时,将动物仰卧保定,局部剪毛、消毒,左手固定注射部位,右手持注射器使针头与皮肤垂直刺入1～1.5 cm,刺入气管底感觉阻力消失,回抽有气体,然后慢慢注入适量药液,注射完毕拔出针头,局部涂以碘酊。

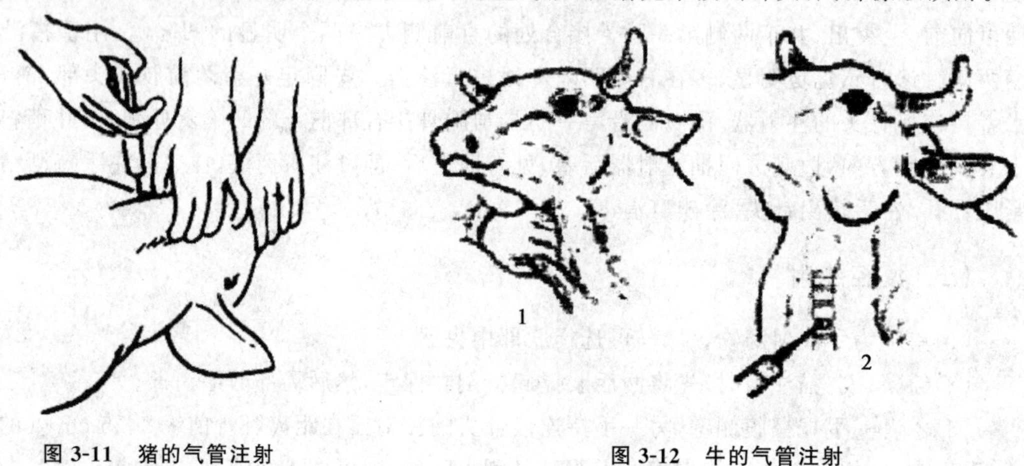

图3-11　猪的气管注射

图3-12　牛的气管注射
1.固定注射部位　2.气管注射

五、操作重点提示

1.皮内注射的注意事项　皮内注射时,注射部位的变化一定要认真判定、准确无误,否则将影响诊断和预防接种的效果。进针不可过深,以免刺入皮下,应将药物注入表皮与真皮之间。拔出针头后注射部位不可用棉球按压揉擦。

2.皮下注射的注意事项

(1)刺激性强的药品不能做皮下注射,特别是对局部刺激较强的钙制剂、砷制剂、水合氯醛及高渗溶液等,易诱发炎症,甚至组织坏死。

(2)大量注射补液时,需将药液加温后分点注射。

(3)注射后应轻按摩局部或进行温敷,以促进吸收。

(4)长期给药,应经常更换注射部位,建立轮流交替注射计划,达到在有限的注射部位吸收最大药量的效果。

3.肌肉注射的注意事项

(1)针体刺入深度,一般只刺入2/3,切勿把针梗全部刺入,以防针梗从根部连接处折断。

(2)强刺激性药物如水合氯醛、钙制剂、浓盐水等,不能肌肉内注射。

(3)注射针头如接触神经时,则动物感觉疼痛不安,此时应变换针头方向,再注射药液。

(4)万一针体折断,保持局部和肢体不动,迅速用止血钳夹住断端拔出。如不能拔出时,先将病畜保定好,防止骚动,行局部麻醉后迅速切开注射部位,用小镊子、持针钳或止血钳拔出折断的针体。

(5)长期进行肌肉注射的动物,注射部位应交替更换,以减少硬结的发生。

(6)两种以上药液同时注射时,要注意药物的配伍禁忌,必要时可在不同部位注射。

(7)根据药液的量、黏稠度和刺激性的强弱,选择适当的注射器和针头。

(8)避免在瘢痕、硬结、发炎、皮肤病及有针眼的部位注射。淤血及血肿部位不宜进行注射。

4.静脉注射的注意事项

(1)严格遵守无菌操作,对所有注射用具及注射局部,均应进行严格消毒。

(2)注射时要检查针头是否畅通,当反复刺入时针孔很容易被组织或血液凝块阻塞,因此应及时更换针头。

(3)注射时要看清脉管径路,明确注射部位,刺入准确,一针见血,防止乱刺,以避免引起局部血肿或静脉炎。

(4)针头刺入静脉后,要再将针头沿静脉方向进针1～2 cm,连接输液管后并使之固定。

(5)刺针前应排尽注射器或输液管中的空气。

(6)要注意检查药品的质量,防止杂质、沉淀。多种药液混合时,应注意配伍禁忌;切记油类制剂不可静脉注射。

(7)注射对组织有强烈刺激的药物时,应先注射少量的生理盐水,证实针头确实在血管内,再调换要注射的药液,以防药液外溢而导致组织坏死。如钙剂的注射。

(8)输液过程中,要经常注意观察动物的表现,如有骚动、出汗、气喘、肌肉震颤,犬发生皮肤丘疹、眼睑和唇部水肿等征象时,应及时停止注射。当发现输入液体突然过慢、停止以及注射局部明显肿胀时,应检查回血(可通过放低输液瓶;或一手捏紧乳胶管上部,使药液停止下流,再用另一只手在乳胶管下部突然加压或拉长,并随即放开,利用产生的一时性负压,看其是否有回血;也可用右手小指与手掌捏紧乳胶管,同时以拇指与食指捏紧远心端前段乳胶管并拉长,造成负压,随即放开,看其是否有回血)。如针头已经滑出血管外,则应重新刺入。

(9)犬及猪静脉注射时,首先从末端开始,以防再次注射时发生困难(如血肿后,无合适的进针位点)。

(10)如注射速度过快、药液温度过低,可产生副作用(如心跳、呼吸异常或肌肉颤抖等),同时要注意某些药物因个体差异可能发生过敏反应。

(11)对极其衰弱或心机能障碍的患畜静脉注射时,尤其应注意输液反应,对心肺机能不全者,应防止肺水肿的发生。

(12)静脉注射时药液外漏的处理:静脉内注射时,常由于未刺入血管,或刺入后因病畜骚动而针头移位脱出血管外,致使药液漏出到皮下。故当发现药液外漏时,应立即停止注射,根据药液的不同采取下列处理措施:

①立即用注射器抽出外漏的药液；

②如系等渗溶液(生理盐水或等渗葡萄糖),一般很快会自然吸收；

③如系高渗盐溶液,则应向肿胀局部及其周围注入适量的灭菌注射用水,使之稀释；

④如系刺激性强或有腐蚀性的药液,则应向其周围组织内注入生理盐水。如为氯化钙溶液,可注入10%的硫酸钠或10%硫代硫酸钠10～20 mL,使氯化钙变为无刺激性的硫酸钙和氯化钠。

⑤局部再用5%～10%硫酸镁温敷,以缓减疼痛；

⑥如系大量药液外漏,应做早期切开手术,并用高渗硫酸镁溶液引流。

5.腹腔注射的注意事项

(1)腹腔内有各种内脏器官,在注射或穿刺时,易受伤,应特别注意。

(2)小动物腹腔内注射宜在空腹时进行,防治腹压过大而误伤其他器官。

6.瘤胃注射的注意事项

(1)放气不宜过快,防止脑部贫血的发生。

(2)反复注射时,应防止术部感染。

(3)拔针时要快,以防瘤胃内容物漏入腹腔和腹膜炎的发生。

7.嗉囊内注射的注意事项 嗉囊注射要注意无菌操作,防止因注射导致嗉囊发生感染。

六、实训总结

注射法是使用无菌注射器或输液器将药液直接注入动物体组织内、体腔或血管内的给药方法,是临床治疗上最常用的技术。具有给药量小、确实、见效快等优点。

七、思考题

1.简述肌肉注射的操作方法。

2.简述静脉注射的部位和注意事项。

实训 3-3 动物免疫接种技术

一、实训目标和要求

掌握各种免疫方法的操作方法和应用范围。

二、实训设备和材料

1.**器材** 注射器、针头、镊子、刺种针、点眼(滴鼻)瓶、饮水器、玻璃棒、量筒、喷雾器、剪毛剪、电动推子、酒精棉、碘酊等。

2.**动物** 牛、羊、马、猪、犬、猫、鸡等。

三、知识背景

1.**概念** 免疫接种是给动物接种疫苗或免疫血清,使动物机体自身产生或被动获得对某一病原微生物特异性抵抗力的一种手段。通过免疫接种,使动物产生或获得特异性抵抗力,预防疫病的发生,保护人、畜健康,促进畜牧业生产健康发展。

2.**术语和定义**

(1)注射免疫:将疫苗(菌苗)通过肌肉、皮下、皮内或静脉等途径注入机体,使之获得免疫力力的方法。

(2)口服免疫:将疫苗或拌入疫苗的饲料喂给动物使之获得免疫力的方法。

(3)饮水免疫:将疫苗或稀释的疫苗,通过饮水输入动物体内使之获得免疫力的方法。

(4)点眼免疫:将疫苗或稀释的疫苗滴入动物结膜囊内,使动物获得免疫力的方法。

(5)滴鼻免疫:将疫苗或其稀释物滴入动物鼻腔,使之获得免疫力的方法。

(6)气雾免疫:将稀释的疫苗或疫苗用气雾发生装置喷散成气溶胶或气雾,使动物吸入而获得免疫力的方法。

3.**疫苗的选择**

(1)选择与流行毒株相同血清型的疫苗。尽可能选择与当地毒株血清型一致或者是同一病原体的多价苗。

(2)根据饲养动物的数量,准备足够完成一次免疫接种所需要的、合法生产的、同一批次的、在有效保存期限内的疫苗数量。

4.**疫苗的种类** 常用的疫苗种类有弱(活)毒疫(菌)苗、灭活疫(菌)苗、基因工程苗和类毒素。弱(活)毒疫(菌)苗又分为液体苗和冻干苗。

5.**疫苗接种前动物的要求**

(1)接种的动物临床表现健康,近期无与患病动物接触史。正在发病的动物,除了已经证明紧急预防接种有效的疫苗外,不进行免疫接种。怀孕动物、幼龄动物免疫严格按说明书要求进行。体质瘦弱的动物,如果不是已经受到传染威胁,一般暂时不进行接种。

(2)饮水、气雾、拌料接种疫苗的前、后2 d,共计5 d内,动物不可饮用任何消毒药物,也不进行喷雾消毒;使用弱毒菌苗的前、后各1周内不使用抗微生物药物。

6.疫苗使用前的检查

(1)疫苗使用前,要检查外包装是否完好,标签是否完整,包括疫苗名称、免疫剂量、生产批号、批准文号、保存期或失效日期、生产厂家等。

(2)出现瓶盖松动、疫苗瓶裂损、超过保存期、色泽与说明不符、瓶内有异物、气味或物理性状有异常、发霉的疫苗,不得使用。

7.疫苗使用前的准备

(1)冻干疫苗的稀释配制:疫苗稀释时在无菌条件下操作,所用注射器、针头、容器等严格消毒。稀释液用灭菌的蒸馏水(或无离子水)、生理盐水或专用的稀释液。稀释液中不含任何可使疫苗病毒或细菌灭活的物质,如消毒剂、重金属离子等。活菌疫苗稀释时,稀释液中不含有抗微生物药物或消毒剂。稀释疫苗时,先将少量的稀释液加入疫苗瓶中,待疫苗均匀溶解后,再加入其余量的稀释液。若疫苗瓶不能装入全量的稀释液,需要把疫苗转入另一容器时,用稀释液把原疫苗瓶漂洗2～3次,使全部疫苗都被洗下,并移出。疫苗与稀释液的量须准确。

(2)油乳剂灭活疫苗使用前先升至室温并充分摇匀,启封后当日用完。弱(活)毒疫(菌)苗稀释后,一般应于2～4 h内用完。

(3)接种前将疫苗充分混合均匀,防止气泡产生,以免影响免疫剂量的准确性。

四、实训操作方法和步骤

免疫接种的方法可以分为个体免疫法和群体免疫法。个体免疫法包括注射(肌肉注射、皮下注射和皮内注射等)、刺种、涂擦、点眼和滴鼻等;群体免疫法包括口服、饮水、气雾、浸嘴法等。群体免疫法主要用于家禽。

(一)经口免疫法

1.饮水免疫法 饮水免疫具有使用方便、应激小的特点,适合于群体免疫,不适于初次免疫。

(1)按动物头(只)数计算饮水量,根据气温、饲料的不同,免疫前停水2～6 h,夏季应夜间停水、清晨饮水免疫。一般按实际头(只)数的150%～200%量加入疫苗(稀释疫苗的饮水量可见表3-1)。

表3-1 饮水免疫时每只雏鸡的加水量

日龄	加水量/mL
<5	35
5～14	6～10
14～30	8～12
30～60	15～20
>60	20～40

(2)稀释疫苗的饮水必须不含任何可使疫苗病毒或细菌灭活的物质，如消毒剂、重金属离子等。可用深井水、蒸馏水、自来水或经含氯消毒剂消毒的天然水煮沸后自然冷却再用，也可按每升自来水加入 0.1～1.0 g 的硫代硫酸钠中和氯离子后再用，最好同时在饮水中加入 0.1%～0.5%的脱脂奶粉。

(3)稀释水量适中，保证动物在有效时间内饮完。在夏季或免疫前停水时间较长，可增加饮水量。

(4)饮水器应装满，使饮水器内水的深度能够浸润雏鸡鼻腔甚至眼睛。

(5)避免阳光直射，在疫苗稀释后 2～3 h 内饮完。

2.喂食免疫法

(1)必须是活疫苗，如仔猪副伤寒活疫苗、猪链球菌病活疫苗均可口服免疫。

(2)按动物头(只)数计算采食量，停喂半天，然后按实际头(只)数的 150%～200%量加入疫苗。保证喂疫苗时，每个动物个体都能食入一定量的料，得到充分免疫。

3.浸嘴法　多用于雏鸡的免疫，即将雏鸡的嘴浸入稀释的疫苗悬液中，使疫苗渗入鼻腔内。一般适用于 1 日龄雏鸡。既可以逐只浸泡，也可在饮水槽中注满疫苗悬液，使雏鸡饮水时自然浸没鼻腔。

目前，主要适用于雏鸡的新城疫疫苗和传染性支气管炎疫苗的免疫接种。

(二)气雾免疫法

1.室内气雾免疫法

(1)疫苗用量：根据房舍的大小而定。

$$疫苗用量=\frac{DA\times 1\,000}{tVB}$$

式中：D——免疫剂量；

A——免疫室容积；

t——免疫时间；

V——常数，动物每分钟吸入空气量；

1 000——动物免疫时的常数；

B——疫苗浓度。

(2)免疫方法：疫苗用量计算好后，用生理盐水将其稀释，装入气雾发生器中，关闭房舍门窗。操作人员将喷头保持与动物头部同高，均匀喷射。喷射完毕后，保持房舍密闭 20～30 min。

(3)操作人员要注意防护，戴上大而厚的口罩。如操作人员出现发热、关节酸痛等症状，应及时就医。

2.室外气雾免疫法

(1)疫苗用量：依动物数量而定，实际用量应比计算用量略高。

(2)免疫方法：用生理盐水稀释疫苗，装入气雾发生器中。将动物赶入围栏内，操作人员手持喷头，站在动物群内，喷头与动物头部同高，朝动物头部方向喷射，使每一动物都有机会吸入疫苗。喷射完毕，让动物在圈内停留数分钟即可放出。

(3)操作人员要随时走动,使每一动物都有机会吸入疫苗。

(4)应注意风向,工作人员应站在上风向,以免雾化疫苗被风吹走。

(5)操作人员要注意防护,戴上大而厚的口罩,如操作人员出现发热、关节酸痛等症状,及时就医。

(三)注射免疫法

1.皮下接种法 即将疫苗注入动物的皮下组织。凡引起全身性广泛损伤的疾病,均可采用此种免疫接种途径,如炭疽、狂犬病、破伤风、布鲁氏菌病等。

(1)注射部位:多选择在颈背部,猪在耳根后方,家禽在颈部背侧下 1/3 处。或按不同疫苗要求进行,如羊链球菌病活疫苗皮下注射免疫时要求在尾根皮下注射。

(2)注射方法:将皮肤提起,针头与皮肤呈 45°角,慢慢注射疫苗。接种方向朝远离头部的方向刺入,使疫苗注入皮下,勿伤及肌肉、血管、神经和骨骼。

2.皮内接种法 少数疫苗需进行皮内注射,如山羊痘弱毒株活疫苗、绵羊痘弱毒株活疫苗等。

(1)注射部位:马在颈侧、眼睑部;牛、羊在颈侧、尾根或肩胛中央部位;猪在耳根后方;家禽在肉髯部。

(2)注射方法:将动物固定,局部剪毛消毒,用针头平行刺入皮肤,慢慢注射,注射部见有小水泡状隆起即为注射正确。注射量一般不超过 0.1 mL。

3.肌肉接种法 灭活苗多采用肌肉注射法。可进行皮下注射的疫苗部分也可采用肌肉注射,如狂犬病、猪肺疫、布鲁氏菌病等疫苗。

(1)注射部位:马、牛、羊、猪一律在颈部或臀部,其中,马、牛、羊选择颈部上缘下 1/3、距颈部下缘上 2/3 处;猪选择耳根后;家禽注射部位常取胸肌、翅膀肩关节附近的肌肉、腿部外侧的肌肉或尾部肌肉。

(2)注射方法:将动物固定,局部剪毛消毒,注射时针头与皮肤表面呈 45°角,深度进针,将疫苗注入深层肌肉内。

(3)马、牛、羊颈部肌肉注射时,要保持针头指向后方,以保证避开耳道;马、牛、羊臀部肌肉注射时,注意避开坐骨神经。

(4)家禽胸部肌肉注射时,注意针头角度,避免刺入胸腔,在龙骨外侧胸部 1/3 处,以 30°角朝背部方向刺入胸肌;家禽腿部肌肉注射时,应朝身体方向刺入外侧腿肌;猪、牛、羊等动物尾部肌肉注射时,朝头部方向,沿尾骨一侧刺入尾部肌肉。

(四)滴鼻、点眼免疫法

用滴注器在家禽的眼球或鼻孔上滴 1~2 滴疫苗悬浮液,即为点眼或滴鼻法接种。主要用于雏禽弱毒疫苗的免疫。

(1)操作者左手握住禽体,用拇指和食指夹住其头部,并堵住家禽一侧鼻孔,右手持滴管将配制好的疫苗滴入眼或鼻各一滴,待疫苗完全吸入,再将家禽放回。

(2)点眼、滴鼻同时进行。

(五)涂擦法

助手将鸡倒提,用手握腹,使肛门黏膜翻出,操作者用无菌的棉签或毛刷蘸取疫苗涂擦肛门。

(六)刺种、划痕法

多用于传染性脓疱弱毒苗和鸡痘疫苗等的免疫接种。

(1)划痕法:传染性脓疱弱毒菌采用下唇黏膜划痕或黏膜内注射法。

(2)刺种法:翼翅刺种法是将疫苗刺入翅翼膜内侧,刺种时勿伤及肌肉、关节、血管、神经和骨头。一般是助手一手握住鸡双腿,另一手握住一翅,同时托住背部,使其仰卧,操作者左手握住另一翅尖,右手持接种针或钢笔尖蘸取疫苗,刺种于鸡翅内侧无血管处的翼膜内。鸡痘采用翅内侧皮下刺种。

五、操作重点提示

(1)参加免疫的工作人员分工明确,紧密配合,专人负责监督接种过程,发现漏种的动物及时补种。

(2)工作人员穿戴防护衣物,禁止吸烟和饮食。

(3)疫苗在使用中保持低温,并避免日光直射。

(4)瓶塞上固定一只消毒过的针头,上面覆盖洁净酒精棉球。吸液时充分振荡疫苗,使其混合均匀。

(5)吸出的疫苗液不可再回注于瓶内。针筒排气溢出的疫苗液吸积于酒精棉球上,并将其收集于专用瓶内,用过的酒精棉球、碘酊棉也放置入专用瓶内,与疫苗瓶一同进行无害化处理。

(6)大动物及毛皮动物注射部位剪毛后,用碘酊或70%～75%酒精棉擦净消毒,再用挤干的酒精棉擦干消毒部位。

(7)注射剂量按疫苗使用说明书规定的剂量,注射部位准确。

(8)一支注射器在使用中只能用于一种疫苗的接种。接种时,针头要逐头(只)更换。

(9)疫苗一旦启封使用,必须当日用完,不能隔日再用。如有剩余,则废弃,进行无害化处理。

(10)做好记录工作,记录内容包括动物的品种、数量、日龄、疫苗的来源、批次和接种时间等。

六、实训总结

动物免疫人员免疫注射时操作技术是否规范,直接决定着动物免疫接种效果的好坏。

1.疫苗的运输与贮藏　疫苗的保存和运输应严格遵循低温、避光的要点,运输疫苗时,必须有冷藏设施,若无冷藏设施时一定要加冰运输,且温度不超过25℃,避免阳光直射。运输过程要短,速度要快。活疫苗要求在－22℃下保存(放置冰箱冷冻处);灭活苗的保存温度一般应控制在2～8℃(放置冰箱冷藏处),不能结冻,温度过高或低于0℃以下,疫苗使用效果都会受到影响。

2.免疫反应的处置 动物在注射疫苗后，个别动物会出现轻微的局部或全身反应，属正常现象，不经任何处理，2～3 d后，上述症状会自行消失。对反应严重的动物可皮下注射1%肾上腺素，也可根据情况适当的对症治疗。

3.正确做好免疫废弃物处理 使用过的酒精棉球和未用完的疫苗，应进行无害化处理，如用焚烧、深埋的方式处理，切忌在栏舍内乱扔乱放，防止散毒。深埋处理免疫废物时必须深埋1.5 m以上，未用完的弱毒活疫苗和空瓶必须煮沸消毒后再进行无害化处理。

七、思考题

1.动物免疫的方法都有哪些？

2.皮下注射免疫的使用范围是什么？

3.免疫注射的注意事项有哪些？

实训 3-4 动物常见穿刺技术

一、实训目标和要求

掌握动物不同部位的穿刺方法和适用范围

二、实训设备和材料

1.**器材** 剪毛剪、电动推子、碘酊、酒精棉、注射器、穿刺针。

2.**动物** 牛、马、羊、猪、犬、猫。

三、知识背景

1.腹腔穿刺术

(1)腹腔穿刺是指用套管针或注射器针头穿透腹壁,排出腹腔内的液体。多用于肝腹水、腹腔积尿的治疗。抽出的腹腔液体可进行细胞学和细菌学检测,并确定为渗出液或漏出液。

(2)穿刺部位:马的穿刺部位在剑状软骨后方 10～15 cm,腹白线两侧 2～3 cm 处,也可在左下腹壁,由髋结节到脐部的连线与通过膝盖骨的水平线所形成的交点处。牛的穿刺部位在剑状软骨后方 10～15 cm,离开腹白线右侧 2～3 cm 处。犬、猫、猪的穿刺部位在耻骨前缘腹白线一侧 2～4 cm 处。

2.胸腔穿刺术

(1)胸腔穿刺指从胸腔抽吸积液或积气,用于排除胸腔积液、观察积液性质,进行细胞学、细菌学检查,洗冲胸腔和注入药物等。

(2)穿刺部位:马在右侧第 6 或第 7 肋间,左侧第 7 或第八肋间,胸外静脉上方 2～5 cm 处;牛在右侧第 7 或第 8 肋间,左侧第 8 或第 9 肋间,胸外静脉上方 2～5 cm;犬、猫穿刺位置在病侧肩端水平线与第 4～7 肋间交点。若胸腔积液,其穿刺点在第 4～7 肋间下 1/3 处;气胸者,则在其上 1/3。

3.心包穿刺术

(1)心包穿刺用于抽吸心包积液,以减少对心脏的压迫,也可用于检验心包液性质、注入药液、治疗心包膜炎症等。

(2)穿刺部位:左侧胸壁下 1/3 与中 1/3 交界处的水平线与第 4 肋间隙交点处。

4.脊髓穿刺术

(1)目的是为了采取脊髓液进行化验来诊断某些疾病,也可向蛛网膜下腔内注射药物来治疗某些疾病。

(2)穿刺部位:马的穿刺部位有两个,①枕寰穿刺:在颈背侧枕骨与寰椎之间,即枕部正中线与左右寰椎翼前上角连线的交点处,或枕嵴正中后方 5～6 cm 处。穿刺深度为 4.5～6.5 cm;②寰枢穿刺:在寰椎与枢椎之间,寰椎翼后下角向后 0.5～1 cm 的颈侧部。穿刺深度为穿刺点颈围长度的 1/10 左右。牛的穿刺部位同马的枕寰穿刺。犬、猫的穿刺点为枕正中线与两个寰椎翼前外角隆起连线的交点上。经此点穿刺，针头进入寰枕关节的小脑延髓池内。

5.膀胱穿刺术

(1)膀胱穿刺用于因尿道阻塞引起的急性尿潴留，可缓解膀胱的内压，防止膀胱破裂。另外，经膀胱穿刺采集的尿液，可以减少在动物排尿过程中收集尿液的污染，使尿液的化验和细菌培养结果更为准确，也可减少导尿引起医源性尿道感染的机会。

(2)穿刺部位：犬、猫的穿刺位置位于趾骨前缘 3～5 cm 处，腹白线一侧腹底壁上。也可根据膀胱充盈程度确定其穿刺部位。

6.肠管穿刺术

(1)常用于马，适应症是肠内积气。

(2)马盲肠穿刺在右肷窝的中心处，结肠穿刺在右侧腹部膨胀最明显处。

7.瘤胃穿刺术

(1)常用于瘤胃臌胀和向瘤胃内注入药液。

(2)牛一般在左肷窝部，由髋结节向最后肋骨所引水平线的中点，距腰椎横突 10～12 cm 处。但不论是牛还是羊，均可在左肷窝膨胀最明显处穿刺。

8.瓣胃穿刺术

(1)用于治疗瓣胃阻塞。

(2)牛在右侧第九至十一肋骨前缘与肩端水平线交点的上下 2 cm 范围内。

9.骨髓穿刺术

(1)常用于焦虫病、锥虫病、马传染性贫血等的诊断。

(2)马由鬐甲顶点向胸骨引一垂直线，与胸骨中央隆起线相交，在交点侧方 1 cm 处的胸骨上。牛是由第三肋骨后缘向下作一垂直线，与胸骨正中线相交，在交点前方 1.5～2 cm 处。

四、实训操作方法和步骤

1.腹腔穿刺术 大动物站立保定，小动物侧卧保定，术部剪毛、消毒，先用 0.5%盐酸利多卡因局部浸润麻醉，再用套管针或 14 号针头垂直刺入腹壁，深度为 2～3 cm。针头刺入腹膜腔后，阻力消失，有落空感。如有腹水经针头流出，使动物站起，以利液体排出或抽吸，术毕，拔下针头，碘酊消毒。穿刺部位如图 3-13 至图 3-15 所示。

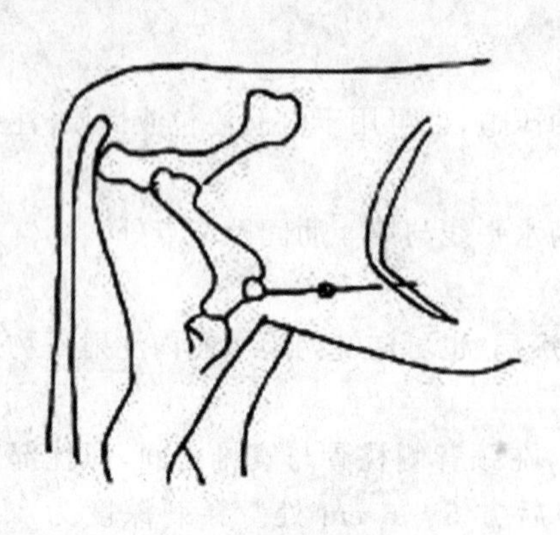

图 3-13 牛的腹腔穿刺部位

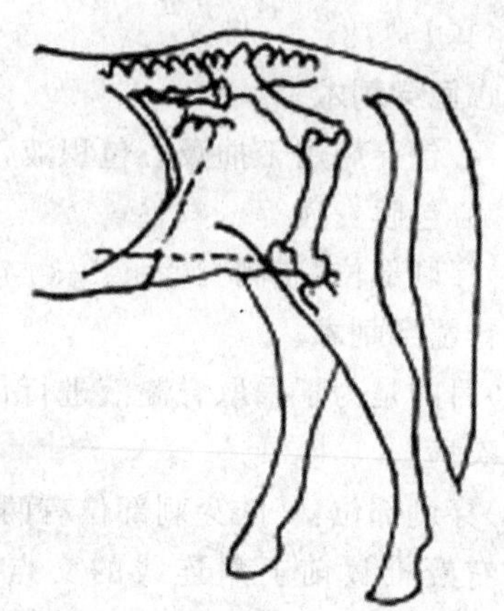

图 3-14 马的腹腔穿刺部位

2.胸腔穿刺术 术部剪毛、消毒，用0.5%盐酸利多卡因浸润麻醉。动物站立保定，根据胸部X线检查结果，确定穿刺点。选12～14号针头，针头接一根6～8 cm长胶管，后者再与带有三通开头的注射器(20 mL)连接。通常针头在欲穿刺点后一肋间穿透皮肤，沿皮下向前斜刺至穿刺点肋间。再垂直穿透胸壁。一旦进入胸腔，阻力突然减少，停止推进，并用止血钳在皮肤上将针头钳住，以防针头刺入过深损伤肺。然后，打开三通开关，抽吸胸腔积液或积气。如胸腔积液过多，可用胸腔穿刺器。穿刺前，术部皮肤先切一小口，再经此切口按上述方法将其刺入胸腔。拔出针芯，其套管再插一根长30 cm聚乙烯导管至胸底壁。拔出针套，将导管固定在皮肤上。导管远端接一三通开关注射器，可连续抽吸排液。

3.心包穿刺术 动物使用镇静剂后，右侧卧位保定，于第4～6肋间剪毛、消毒，局部用1%利多卡因溶液浸润麻醉。选16～18号静脉注射针，其针座套一根6～10 cm长硬质胶管，后者再与三通开关注射器(20 mL)接头相连。按胸腔穿刺方法将针头刺入胸腔(注射器保持负压)，慢慢向心脏方向推进。当针尖接触心包时，可觉心脏搏动，继续进针，刺入心包，如有心包液进入注射器，证明穿刺正确，卸下注射器，将一细的聚乙烯导管经针头插入心包腔5～6 cm。拔出针头，用胶布将体外导管固定在皮肤上。再将导管与注射器连接，可连续抽吸心包液，冲洗心包腔和注入药液。抽吸量大时，应密切注意心脏功能变化，必要时，应用心电图仪予以监护。另外，穿刺过程中，应防止发生气胸。穿刺部位见图3-16。

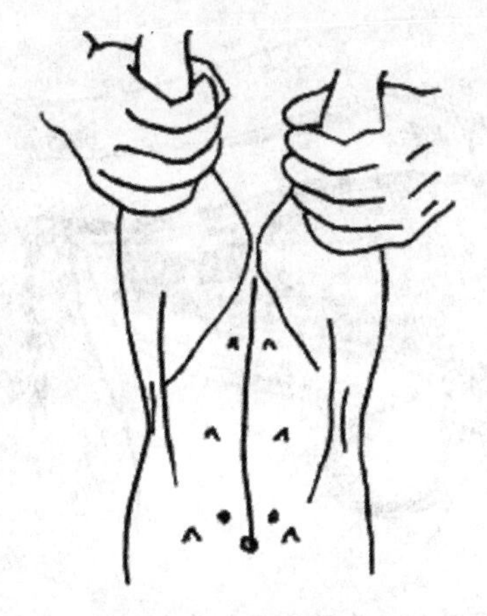

图3-15 猪的腹腔穿刺部位

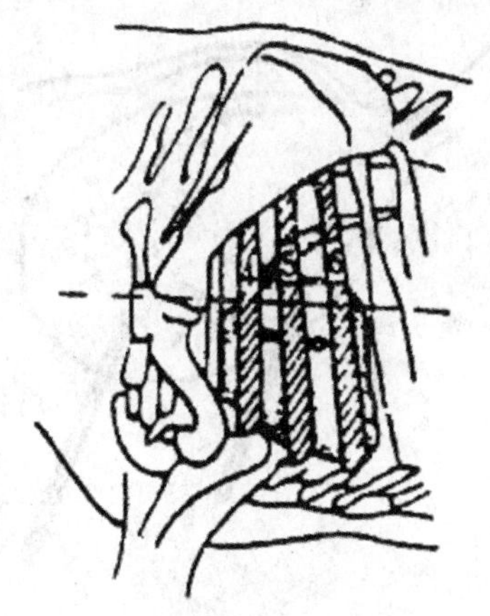

图3-16 牛心包穿刺部位

4.脊髓穿刺术 将动物进行全身麻醉，伏卧保定或侧卧保定，将头部保定于保定台的边缘上，头向腹面屈曲使颈部长轴垂直，以增大枕骨与寰椎之间的间隙。术部剃毛、消毒。针头垂直刺入皮下，经项韧带慢慢向深部推进。定期拔出针芯以观察脑脊液是否流出。穿刺针要防止左右移动，严格掌握垂直方向。进针中偶尔感到穿过硬脑膜的阻力感消失时，针端即进入小脑延髓池内。拔除针芯，脑脊液即可流出，若针头内流出血液而无脑脊液，说明刺破了椎骨静脉丛的分支，此时，应更换穿刺针头，重新穿刺。如果在脑脊液中出现了新鲜血液，应停止穿刺，等24 h之后再重新穿刺。在针进入小脑延髓池内，针孔内看到液体时，立即接上脊髓液压力计测定其压力，然后抽吸2 mL脊髓液放入灭菌小瓶内。脑脊液的检查内容包括颜色、浑浊度、细胞计数及分类和蛋白质的测定，必要时检查电解质含量，进行细菌计数和培养，穿刺完毕,拔下针头,术部消毒。术后5～7 d内注意犬有无不良反应。犬的正常脑脊液,颜色清亮无色,压力为3.192～22.87 kPa(22～172 mmHg);细胞数为(1～8)×10^6 个/L,总蛋白为11～55 mg/dL。葡萄糖为61～116 mg/dL。

5.**膀胱穿刺术** 犬、猫穿刺前,膀胱内必须有一定量的尿液。动物前躯侧卧,后躯半仰卧保定。术部剪毛、消毒,0.5%盐酸普鲁卡因溶液浸润麻醉。膀胱不充满时,操作者手隔着腹壁固定膀胱,另一手持接有7～9号针头的注射器,其针头与皮肤呈45℃角向骨盆方向刺入膀胱,回抽注射器活栓,如有尿液,证明针头在膀胱内(图3-17)。并将尿液立即送检化验或细菌培养。过分膨胀的膀胱,抽吸尿液宜缓慢,以免膀胱内压减低过速而出血,或诱发休克。如膀胱充满,可选12～14号针头,当刺入膀胱时,尿液便从针头射出。可持续地放出尿液,以减轻膀胱压力。穿刺完毕,拔下针头,消毒术部。对曾经作过膀胱手术者需特别慎重,以防穿入腹腔伤及肠管。牛膀胱穿刺的方法是先用温水灌肠,清除直肠内粪便。术者右手拇指、中指和无名指保护针尖,针尾藏于手心内,随手进入直肠内(图3-18)。手伸进直肠狭窄部后,向后下方移至耻骨前缘上方。触摸到高度充盈的膀胱。让针尖贴着无名指和拇指端徐徐露出,针尖垂直膀胱用力刺入。一次穿透直肠壁和膀胱壁,进入膀胱内,随即用手固定针头,尿液便可流出体外,直至把膀胱内尿液基本放净后方可拔出针头,针头仍藏于手心,移出直肠。

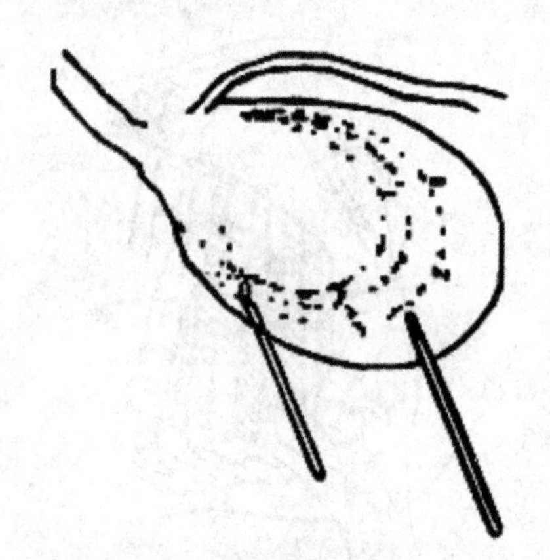

图3-17 小动物膀胱穿刺

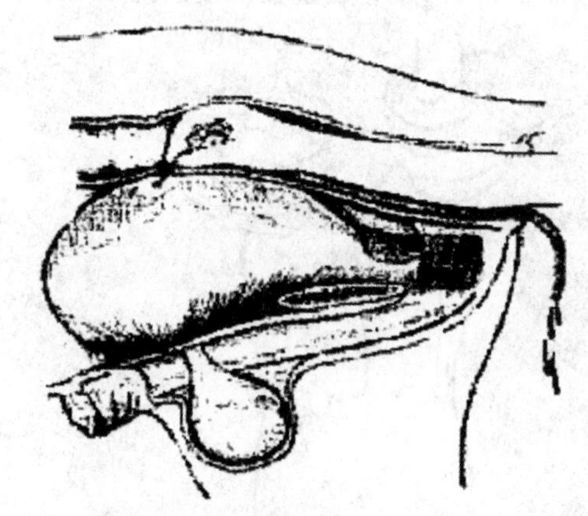

图3-18 大动物膀胱穿刺

6.**肠管穿刺术** 站立保定,剪毛消毒。用静脉注射或封闭针头穿刺。盲肠穿刺时,向对侧肘头方向刺入6～10 cm(图3-19);结肠穿刺时,可与腹壁垂直刺入3～4 cm。针头刺入肠管后,气体则自然排出。排气完毕,可根据需要经针头向肠内注射药液,最后拔出针头,涂碘酊。

7.**瘤胃穿刺术** 站立保定,剪毛消毒。在术部作一小的皮肤切口,插入套管针,向右侧肘头方向迅速刺入10～12 cm,固定套管,抽出内针,用手指间断堵住管口,间歇放气(图3-20)。若套管堵塞,可插入内针疏通。气体排除后,为防止复发,可经套管向瘤胃内注入防腐消毒药。对牛注入5%煤酚皂液200 mL或1%～2.5%福尔马林液500 mL等。拔针前需插入内针,并用力压住皮肤慢慢拔出,以防套管内污物污染创道或落入腹腔。对皮肤切口行一针结节缝合。局部涂以碘酊。在紧急情况下，没有套管针或放血针时，可就地取材，如用竹管、鹅翎等削尖后迅速进行穿刺，以挽救病畜生命，然后再采取抗感染措施。

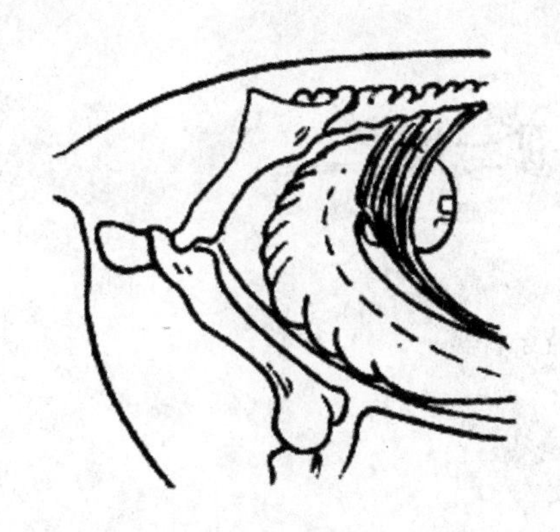

图 3-19　马盲肠穿刺部位

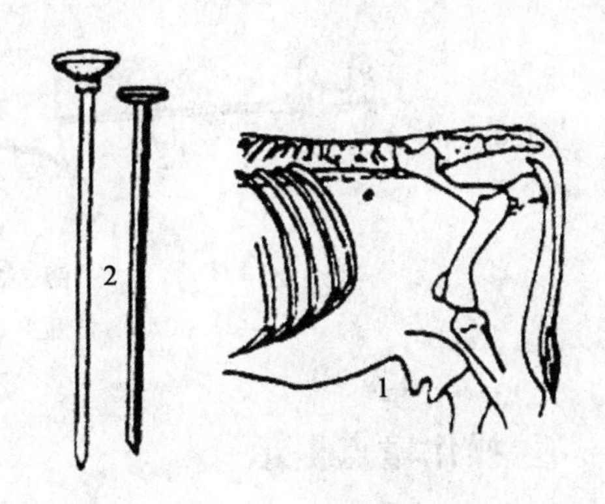

图 3-20　瘤胃穿刺

1.牛瘤胃穿刺部位　2.套管针

8.**瓣胃穿刺术**　站立保定，剪毛消毒。用 15～20 cm 长的穿刺针，与皮肤垂直并稍向前下方刺入 10～12 cm，当感觉抵抗力消失时，即是进入瓣胃内(图 3-21)。为慎重计，可先注射适量生理盐水，稍等片刻，回抽注射器活塞，如抽出液为黄色浑浊或有草屑时，证明刺入正确，再注入 25%～30%硫酸钠溶液 250～400 mL。注完后用手指堵住针尾片刻，最后慢慢拔出针头，术部涂碘酊。

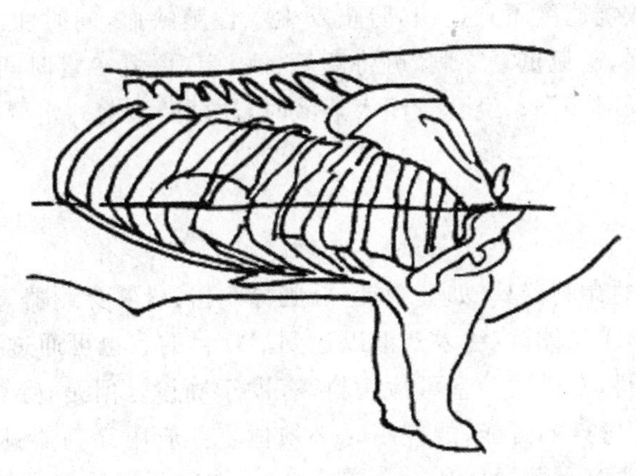

图 3-21　牛瓣胃穿刺部位

9.**骨髓穿刺术**　站立保定，剪毛消毒。用骨髓穿刺针或普通针头(图 3-22)，稍向上内方倾斜，刺透皮肤及胸肌，抵于骨面后，再用力向骨内刺入，成年马、牛深约 1 cm，幼畜深约 0.5 cm，针刺阻力变小即达骨髓。拔出针芯，用注射器抽取 2～3 次，可见骨髓液流出。穿刺完毕，插入针芯，拔出穿刺针，术部涂碘酊。

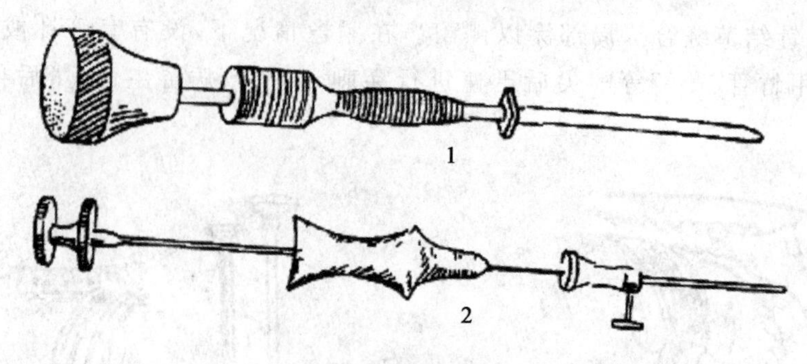

图 3-22 骨髓穿刺器

1.大动物骨髓穿刺器 2.小动物骨髓穿刺器

五、操作重点提示

(1)腹腔穿刺技术刺入深度不宜过深,以防损伤肠管;穿刺位置应准确,保定要安全。

(2)胸腔穿刺或排液过程中,应注意防止空气进入胸腔内;排出积液和注入洗涤剂时应缓慢进行,同时注意观察患病动物有无异常表现;穿刺时须注意防止损伤肋间血管与神经,并应以手指控制套管针的刺入深度,以防过深刺伤心脏;穿刺过程遇有出血时,应充分止血,改变位置再行穿刺。

(3)牛膀胱穿刺技术经直肠穿刺膀胱时,应充分灌肠排出宿粪;针刺入膀胱后,应很好握住针头,防止滑脱;若进行多次穿刺时,易引起腹膜炎和膀胱炎,宜慎重;大动物努责严重时,不能强行从直肠内进行膀胱穿刺,必要时给以镇静剂后再进行。

(4)瘤胃穿刺技术放气速度不宜过快,防止发生急性脑缺血,同时注意观察患病动物的表现;为防止臌气继续发展,避免重复穿刺,可将套管针固定,留置一定时间后再拔出;穿刺和放气时,应注意防止针孔局部感染。经套管注入药液时,注射药液前一定要检查套管是否在瘤胃内,方能注入。

六、实训总结

穿刺术是使用特制的穿刺器具(如套管针、肝脏穿刺器、骨髓穿刺器等),刺入动物体腔、脏器或髓腔内,排除内容物或气体,或注入药液以达到治疗目的。也可通过穿刺采取动物某一特定器官或组织的病理材料,提供实验室可检病料,有助于确诊。但是,穿刺术在实施中可能会损伤组织,并有引起局部感染的可能,故应用时必须慎重。应用穿刺器具均应严格消毒,干燥备用。在操作中要严格遵守无菌操作和安全措施,才能取得良好的结果。

七、思考题

1.心包穿刺的位置和注意事项是什么?

2.脊髓穿刺的位置如何确定?

3.膀胱穿刺的位置和注意事项是什么?

实训 3-5　动物常见导尿技术

一、实训目标和要求

1. 了解公畜和母畜泌尿系统的构造。

2. 掌握公畜和母畜的导尿方法。

二、实训设备和材料

1. **器材**　导尿管、托盘、润滑剂、手套等。

2. **动物**　牛、马、猪、羊、犬、猫。

三、知识背景

(1)泌尿系统包括肾、输尿管、膀胱和尿道。新陈代谢过程中产生的代谢产物(如尿素、尿酸等)和多余的水分,由血液带到肾,在肾内形成尿液,经排尿管道排出体外。肾通过排出溶解在尿中的无机盐调节体液,维持体内电解质平衡。

(2)肾位于最后几个胸椎和前三个腰椎腹侧,左、右各一。营养状况良好的动物,肾周围有脂肪包裹。内侧缘凹入叫肾门,是输尿管、血管(肾动脉和肾静脉)、淋巴管和神经出入的地方。肾门深入肾内形成肾窦,是由肾实质围成的腔隙,以容纳肾盏和肾盂。表面包有一层薄而坚韧的纤维囊,也称被膜。牛肾为有沟多乳头肾,肾叶大部分融合在一起,表面有沟,肾乳头单个存在,右肾呈长椭圆形,位于第 12 肋间隙至第 2、3 腰椎横突的腹侧。左侧呈三棱形,前端较小,后端大而顿圆。马肾属于平滑单乳头肾,不仅肾叶之间的皮质部完全合并,而且相邻肾叶髓质部之间也完全合并,肾乳头融合成嵴状,称为肾嵴。右肾略呈三角形,左肾呈豆形,位于最后第 2、第 3 肋骨椎骨端和第 1～3 腰椎横突腹侧。犬的肾属于平滑单乳头肾,呈豆形。犬的右肾位于前三个腰椎椎体的下方。左肾位置变化较大,当胃空虚时,肾的位置相当于 2～4 腰椎体下方。

(3)输尿管起自收集管(牛)或肾盂(马、猪、羊、犬),出肾门后,沿腹腔顶壁向后延伸,左侧输尿管在腹主动脉的外侧,右侧输尿管在后腔静脉的外侧,横过髂内动脉的腹侧面进入骨盆腔。母马输尿管大部分位于子宫阔韧带的背侧部,公马的输尿管在骨盆腔内位于尿生殖褶中,向后伸达膀胱颈的背侧,斜向穿入膀胱壁。

(4)随着贮存尿液量的不同,膀胱的形状,大小和位置均有变化。膀胱空虚时,约拳头大小(马、牛),位于骨盆腔内,充满尿液时,顶端可突入腹腔内。输尿管在膀胱壁内斜向延伸一段距离,在靠近膀胱颈的部位开口于膀胱背侧壁。这种结构特点可防止尿液逆流。膀胱颈延接尿道。

四、实训操作方法和步骤

(一)公犬导尿法

动物侧卧保定，后肢前方转位子暴露腹底部；长腿犬也可站立保定。助手一手将阴茎包皮向后退缩，另一手在阴囊前方将阴茎向前推，使阴茎龟头露出。选择适宜导尿管，并将其前端2～3 cm涂以润滑剂，操作者(戴乳胶手套)一手固定阴茎龟头，另一手持导尿管从尿道口慢慢插入尿道内或用止血钳夹持导尿管徐徐推进。导尿管通过坐骨弓尿道弯曲部时常发生困难，可用手指按压会阴部皮肤或稍退回导尿管调整其方位重新插入。一旦通过坐骨弓尿道弯曲部，导尿管易进入膀胱。尿液流出，并接20 mL注射器抽吸。抽吸完毕，注入抗生素溶液于膀胱内，拔出导尿管。导尿时，常因尿道狭窄或阻塞而难插入，小型犬种阴茎骨处尿道细也可限制其插入。

(二)母犬导尿法

所用物品包括导尿管、注射器、润滑剂、照明光源、0.1%新洁尔灭溶液、2%盐酸利多卡因，收集尿液的容器等应准备好。多数情况行站立保定，先用0.1%新洁尔灭溶液清洗阴门，然后用2%利多卡因溶液滴入阴道穹隆黏膜进行表面麻醉。操作者戴灭菌乳胶手套，将导尿管顶端3～5 cm处涂灭菌润滑剂。一手食指伸入阴道，沿尿生殖前庭底壁向前触摸尿道结节(其后方为尿道外口)，另一手持导尿管插入阴门内，在前食指的引导下，向前下方缓缓插入尿道外口直至进入膀胱内。对于去势母犬、采用上述导尿法(又称盲导尿法)，其导尿管难插入尿道外口故动物应仰卧保定，两后肢前方转位。用附有光源的阴道开口器或鼻孔开张器打开阴道，观察尿道结节和尿道外口，再插入导尿管。接注射器抽吸或自动放出尿液。导尿完毕向膀胱内注入抗生素药液，然后拔出导尿管，解除保定。

(三)公猫导尿法

先肌肉注射氯胺酮使猫镇静，动物仰卧保定，两后肢前方转位。尿道外口周围清洗消毒。操作者将阴茎鞘向后推，拉出阴茎，在尿道外口周围喷洒局麻药。选择适宜的灭菌导尿管，其末端涂布润滑剂，经尿道外口插入，渐渐向膀胱内推进。导尿管应与脊柱平行插入，用力要均匀，不可硬行通过尿道。如尿道内有尿石阻塞，先向尿道内注射生理盐水或稀醋酸3～5 mL，冲洗尿道内凝结物，确保导尿管通过。导尿管一旦进入膀胱，即有尿液流出。导尿完毕向膀胱内注入抗生素溶液，然后拔出导尿管。

(四)母猫导尿法

母猫的保定与麻醉方法同母犬。导尿前，用0.1%新洁尔灭溶液清洗阴唇，用1%盐酸丁卡因喷洒尿生殖前庭和阴道黏膜。将猫尾拉向一侧，助手捏住阴唇并向后拉。操作者一手持导尿管，沿阴道底壁前伸，另一手食指伸入阴道触摸尿道结界，引导导尿管插入尿道外口。

(五)母牛的导尿法

病牛施行柱栏内站立保定，用0.1%高锰酸钾溶液清洗肛门、外阴部，酒精消毒。选择适宜型号的导尿管，放在 0.1%高锰酸钾溶液或温水中浸泡 5～15 min，前端蘸液状石蜡。术者左手放于牛的臀部，右手持导尿管伸入阴道内 15～20 cm，在阴道前庭处下方用食指轻轻刺激或扩张尿道口，在拇指、中指的协助下，将导尿管引入尿道口，把导尿管前端头部插入尿道外口内；在两只手的配合下，继续将导尿管送入约 10 cm，可抵达膀胱。导尿管进入膀胱后，尿液会自然流出。

五、操作重点提示

(1)导尿术的操作必须注意无菌操作，防止和减少医源性感染情况的发生。

(2)在没有内窥镜、开口器、咽喉镜等器械情况下，雌性动物导尿的关键在于术者是否能准确触摸寻找及判断尿道口的正确位置。

(3)导尿切忌使用导尿管盲目乱插，避免对患畜造成不必要的伤害。

(4)留置导尿在条件欠缺的情况下，可使用缝合线将导尿管一端固定在后躯，但应注意防止感染。

六、实训总结

(1)导尿主要用于尿道炎、膀胱炎、结石治疗以及采取尿液检验等，即动物因膀胱过度充满而又不能排尿时施行导尿术。做尿液检查而一时未见排尿，可通过导尿术采集尿样。

(2)给犬、猫导尿时，若动物不配合可以进行镇静或浅麻醉；给公牛、公马导尿时，建议给予适当的镇静药，以保证人畜安全。

(3)应根据导尿的目的、性别、年龄、畜种及临床症状等综合考虑导尿管的大小及型号。导管过粗可使动物产生疼痛、损伤尿道黏膜，导管过细可造成引流不畅或使尿液外溢引起感染。

(4)长时间留置导尿者每天要定时进行膀胱冲洗，既有利于引流又可以预防尿路感染。

七、思考题

1. 母犬的导尿方法是怎样的？

2. 公猫的导尿方法是怎样的？

3. 公牛的导尿方法是怎样的？

实训3-6　动物子宫冲洗技术

一、实训目标和要求

1.掌握动物子宫冲洗的操作方法。

2.了解子宫冲洗的应用范围及注意事项。

二、实训设备和材料

1.器材　开窒器、颈管钳子、颈管扩张棒、子宫冲洗管。

2.药品　生理盐水、葡萄糖、0.1%雷佛诺尔、0.1%高锰酸钾溶液。

3.动物　牛、马、猪、犬。

三、知识背景

1.子宫冲洗的主要目的是排出子宫内的分泌物和脓汁，一般多用于子宫内膜炎和子宫蓄脓的治疗。

2.子宫冲洗时要根据病情采取相应的药物及治疗方法，达到成本低、疗效快、治愈率高的目的。因此要注意以下几点：

(1)严格消毒，防止扩大污染。子宫冲洗所用器械及药液应经过严格消毒，并且在冲洗操作过程中也必须遵循严格的无菌原则。因此，要求每洗完一头母畜就要更换一个冲洗管，手臂都要重新洗涤、消毒，禁止一根管子洗到底的做法。虽然每洗一头母畜都将冲洗胶管或金属洗涤器用酒精棉球擦拭或插入药液中消毒，但这种方法是不彻底的。因为时间短，酒精棉球也只能擦拭外面。特别是冲洗过脓性子宫炎后，又立即用来冲洗第2个、第3个……这样会造成扩大感染的机会。所以应改用较细的胶管，并做到一头母畜一条胶管，只有这样才能达到严格消毒，避免扩大感染机会。

(2)对症下药是治疗疾病的关键。既反对盲目的开大方，多种药物一齐上，又要避免不负责的一种药治百病的做法。子宫疾病比较复杂，而往往又是几种病原菌混合感染。因此在应用抗生素药物时，就应考虑用广谱抗菌药，如金霉素、土霉素，在治疗牛子宫炎疾病中应为首选药物。如青霉素和链霉素会经常使用，但链霉素要行肌肉注射，因为炎性子宫内环境可能是酸性的，而链霉素在酸性环境里会大大降低疗效。对于马属动物的慢性卡他性子宫内膜炎或隐性子宫内膜炎，直肠检查时，确诊子宫基本正常或稍有肥厚，而子宫回流液透明絮状或轻微浑浊内有悬浮物，可用1%～2%人工盐溶液2 000 mL，加热到42℃左右冲洗子宫，然后向子宫内注入500～800 U青霉素(用20 mL生理盐水溶解)，一天冲洗1次，一般2～3次即可治愈。对脓性子宫内膜炎或子宫积脓的治疗，应首先用碳酸氢钠溶液或人工盐溶液彻底排出脓汁，然后子宫内注入乙蔗酚油剂，促进子宫的收缩，同时选用磺胺类药物配合治疗，对牛也能收到良好的效果。

(3)用药剂量与时间。用药剂量：治病只做到对症下药还不够，还必须充分考虑用药的剂量和时间，特别是对抗生素药物，如果剂量偏低，间隔时间又长，体内不能维持治疗浓度，不但不能杀死细菌或起抑菌作用，甚至会产生抗药性。

用药时间：根据药物在体内维持作用的时间，合理安排用药。因此在治疗过程中还必须注意用药的间隔时间。

(4)洗涤量与注入时间：由于马与牛的子宫、子宫颈以及宫管接合部的组织结构及类型不同，因此，冲洗量也不相同。马属动物子宫腔大，并且输卵管的子宫端开口在子宫角尖端黏膜的乳头上并且输卵管的位置一般高于子宫，所以洗涤液不易流入输卵管，再加上子宫颈短，壁薄而软，即使在不发情时也能伸入一指，此结构类型不但有利于冲洗管的插入，而且也有利于冲洗液的排出。因此，对马类动物的冲洗，量要大，一般在 2 000～3 000 mL，并且对非孕期母马、母驴随时都可冲洗。牛由于子宫腔小，而宫管结合部不明显，输卵管与子宫呈水平式稍低状态，因此洗涤液易进入输卵管内。再加上牛的子宫颈长，颈肌的环状层厚，并在颈腔内构成几个新月形皱褶，彼此嵌合，使子宫颈管呈螺旋状，即使发情时也开张很小，因此冲洗管不易插入，冲洗液也不易流出，所以冲洗时间一般选在发情时进行。对于不发情或处于间情期的母牛，应首先使用雌激素使子宫口开张之后再行冲洗，并且冲洗量要小，根据情况可注入 1 000～1 500 mL 并要及时排出。为了减少冲洗次数，并延长药效时间，一般可采用油制剂或用油剂配制后注入，一般 30～50 mL，不必导出。

四、实训操作方法和步骤

1.牛的子宫冲洗方法　牛站立保定。将配制的冲洗药液装于吊桶内(也可用 500 mL 容量的输液瓶代替)，挂在牛体后部高处。术者手臂、母牛外阴部消毒后，术者将手伸入阴道，并将导管经子宫颈口插入子宫；管的另一端与吊桶接通。打开吊桶开关，药水经导管流入子宫，当药液流入子宫 200～300 mL 时关闭开关，将与吊桶相接的导管断开，放向低处，术者将导管上下、左右活动，利用虹吸原理把子宫中的药液导出；然后再将导管与吊桶接通，打开开关，使药液再次流入子宫，按上法将药液导出。如此反复几次，直到洗净子宫为止。

2.马的子宫冲洗方法　马站立保定，将马尾吊起或助手拉于旁侧。将配制的冲洗药液装于吊桶内(也可用 500 mL 容量的输液瓶代替)，挂在马体后部高处。术者手臂、母牛外阴部消毒后，术者缓慢插入阴道，用食指探查子宫颈口开闭情况，如紧闭时，食指用力顺子宫颈口插入子宫颈内，扩张开以后将中指插入子宫颈内，直到子宫颈扩张到两指大时，中指缩回，右手将装有洗涤液的洗涤管插入子宫颈内 5～10 cm 后开始冲洗。

3.猪的子宫冲洗方法　病猪前高后低仰卧或侧卧保定。将 500～1 000 mL 生理盐水加温至 30℃左右，用消毒过的子宫冲洗器或胃导管灌注冲洗液。子宫冲洗器或胃导管从阴门朝阴道前上方插入，插入 15 cm 左右遇到子宫颈口阻止，慢慢刺激子宫颈口张开，即可顺利插入。根据母猪个体不同可以插入 30～45 cm。尽可能将子宫腔内容物冲洗干净，直至无脓性分泌物流出；当脓性分泌物较多时，要用 0.1％雷佛奴尔 500～1 000 mL 冲洗 2～3 次。待脓性分泌物冲洗干净之后，再向子宫内输入 0.75％环丙沙星 300 mL 或青链霉素各 100 U。

4.犬的子宫冲洗方法　犬侧卧或趴卧保定。用无菌的导尿管或输液器通过子宫颈口进入子宫内。先用温生理盐水冲洗，最后再用加抗生素或 0.1％高锰酸钾溶液冲洗。

五、操作重点提示

(1)冲洗子宫仍是当前治疗各种子宫炎行之有效的常用方法。在动物发情或炎性刺激下子宫颈开张时,冲洗没有困难,可以直接从阴道(用橡胶管)或者应用直肠把握子宫颈(用输精导管)的方法,送入导管。如果子宫颈封闭,可先用雌激素制剂肌肉注射,促使子宫颈松弛开张后,再行冲洗。

(2)冲洗子宫要严格遵守卫生消毒规则。活动导管时动作要轻,不要将子宫黏膜刮破,尽量将灌注的药液导出。冲洗后如有食欲减退等情况,需对症治疗,并检验冲洗操作是否符合技术要求。

六、实训总结

(1)子宫冲洗疗法适用于子宫内膜炎、子宫浆膜炎,但是坏死性子宫炎切忌冲洗和按摩子宫。

(2)根据子宫炎的性质,可选用下列冲洗液:0.05%～0.025% 新洁尔灭、0.9% 盐水、0.1% 高锰酸钾、0.1% 碘水、1%～2% 苏打水、1% 明矾、1%～2% 等量苏打氯化钠溶液。

(3)子宫冲洗液水温尽量在 30℃左右。

(4)子宫收缩药物可选用垂体后叶素、催产素、1%氨甲酰胆碱。在生产中,冲洗子宫并非只适用于子宫炎症,它还可以用于产后、早期流产的母畜,以及不发情或难孕的母畜,疗效也很好。综上所述,科学的子宫冲洗疗法可以大幅度提高母畜的受胎率。

七、思考题

1.试述牛的子宫冲洗方法。

2.试述马的子宫冲洗方法。

实训 3-7　动物麻醉操作技术

一、实训目标和要求

1. 学会各种麻醉的操作方法，并了解麻醉程度及麻醉的重要意义。

2. 熟练掌握常用的几种局部麻醉法。

3. 熟练掌握犬、猫的气管插管方法。

4. 能掌握和解决麻醉当中的并发症及急救措施。

二、实训设备和材料

1. 器材　麻醉机、氧气罐、气管插管、喉镜、麻醉监护仪、注射器、异氟醚、丙泊酚等。

2. 动物　牛、马、犬、猫。

三、知识背景

(一) 麻醉概念

麻醉是中枢神经系统在药物的作用下逐渐失去意识，对疼痛刺激的反应降低或缺失，而且患者在术后没有对疼痛的记忆。麻醉分为全身麻醉和局部麻醉。

(二) 全身麻醉

全身麻醉是利用某些药物对中枢神经系统产生广泛的抑制，从而暂时地使机体的意识、感觉、反射和肌肉张力部分或全部丧失。临床上，为了增强麻醉药的作用，减少毒性与副作用，扩大麻醉药的安全范围，常采用复合麻醉法。全身麻醉又分为吸入性全身麻醉和非吸入性全身麻醉。吸入性全身麻醉是指气态或挥发态的麻醉药物经呼吸道吸入，在肺泡中被吸收入血液循环，到达神经中枢，使中枢神经系统产生麻醉效应，简称吸入麻醉。吸入麻醉因其良好的可控性和对机体的影响较小，目前已广泛用于宠物临床诊疗过程中，最常用的吸入麻醉剂是异氟醚。非吸入性全身麻醉是指麻醉药不经吸入方式而进入体内并产生麻醉效应的方法，简称非吸入麻醉。非吸入麻醉操作简便，一般不需要有特殊的麻醉装置，但是不能灵活掌握麻醉的深度和麻醉持续时间。非吸入麻醉剂的给药途径有很多，如静脉注射、皮下注射、肌肉注射、腹腔注射、内服以及直肠灌注等。

(三) 局部麻醉

局部麻醉是利用某些药物有选择性地暂时阻断神经末梢、神经纤维以及神经干的冲动传导，从而使其分布或支配的相应局部组织暂时性丧失痛觉。局部麻醉分为表面麻醉(将局部麻醉药滴、涂布或喷洒于黏膜表面，利用麻醉药的渗透作用，使其透过黏膜而阻滞浅在的神经末梢而产生麻醉)、局部浸润麻醉(将局部麻醉药,沿手术切口线皮下注射或深部分层注射,阻滞周围组织中的神经末梢而产生麻醉)、传导麻醉(将局部麻醉药,注射到神经干周围,使其所支配的区域失去痛觉而产生麻醉)、硬膜外麻醉(将局部麻醉药注射到硬膜外腔,阻滞脊神经的传导,使其所支配的区域无痛而产生麻醉)。

(四)麻醉前检查

所有麻醉的动物均应进行全身的系统检查,包括完整的物理检查和实验室检查。物理检查主要包括:动物精神状态,营养状况,姿势,行走,体温,呼吸数,脉搏,血压,肺部听诊,心脏听诊,皮肤状况,黏膜颜色,外周循环状况(毛细血管再充盈时间),腹部触诊,四肢检查,耳、眼、口腔、排泄口检查,生殖器检查,神经学检查等。实验室检查主要包括:血液常规[红细胞、白细胞计数,血细胞百分比(HCT),血红蛋白(HB),白细胞分类计数,血小板计数(PLT)等],电解质检查和分析,血液生化项目检查。

四、实训操作方法和步骤

1.实施吸入麻醉时,先要对犬、猫进行气管内插管　这可防止唾液和胃内容物误吸进入气管,有效地保证呼吸道畅通;避免麻醉剂污染环境和被兽医人员吸入;犬、猫施气管插管,应该按照具体重大小选用与其气管内径相应的规格。进行气管插管时,先用适宜的非吸入麻醉剂对犬、猫作基础麻醉(一般静脉给予丙泊酚进行麻醉诱导),使其咽喉部反射基本消失,然后借助于麻醉咽喉镜在直视下插管。操作时将动物头、颈伸直,除去口腔内的食物残渣等,将喉镜镜片前端的扁平板状端头抵于舌根背部,然后下压舌根背部,使会厌软骨被牵拉开张而显露声门。借助医用喷雾器将局麻药喷至咽喉部,以降低喉部反射和消减插入气管时的心血管反应,耐心等待动物呼吸时气、声门开大,迅速将气管插管经声门插入气管内。将气管插管成功插入后,向套囊内缓慢注入空气至套囊充起,然后用一纱布条将气管内插管临时固定于下颌旁。安装衔接管,把气管插管与麻醉呼吸机相连,在单纯氧气(1.0～5.0 L/min),或氧气与笑气配合下,进行吸入麻醉。氧气与笑气比例为1∶1或1∶2。吸入麻醉开始时,可以5%浓度作快速吸入,3～5 min后以1.5%～2.0%浓度作维持麻醉。吸入麻醉期间,可随时调整吸入麻醉浓度,维持所需麻醉深度。在麻醉结束后,动物恢复自主呼吸和脱离麻醉机呼吸后,将气管内插管套囊中的气体排出。当麻醉动物逐渐苏醒,出现吞咽反射时,即可平稳而快速地拔出插管。

2.局部麻醉的操作方法:

(1)表面麻醉法:利用麻醉药的渗透作用,透过黏膜,组织浅在的神经末梢。应用于肛门、口腔、眼结膜、角膜、咽喉、直肠、鼻腔等。

眼结膜和角膜麻醉时,用灭菌纱布或棉团浸湿2%～5%可卡因溶液或2%利多卡因溶液涂抹或用点眼壶,注射器点滴黏膜。

口腔、鼻腔、直肠黏膜用2%～4%利多卡因或10%～20%可卡因或5%以上普鲁卡因涂抹麻醉。该药对黏膜穿透力很弱。鼻腔黏膜多用棉棒插入涂抹。

(2)浸润麻醉法:麻醉药常用0.25%～1%盐酸普鲁卡因溶液。

操作方法:首先用浸润麻醉针,在预定切开线上刺入皮下作几个膨起。其次,将针头向深刺入达肌肉深层，拔针的同时注入药液。第三，转移注射部位时，针头不必拔出皮外，当针尖至皮下时，转换另一方面，按上法渐次注入药液。每次均做析出试验。

也可用逐层浸润切开麻醉法，即用较大量低浓度 0.25% 普鲁卡因溶液，浸润一层，随即切开一层，逐层将组织切开。

局部浸润麻醉方法很多，可根据需要选用。如直线浸润、菱形浸润、扇形浸润、基底浸润和分层浸润等(图 3-23 至图 3-26)。

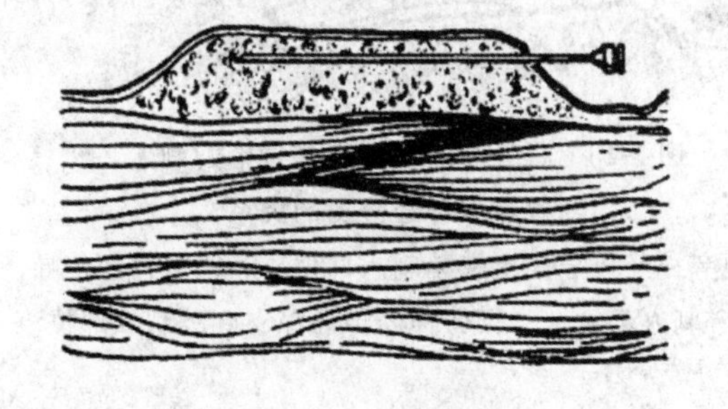

图 3-23　直线浸润麻醉

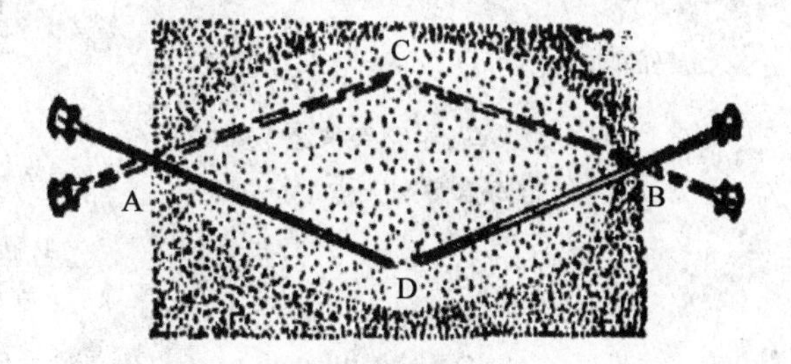

图 3-24　菱形浸润麻醉

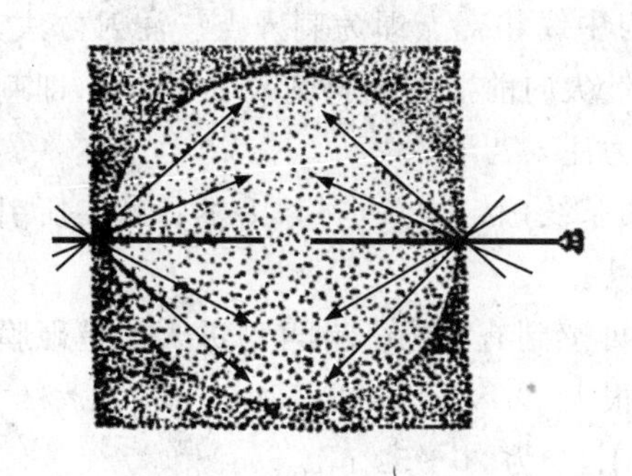

图 3-25　扇形浸润麻醉

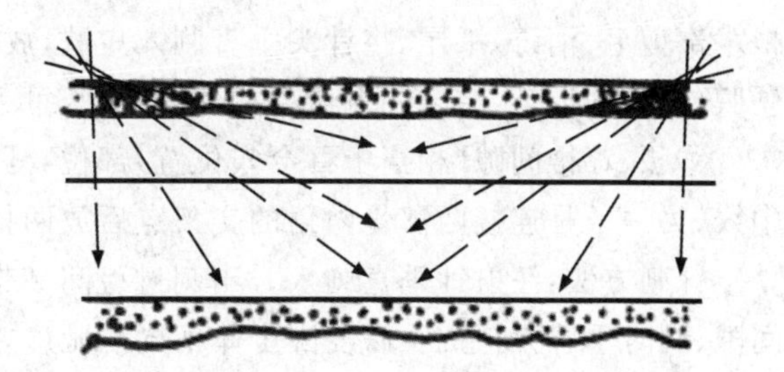

图 3-26　分层浸润麻醉

(3)传导麻醉(神经阻滞)：应用 2%～5% 盐酸普鲁卡因溶液，注射到神经干周围，使支配的区域失去知觉。局麻药的浓度和用量与神经的粗细成正比。要求掌握各种神经干的局部解剖，神经的走向以及外部投影，才能达到传导麻醉的目的。

传导麻醉常用于四肢、腹壁、头部、泌尿生殖器官等部位。如马的麻醉部位可选择腰旁麻醉法——在前三个腰椎横突端注射三针。

最后肋间神经：在第一腰椎横突游离端前角下方。肥胖马摸不到时，根据距背中线 12 cm 肋骨后缘 1.5～2.5 cm 处，垂直刺入。

髂腹下神经：在第二腰椎横突游离端后角下方。

髂腹股沟神经：在第三腰椎横突游离端后角下方。

上述三者当针头刺到横突骨面，移动针尖沿骨缘深刺 0.5～1.5 cm 注入 3% 盐酸普鲁卡因 10 mL，将针推至皮下，再注射 10 mL。

牛神经传导麻醉如图 3-27，图 3-28 所示。

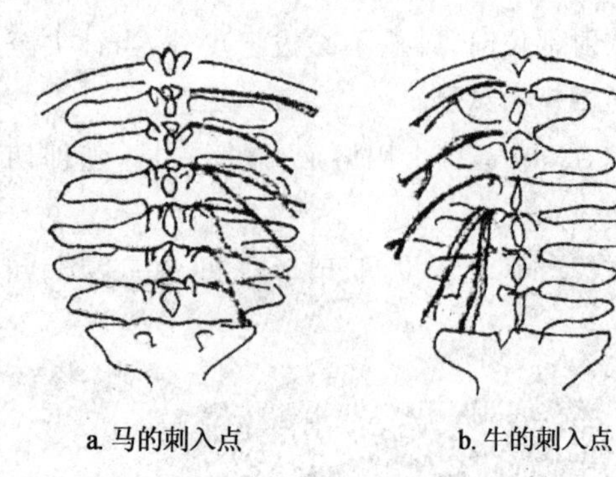

图 3-27 马、牛腰旁神经干传导麻醉刺入点

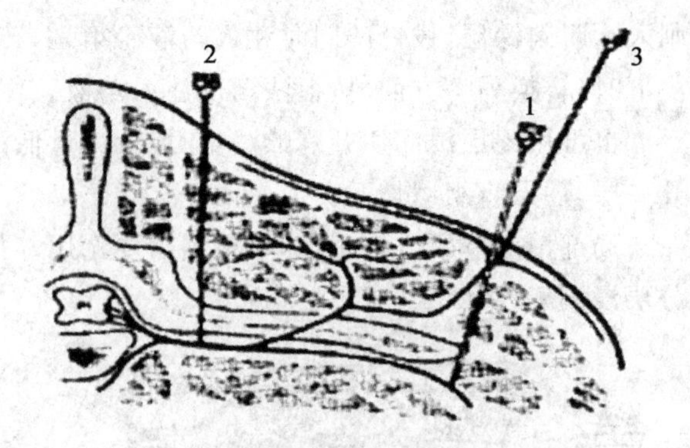

图 3-28 椎旁与腰旁神经传导麻醉刺入部位与腰神经分支的关系

1. 腰旁神经传导浅支麻醉刺入部位 2. 椎旁神经传导麻醉刺入部位 3. 腰旁神经传导深支麻醉刺入部位

(4)硬膜外腔麻醉:麻醉剂注入硬膜外腔,阻滞腔隙神经根,达到麻醉的作用。

①第一、二尾椎间隙部位:一手将尾巴提起,上下晃动,另一手指端抵于尾根背部中线折转步,探知尾根固定部分和活动部分之间的横沟,横沟与中线相交点即为刺入点。注射方法,尾根术部剪毛、消毒,举尾,将针头垂直刺入皮肤,放尾,针尖向前上方倾斜刺入 2～4 cm,即刺入硬膜外腔,稍退针,结合注射器。如位置正确,可无阻力注入药液。

②腰、荐椎间隙(相当于百会穴位置)部位:马用两条线确定位置,一条沿椎骨棘突所引的中线,另一条是连接两髂骨内角的交叉点后放两指宽处。

针刺方法:注射针垂直刺入。当刺过弓间韧带手可感到有阻力。针再稍进入即是硬膜外间隙,刺时手感无抵抗。深度因个体不同。肥瘦差异很大,为 8～11 cm。

剂量:3%盐酸普鲁卡因溶液。马、牛为 30～60 mL,羊为 30～50 mL。

判断穿刺抵达硬脊膜外腔的方法:当针尖刺过弓间韧带后即可感觉针尖阻力骤然消失,此时按一玻璃管或向注射针头顶端滴入几滴麻醉药液,如果正确,可以看到液体向下(向内)移动的现象(即负压现象),注射器抽吸时,亦无液体抽出,用注射器注入生理盐水或麻醉药液应完全无阻力和无脑脊液回流现象,此时表示针尖抵达硬膜外腔。注意针尖前端斜面不宜过长。

五、操作重点提示

1. 麻醉监护 麻醉期间的监护是麻醉最重要的一个环节。麻醉监护的重点是麻醉深度、呼吸系统、心血管系统、体温、血压等。一般通过观察动物眼睑反射、角膜反射、研究位置、瞳孔大小和咬肌紧张度可大致判断麻醉深度,通过观察动物可视黏膜颜色及呼吸状态、检查毛细血管再充盈时间、听诊心率等,了解心肺功能。有条件时最好使用监护仪,可自动显示心率、血压、呼吸率、动脉血氧饱和度、体温等多项生理指标。若配合心电图仪和血气分析仪等先进仪器便可以对麻醉动物实施全面监测。

2. 影响局部麻醉药作用的因素

(1)神经纤维的粗细:一般较细的、无髓鞘的神经纤维对局麻药较敏感,较大的有髓鞘的神经纤维麻醉较慢。因此,主管锐性疼痛和骨骼肌松弛的 A 纤维(直径 1～20 μm)麻醉较慢,主管钝性疼痛的C纤维(直径1 μm)感觉消失快。

(2)pH的变化:目前所使用的局部麻醉药多为胺类化合物,具有微碱性,所以在碱性体液中离解度小,脂溶性强,对细胞膜的穿透性较高,因而麻醉力强。若在酸性组织(炎性组织)中,药物的离解性大、水溶性高,因而麻醉力弱。

(3)钙离子浓度:实验证明,Ca^{2+}浓度增加能拮抗局麻药所产生的神经阻断作用。

(4)局部吸收作用:麻醉部位血管扩张度大,局麻药被吸收就快。局麻药被吸收后,不但麻醉效力减弱,而且对全身的毒副作用会增强。因此,有些局麻药可与肾上腺素混用,以收缩血管,减少吸收。

(5)不宜与磺胺类药共用:磺胺类药的作用机理是能与细菌在合成叶酸时所必需的对氨基苯甲酸产生竞争性拮抗,使细菌缺乏叶酸酶而死亡。局麻药在体内被一种脂酶分解后会转变为对氨基苯甲酸,这就会大大降低磺胺药的抗菌作用。

六、实训总结

吸入麻醉药安全性高,副作用小,可根据具体情况随时调整剂量,麻醉方式安全可控。相比之下非吸入麻醉药对呼吸、心率及血氧饱和度等指标影响较大,且麻醉深度不容易控制,因此安全性相对较低。在临床上如果条件允许,吸入麻醉是最理想的选择。

七、思考题

1. 麻醉如何分类?

2. 试述犬、猫吸入麻醉的操作方法。

3. 试述马、牛的腰旁神经干传导麻醉的位置及操作方法。

实训 3-8　组织分离、止血、缝合和包扎技术

一、实训目标和要求

1. 熟练掌握外科手术操作基本功——组织分离、止血、缝合和包扎。

2. 掌握外科手术器械和敷料的使用方法及注意问题。

3. 认识手术基本操作是一切手术的基础，是手术成败的关键。

二、实训设备和材料

1. **器材**　刀柄、刀片、组织剪、手术镊、止血钳、持针器等，纱布、卷轴绷带、石膏绷带等。

2. **动物**　牛、马、犬、猫等。

三、知识背景

（一）分离

分离是显露深部组织和游离病变组织的重要步骤。分离的范围，应根据手术的需要确定，按照正常组织间隙的解剖平面进行分离。对局部解剖熟悉，掌握血管、神经和较重要器官的走向和解剖关系，就能较少引起意外损伤。但是在有炎症性粘连、瘢痕组织以及大的肿物时，正常解剖关系已改变或正常组织间隙已不清楚，分离比较困难，要提高警惕，谨慎进行，防止损伤临近的重要器官。分离的操作方法有以下两种。

(1)锐性分离：用刀或剪刀进行。用刀分离时，以刀刃沿组织间隙做垂直的、轻巧的、短距离的切开。用剪刀时以剪刀尖端伸入组织间隙内，不宜过深，然后张开剪柄，分离组织，在确定没有重要的血管、神经后再予以剪断。锐性分离对组织损伤较小，术后反应也少，愈合较快。但必须熟悉解剖，在直视下辨明组织结构时进行。动作要准确、精细。

(2)钝性分离：用刀柄、止血钳、剥离器或手指等进行。方法是将这些器械或手指插入组织间隙内，用适当的力量，分离周围组织。这种方法最适用于正常肌肉、筋膜和良性肿瘤等的分离。钝性分离时，组织损伤较重，往往残留许多失去活性的组织细胞，因此术后组织反应较重，愈合较慢。在瘢痕较大、粘连过多或血管神经丰富的部位，不宜采用。

（二）止血

止血是手术过程中经常遇到而又必须立即处理的基本操作技术。手术中完善的止血，可以预防失血的危险和保证术部良好的显露，有利于争取手术时间，避免误伤重要器官，直接关系到施术动物的健康，切口的愈合和预防并发症的发生等。因此要求手术中的止血必须迅速而可靠，并在手术前采取积极有效的预防性止血措施，以减少手术中的出血。

(三)缝合

缝合是将已切开、切断或因外伤而分离的组织、器官进行对合或重建其通道，保证良好愈合的基本操作技术。在愈合能力正常的情况下，愈合是否完善与缝合的方法及操作技术有一定的关系。因此，学习缝合的基本知识，掌握缝合的基本操作技术，是外科手术重要环节。缝合的目的在于为手术或外伤性损伤而分离的组织或器官予以安静的环境，给组织的再生和愈合创造良好条件；保护无菌创免受感染；加速肉芽创的愈合；促进止血和创面对合以防裂开。

(四)包扎

包扎法是利用敷料、卷轴绷带、复绷带、夹板绷带、支架绷带及石膏绷带等材料包扎止血，保护创面，防止自我损伤，吸收创液，限制活动，使创伤保持安静，促进受伤组织的愈合。根据敷料、绷带性质及其不同用法，包扎法有以下几类：

(1)干绷带法：又称干敷法，是临床上最常用的包扎法。凡敷料不与其下层组织粘连的均可用此法包扎。本法有利于减轻局部肿胀，吸收创液，保持创缘对合，提供干净的环境，促进愈合。

(2)湿敷法：对于严重感染、脓汁多和组织水肿的创伤，可用湿敷法。此法有助于除去创内湿性组织坏死，降低分泌物黏性，促进引流等。根据局部炎症的性质生可采用冷、热敷包扎。

(3)生物学敷法：指皮肤移植。将健康的动物皮肤移植到缺损处，消除创面，加速愈合，减少瘢痕的形成。

(4)硬绷带法：指夹板和石膏绷带等。这类绷带可限制动物活动，减轻疼痛，降低创伤应激，缓解缝线张力，防止创口裂开和术后肿胀等。

根据绷带使用的目的，通常有各种命名。例如局部加压借以阻断或减轻出血及制止淋巴液渗出，预防水肿和创面肉芽过剩为目的而使用的绷带，称为压迫绷带；为防止微生物侵入伤口和避免外界刺激而使用的绷带，称为创伤绷带；当骨折或脱臼时，为固定肢体或体躯某部，以减少或制止肌肉和关节不必要的活动而使用的绷带，称为制动绷带等。

四、实训操作方法和步骤

(一)组织的分离

1.皮肤切开方法

(1)紧张切开法：由于皮肤活动性较大，切开皮肤时易造成皮肤和皮下组织切口不一致，助手用手将皮肤展开固定再用刀切开(图 3-29)。

(2)皱襞切开：在切口的下面有大血管、大神经和分泌管时，为不损伤下面组织，术者和助手在预定切口的两侧，用手指或镊子提皮肤呈皱状，进行切开(图 3-30)。

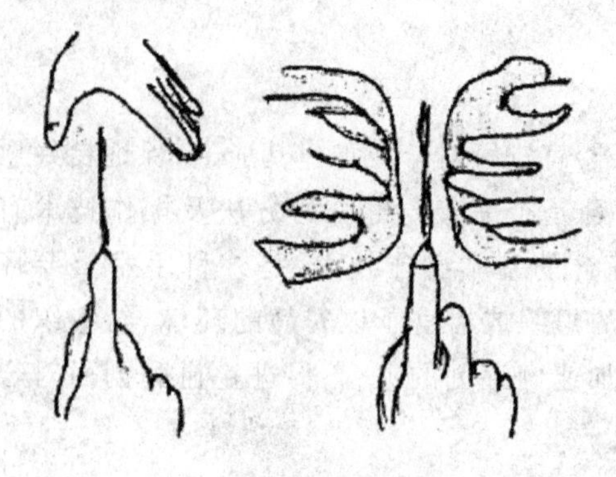

图 3-29　紧张切开法

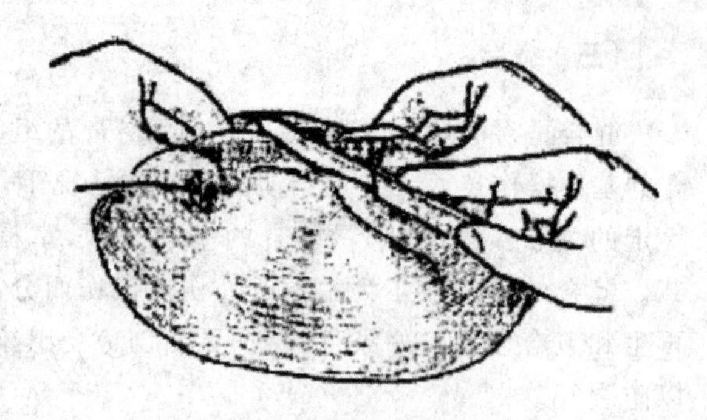

图 3-30　皱襞切开

2.皮下组织及其他组织的分离

(1)皮下疏松结缔组织的分离:皮下结缔组织内分布有许多小血管,故多用钝性分离。方法是先用刀将组织刺破,再用手术刀柄、止血钳或手指进行剥离。

(2)筋膜和腱膜的分离:用刀在其中央做一小切口,然后用弯止血钳在此切口上、下将筋膜下组织与筋膜分开,沿分开线剪开筋膜。筋膜的切口应与皮肤切口等长。若筋膜下有神经、血管,则用手术镊将筋膜提起,用反挑式执刀法做一小孔,插入有沟探针,沿针沟外向切开。

(3)肌肉的分离:一般是沿肌纤维方向做钝性分离。方式是顺肌纤维方向用刀柄、止血钳或手指剥离,扩大到所需要的长度,但在紧急情况下,或肌肉较厚并含有大量腱质时,为了使手术通路广阔和排液方便也可横断切开。横过切口的血管可用止血钳钳夹,或用细缝线从两端结扎后,从中间将血管切断(图 3-31)。

(4)腹膜切开法:为避免损伤肠管,预先用镊子将腹膜提起,刺一小口,插入有沟深针,沿其间沟,用手术刀外向切开或手术剪剪开腹膜(图 3-32)。

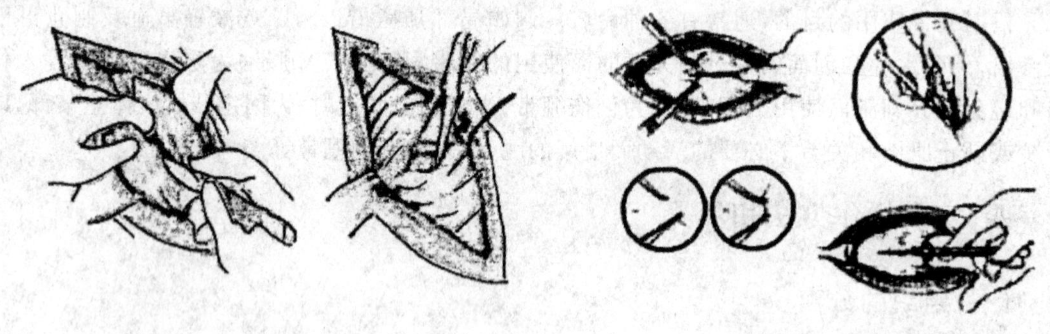

图 3-31　肌肉切开法

图 3-32　腹膜切开法

(5)肠管切开法:侧壁切开时,在肠纵带上纵向切开,避免损伤对侧肠壁。

(6)索状组织切开:索状组织(如精索)的分割,除了可应用手术刀(剪)做锐性切割外,还可用刮断、拧断等方法,以减少出血。

(7)良性肿瘤、放线菌病灶、囊肿及内脏粘连部分的分离:宜用钝性分离。分离的方法是:对未机化的粘连可用手指或刀柄直接剥离;对已机化的致密组织,可先用手术刀切一小口,再用钝性剥离。剥离时手的主要动作应该是前后方向或略施加压力于一侧,使较疏松或粘连最小部分自行分离,然后将手指伸入组织间隙,再逐步深入。在深部非直视下,手指左右大幅度的剥离动作,应少用或慎用,除非确认为疏松的纤维蛋白粘连,否则易导致组织及脏器的严重撕裂或大出血。对某些不易钝性分离的组织,可将钝性分离与锐性分割结合使用,一般是用弯剪伸入组织间隙,用推剪法,即将剪尖微张,轻轻向前推进,进行剥离。

3.骨组织的分割　先用手术刀切开骨膜,再用骨膜剥离器分离骨膜,用骨剪或骨锯,锯(剪)断骨组织,不应损伤骨膜,为防止骨断端损伤软组织,应使用骨锉锉平骨断端锐缘,消除骨碎片,以利于骨组织的愈合。

4.蹄和角质的分离　可用蹄刀切削,泡软的蹄壁可用柳叶刀切开。截断牛、羊角时可用骨锯或断角器。

(二)止血

手术进程中切开组织,必然要损伤血管并损失一定量血液,并能使组织识别不清,影响操作,拖延时间,大量出血影响手术进行,甚至死亡。在术前和术中积极采取有效措施使出血量减少到最低量。现仅就手术过程中的止血法叙述如下:

(1)压迫止血:用纱布或泡沫塑料压迫出血部位。压迫片刻,出血即可自行停止,另一方面清除血液认清组织和出血点便于采取止血措施。本法只能按压,决不能擦拭,以免损伤组织和更广范围的出血。

(2)填塞止血法:对深部大血管出血,一时找不到血管断端,更无法结扎或钳夹,可用灭菌纱布块填塞出血的创腔或解剖腔。留置时间 24 h 左右。

(3)钳压止血法:止血钳呈垂直夹住血管断端,将钳子留在创内一段时间或手术完毕后取下(创内留钳止血)。

(4)捻转止血法:用止血钳垂直夹住血管断端,沿其纵轴,向同一方向转数圈,然后取下止血钳,如仍出血,可再夹住捻转和结扎,此法仅用于小血管出血。

(5)结扎止血法:用缝线绕过止血钳夹住的血管,在结扎的同时,逐渐放开止血钳,如无出血,可结扎紧(图 3-33)。不宜用止血钳夹住的出血点或出血断端,采用贯穿结扎止血法(图 3-34)。

(6)其他止血法:如烧烙止血、电凝止血、止血带止血(用于组织、阴茎等)。

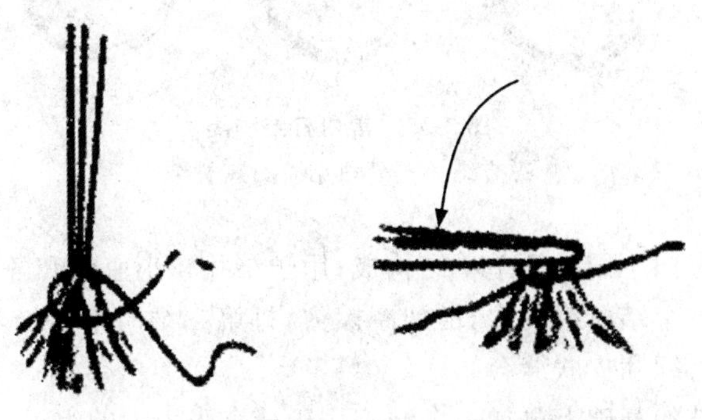

图 3-33　单纯结扎止血法

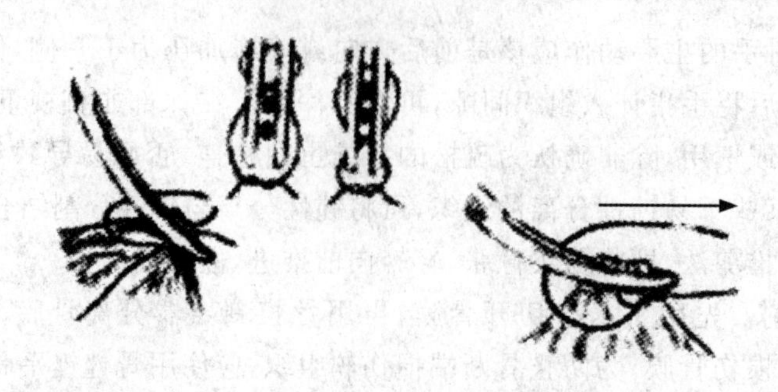

图 3-34　贯穿结扎止血法

(三)缝合

1.缝合的原则

(1)遵守无菌操作;彻底止血;清除创内凝血块和无生活能力的组织。

(2)缝针的刺入点和穿出点与创缘距离相等,缝线间距相等,使创缘与创缘,创壁与创壁互相均匀结合。缝线的松紧度适当。缝线打结必须在创缘的一侧。

(3)单层缝合时,缝合必须通过创底,多层缝合时,必须连同一层或两层组织缝合一起以免创内留下间隙。

(4)手术创或新鲜创进行密闭缝合。如术后感染或已化脓时,应迅速拆除部分或全部缝线,保证脓汁充分排出。

2.打结法　打结是外科手术最基本的操作之一。必须做到敏捷而确切,这样可以缩短手术时间。

常用的结如图 3-35 所示。

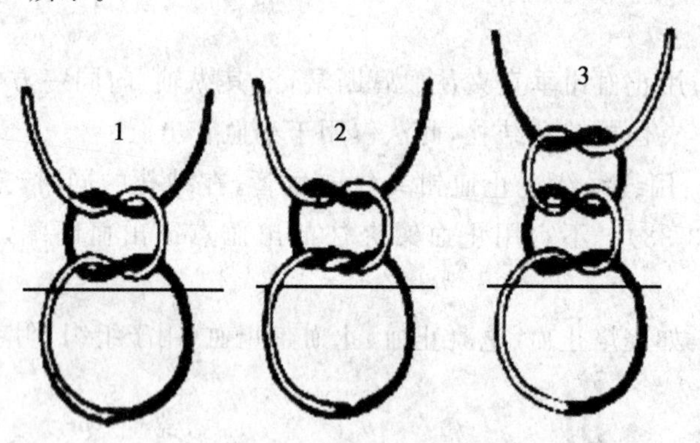

图 3-35　常用打结种类

1.方结　2.外科结　3.三叠结

(1)方结:由两个方向不同的简单单结构成,用于结扎较小血管和各种缝合。

(2)外科结:打第一个结时绕两次,增加摩擦力,打第二结时第一结不易滑脱和松动,此结牢固可靠。用于大块组织和皮肤缝合。

(3)三叠结:在方结的基础上再加一个结。用于缝合张力大的组织。

(4)常用的打结方法有:单手打结、双手打结和器械打结(图 3-36 至图 3-38)。

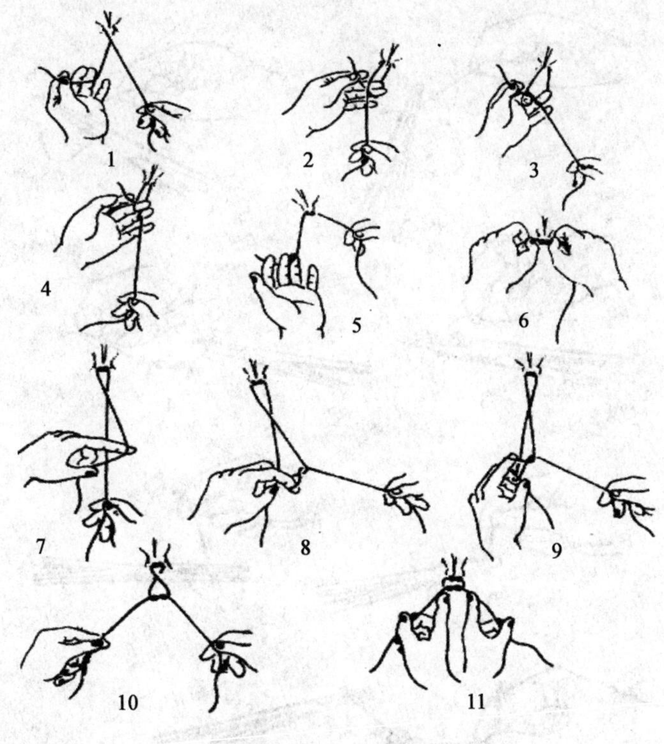

图 3-36　单手打结

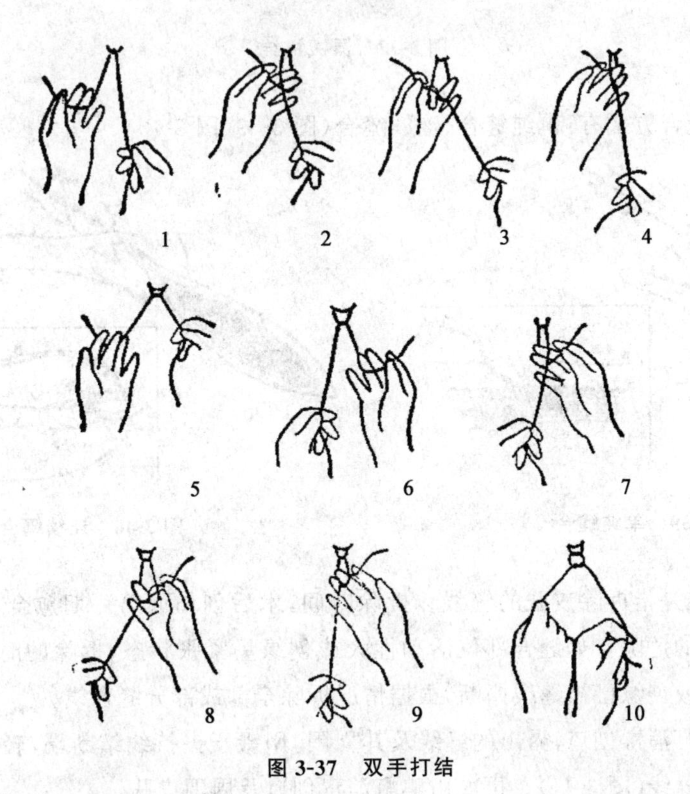

图 3-37　双手打结

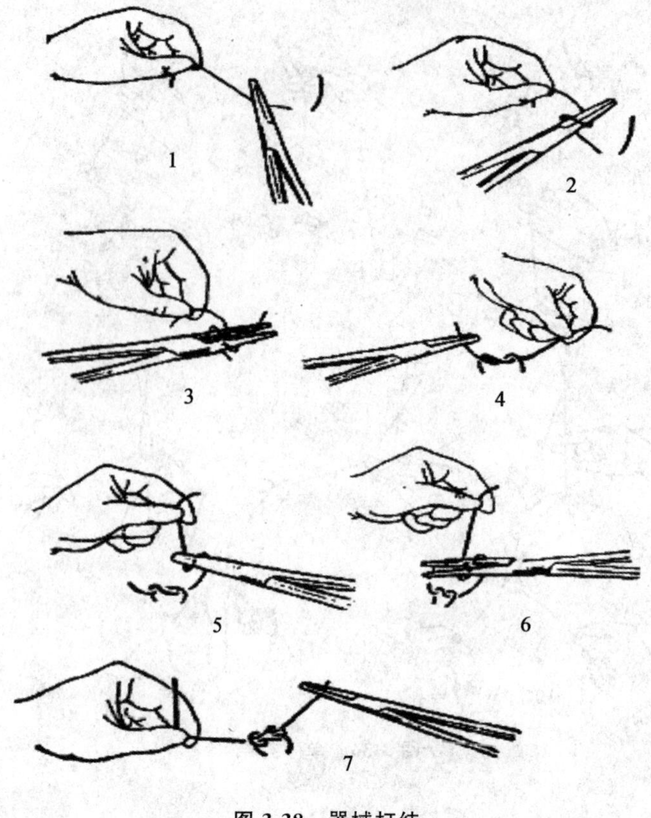

图 3-38　器械打结

(5) 常见的缝合方式有:单纯缝合、连续缝合(图 3-39、图 3-40)。

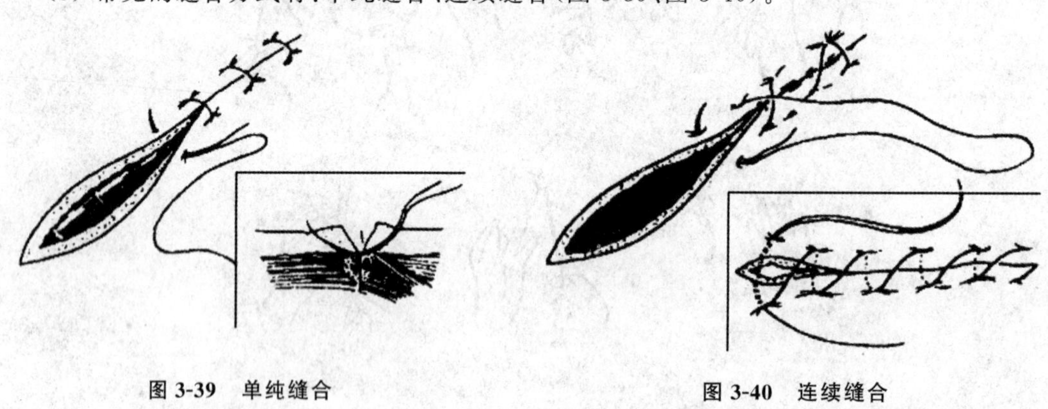

图 3-39　单纯缝合　　图 3-40　连续缝合

3.拆线　拆线是指拆除皮肤的缝线。拆除时间,术后创伤取第一期愈合,通常在 7～9 d 进行,过早有裂开的危险。如缝合部位活动性大或创缘呈紧张状态,拆除的时间延至 10 d 以后;如创内已化脓或创缘已被缝线撕断,根据情况拆除全部或部分缝合线。

拆线方法:碘酊消毒创口,露出的缝线及其周围,用镊子夹持线结断端,轻轻提起,剪刀插入结下剪断,拉出缝线(图 3-41)。再次用碘酊消毒创口及周围皮肤。

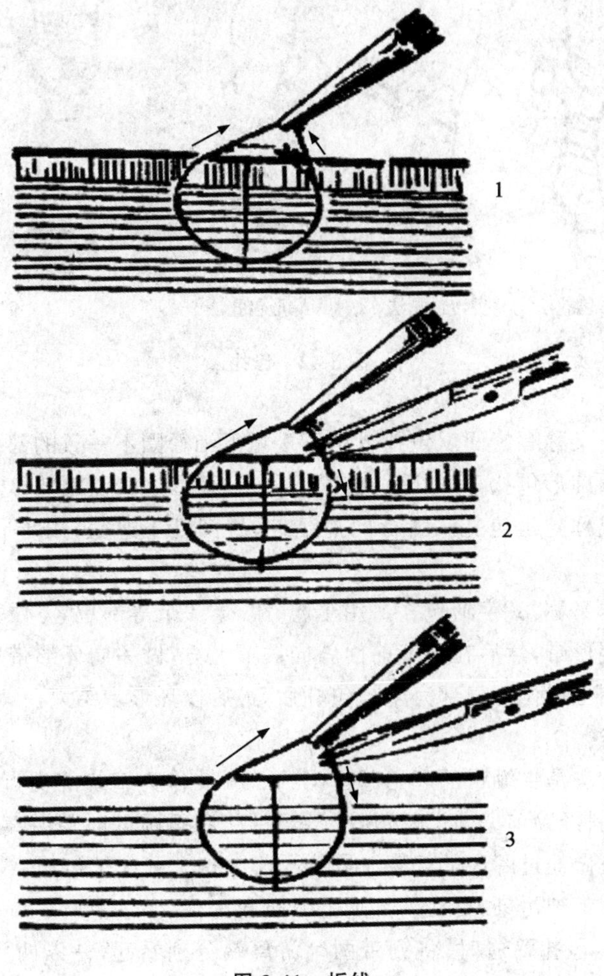

图 3-41　拆线

(四)包扎

1.**基本包扎法**　卷轴绷带多用于家畜四肢游离部、尾部、头角部、胸部和腹部等。包扎时，一般以左手持绷带的开端，右手持绷带卷，以绷带的背面紧贴肢体表面，由左向右缠绕。当第一圈缠好之后，将绷带的游离端反转盖在第一圈绷带上，再缠第二圈压住第一圈绷带。然后根据需要进行不同形式的包扎法缠绕。无论用何种包扎法，均应以环形开始并以环形终止。包扎结束后将绷带末端剪成两条打个半结，以防撕裂。最后打结于肢体外侧，或以胶布将末端加以固定。卷轴绷带的基本包扎有如图 3-42 所示的几种：

(1)环形包扎法：用于其他形式包扎的起始和结尾，以及系部、掌部、跖部等较小创口的包扎。方法是在患部把卷轴带呈环形缠数周，每周盖住前一周，最后将绷带末端剪开打结或以胶布加以固定。

(2)螺旋形包扎法：以螺旋形由下向上缠绕，后一圈遮盖前一圈的 1/3～1/2。用于掌部、跖部及尾部等的包扎。

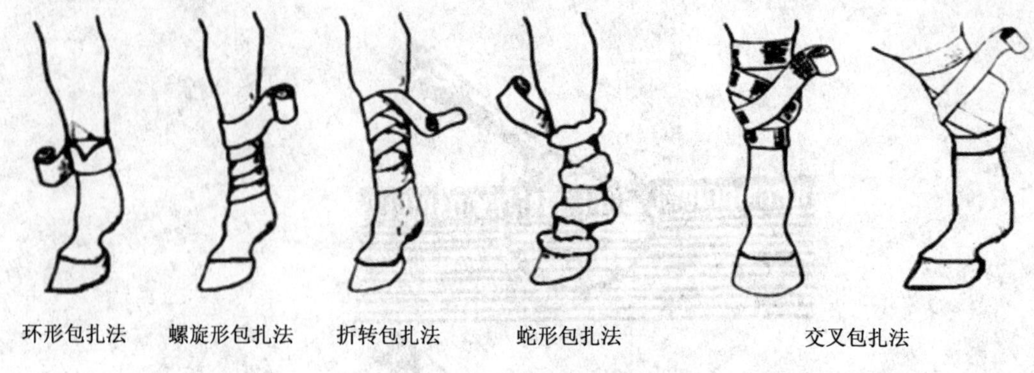

图 3-42 包扎

(3)折转包扎法:又称螺旋回反包扎。用于上粗下细径圈不一致的部位,如前臂和小腿部。方法是由下向上做螺旋形包扎,每一圈均应向下回折,逐圈遮盖上圈的1/3～1/2。

(4)蛇形包扎:或称蔓延包扎。斜行向上延伸,各圈互不遮盖,用于固定夹板绷带的衬垫材料。

(5)交叉包扎法:又称“8”字形包扎。用于腕、跗、球关节等部位,方便关节屈曲。包扎方法是在关节下方做一环形带,然后在关节前面斜向关节上方,做一周环形带后再斜行经过关节前面至关节之下方。如上操作至患部完全被包扎后,最后以环形带结束。

2.各部位包扎法

(1)蹄包扎法:方法是将绷带的起始部留出约 20 cm 作为缠绕的支点,在系部做环形包扎数圈后,绷带由一侧斜经蹄前壁向下,折过蹄尖经过路底至踵壁时与游离部分扭缠,以反方向由另一侧斜经蹄前壁做经过蹄底的缠绕。同样操作至整个蹄底被包扎,最后与游离部打结,固定于系部。为防止绷带被污染,可在外部加上帆布套。

(2)蹄冠包扎法:包扎蹄冠时,将绷带两个游离端分别卷起,并以两头之间背部覆盖于患部,包扎蹄冠,使两头在患部对侧相遇,彼此扭缠,以反方向继续包扎。每次相遇均行相互扭缠,直至蹄冠完全被包扎为止。最后打结于蹄冠创伤的对侧。

(3)角包扎法:用于角壳脱落和角折。包扎时先用一块纱布盖在断角上,用环形包扎固定纱布,再用另一角作为支点,以“8”字形缠绕,最后在健康角根处环形包扎打结。

(4)尾包扎法:用于尾部创伤或后躯、肛门、会阴部施术前、后固定尾部。先在尾根做环形包扎,在原处再做环形缠绕,然后将部分尾毛向上转折,在原处再做环形缠绕,包住部位转折的尾毛,部分未包住尾毛再向下转折,绷带做螺旋缠绕,包住下转的尾毛。再环形包扎下一个上、下转折的尾毛。这种包扎的目的是防止绷带滑脱。当绷带螺旋缠绕至尾尖时,将尾毛全部折转做数周环形包扎,绷带末端通过尾毛折转所形成的圈内,抽紧。

(5)耳包扎法:用于耳外伤。

①垂耳包扎法:先在患耳背侧安置棉垫,将患耳及棉垫反折使其贴在头顶部,并在患耳耳廓内侧填塞纱布。然后绷带从耳内侧基部向上延伸至健耳后方,并向下绕过颈上方到患耳。再绕到健耳前方,如此缠绕 3～4 圈将耳包扎。

②竖耳包扎法:多用于耳成形术,先用纱布或材料做成圆柱形支撑物填塞于两耳廓内,再分别用短胶布条从耳根背侧向内缠绕,每条胶布断端相交于耳内侧支撑物上。依次向上贴紧。

最后用胶带“8”字形包扎将两耳拉紧竖直。

3.石膏绷带的装置方法　应用石膏绷带治疗骨折时,可分为无衬垫和有衬垫两种,一般认为无衬垫石膏绷带疗效较好。骨折整复后,消除皮肤上泥灰等污物,涂布滑石粉,尔后于肢体上、下端各绕一圈薄纱布棉垫,其范围应超出装置石膏绷带卷的预定范围。根据操作时的速度逐个地将石膏绷带卷轻轻地横放到盛有30～35℃的温水桶中,使整个绷带卷被淹没。待气泡出完后,两手握住石膏绷带圈的两端取出,用两手掌轻轻对挤,除去多余水分。从病肢的下端先作环形包扎,后作螺旋包扎向上缠绕,直至预定的部位。每缠一圈绷带,都必须均匀地涂抹石膏泥,使绷带紧密结合。骨的突起部,应放置棉花垫加以保护。石膏绷带上下端不能超过衬垫物,并且松紧要适宜。根据伤肢重力和肌肉牵引力的不同,可缠绕6～8层(大动物)或2～4层(小动物)。在包扎最后一层时,必须将上下衬垫向外翻转,包住石膏绷带的边缘,最后表面涂石膏泥,待数分钟后即可成型。但为了加速绷带的硬化,可用电吹风机吹干。马、骡四肢装置石膏绷带应从蹄匣部开始,否则易造成蹄冠褥疮创。犬、猫石膏绷带应从第二、四指(趾)近端开始。

五、操作重点提示

(一)组织分离的注意事项

1.切口选择原则　组织切开是显露手术野的重要步骤。浅表部位手术,切口可直接位于病变部位上或其附近。深部切口,根据局部解剖特点,既要有利于显露术野,又不能造成过多的组织损伤的原则。适宜的切口应该符合下列要求:

(1)切口须接近病变部位,最好能直接到达手术区,并能根据手术需要,便于延长扩大。

(2)切口在体侧、颈侧以垂直于地面或斜行的切口为好,体背、颈背和腹下沿体中正线或靠近正中线的失状线的纵行切口比较合理。

(3)切口避免损伤大血管、神经和腺体的输出管,以免影响术部组织或器官的机能。

(4)切口应该有利于创液的排出,特别是脓汁的排出。

(5)二次手术时,应该避免在瘢痕上切开,因为瘢痕组织再生力弱,易发生弥漫性出血。

2.操作注意事项

按上述原则选择切口后,在操作上需要注意下列问题:

(1)切口大小必须适当。切口过小,不能充分显露;做不必要的大切口,会损伤过多组织。

(2)切开时,须按解剖层次分层进行,并注意保持切口从外到内的大小相同。切口两侧要用无菌巾覆盖、固定,以免操作过程中把皮肤表面细菌带入切口,造成污染。

(3)切开组织必须整齐,力求一次切开。手术刀与皮肤、肌肉垂直,防止斜切或多次在同一平面上切割,造成不必要的组织损伤。

(4)切开深部筋膜时,为了预防深层血管和神经的损伤,可先切一小口,用止血钳分离张开,然后再剪开。

(5)切开肌肉时,要沿肌纤维方向用刀柄或手指分离,少做切断,以减少损伤,影响愈合。

(6)切开腹膜、胸膜时,要防止内脏损伤。

(7)切割骨组织时,先要切割分离骨膜,尽可能地保存其健康部分,以利于骨组织愈合。

在进行手术时,还需要借助拉钩帮助显露。负责牵拉的助手要随时注意手术过程,并按需要调整拉钩的位置、方向和力量。并可以利用大纱布垫将其他脏器从手术野推开，以增加显露。

(二)缝合的注意事项

(1)器材准备必须充分，持针器准备两个以上，以便交换使用。缝合较薄而迟缓的皮肤，两创缘对齐拉起，针由一侧刺入另一侧穿出。如组织紧张而肥厚，针由创缘的皮肤一侧刺入，另一侧穿出，再刺入另一侧创缘皮肤的内侧，由外侧穿出较为方便。

(2)使用弯针缝合时，针刺入皮肤的同时，使针尖上扬以免折断缝针。对大动物皮肤宜迅速刺入，缓慢则不易刺入。

(3)较大创伤，在缝合至创下角时，必须留一引流孔，以便创液排出。

(4)创伤缝合后，发现有多量血液沿创口缝隙流出来，说明创内止血不充分，应拆除缝线另行止血。

(三)包扎的注意事项

1.包扎卷轴绷带时应注意的事项

(1)按包扎部位的大小、形状选择宽度适宜的绷带。过宽使用不便，包扎不平；过窄难以固定，包扎不牢固。

(2)包扎要求迅速确实，用力均匀，松紧适宜，避免一圈松一圈紧。压力不可过大，以免发生循环障碍，但也不宜过松，以防脱落或固定不牢。在操作时绷带不得脱落污染。

(3)在临床治疗中不宜使用湿绷带进行包扎，因为湿布不仅会刺激皮肤，而且容易造成感染。

(4)对四肢部的包扎须按静脉血流方向，从四肢的下部开始向上包扎，以免静脉淤血。

(5)包扎至最后末端应妥善固定以免松脱，一般用胶布贴住比打结更为光滑、平整、舒适。如果采用末端撕开系结，则结扣不可置于隆突处或创面上。结的位置也应避免啃咬而松结。

(6)包扎应美观，绷带应平整无折皱，以免发生不均匀的压迫。交叉或折转应成一线，每回遮盖多少要一致，并除去绷带边上活动的线头。

(7)解除绷带时，先将末端的固定结松开，再朝缠绕反方向以双手相互传递松解。解下的部分应握在手中，不要拉得很长或拖在地上。紧急时可以用剪刀剪开。

(8)对破伤风等厌气菌感染的创口，尽管作过一定的外科处理，也不宜用绷带包扎。

2.包扎石膏绷带时应注意的事项

(1)将一切物品备齐，然后开始操作，以免临时出现问题延误时间。由于水的温度直接影响着石膏硬化时间(水温降低会延缓硬化过程)，应予注意。

(2)病畜必须保定确实，必要时可作全身或局部麻醉。

(3)装置前必须整复到解剖位置，使病肢的主要力线和肢轴尽量一致，为此，在装置前最好应用X射线摄片检查。

(4)长骨骨折时，为了达到制动目的，一般应固定上下两个关节。

(5)骨折发生后，使用石膏绷带作外固定时，必须尽早进行。若在局部出现肿胀后包扎，则在肿胀消退后，皮肤与绷带间出现空隙，达不到固定作用。此时，可施以临时石膏绷带，待炎性肿胀消退后将其拆除，重新包扎石膏绷带。

(6)缠绕时要松紧适宜,过紧会影响血流循环,过松会失去固定作用。一般在石膏绷带两端以插入一手指为宜。缠绕的基本方法是把石膏绷带“贴上去”,而不是拉紧了“缠上去”,每层力求平整,为此,应一边缠绕一边用手将石膏泥抹平,使其厚薄均匀一致。

(7)未硬化的石膏绷带不要指压,以免向下凹陷压迫组织,影响血液循环或发生溃疡、坏死。

(8)石膏绷带敷缠完毕后,为了使石膏绷带表面光滑美观,有时用干石膏粉少许加水调成糊,涂在表面,使之光滑整齐。石膏夹两端的边缘,应修理光滑并将石膏绷带两端的衬垫翻到外面,以免摩擦皮肤。

(9)最后用变紫铅笔或毛笔在石膏夹表面写明装置和拆除石膏绷带的日期,并尽可能标记出骨折线或其他信息。

六、实训总结

在外科治疗中,手术和非手术疗法是相互补充的,但是手术是外科综合治疗中重要的手段和组成部分,而手术基本操作技术又是手术过程中重要的一环,尽管动物外科手术种类繁多,手术的范围、大小和复杂程度不同,但就手术操作本身来说,其基本技术,如组织分割、止血、打结、缝合等还是相同的,只是由于所处的解剖部位不同,病理变化不一,在处理方法上有所差异而已,因此,可以把外科手术基本操作理解为一切手术的共性和基础。在外科临床中,手术能否顺利地完成,在一定意义上取决于对基本操作的熟练程度及其理论的掌握,为此,在学习中要重视每一过程,每一步骤的操作,认真锻炼这方面的基本功,逐步做到操作时动作稳重、敏捷、准确、轻柔,这样才能缩短手术时间,提高手术治愈率,减少术后并发症的发生。

七、思考题

1.组织的分离方法有哪些?

2.手术过程中的止血方法有哪些?

3.缝合的注意事项是什么?

4.试述耳的包扎方法。

实训 3-9　犬胃切开术

一、实训目标和要求

1. 掌握犬胃切开术的手术通路。

2. 掌握犬胃切开的操作方法。

二、实训设备和材料

1. **器材**　手术刀、剪、手术镊、止血钳、持针器、组织钳。

2. **动物**　犬。

三、知识背景

1. **适应症**　犬的胃切开术常用于胃内异物的取出，胃内肿瘤的切除，急性胃扩张-扭转的整复，胃切开减压或坏死胃壁的切除，慢性胃炎或食物过敏时胃壁活组织检查等。

2. **术前准备**　非紧急手术，术前应禁食 24 h 以上。在急性胃扩张-扭转病犬，术前应积极补充血容量和调整酸碱平衡。对已出现休克症状的犬应纠正休克，快速静脉内输液时，应在中心静脉压的监护下进行，静脉内注射林格尔氏液与 5% 葡萄糖或含糖盐水，剂量为 80～100 mL/kg，同时静脉注射氢化可的松和地塞米松各 4～10 mg，阿奇霉素 50 mg。在静脉快速补液的同时，经口插入胃管以导出胃内蓄积的气体、液体或食物，减轻胃内压力。

3. **麻醉**　全身麻醉，气管插管，以保证呼吸道通畅，防止胃内容物逆流误吸。

4. **保定**　仰卧保定。

5. **术部**　脐前腹中线切口。从剑状突末端到脐之间做切口，但不可自剑状突旁侧切开。犬的膈肌在剑状突旁切开时，极易同时开放两侧胸腔，造成气胸而引起致命性危险，切口长度因动物体型、年龄大小及动物品种、疾病性质的不同而异。幼犬、小型犬和猫的切口，可从剑状突到耻骨前缘，胃扭转及胸廓深的犬腹壁切口均可延长到脐后 4～5 cm 处。

四、实训操作方法和步骤

(1)沿腹中线切开腹壁，显露腹腔。对镰状韧带应予以切除，若不切除，不仅影响和妨碍手术操作，还会因术后大片粘连而给再次手术造成困难。

(2)在胃的腹面胃大弯与胃小弯之间的预定切开线两端，用组织钳夹持胃壁的浆膜肌层，或用 7 号丝线在预定切开线的两端，通过浆膜肌层缝合两根牵引线。用组织钳或两牵引线向后牵引胃壁，使胃壁显露于切口之外。用数块温生理盐水纱布垫填塞在胃和腹壁切口之间，以抬高胃壁，使其与腹腔内其他器官隔离开。

(3)胃的切口位于胃腹面的胃体部，在胃大弯和胃小弯之间的血管稀少区内，纵向切开胃壁。先用手术刀在胃壁上向胃腔内戳一小口，退出手术刀，改用手术剪通过胃壁小切口扩大切口。胃壁切口长度视需要而定，对胃腔各部检查时的切口长度要足够大。胃壁切开后，胃内容物流出，清除胃内容物后进行胃腔检查，应包括胃体部、胃底部、幽门、幽门窦及贲门部。检查有无异物、肿瘤、溃疡、炎症及胃壁是否坏死等。若胃壁发生了坏死，应将坏死的胃壁切除。

(4)胃壁切口的缝合，第一层用 3/0～0 号可吸收缝线进行黏膜层的连续内翻缝合，清除胃壁切口缘上的血凝块及污物后，用可吸收缝线进行浆膜肌层的连续伦勃特氏缝合(或库兴氏缝合)。

(5)拆除胃壁上的牵引线或除去组织钳，清理除去隔离的纱布垫后，用温生理盐水对胃壁进行冲洗。若术中胃内容物污染了腹腔，用温生理盐水对腹腔进行灌洗，然后转入无菌操作，最后缝合腹壁切口。

五、操作重点提示

(1)有菌无菌的转换是犬胃切开的重点。从皮肤消毒开始，进入无菌手术。当胃切开以后，转入有菌手术，此时所有用过的器械、物品等要单独摆放。当胃缝合第一层结束后，术者和助手需要重新进行手臂消毒，手术又转入无菌操作。

(2)胃切开前，要做好隔离工作，防止胃切开后胃内容物污染腹腔。一旦胃内容物进入腹腔，要立即用大量温生理盐水冲洗，直至内容物被冲洗干净为止。

六、实训总结

术后应该严密观察动物的临床表现，维持静脉内补液和能量供给、纠正水电解质和酸碱平衡紊乱、应用抗生素并对症治疗。对于犬、猫，如果出现厌食或持续呕吐，会出现低血钾，应注意补钾。如果动物不呕吐，术后 12～24 h 内可以给饮水和饲喂清淡的食物。如果继续呕吐，可使用止吐药，如爱茂尔、甲氧氯普胺和维生素 B_6。由异物继发胃溃疡者，应治疗胃溃疡。

七、思考题

1.试述犬胃切开的术部。

2.试述犬胃切开的操作方法。

第四篇　常见禽病诊治综合实训

实训 4-1　鸡新城疫的诊治技术

一、实训目标和要求

1. 掌握鸡新城疫的临诊诊断要点。

2. 系统地了解和掌握鸡新城疫病毒的分离、培养和鉴定等实验室诊断技术。

3. 熟练应用 HA、HI 试验进行鸡新城疫的免疫监测。

二、实训设备和材料

1. 器材　洁净工作台、孵化器、照蛋器、温箱、1 mL 注射器、蛋钻、酒精灯、铅笔、蜡烛、Tip 头、96 孔 V 形微量血凝反应板、微量振荡器、微量移液器、高速离心机、琼脂糖、电热恒温箱等。

2. 试剂　酒精棉、碘酊、生理盐水、柠檬酸钠溶液(抗凝剂)、新城疫诊断抗原、标准阳性血清、阴性血清、待检血清、青霉素、链霉素、1%红细胞悬液等。

3. 动物　9～11 日龄鸡胚、健康成年公鸡。

4. 其他　疑似新城疫病死鸡、剪刀、镊子、病理剖检记录表、工作服、胶靴、围裙、橡胶手套和来苏儿等。

三、知识背景

鸡新城疫病毒(newcastle disease virus,NDV)是副黏病毒科成员,该病毒颗粒具多形性,可呈丝状、直径 150～300 nm。基因组为负链单股 RNA,核衣壳螺旋对称,衣壳外被囊膜,囊膜上有纤突,纤突分两种,为血凝素神经氨酸酶(HN)和融合蛋白(F)。HN 具有血凝性,具有凝集鸡、小鼠等动物和人的红细胞的能力,利用该特性而进行的试验称病毒血凝(HA)试验。

NDV 可以在鸡胚中生长繁殖,以尿囊腔接种于 9～11 日龄 SPF 鸡胚或无免疫抗体鸡胚,强毒株鸡胚在 30～60 h 内死亡。死亡的鸡胚尿囊液中含毒量最高,胚胎全身出血。NDV 能在多种细胞培养上生长,可引起细胞病变(CPE)。在单层细胞培养上能形成蚀斑,毒力越强蚀斑越大。弱毒株必须在培养液中加镁离子和乙二胺四乙酸二钠或胰酶才能显示出蚀斑。

血凝性是 NDV 等病毒的一种生物学特性,所进行的血凝试验不是特异的血清学反应。但病毒的这种血凝现象可被相应的特异性抗体所抑制,称之为病毒血凝抑制(HI)试验,这一过程是血清学反应。HA 和 HI 的敏感性虽然不是很高,但是操作简便、快速、经济,应用范围很广,可用于 NDV 的检测和鉴定、抗体的检测。

NDV 常用鸡胚接种方法分离,采用 HA 和 HI 试验、中和试验、琼脂凝胶沉淀试验及荧光抗体检查等方法进行鉴定。不同的 NDV 毒株,其致病性差异很大,有强毒型、中等毒力型和弱毒型之分。为确定其病原性,有必要进行毒力测定。测定方法主要为鸡胚平均致死时间(MDT)、脑内致病指数(ICPI)和静脉致病指数(IVPI)。

1.临床上根据毒力的强弱分型

(1)速发嗜内脏型新城疫:可致所有年龄的鸡发生最急性或急性、致死性疾病。通常见有消化道出血性病变。

(2)速发嗜肺脑型新城疫:可致所有年龄发生急性、致死性疾病,以出现呼吸道和神经症状为特征。

(3)中发型新城疫:呼吸系统或神经系统疾病的低致病性形式。死亡仅见于幼雏。

(4)缓发型新城疫:轻度或不显性的呼吸道疾病。

(5)无症状型或缓发嗜肠型新城疫:主要是肠道感染,无临诊症状和病变,但可从肠道或粪便分离病毒。

2.根据临床表现和病程分型

(1)最急性型:多见于流行初期和雏鸡。突然发病,无特征症状出现即突然死亡。

(2)急性型:病初体温升高可达44℃,精神委顿,食欲减退或废绝,羽毛松乱,昏睡,鸡冠肉髯暗紫色,嗉囊内常充满液体及气体,口腔内有黏液,倒提病鸡可从口中流出酸臭液体。随着病程的发展,出现咳嗽,呼吸困难,张口伸颈呼吸,并发出"咯咯"的喘鸣声,排黄绿色或黄白色稀粪,产蛋鸡产蛋下降甚至停止,病死率高。

(3)亚急性或慢性型:多发生于流行后期的成年鸡,病情较前几型轻,体温升高,食欲废绝,鸡冠和肉髯发紫。后期可出现神经症状如震颤、转圈、眼和翅膀麻痹,头颈扭转,仰头呈观星状以及跛行等,病程可达1~2个月,多数最终死亡,少数耐过鸡康复后遗留有神经症状。产蛋鸡迅速减蛋,软壳蛋数量增多,很快绝产。

另外,目前鸡群中也流行非典型新城疫,这是鸡群在具备一定免疫水平时遭受强毒攻击而发生的一种特殊表现形式,病情比较缓和,发病率和死亡率都不高。临床上以呼吸道症状为主,病鸡张口呼吸,有"呼噜"声,咳嗽,口流黏液,排黄绿色稀粪,继而出现歪头、扭脖或呈仰面观星状等神经症状;成鸡产蛋量突然下降5%~12%,严重者可达50%以上,并出现畸形蛋、软壳蛋和糙皮蛋。

3.病理变化 急性病例为败血症经过,全身黏膜和浆膜出血,泄殖腔充血、出血、坏死、糜烂;腺胃乳头出血,腺胃与肌胃交界及腺胃与食道交界处呈带状出血,肌胃角质膜下出血,有时还见有溃疡灶;十二指肠以至整个肠道黏膜充血、出血;肺充血、出血,喉气管黏膜充血、出血;心冠沟脂肪出血;产蛋母鸡输卵管充血、水肿,其他组织器官无特征性病变。非典型新城疫病例大多可见到喉气管黏膜不同程度的充血、出血;输卵管充血、水肿;少数病例有时可发现腺胃乳头和肌胃角膜下、十二指肠黏膜有少量轻度的出血。

四、实训操作方法和步骤

(一)鸡新城疫的临诊诊断要点

由新城疫病毒(NDV)引起的临诊症状依宿主和病毒毒力两方面的因素而定。在鸡不同的毒株引起疾病的严重程度不同,有的造成急性死亡,死亡率可高达100%,有的仅表现为亚临床型。不同的宿主感染同一毒株的后果也不同。例如某些毒株可引起鸡和火鸡发生严重疾病,但它们在鸭和鹅仅引起隐性感染。此外,我国的商业鸡群绝大多数为新城疫(ND)的免疫鸡群,发生ND流行主要是由于各种原因造成群体对ND的免疫保护水平下降或免疫失败所致，在临诊症状上大多不典型。与ND有关的临诊症状有：呼吸困难、腹泻、产蛋下降或停止、精神抑郁、神经症状和死亡。这些症状在有的病例可全部出现，但大多数病例仅部分出现。对不同的鸡群来说，出现临诊症状的鸡所占的比例及发病鸡的严重程度可能有很大差异。典型ND的特征性病变是全身呈出血性败血变化：腺胃乳头出血或溃疡；肠道，特别是盲肠扁桃体和直肠-泄殖腔黏膜呈条纹状出血，间有纤维素性坏死点；腺胃和肌胃的浆膜以及全身脂肪组织多见针尖样出血点。非典型ND的出血性变化大多不明显，剖检时需仔细辨认，盲肠扁桃体和直肠-泄殖腔黏膜出血变化发生的频率通常较高。

这里必须指出，ND的临诊症状，无论是消化道、呼吸道或神经系统，都不是ND所特有的。因此，ND的临诊诊断只能是初步的诊断。ND的确诊还需进一步进行流行病学调查，血清学试验等综合判定。但最后确诊需要对感染鸡进行病原分离、鉴定。

(二)新城疫病毒的分离鉴定

1.样品采集与处理

(1)样品采集：无菌采取病死鸡的脑、脾、肺、肝、心或骨髓，活鸡可采取呼吸道分泌物(气管拭子)和粪便材料(泄殖腔拭子)。上述样品视临床症状不同可单独采集或混合采集。分离病毒的材料应采自早期病例，病程较长的病例不适宜分离病毒。泄殖腔拭子和气管拭子是分离新城疫病毒的最好样品来源。也可根据临床症状和器官变化选择性采集其他样品，例如出现神经症状可采集脑样品。在实际工作中常将脑、肝、脾、肺、肾等器官组织混合，而对泄殖腔拭子和气管拭子则分开处理。

(2)样品处理：样品用生理盐水研成1∶5乳液，拭子浸入2～3 mL生理盐水中，反复挤压至无水滴出，弃之。每毫升样品溶液中加入青霉素、链霉素各1 000 IU，如果是拭子溶液，则青霉素、链霉素的添加量提高5倍，以抑制可能污染的细菌。然后调pH 7.0～7.4，37℃作用1 h，再以10 000 r/min离心10 min，取上清液为接种材料。同时对接种材料做无菌检查。取接种材料少许接种于肉汤、血琼脂斜面及厌氧肝汤各1管，置37℃培养观察2～6 d，应无细菌生长。如有细菌生长，重新采集样品。

最好是将采集的样品分别处理，但实际工作中，常将器官和组织混合，而对气管和泄殖腔拭子则分别处理。将样品置于含抗生素的PBS(pH 7.0～7.4)中，抗生素视具体样品而定。对组织和气管拭子应加青霉素2 000 IU/mL、链霉素2 mg/mL。

2.病毒分离　NDV可在鸡胚内以及多种动物细胞上生长并产生病变，若用细胞培养NDV强毒，则加胰酶(0.01 mg/mL)以促进其生长。因鸡胚培养方法简单、敏感，且可获得高滴度病毒，故被广泛采用。方法是取经处理的病料接种于9～11日龄SPF鸡胚或NDV抗体阴性鸡胚尿囊腔(接种方法参见实训2-6　病毒的鸡胚培养技术)，每胚接种0.1～0.3 mL。

接种后以熔化的石蜡将卵壳上的接种孔封闭，继续置孵卵箱内。每天上、下午各照蛋1次，连续观察5 d。剔除24 h内死亡胚，接种24 h以后死亡的鸡胚，立即取出置4℃冰箱冷却4 h以上(气室向上)。然后，用无菌手术吸取鸡胚尿囊液，并做无菌检查。

浑浊的鸡胚尿囊液应废弃。留下无菌的鸡胚尿囊液置低温冰箱保存，供进一步鉴定。与此同时，可将鸡胚倾入一平皿内，观察其病变。由鸡新城疫病毒致死的鸡胚，胚体全身充血，在头、胸、背、翅和趾部有小出血点，尤其以翅、趾部明显。这在诊断上有参考价值。收集尿囊液进行HA试验检测病毒滴度，用HI试验或中和试验鉴定NDV。

新城疫病毒可在多种禽类细胞和哺乳类细胞中生长，但新城疫弱毒，通常需要加胰蛋白酶以促进其生长，否则不产生明显细胞病变。所以在新城疫病毒的日常分离中细胞培养很少使用。

3.血清学鉴定 血清学鉴定方法有 HA 和 HI 试验。HA 试验又分全量法和微量法，HI 试验又分微量 α 法和微量 β 法。中和试验有血清中和试验和空斑中和试验。

被检材料：可用鸡胚接种后的含毒的鸡胚尿囊液或含毒细胞培养液。

1%鸡红细胞的制备：取洁净的注射器吸取 20%柠檬酸钠溶液 0.5 mL，鸡翅静脉或心脏采血 3～5 mL，并迅速将柠檬酸钠与血液混匀，注入离心管内。加生理盐水稀释，以 2 000～2 500 r/min 离心后，弃去上清液，再加生理盐水稀释，以 2 000～2 500 r/min 离心，弃去上清液，这样反复洗 2～3 次，离心管底沉淀的红细胞即为血球泥。用刻度吸管吸取血球泥 1 mL 加生理盐水稀释至 100 mL，即为 1%鸡红细胞悬浮液。

注：采血最好用无免疫的 3 只 3 月龄小公鸡的混合血液，无未免疫鸡时，可用免疫后时间较长的鸡血液。采血的多少可根据检验的量而定。

(1)全量法血凝试验(HA)：

①取圆底小试管 10 支置于试管架上，第 1 管加生理盐水 0.9 mL，其余 9 管各加 0.5 mL。

②第 1 管加病毒待检液(含新城疫病毒的鸡胚尿囊液)0.1 mL，用移液管或微量加样器吸吹 3～5 次使之充分混匀后，再吸出 0.5 mL 加入第 2 管。在第 2 管内稀释混匀后，再吸出 0.5 mL 加入第 3 管。依此稀释至第 9 管，由第 9 管吸出 0.5 mL 弃掉。第 10 管不加病毒，只加生理盐水。这样病毒的稀释倍数分别为 1∶10，1∶20，1∶40，1∶80，…，1∶2 560。

③第 1～10 管各加入 1%鸡红细胞悬液 0.5 mL，充分振荡混匀后，置 20～30℃中 15 min 后开始观察反应，至反应充分出现时为止，也可于室温静置，待反应充分出现时(对照孔完全沉淀)，判定并记录结果。具体操作方法见表 4-1。

表 4-1 全量法 HA 试验操作术式表

项目	试管号									
	1	2	3	4	5	6	7	8	9	10
病毒稀释倍数	1:10	1:20	1:40	1:80	1:160	1:320	1:640	1:1 280	1:2 560	对照
生理盐水/mL	0.9	0.5	0.5	0.5	0.5	0.5	0.5	0.5	0.5	0.5
病毒/mL	0.1	0.5	0.5	0.5	0.5	0.5	0.5	0.5	0.5	弃去0.5
1%红细胞/mL	0.5	0.5	0.5	0.5	0.5	0.5	0.5	0.5	0.5	0.5
混匀，置 20～30℃温箱反应 15~30 min，观察反应结果										
结果举例	#	#	#	#	#	#	+++	++	−	−

④结果判定：血凝试验结果以++++(#)、+++、++、+、−表示。

++++(#)：为 100%凝集，红细胞均匀铺于管底。

+++：为 75%凝集，基本同上，但边缘不整齐，有下垂取向。

++：为 50%凝集，红细胞孔于管底形成一个环状，四周有明显的小凝集块。

+：为 25%凝集，红细胞沉于管底形成一个小团，四周有少量的小凝块。

−：不凝集，红细胞沉于管底，呈圆点状，边缘整齐光滑。

能使红细胞完全凝集的病毒最高稀释倍数，即为病毒血凝价。由表4-1可知，病毒血凝价为1∶320，即为1个血凝单位。(2)微量法HA试验：参见实训2-6　病毒的鸡胚培养技术；

(3)微量α法HI试验：参见实训2-6　病毒的鸡胚培养技术；

(4)微量β法HI试验：参见实训2-6　病毒的鸡胚培养技术；

(5)血清中和(SN)试验：既可用已知抗NDV的血清来鉴定可疑病毒，又可用已知NDV来测定血清中是否含有特异性抗体，以确定鸡群是否感染过NDV或接种过疫苗。

①取无菌小试管2支，各加0.5 mL待检含病毒，其中一试管加等量阳性血清，另一管加等量阴性血清，37℃水浴作用60 min。

②取两排小试管，用细胞维持液将上述两管材料分别做10倍系列稀释。

③将稀释后的材料接种3～5枚鸡胚或单层细胞，连续观察24～48 h，记录鸡胚或细胞的感染数，按Karber法计算鸡胚半数感染量(EID_{50})或细胞半数感染量($TCID_{50}$)。如果经阳性血清处理组的EID_{50}或$TCID_{50}$较阴性血清低，其差超过$2\log_2$时，则可定为NDV。

(6)空斑中和(PN)试验：是检查感染NDV的鸡血清同中和抗体最敏感方法之一。

①无菌采集可疑感染新城疫的鸡群血液并分离血清。

②将血清进行系列稀释，并分别与50～100个空斑形成单位(PFU)的病毒混合，37℃作用1～2 h。

③将经合液接种于鸡胚成纤维细胞单层，覆盖一层琼脂层，置37℃培养72 h。

④再覆盖一层含有中性红的琼脂糖，培养24～48 h，然后在适宜的灯光下计算空斑数。

⑤将一定稀释度的血清使空斑数目减少的情况，与对照病毒所形成的空斑数目相比较，即可测出血清的中和能力。

4.新城疫病毒的毒力型鉴定　不同NDV分离株毒力差异很大，而且由于新城疫活疫苗的广泛使用，分离到NDV也不能说明其具有致病性，还应进行毒力测定。NDV毒力测定常用方法有：鸡胚平均致死时间(MDT)、脑内致病指数(ICPI)、静脉致病指数(IVPI)。

由于致病性弱的NDV在野禽中广泛存在，而且这一类NDV弱毒株作为弱毒活疫苗在家禽中到处使用，因此在发病鸡群分离鉴定出NDV还不能做出ND的确诊，只有鉴定分离到的NDV是强毒，才能确诊。但是NDV的毒力鉴定需要进行复杂的活体内生物学试验，此项实验要严格符合要求才能获得可靠试验数据，主要采用下列3个生物学试验。

(1)MDT(最小病毒致死量引起鸡胚死亡的平均时间)的测定：将新鲜尿囊液用生理盐水连续10倍稀释，10^{-6}～10^{-9}的每个稀释度接种5个9～10 d SPF鸡胚，每胚0.1 mL，37℃孵化。余下的病毒保存于4℃，8 h后以同样方法接种第2批鸡胚，连续7 d内观察鸡胚死亡时间并记录，测定出最小致死量，即引起被接种鸡胚死亡的最大稀释倍数。计算MDT，以MDT确定病毒的致病力强弱。40～70 h死亡为强毒，140 h以上为弱毒。

(2)1 d鸡脑内接种致病指数(ICPI)：测定ICPI时用灭菌生理盐水(必须无抗生素)将具有感染性的无菌尿囊液作1∶10稀释，接种10只1 d SPF鸡，每只脑内接种0.05 mL。接种鸡连续观察8 d。每天观察时正常鸡得0分，患病鸡得1分，死亡鸡得2分。

致病指数按下列公式计算：

$$\text{ICPI}=\frac{8\text{ d累计发病数}\times 1+8\text{ d累计死亡鸡数}\times 2}{8\text{ d}\times\text{试验鸡数}}$$

强毒株高于1.6，中等毒力为0.8～1.5，弱毒为0.0～0.5。

(3)6周龄鸡静脉内接种致病指数(IVPI)：测定IVPI时用灭菌生理盐水将新鲜的、具有感染性的无菌尿囊液作1：10稀释，接种10只6周龄SPF鸡，每只静脉注射0.1 mL。接种鸡每日观察，连续10 d，每次观察时，正常鸡得0分，患病鸡得1分，瘫痪鸡得2分，死亡鸡得3分。IVPI值是观察8 d时间内每只鸡的平均得分。大多数中毒株和所有弱毒株IVPI值为0，而强毒株IVPI值接近3。

用试管内试验代替上述活体内生物学试验鉴定新城疫病毒的毒力是近15年来世界禽病学家努力的目标，但迄今为止研究的几种方法还没有取得完全成功，其中包括用单抗的鉴定方法和针对Fo裂解部位的抗肽抗体法及针对Fo裂解部位相应核苷酸序列的寡核苷酸探针法。

5.实验结果

(1)记录NDV的HA试验和NDV抗血清的HI试验结果。

(2)记录NDV琼脂凝胶沉淀试验结果。

(3)记录NDV的MDT、ICPI、IVPI试验结果。

五、操作重点提示

(1)HA、HI试验用红细胞来源：实际操作过程中，应根据病毒血凝特性选用适当红细胞。采血需加抗凝剂，试验前用生理盐水或PBS洗涤3次，每次经2 000 r/min离心10 min，至上清液透明无色，最后一次离心后，取压积红细胞配成1%鸡红细胞悬液。无菌采集的抗凝血在4℃贮存不能超过1周，否则引起溶血或反应减弱。如需贮存较久，则抗凝剂必须改用Alsever氏液(配制方法：取葡萄糖2.05 g、枸橼酸钠0.80 g、枸橼酸0.055 g、NaCl 0.42 g，溶解于100 mL蒸馏水中，115℃高压灭菌10 min)，以4：1(4份Alsever加1份血液)混匀，在4℃可贮存4周。

(2)HA试验反应温度：各种病毒血凝反应温度要求并非一致，如NDV的适宜血凝温度为20～30℃，而犬细小病毒血凝要求在4℃下进行，有些病毒则适宜在37℃下进行。为了方便起见，HA试验一般在室温中进行。温度高时需要的时间较短，温度低时，判定的时间可适当延长。

(3)HA、HI试验中加样和稀释过程中应尽量做到精确，以避免试验结果出现跳孔现象。

(4)HA、HI试验判定结果时，应首先检查对照管(孔)是否正确，如正确，则证明操作无误，否则试验应判定为失败。

(5)试验中所用的器皿必须清洁干燥，避免酸碱影响结果。

(6)MDT、ICPI、IVPI测定标准并不总是完全一致的。

六、实训总结

鸡群HI滴度的高低在一定程度上反映了免疫保护水平的高低。鸡群HI滴度离散度较小时，其保护水平也高。HI滴度在1：24的鸡群保护率约为50%；在1：24以下的非免疫鸡群约为10%，免疫鸡群约为40%；HI滴度在(1：26)～(1：210)的鸡群保护率达90%～100%。若鸡群有10%左右鸡出现1：2^3或1：2^{11}以上的HI滴度，说明鸡群已发生新城疫强毒的感染。生产实践中根据鸡群HI滴度的高低来确定鸡群首免的时间和需要加强免疫的时间。

七、思考题

1. 免疫鸡群发生新城疫流行时有何特点？

2. 新城疫的免疫监测中，鸡群 HI 滴度的高低反映了什么？

3. 鸡新城疫在流行病学、临诊症状和病理变化方面有哪些特点？

实训 4-2　禽流感的诊治技术

一、实训目标和要求

1. 了解禽流感的诊断方法的种类和各自特点。

2. 掌握禽流感病毒分离与鉴定技术、血凝(HA)和血凝抑制(HI)试验、琼脂凝胶免疫扩散(AGID)试验、酶联免疫吸附试验(间接 ELISA)等技术的具体操作。

3. 涉及疑似高致病性禽流感(HPAI)病毒分离与鉴定等试验操作必须在 P3 生物安全实验室(BSL-实验室)内进行。

4. 了解禽流感的流行病学特点、主要的临床症状和病理变化。

5. 学会诊断禽流感。

6. 能进行扑灭禽流感的一般操作。

二、实训设备和材料

1. 器材　剪刀、镊子、酒精灯、棉拭子、1～3 mL 带帽塑料试管、离心试管、琼脂粉、打孔器、微量移液器、96 孔 V 形微量反应板、微量血球振荡器、75％酒精、锥子、1 mL 注射器、针头、蜡烛、15 mL 试管及支架、10 mL 试管、酶标板、酶标测定仪、洁净工作台、孵化器、照蛋器、温箱、Ⅱ级生物安全柜、PCR 扩增仪/荧光定量 PCR 仪、电泳仪、紫外线检测仪、离心机、水浴箱；如进行病毒的分离、中和试验(必须在 BSL-3 实验室进行)，还需二氧化碳培养箱、倒置显微镜、低温冰箱。

2. 试剂　1％鸡红细胞悬液、硫柳汞、高致病性禽流感病毒血凝素分型抗原、标准分型血清、阴性血清，待检血清、鸡新城疫阳性血清、减蛋综合征 EDS76 血清、支原体标准阳性血清、青霉素、链霉素、卡那霉素、阿氏液、pH 7.2 的 0.01 mol/L PBS 液；酒精棉、碘酊、生理盐水、禽流感琼扩抗原、琼脂板、间接 ELISA 酶标抗体。

3. 动物　9～11 日龄 SPF 鸡胚、6 周龄 SPF 鸡。

三、知识背景

禽流感是禽流行性感冒的简称，又称真性鸡瘟或欧洲鸡瘟。它是一种由 A 型流感病毒的一些亚型(也称禽流感病毒)引起的急性、热性、高度接触性传染病。按病原体类型的不同，禽流感可分为高致病性、低致病性和非致病性禽流感三大类。非致病性禽流感不会引起明显症状，仅使染病的禽类体内产生病毒抗体。低致病性禽流感可使禽类出现轻度呼吸道症状，食量减少，产蛋量下降，出现零星死亡。高致病性禽流感则危害巨大，能引起禽类较高的发病率和死亡率，有些亚型毒株(如 H5、H7)能感染人，造成人感染发病，甚至死亡。

高致病性禽流感是世界动物卫生组织(OIE)所列出的 15 个必须报告的 A 类动物传染病之一，也是我国规定的 17 种一类动物疫病之一，近年来在国内外时有流行，对世界经济产生巨大的冲击。

四、实训操作方法和步骤

(一)、临诊要点

1.流行病学特点　家禽和野鸟均易感，其次是人、野生哺乳动物、家畜等。其中，水禽是流感病毒的最重要贮存宿主。本病四季可发，但多在冬、春季气温较低时发生和流行。低致病性禽流感发病和传播较为温和，死亡率低；高致病性禽流感则发病急、传播快，发病率和死亡率极高。

2.临床症状　无致病力的毒株感染野禽、水禽及家禽后，被感染禽无任何临床症状和病理变化，只有在检测抗体时才能发现。低致病性禽流感主要对产蛋家禽产生影响，最常见的症状是不同程度的产蛋率下降，蛋壳可能退色、变薄。少数病禽眼角分泌物增多、有小气泡，或在夜间安静时可听到一些轻度的呼吸啰音，严重的病例则表现为呼吸困难、张口呼吸、呼吸啰音、精神不振、下痢、采食量下降、死亡数增多。鸽子、雉鸡、珍珠鸡、鸵鸟、鹌鹑、鹧鸪等感染低致病性禽流感后，临床症状相似。

由高致病力毒株所致的高致病性禽流感，其临床症状多为急性经过。

最急性的病例常不表现临床症状就迅速死亡。急性型表现为体温升高到43～44℃，精神沉郁，鸡冠和肉髯发紫甚至呈黑色，头部出现水肿，眼睑、肉髯肿胀，腹泻，眼结膜发炎，分泌物增多，呼吸困难，张口呼吸，常发出“咯咯”声，口腔黏膜有出血点，脚上鳞片有出血斑点。有的病鸡出现神经紊乱、瘫痪、惊厥和盲眼，在发病后5～7 d内死亡率几乎达到100%。

鹅和鸭感染高致病性禽流感后，主要表现为肿头，眼分泌物增多，分泌物呈血水样，下痢，产蛋率下降，有神经症状，头颈扭曲，啄食不准，后期眼角膜浑浊；死亡率不等。

鸽、雉、珍珠鸡、鹌鹑、鹧鸪等家禽感染高致病性禽流感后的临床症状与鸡相似。

3.病理变化　高致病性禽流感为败血症经过，其病变为全身多个组织脏器广泛出血与坏死。心肌坏死，坏死的白色心肌纤维与正常的粉红色心肌纤维红白相间，胰腺有黄白色坏死斑点，消化道、呼吸道黏膜广泛充血、出血；腺胃乳头、腺胃与肌胃交界处、腺胃与食道交界处、肌胃角质膜下、十二指肠黏膜出血，喉气管黏膜充血、出血，管腔内有多量黏性分泌物，法氏囊肿胀、出血。头颈部、腿部皮下水肿呈胶样浸润，肝、脾、肾、肺等出血及部分有小坏死灶。

低致病性禽流感病变常见有喉气管充血、出血，在气管叉处有黄色干酪样物阻塞，气囊膜浑浊，纤维素性腹膜炎，输卵管黏膜充血、水肿，中部可见乳白色分泌物或凝块，卵泡充血、出血、萎缩、破裂，有的可见“卵黄性腹膜炎”，肠黏膜充血或轻度出血，胰腺有斑状灰黄色坏死点。

(二)禽流感病毒分离与鉴定

检样加PBS制成1∶5(*W*/*V*)悬液，并在室温下静置1～2 h，然后移入小离心管中。在不超过25℃的室温下，以10 000 r/min离心10 min，上清液0.2 mL/胚接种9～11日龄的鸡胚，孵化箱内孵育4～5 d。收集24 h后的死胚及96 h仍存活鸡胚的尿囊液，以尿囊液作血凝试验(HA)和血凝抑制试验(HI)可确定流感病毒。

1.活禽病料采集　应包括气管和泄殖腔拭子，最好采集气管拭子，小珍禽可采集新鲜粪便。死禽采集气管、脾、肺、肝、肾和脑等组织样品。

2.样品保存 将每群采集的10份棉拭子放在同一容器内，混合为一个样品；容器中放有含有抗生素的pH为7.0～7.4的PBS液（组织和气管拭子悬液中应含有2 000 IU/mL的青霉素、2 mg/mL的链霉素、50 μg/mL的庆大霉素、1 000 IU/mL的制霉菌素；粪便和泄殖腔拭子所含的抗生素浓度应提高5倍。加入抗生素后pH应调至7.0～7.4)。样品应密封于塑料袋或瓶中，置于有制冷剂的容器中运输，容器必须密封，防止渗漏。样品若能在24 h内送到实验室，则冷藏运输；否则，应冷冻运输。若样品暂时不用，则应冷冻（最好在－70℃或以下）保存。

3.样品处理 将棉拭子充分捻动、拧干后除去拭子，样品液经10 000 r/min离心10 min，取上清液作为接种材料。组织样品用PBS的悬液，10 000 r/min离心10 min，取上清液作为试验样品。

4.样品接种 取经处理的样品，以0.2 mL/胚的量尿囊腔途径接种9～11日龄SPF鸡胚，每个样品接种4～5枚胚，置37℃孵化箱内孵育。每日照蛋。

5.收胚 无菌收取8 h以后的死胚及96 h活胚的鸡胚尿囊液，测血凝价。若血凝价很低，则用尿囊液继续传2代，若仍为阴性，则认为病毒分离阴性。

6.病毒鉴定 将收获的鸡胚尿囊液分别采用全量法或微量法按常规进行血凝价检测，当血凝滴度达1∶16以上时，确定病毒分离为阳性。分别用鸡新城疫、减蛋综合征和支原体等疫病的标准阳性血清进行中和，若该病毒不被新城疫、减蛋综合征和支原体等阳性血清抑制，则可初步认定分离到的病毒为禽流感病毒。

7.静脉接种致病指数(IVPI)测定 禽流感病毒致病性测定应在具有高度生物安全的实验室(BSL-3)中进行。

(1)操作方法：将血凝价在1∶16($4\log_2$)以上的感染鸡胚尿囊液用生理盐水1∶10稀释，以0.2 mL/羽的剂量分别于翅静脉接种6周龄SPF鸡10只。接种后每日观察每只鸡的发病及死亡情况，连续观察10 d，计算IVPI值。

(2)记录方法：根据每只鸡的症状用数字方法每天进行记录，正常鸡为0，病鸡记为1，重病鸡记为2，死鸡记为3(病鸡和重病鸡的判断主要依据临床症状表现)。一般而言，“病鸡”表现有下述一种症状，而“重病鸡”则表现下述多个症状，如呼吸症状、沉郁、腹泻、鸡冠和(或)肉髯发绀、脸和(或)头部肿胀、神经症状。死亡鸡在其死后的每次观察都记为3。

IVPI值＝每只鸡在10 d内记录的所有数字之和÷100

(3)判定标准：当IVPI值大于1.2时，判定此分离株为高致病性禽流感病毒株。

8.致死比例测定法

(1)试验鸡：4～8周龄SPF鸡，8只。

(2)接种材料：感染鸡胚尿囊液，血凝价在$4\log_2$以上，未混有任何细菌和其他病毒。

(3)接种方法：将感染鸡胚尿囊液用生理盐水1∶10稀释。以0.2 mL/羽的剂量翅静脉接种。每日观察鸡的死亡情况，连续观察10 d。

(4)判定方法：

①接种10 d内，能导致6～7只或8只鸡死亡，判定该毒株为高致病性禽流感病毒株。

②分离物能使1～5只鸡致死，但病毒不是H5或H7亚型，则应进行下列试验：将病毒接种于细胞培养物上，观察其在胰蛋白酶缺乏时是否引起细胞病变或形成蚀斑。如果病毒不能在细胞上生长，则分离物应被考虑为非高致病性禽流感病毒。

③对低致病性的所有 H5 或 H7 毒株和其他病毒，在缺乏胰蛋白酶的细胞上能够生长时，则应进行与血凝素有关的肽链的氨基酸序列分析，如果分析结果同其他高致病性流感病毒相似，这种被检验的分离物应被考虑为高致病性禽流感病毒。

(三)血清学诊断

1.血凝(HA)试验(微量法)——同新城疫

(1)在微量反应板的 1～12 孔均加入 25 μL PBS，换滴头。

(2)吸取 25 μL 抗原加入第 1 孔，混匀。

(3)从第 1 孔吸取 25 μL 加入第 2 孔，混匀后吸取 25 μL 加入第 3 孔，如此进行对比稀释至第 11 孔，从第 11 孔吸取 25 μL 弃之，换滴头。

(4)每孔再加入 25 μL PBS。

(5)将 1%鸡红细胞悬液充分摇匀，每孔均加入 25 μL。

(6)置微量血球振荡器上，振荡 1 min，在室温(20～25℃)下静置 40 min 后观察结果(如果环境温度太高，可置 4℃环境下 1 h)。对照孔红细胞将呈明显的纽扣状沉积到孔底。

(7)结果判定：将反应板倾斜，观察红细胞有无呈泪滴状流淌。完全血凝(不流淌)的抗原或病毒最高稀释倍数为其血凝价(对 HA 试验而言为一个血凝单位)。

2.血凝抑制(HI)试验(微量法)

(1)根据血凝试验结果配制 4 血凝单位病毒(HAV)的病毒抗原。例如，如果病毒血凝价为 1∶256，则 4HAV 抗原的稀释倍数应是 1∶64。

(2)在微量反应板的 1～11 孔加入 25 μL PBS，第 12 孔加入 50 μL PBS。

(3)吸取 25 μL 血清加入第 1 孔内，充分混匀后从第 1 孔吸取 25 μL 于第 2 孔，依次对比稀释至第 10 孔，从第 10 孔吸取 25 μL 弃去。

(4)1～11 孔均加入含 4HAV 混匀的病毒抗原液 25 μL，混匀，室温静置至少 30 min。

(5)每孔加入 25 μL 的 1%鸡红细胞悬液，轻微振荡 1 min，室温下静置约 40 min(若环境温度太高可置 4℃条件下 1 h)，对照红细胞将呈明显纽扣状沉于孔底。

(6)结果判定：以完全抑制 4 个 HAV 抗原的血清最高稀释倍数作为 HI 滴度。

只有阴性对照孔血清滴度不大于 $2\log_2$，阳性对照血清误差不超过 1 个滴度，试验结果才有效。HI 价小于或等于 $3\log_2$ 判定 HI 试验阴性；HI 价等于或大于 4log，为阳性。

3.琼脂扩散(AGP)试验

(1)琼脂板的制备：称量琼脂粉 1.0 g，加入 100 μL pH 7.2 的 0.01 mol/LPBS 液，在水浴中煮沸使之充分融化，加入 8 g 氯化钠，充分溶解后加入 1%硫柳汞溶液 1 mL；冷至 45～50℃时，将洁净干热灭菌直径为 90 mm 的平皿置于平台上，每个平皿加入 18～20 mL，加盖待凝固后，把平皿倒置以防水分蒸发，置普通冰箱中保存备用(时间不超过 2 周)。

(2)打孔：在制备的琼脂板上按 7 孔一组的梅花形打孔(中间 1 孔，周围 6 孔)，孔径约 5 mm，孔距 2～5 mm，将孔中的琼脂用 8 号针头斜面向上从右侧边缘插入，轻轻向左侧方向将琼脂挑出，不影响边缘或使琼脂层脱离皿底。

(3)封底：用酒精灯轻烤平皿底部至琼脂刚刚要熔化为止，封闭孔的底部，以防侧漏。

(4)加样：用微量移液器吸取抗原悬液滴入中间孔(图 4-1 中⑦号孔)，标准阳性血清分别加入外周的①和 ④号孔中，被检血清按编号顺序分别加入另外 4 个外周孔(图 4-1 中②、③、

⑤、⑥号孔）。每孔均以加满不溢出为度，每加一个样品应换一个滴头。

(5)作用：加样完毕后，静置 5～10 min，然后将平皿轻轻倒置放入湿盒内，37℃温箱中作用，分别在 24 h、48 h 和 72 h 观察并记录结果。

(6)判定方法：将琼脂板置日光灯或侧强光下观察，若标准阳性血清（图 4-1 中①号孔和④号孔）与抗原孔之间出现一条清晰的白色沉淀线，则试验成立。

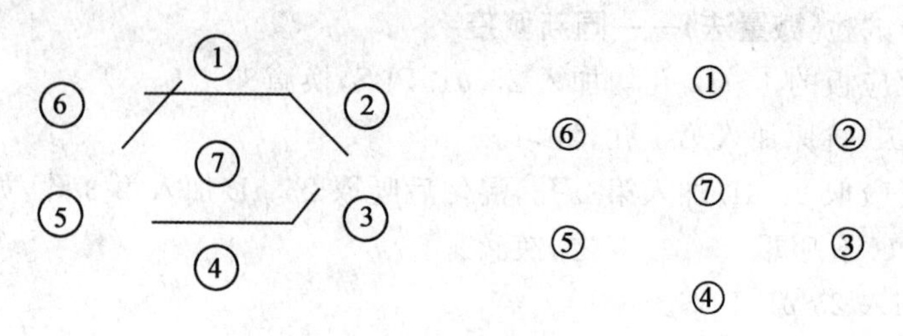

图 4-1　琼脂扩散试验结果

(7)判定标准：若被检血清孔（图 4-1 中②号孔）与中心抗原孔之间出现清晰致密的沉淀线，且该线与抗原与标准阳性血清之间沉淀线的末端相吻合，则被检血清判为阳性。

被检血清孔（图 4-1 中③号孔）与中心孔之间虽不出现沉淀线，但标准阳性血清孔（图 4-1 中④号孔）的沉淀线一端向被检血清孔内侧弯曲，则此孔的被检样品判为弱阳性（凡弱阳性者应重复试验，仍为弱阳性者，判为阳性）。

若被检血清孔（图 4-1 中⑤号孔）与中心孔之间不出现沉淀线，且标准阳性血清沉淀线直向被检血清孔，则被检血清判为阴性。

被检血清孔（图 4-1 中⑥号孔）与中心抗原孔之间沉淀线粗而浑浊，或标准阳性血清与抗原孔之间的沉淀线交叉并直伸，被检血清孔为非特异反应，应重做。

五、操作重点提示

(1)任何血清都应作为具有传染性样品对待。

(2)血清检测时应生物安全柜 P3 级进行，BSL-3 实验室进行，严格的无菌操作。

(3)实验人员工作时必须穿戴防护服。

(4)试剂盒置 2～8℃保存，有效期 6 个月，请于有效期内使用。

(5)不同批号试剂请勿混用。

(6)严格按说明书操作。反应温度和时间必须严格控制。

(7)请将拆封后未用完的包被板放入塑料袋内封紧保存。

(8)实验用的血清及废弃物均应经高压灭菌后再行处理（121℃，20 min）。

(9)禁止在同一实验室，同时处理接种未知临床标本和已知阳性标本。

(10)禁止在同一实验室、同时处理接种采自不同动物的标本。

(11)接种后剩余的原始标本，需置－70℃或以下保存，分离阴性的标本应随时弃之。

(12)一般标本接种后 7 d 还不出 CPE，应盲传两代。

六、实训总结

我国已研制出了覆盖 H1～H15 和 N1～N9 的标准诊断及分型抗原和血清，并以此为基础，建立了禽流感血凝抑制试验（HI）及神经氨酸酶抑制试验（NI）方法，其高度的特异性和准确性，有力地保障了我国禽流感病毒的分离和鉴定。此外，新建立的禽流感琼脂（凝胶）扩散试验（AGP）诊断技术及其诊断试剂盒，在全国推广应用，取得了良好的效果。

对血清学诊断来说，采集发病期和康复期的双份血清样本很重要。发病期血清应在发病后尽早采集，康复期血清应在发病后 14～28 d 采集。比较前后 2 次的血清抗体滴度，如果康复期血清抗体滴度比急性期抗体滴度增高 4 倍，则证明是最近发生了这一病毒感染。

正黏病毒能凝集多种动物的红细胞，应用流感病毒的这一特性常以鸡红细胞来检测胚胎液中病毒颗粒。流感病毒的血凝活性可被相应的抗血清所抑制，应用 HI 可以排除 NDV。

血凝试验和血凝抑制试验中常用的红细胞有鸡、豚鼠或人 O 型红细胞。血凝效价（滴度）以出现＋＋＋＋凝集的病毒最高稀释度的对数为准。

七、思考题

1.禽流感的诊断方法有哪些？各有什么特点？

2.试述禽流感的微生物学诊断。

3.试述禽流感免疫学诊断技术。

实训 4-3　鸡马立克氏病的诊治技术

一、实训目标和要求

掌握鸡马立克氏病临床综合诊断要点；学会鸡马立克氏病琼脂扩散诊断方法。

二、实训设备和材料

1.器材　外科剪子、镊子、搪瓷盘、平皿、打孔器、小试管、微量移液器、酒精灯、纱布、塑料盒、37℃温箱等。

2.药品　pH 7.4 0.01 mol/L 磷酸盐缓冲液(PBS)、1%硫柳汞溶液、琼脂糖或优质琼脂粉、马立克病标准琼脂扩散抗原和标准阳性血清等。

(1)pH 7.4 0.01 mol/L 磷酸盐缓冲液配制：十二水磷酸氢二钠 2.9 g、磷酸二氢钾 0.3 g、氯化钠 8.0 g，蒸馏水加至 1 000 mL，充分溶解即可。

(2)1%硫柳汞配制：硫柳汞 1.0 g，加蒸馏水至 100 mL，充分溶解即可。

3.样品　可疑病鸡、病料。

三、知识背景

马立克氏病(MD)是由马立克氏病毒引起的、侵害鸡外周神经、性腺、各内脏器官、眼的虹膜、肌肉及皮肤毛囊等并形成肿瘤性病灶的一种传染病。

急性病例可发生于 3～4 周龄，多数发病和死亡于 2 月龄以上，死亡高峰期在 3～4 月龄，死淘率 5%～80%不等。

神经型(也称定性型或古典型)主要引起末梢神经系统、坐骨神经、翼神经、迷走神经等病理变化。坐骨神经受到损害时临床上表现为一只腿向前伸，另一只腿向后伸，呈“劈叉”姿势；翼神经受损害时，出现翅膀下垂；迷走神经受侵害时，出现“大嗉囊”症状，斜颈、歪头等症状。眼型病鸡可见眼的虹膜增生、退色，瞳孔缩小及边缘不整齐，甚至失明。有的角膜呈灰白色，又称“灰眼症”。内脏型(急性型)病鸡主要表现有突然死亡，或病鸡表现精神不振，鸡冠萎缩，消瘦、衰竭、死亡。皮肤型病死鸡可见颈部、大腿外侧、背部等皮肤羽毛根部形成半丘状结节，没有羽毛的地方无结节。

剖检病死鸡可见被侵害的神经单侧或双侧性肿大、增粗，表面有浅黄色胶样浸润，有的有出血点，横纹消失；肝、脾、肾表面或切面有白色坚实的肿瘤结节；卵巢呈菜花状肿大；心肌、肌胃、胸肌等也有肿瘤；腺胃壁增厚，黏膜溃疡、出血；肺淤血，有时有灰白色结节，质地变硬。

血清或病毒抗原与相应抗体在 1%琼脂凝胶中，由加样孔向四周自由扩散，抗原、抗体相遇，特异结合，并在比例适当处，联结成大的抗原抗体复合物，呈现一条不透明的白色沉淀带，沉淀带一旦形成就是一道“特异性的屏障”，能阻止相同的抗原抗体继续扩散，但仍允许不同的抗原抗体继续扩散，因此，每一种抗原与相应抗体均可形成各自的沉淀带。若抗原抗体不相对应则不出现沉淀带，或与阳性对照的沉淀带交叉。

四、实训操作方法和步骤

（一）病毒分离

1. 病料与处理

（1）肿瘤组织块：采集病鸡肿瘤组织块，经胰酶消化，制成10%细胞悬液，用于接种。

（2）肾：采集病鸡肾，经胰酶消化，制成10%肾上皮细胞悬液，用于接种。

（3）血液：采集病鸡早期和晚期血液离心沉淀，取血沉棕黄层细胞，用于接种分离病毒，而血清可用作血清学实验。

2. 雏鸡分离法　将上述细胞悬液或血沉棕黄层细胞标本接种7日龄雏鸡的腹腔，每只0.3～0.5 mL（4～6只）。接种组应严格隔离，以防止其他来源的感染。在接种后2～10周，将接种鸡组连同对照鸡一并进行检查（包括肉眼观察、组织病变、细胞培养分离病毒和血清学实验），以观察雏鸡群是否发生感染。

3. 组织培养分离法　先制备鸡胚成纤维细胞或鸡肾细胞，37℃培养长成单层后，即可用于接种。上述血沉棕黄层细胞，肿瘤细胞，胰酶消化的肾上皮细胞或血液，雏鸡感染的组织（制成悬液）均可用作接种分离病毒的材料。接种于细胞单层管（或瓶）3～4个。37℃培养5～14 d内，培养物中如有典型的蚀斑形成，即为MDV增殖的指征。收获病毒培养物，再传一代后进行鉴定。

4. 鸡胚分离法　将病鸡白细胞悬液或鸡肾细胞悬液，接种于4日龄鸡胚的卵黄囊内，每胚0.2 mL，接种后，同对照组鸡胚一起，置于37℃培养14 d，然后检查绒毛尿囊膜上是否出现痘斑。当整个绒毛尿囊膜上均匀地散布有10个以上痘斑时，即可收获病毒供鉴定之用。

（二）鸡马立克氏病琼脂扩散试验

既可以用于病毒抗原的检出，也可以用于抗体的检测。一般在病毒感染14～24 d后检出病毒抗原，在感染3周后检出抗体。本方法可用于20日龄以上鸡羽髓抗原检测和1月龄以上鸡的血清抗体检测。

1. 受检样品的采集

羽髓：自被检鸡的腋下、大腿部拔1根新近长出的嫩毛或拔下带血的毛根，剪下毛根尖端下段5～7 mm，加1～2滴蒸馏水在试管内用玻璃棒挤压，制备待检羽髓浸液。

血清：自被检鸡翅静脉采血，置于小试管或吸入塑料管内，室温下析出血清。

2. 操作方法

1%琼脂板制备：量取100 mL pH 7.4 0.01 mol/L PBS液，加入8 g氯化钠，溶解后加入1 g琼脂糖或优质琼脂粉，水浴加温使充分融化后加入1%硫柳汞溶液1 mL，冷却至45～50℃时加入平皿，直径85 mm平皿每皿用量约20 mL。加盖平置，室温下凝固冷却。

打孔：用直径4 mm或3 mm的打孔器按六角形图案打孔，或用梅花形打孔器打孔，中心孔与外周孔距离为 3 mm。用针头斜挑出孔内琼脂,勿损坏孔的边缘或使琼脂层脱离皿底。

封底:用酒精灯火焰轻烤平皿底部至琼脂轻微熔化为止,封闭孔的底部,以防样品溶液侧漏。

加样:检测羽髓中的病毒抗原时,用微量移液器向中央孔加标准阳性血清,外周 1、4 孔加标准琼脂扩散抗原,2、3、5、6 孔加待检羽髓浸液或直接插羽髓。每孔均以加满不溢出为度,每加一个样品应换一个滴头。

检测血清抗体时,向中央孔滴加标准琼脂扩散抗原,外周 1、4 孔滴加标准阳性血清,2、3、5、6 孔滴加待检鸡血清。每孔均以加满不溢出为度,每加一个样品应换一个吸头。

观察结果:加样完毕后,静置 5～10 min,将平皿轻轻倒置,放入湿盒内,置 37℃温箱中反应,在 24～48 h 后观察结果。

3.结果判定

阳性:当标准阳性血清与标准抗原孔间有明显沉淀线,待检血清与标准抗原孔间或待检抗原与标准阳性血清孔之间有明显沉淀线,且此沉淀线与标准抗原和标准血清孔间的沉淀线末端相融合,则待检样品为阳性。

弱阳性:当标准阳性血清与标准抗原孔的沉淀线的末端在比邻的待检血清孔或待检抗原孔处的末端向中央孔方向弯曲时,待检样品为弱阳性。

阴性:当标准阳性血清与标准抗原孔间有明显沉淀线,而待检血清与标准抗原孔或待检抗原与标准阳性血清孔之间无沉淀线,或标准阳性血清与抗原孔间的沉淀线末端向毗邻的待检血清孔或待检抗原孔直伸或向外侧偏弯曲时,该待检样品为阴性。

可疑:介于阴、阳性之间为可疑。可疑应重检,仍为可疑判为阳性。

五、操作重点提示

(1)阳性血清为冻干制品,加水稀释、完全溶解混匀后方可应用;避免反复冻融。

(2)琼脂板上的孔要垂直,孔距要准,打好孔后,用火焰封底。

(3)加样要满但不能外溢,每个样品都要换吸头,吸头用后洗净,煮沸 10 min,晾干,以备再用。

(4)往琼脂板孔内加样时不要有气泡,且加满而不溢,万一溢出,应迅速用吸水纸吸干溢出的液体。如果溢出过多,连成一片,则应重做。

(5)样品的编号和鸡号及加样时琼脂板上的孔号应一致。

(6)加样完毕,应将受检样品放于普通冰箱保存,在判断无误后经消毒后废弃。

六、实训总结

马立克氏病是由疱疹病毒引起的最常见的一种鸡淋巴组织增生性疾病,以外周神经、性腺、虹膜、各种内脏器官、肌肉和皮肤的单核性细胞浸润和形成肿瘤为特征。该病常引起急性死亡、消瘦或肢体麻痹,传染力极强,在经济上造成巨大损失。

1.免疫接种　雏鸡出壳 24 h 内,需及时接种马立克氏病疫苗,免疫途径为颈部皮下注射。有条件的鸡场可在鸡胚 18 日龄用专用机械进行鸡胚接种。

2.**抗病育种**　对不同品种或品系的鸡，疫苗产生的免疫力也不一样，有人发现用 HVT 疫苗免疫有遗传抗病力的鸡，效果比双价苗免疫易感鸡的还要好；因此选育生产性能好的抗病品系商品鸡，是未来防止马立克氏病的一个重要方面。

3.**执行严格的生物安全性措施，严防早期感染**　执行全进全出的饲养制度，避免不同日龄鸡混养；实行网上饲养和笼养，减少鸡只与羽毛、粪便接触；种蛋、出雏器和孵化室的消毒要严格，杜绝雏鸡早感染野毒。

本病的发病率和死亡率几乎相等，确诊马立克氏病时应将患病鸡及时淘汰，无治疗价值。

七、思考题

1.鸡马立克氏病的诊断依据是什么？检测鸡羽髓抗原和血清抗体的意义何在？

2.预防鸡马立克氏病的常用疫苗有哪些？各有什么特点？如何正确使用？

实训 4-4　鸡败血支原体病的诊治技术

一、实训目标和要求

了解鸡败血支原体感染的现场综合诊断要点及掌握平板凝集试验诊断法。

二、实训设备和材料

被检鸡若干；干燥灭菌的玻璃片或白瓷片，移液器、针头、接种棒、牙签等若干；鸡支原体病全血平板凝集反应抗原及阳、阴性血清，由中国兽药监察所生产，4～8℃冰箱保存，避免冻融；兔抗 MG 阳性血清和抗兔荧光抗体结合物；支原体培养基。

1.支原体肉汤培养基制备

(1)新鲜酵母浸出液的制备：称取 250 g 具有活性的鲜酵母，悬浮于 1 000 mL 蒸馏水中，加热至沸点，冷却；3 000 r/min 离心 20 min，倾出上清液，用 0.1 mol/L 氢氧化钠(NaOH)调 pH 至 7.8～8.0，过滤除菌，置 4℃保存备用。

(2)甲液：不含结晶紫的支原体(PPLO)肉汤培养基(Difco)14.7 g，加蒸馏水或去离子水 700 mL。

(3)乙液：猪血清(56℃灭活 30 min)150 mL，质量分数为 25%新鲜酵母浸出液 100 mL，质量分数为 10%葡萄糖溶液 10 mL，质量分数为 5%乙酸铊 10 mL，200 000 IU/mL 青霉素 G 5 mL，质量分数为 0.1%酚红 2 mL。将以上各种成品混合即乙液(也可用犊牛血清或马血清代替猪血清)。

将甲液经 121.3℃灭菌 15 min，冷却后加入乙液调 pH 至 7.8，即为支原体肉汤培养基。

2.支原体固体培养基　取不含支原体生长抑制物的纯琼脂 10 g，加入上述甲液中，混合后如前所述高压灭菌，置 56℃水浴中。然后加入乙液，小心混匀，避免产生气泡，然后倒入平皿中厚度约 0.4 cm，冷却后备用。

三、知识背景

鸡败血支原体感染又称慢性呼吸道病，是由鸡败血支原体引起的鸡和火鸡的一种慢性呼吸道传染病，其临床特征为咳嗽、流鼻液、气喘、呼吸有啰音等，火鸡常有鼻窦炎。本病潜伏期为 4～21 d，各种年龄的鸡均可感染，但 4～8 周龄的雏鸡最易感，成年鸡感染多呈隐性经过，仅表现产蛋率、孵化率下降。病鸡、隐性感染鸡和带菌鸡是本病的主要传染源，主要通过呼吸道感染，也可通过消化道感染。另外，也可经种蛋垂直传染，代代相传，使鸡群连续不断地发病。

含鸡败血支原体抗体的血清与相应的败血支原体颗粒抗原相混合，在有电解质存在的情况下，能够发生肉眼可见的凝集反应，据此建立了鸡败血支原体感染平板凝集试验。鸡群感染败血支原体后或带菌感染过程，患鸡血清中存在本病的特异抗体，鸡败血支原体感染平板凝集试验，能够快速检出患鸡血清中的特异抗体，根据阳性反应强度和检出率，可较明确地了解鸡群对本病的感染情况。

四、实训操作方法和步骤

（一）临床症状和病理诊断

病鸡流泪，甩鼻，颜面肿胀，打喷嚏，发出呼噜声。有的眼部突出，眼内有干酪样渗出物，如豆子大小，严重时可造成失明，如没有继发感染死亡率很低。

病理剖检诊断：主要的病理变化在鼻腔、喉头和气管内，表现黏膜水肿、充血、出血，鼻窦内充满黏液或干酪样物质；腹腔内有一定量的泡沫，肠系膜上和气囊内浑浊或有黄白色絮状物质附着；与大肠杆菌混合感染时，可见心包炎、肝周炎、气囊炎，有的还出现卵黄性腹膜炎的病理变化。

根据活体检疫和宰后检疫情况可做出初步诊断，确诊需进行分离、凝集试验和血凝抑制试验。

（二）禽支原体的分离和鉴定

1.采样　活禽从鼻腔、食管、气管、泄殖腔和交合器中取样。死禽从鼻腔、眶下窦、气管或气囊采样，也可吸取眶下窦和关节渗出物或结膜囊内冲洗物。对于鸡胚从卵黄囊内表面、口咽和气囊采样。

在感染的急性期（直到感染后 60～90 d）内上呼吸道支原体含量最高，可采 5～10 个气管或鼻孔裂隙样品，有气囊炎和滑液囊炎时可采病变部位样品，鸡胚采样应包括卵黄和部分卵黄囊。样品在较远距离运输到实验室之前应在现场接种肉汤培养基。

将经过处理的被检材料接种到上述液体培养基，在 37℃ 培养 5～7 d。如不见明显生长（培养基变黄），应盲传 2～3 次，每次取 0.5～1.0 mL 培养液移种到新的培养基中，这样可提高分离率。

将已有支原体生长的培养液接种到固体培养基上，置 37℃ 高湿度空气条件下培养 3～5 d。如有鸡毒支原体生长，可见细小（直径 0.2～0.3 mm）、光滑、圆形、透明的菌落，带有特征性的致密突起的中心点，在放大镜或低倍显微镜下观察如乳头状。

2.样品的处理　采样后应尽快培养。如需运输，小块组织置于支原体培养基中，拭子在培养基中用力搅拌数次，将培养基运回实验室尽快培养。

3.接种　将样品 0.2 mL 接种于 1.8 mL 支原体液体培养基中，依次 10 倍稀释至 10^{-6}，密封，37℃ 培养。同时将样品接种于支原体固体培养基中，置于含 5%～10%二氧化碳（CO_2）培养箱中培养。

4.传代培养　每天检查液体培养基酸碱度，一旦发现 pH 变化，立即接种于固体培养基中培养。若培养基酸碱度没有变化，每隔 3～5 d 盲传一代，共传 3 代，培养 10 d 后接种于固体培养基上培养。

5.观察　固体培养基上若有菌落生长，用低倍显微镜观察菌落，可见中央突起呈荷包蛋样（有时不典型），需进一步作血清学鉴定。

6.鉴定

（1）用间接荧光抗体试验（IFA）鉴定 MG：取 1.0～1.5 cm 的琼脂块，菌落面朝上置于载玻片上，第一块载玻片上放一块待检分离物、一块已知 MG 菌落（S6 或 R 株）、一块已知其他支原体菌落，第二块载玻片上放一块待检分离物。

(2)第一块载玻片上每块琼脂块上加一滴适当稀释的兔抗 MG 血清，第二块载玻片上琼脂块上加一滴正常兔血清。

(3)琼脂块在湿盒中室温条件下反应 30 min 后，分别放到含有磷酸盐缓冲液(PBS)(pH 7.2)的不同器皿中，冲洗 10 min，共冲洗 2 次。

(4)将琼脂块放回原玻片，吸水纸吸取过多的水分，每块琼脂加上稀释好的抗兔荧光抗体结合物，反应、洗涤同前，最后将琼脂块放回玻片，吸干多余水分后于入射式荧光显微镜下检查结果。

(5)结果判定：菌落呈现亮绿色荧光时为阳性反应，若仅有暗淡的菌落轮廓，与背景荧光颜色差别不大为阴性。其他已知支原体菌落、第二块载玻片分离物为阴性；第一块载玻片分离物、与已知 MG 菌落为阳性结果时，证明分离物为鸡毒(败血)支原体。

7.快速血清凝集试验(RSA)

(1)从鸡群采集的血清样品，如不能立即进行试验，应 4℃保存，不能冻结。

(2)试验用染色抗原、阳性及阴性对照血清。

(3)操作方法：室温中加一滴(20 μL)血清于白瓷板或玻板上，再加等量染色抗原，用棉签或火柴棒将其混合，轻轻摇动玻板使之混合均匀。试验设阳性血清及阴性血清对照。

(4)结果判定：室温条件下，56℃ 30 min 处理后的鸡血清 2 min 内，火鸡血清 3 min 内判定结果。规定时间内，发生完全凝集的，判为阳性。如仅在液滴边缘部分出现凝集，或超过 2 min(火鸡 3 min)在边缘出现凝集，判为可疑。超过规定时间无凝集者，判为阴性。

8.全血平板凝集试验

(1)以皮头吸管吸取鸡败血支原体平板凝集抗原 1 滴(约 0.05 mL)置玻片上，用针头穿刺被检鸡翅下静脉，速以接种环接取鲜血 1 滴(约 0.05 mL)与玻片上的抗原混合均匀，并涂成直径 1.5 cm 左右的液面，然后边轻轻晃动玻片，边在 3 min 内观察判定记录反应结果，试验同时设置标准阴性与阳性血清对照。

(2)结果判定与记录：反应结果判定与记录分为“#”、“++～+++”、“+”、“－”4 种情况。

a.“#”读作“四个加的凝集反应”(以下类推)，表示抗原与全血混合后该液面于 1 min 内出现很多大块的紫蓝色抗原凝集颗粒，底液鲜红者。

b.“++～+++”表示抗原与全血混合后，该液面于 2～3 min 内出现较多的，但大小不一的紫蓝色抗原凝集颗粒，底液略带紫蓝色者。

c.“+”表示抗原与全血混合后，该液面于 3 min 左右，只有少部分抗原凝集成细微的颗粒，底液较明显为紫蓝色浑浊者。

d.“－”，表示抗原与全血混合后，该液面于 3～4 min 内没有出现抗原凝集的情况，抗原与血液混合液呈浑浊的紫蓝色者；或 3～4 min 之后，液面边缘由于干燥而形成紫蓝色痕迹者。

上述判定记录为“+”～“#”者均为阳性，“－”为阴性反应。

五、操作重点提示

(1)本试验的被检材料可以如上述采用被检鸡的全血，亦可采取被检鸡的血清。

(2)本试验快速、简易、特异而实用，但诊断时应结合症状与病理变化予以判断。

(3)本法应用于雏鸡群的检验时,应考虑母源抗体的干扰。

(4)最好对被检群做两次血清学检验,根据前后两次(相隔 2～3 周)被检血清与抗原反应的强弱变化、样品阳性率的上升或下降趋势,判定鸡群的感染现状。

(5)本试验用于鸡群感染本病的定性检验时,则只做一定比例(1 000～3 000 只鸡/群,抽样 20～40 只/群)的抽检即可;如本试验用作种鸡群败血支原体病净化率的监测,则应对该群鸡全面逐只做检查,而且多次进行,不断剔除阳性鸡只并对假定健康鸡群作严格的隔离、消毒、药物预防等措施。

(6)无败血支原体感染的种鸡群基本标准是:应用败血支原体病平板凝集试验对鸡群连续做 3 次 100%检验,每次相隔 2～3 周,没有发现 1 份阳性(包括可疑阳性)的血样,并且在此阶段,鸡群没有使用过对本病敏感的药物。

(7)本试验方法亦适用于"MS"(滑液囊霉形体)感染的检验,但所用标准抗原为"MS"。

(8)平板凝集试验应在 20℃左右条件下进行。

(9)抗原使用前必须充分摇匀。

(10)进行反应时所用的一切器材应洁净无污。

(11)抗原及血清在 2～15℃冷暗处保存,有效期均为两年半。

(12)鸡毒支原体平板凝集试验适用于 2 月龄以上鸡的血清或全血平板凝集反应。

六、实训总结

本病是由鸡败血支原体(MG)引起鸡和火鸡的一种慢性呼吸道病,患鸡主要症状是咳嗽、喷嚏、气管啰音、消瘦,成年鸡伴有减蛋和种蛋质量下降。患鸡主要病理变化是气管分泌物增多,气囊壁浑浊、增厚,气囊内常有干酪样分泌物,及常有一侧或两侧性眼炎。本病经常会与其他呼吸道病并发、继发。

七、思考题

1. 鸡败血支原体病如何治疗?

2. 鸡败血支原体病如何预防?

实训 4-5　鸡传染性支气管炎的诊治技术

一、实训目标和要求

掌握鸡传染性支气管炎诊断和检测技术。

二、实训设备和材料

1.鸡胚与毒株　9～11 日龄 SPF 鸡胚,17～20 日龄 SPF 鸡胚,呼吸型强毒 IBV M41 株,IBV 野毒株,具有 IB 典型临床症状的病鸡的肺、气管和肾等病料。

2.主要试剂与药品　RPMI 1640 干粉、犊牛血清、胰蛋白酶、IBV 阳性血清、RT-PCR 反应试剂盒、DEPC、总 RNA 提取试剂盒、DNA Marker 2000、琼脂糖、青霉素、链霉素、葡萄糖、NaCl、KCl、氯仿、异丙醇、Tris、冰乙酸、EDTA、$NaHCO_3$、DMSO 等。上述试剂均为分析纯。96 孔 V 形板;0.01 M PBS(pH 7.0～7.2);1%(细胞压积 V/V)悬液;阴性抗原;NDV 阳性抗原。LB 液体培养基、LB 固体培养基、核酸电泳缓冲液(TAE)。

3.主要仪器　二氧化碳培养箱、倒置显微镜、超净工作台、高速台式冷冻离心机、PCR 仪、电泳仪、紫外透射反射仪、微波炉、凝胶成像仪等。

三、知识背景

传染性支气管炎(infectious bronchitis,IB)简称传支,是由传染性支气管炎病毒(infectious bronchitis virus,IBV)引起的鸡的一种急性、高度接触传染性疾病。IBV 是冠状病毒科的代表株,其基因组为不分节段的正链单股 RNA,具有感染性。

IB 的诊断与其他疾病相比有一定的难度,一是由于血清型和突变型株较多,不同毒株之间的抗原交叉关系非常复杂;二是诊断抗原制作比较复杂且用不同的毒株制成的抗原其诊断结果差异较大;三是 IB 的免疫应答机理也比较复杂,限制了各种诊断方法的实际应用,同时又由于本病与其他多种引起鸡呼吸道症状的疾病存在非常类似的临床症状,更增加了对本病临床诊断的难度。在临床诊断中,应与鸡新城疫、传染性鼻炎、传染性喉气管炎、鸡慢性呼吸道病、禽曲霉菌病等疾病相区别。目前实验室主要用鸡胚接种和细胞培养两种方法培养 IBV。这两种方法操作简单、快捷,容易获得大量的病毒。培养物中 IBV 的鉴定,主要进行电镜观察、初代鸡胚尿囊液的雏鸡接种、干扰 NDV 试验和病毒中和试验。病毒中和试验是鉴定 IBV 的最为准确、最为常用的方法。

四、实训操作方法和步骤

(一)病毒的分离与鉴定

1.样品的采集与处理

(1)死禽样品:肠内容物或取样的泄殖腔拭子、鼻拭子、咽喉拭子。脏器组织:气管、肾、肺、盲肠、扁桃体、气囊、肠、脾、腺胃、脑、肝和心等。

(2)活禽样品：取样的气管拭子、泄殖腔拭子。由于采样的棉拭子易致幼禽受伤，所以，还可取粪便。通常还取血液样品，分离血清以备进行血清学检测。

(3)样品处理：拭子处理，采集的拭子放入装有 1.0 mL 抗生素 PBS(pH 7.0～7.4，含青霉素 10 000 IU/mL，链霉素 10 mg/mL)的离心管中，静置作用 30 min。粪便处理，用抗生素溶液制成 10%～20%(*W*/*V*)悬液，在室温作用 1～2 h 后，应尽快处理。粪便和泄殖腔拭子所用抗生素浓度应提高 5 倍。

脏器样品处理：取样品于灭菌的玻璃研磨器研磨，用 PBS 配成 10%悬液，含 1/10 体积的抗生素(根据情况抗生素可以选用青霉素 2 000 IU/mL；链霉素 2 mg/mL；庆大霉素 50 mg/mL；制霉菌素 1 000 IU/mL 等)。

取粪便、组织悬液至离心管内，以 3 000 r/min 离心 10 min，取上清液备用。

2. 样品的存放与运送　采集或处理的样品在 2～8℃条件下保存应不超过 24 h；如果需长期保存，需放置－70℃条件，但应避免反复冻融(最多冻融 3 次)。采集的样品密封后，放在加冰块的保温桶内，尽快送往实验室。

3. 病毒培养

(1)鸡胚培养：取 9～11 日龄发育良好的 SPF 胚，每个样品接种 3～5 枚，每枚尿囊腔内接种 0.1～0.2 mL，接种前应用 0.22 μm 的一次性滤器过滤除菌。35～37℃条件下孵化 3～7 d。去除 24 h 死亡胚，以后每天照胚，死亡胚及收获鸡胚放在 4℃条件下冷却 4 h 或过夜。收获死亡的鸡胚和活胚的尿囊液，3 000 r/min 离心 5 min 去除血细胞置－70℃备用。通常情况下，分离的毒株如果不是疫苗毒或者鸡胚驯化毒株，那么该毒株在鸡胚中繁殖第一代不会引起鸡胚的病变。一般情况下将第一代尿囊液经 1/5 或者 1/10 稀释后接种 SPF 鸡胚继续传代至二代或者三代，野毒株通常引起鸡胚畸形(卷曲、发育障碍、羽毛营养失调、胚胎肾尿酸盐沉积)，有些毒株在传代中可致死鸡胚。一些其他病毒如禽腺病毒致胚胎病变与 IBV 并无区别。但是，IBV 接种的尿囊液不凝集鸡红细胞，最终的鉴定还需要免疫学和分子遗传学方法检测来加以确定。

(2)气管环培养　利用 18～20 日龄鸡胚，用自动组织斩断器将气管处理成 0.5～1 mm 厚气管环，37℃于含 HEPES 的 DMEM 培养基中做旋转培养(15 r/h)。接种处理的组织悬液样品 24～48 h 内，感染的气管环上皮细胞脱落，纤毛摆动停止。其他病毒也能引起该病变，因此，IBV 的鉴定仍然需要免疫学和分子遗传学方法检测来加以确定。

4. 病毒的鉴定　IBV 病毒的鉴定可通过电镜观察、病毒中和试验、免疫扩散试验等进行，并可通过血凝抑制试验、ELISA 试验等血清学试验进行辅助诊断。最终鉴定则必须经过病毒基因的分型得以确认。

(1)病毒的血凝性鉴定：

①取少量尿囊液用经过 A 型产气荚膜梭菌或Ⅰ型磷脂酶 C 在 37℃下处理 3 h。

②在 96 孔 V 形板上，每孔加 0.025 mL PBS。然后再加 0.025 mL 经Ⅰ型磷脂酶 C 处理的尿囊液或未处理的病毒悬液或对照抗原在第 1 孔。

③从第 1 孔转移 0.025 mL 至下一孔，最后的 0.025 mL 弃去(稀释倍数依次为 2、4、8、16、

32…)。每孔再加入 0.025 mL PBS。

④每孔加入 1%鸡红细胞悬液 0.05 mL,并设不加样品的红细胞对照孔,立即在微量振荡器上摇匀,置室温(20℃),40 min 后观察结果,对照红细胞呈明显的纽扣状。

⑤判定血凝时,可将板倾斜,观察红细胞有无呈泪珠状流淌,完全血凝的最高稀释倍数作为判定终点。

如果收取的尿囊液经过胰酶或磷脂酶 C 处理后没有血凝价,继续传 2 代;如果经胰酶或磷脂酶 C 处理的尿囊液有血凝性而未经胰酶或磷脂酶 C 处理的尿囊液没有血凝性,则通过用抗 IBV 特异血清作血凝抑制试验确定分离的病毒。

(2)电镜观察:收集接种了病毒样品的 SPF 鸡胚尿囊液及传代后的尿囊液,经 1 500 *g* 离心 30 min,取 1.5 mL 上清尿囊液经 12 000 *g* 离心 30 min,离心后的沉淀重悬于微量去离子水中经负染相差显微镜进行观察。如果样品中含有 IBV 病毒则通过电镜可观察到典型的冠状病毒的特征性病毒粒子。

(二)病毒中和试验

用病毒中和试验定量检测抗体是经常使用的血清学方法。应用标准阳性血清,可很好地鉴定未知病毒和区分不同血清型的病毒。该试验分两部分,一是病毒中和部分,即经适当稀释的病毒和标准阳性血清混合,在一定温度下作用一段时间;二是用适当的宿主系统。若该指数达到 4.5~7.0,说明该病毒与已知标准阳性血清的病毒血清型同源性高;若该指数<1.5,该病毒表示非特异性,其他的异源病毒也同样能达到这个指数;若该指数介于 1.5 和 4.5 之间,那么,说明该病毒与已知标准阳性血清的病毒血清型具有部分同源性。

(三)琼脂扩散沉淀试验(AGP)

常用琼脂扩散沉淀试验(AGP)来检测鸡传染性支气管炎病毒,操作方法如下。

1.抗原制备 抗原可以采取感染鸡胚的尿囊液。尿囊液可以通过超速离心或酸沉淀,后者一般将 1.0 mol/L HCl 加入感染的尿囊液至 pH 4.0,该混合物冰浴作用 1 h 后,4℃ 1 000 *g*离心 10 min,沉淀用甘氨酸/肌氨酸缓冲液(含 1%十二烷基肌氨酸钠,用 0.5 mol/L 甘氨酸调 pH 至 9.0)悬浮,经 0.1%甲醛 37℃作用 48 h 后,用作抗原。

2.琼脂板制备 用 0.01 mol/L,pH 7.2 PBS 配制 0.9%琼脂,并含 8% NaCl,水浴加热融化,倒入平皿中的厚度为 3 mm。琼脂板打孔,中间 1 个,周围 6 个,孔距 3 mm,孔直径 5 mm。

3.加样 中间孔是标准阳性血清,周围标准阳性抗原一定与被检抗原相邻。每孔中加入 50 μL 反应液。

4.培养 静置 4 h 后,翻面放置湿盒内,于 37℃温箱培养 24~48 h,可见沉淀线。

5.结果判定 被检抗原与标准阳性血清间出现沉淀线,并且该线和邻近的标准阳性抗原与血清间的沉淀线相连而不交叉,则该抗原被鉴定为鸡传染性支气管炎病毒。

(四)酶联免疫吸附试验(ELISA)

1.试验样品准备

(1)样品处理：被检血清样品、阳性血清样品及阴性血清分别用 PBS 缓冲液 1/10 稀释，其中各取 50 μL 用于 ELISA。

(2)IBV 抗原纯化：纯化 IBV 全病毒抗原用接种病毒 48 h 后的鸡胚尿囊液，首先进行低速离心尿囊液，取上清以 20 000 r/min 超速离心 90 min，用 PBS(pH 7.2)重悬沉淀，将该病毒悬液加样于 25%的蔗糖溶液上，以 20 000 r/min 超速离心 3 h，沉淀重悬于适量 PBS 作为抗原，置−70℃备用。

2.试验方法

(1)将制备的抗原用 $NaHCO_3$ 缓冲液(pH 9.6，0.05 mol/L)稀释适当浓度后，加入酶联板的小孔中，每孔 100 μL，4℃过夜。

(2)PBST 洗涤 3 次，每次 3 min。

(3)每孔加入含 5%小牛血清 PBST 200 μL，37℃下封闭 30 min。

(4)同(2)洗涤。

(5)每孔加入含 5%小牛血清 PBST 稀释的被检抗体 100 μL，37℃下孵育 1 h。

(6)同(2)洗涤。

(7)每孔加入 100 μL 用含 5%小牛血清 PBST 稀释的酶标二抗，37℃下孵育 1 h。

(8)同(2)洗涤。

(9)每孔加入 100 μL 新配制的底物的溶液，于 37℃下作用 30 min。

(10)每孔加入 2 mol/L H_2SO_4 50 μL 终止反应。随后在酶联仪上测 OD 值，求出阴性对照 OD 值的平均值 N，若样品 OD 值 $P \geqslant 2N$，则视为阳性反应，否则为阴性反应。

(五)病毒血凝抑制试验——HI 试验

HI 试验常用于诊断及疫苗免疫鸡群的常规检测。

1.抗原准备　由于 IBV 病毒经胰酶或磷脂酶 C 处理才能获得血凝性。病毒尿囊液与等体积的商品化磷脂酶 C 混合，使酶终浓度达到 1 U/mL。血凝或血凝抑制最好在 4℃条件下进行。

2.HI 试验

(1)在血凝微量板每个孔中分别加入 25 μL PBS。

(2)加血清样品 25 μL 到第 1 孔中，横向倍比稀释。

(3)加 25 μL 4 个血凝单位标准抗原到每个孔中，作用 30 min。

(4)加 50 μL 1% (V/V)鸡红细胞悬液到每个孔中，轻轻混匀，置室温，待对照红细胞呈显著纽扣状后判定结果。

(5)血凝滴度为能够抑制 4 个血凝单位标准抗原的血清最高稀释倍数。判定血凝时倾斜血凝板，孔内红细胞“流”和对照孔(仅加入 25 μL 的鸡红细胞和 50 μL PBS)同样呈泪滴状则被认为该孔抑制了标准抗原的血凝性。

(6)结果应根据阴性对照和阳性对照血清的结果来判定，其中阴性对照的滴度不应大于 2^2，阳性对照血清滴度应在已知滴度的一个稀释度之内。

(7)通常情况下被检血清的血凝抑制滴度大于或等于 2^4 被判为阳性。但有些一年以上日龄的 SPF 鸡群中，部分鸡可能出现非特异性反应，其滴度大于或等于 2^4。

(六)病毒基因型的鉴定

鸡传染性支气管炎病毒通过 S1 基因分析，可将病毒株分为不同基因型。目前，已知的超过 20 个，同时还有大量的变异毒株。我国鸡传染性支气管炎病毒至少存在 3 个基因型。对于鉴定新的分离毒株的基因型须经聚合酶链式反应(RT-PCR)方法进行。具体方法如下。

1.扩增试剂准备

(1)取出制备的待检病毒尿囊液样品融化。

(2)病毒 RNA 提取 Trizol 试剂，M-MLV 反转录酶，RNA 酶抑制剂(RNasin)，PCR 反应试剂，限制性内切核酸酶，DNA Marker，DEPC，DNA 胶回收试剂盒均可购自生物工程公司；其他未特别说明试剂均为分析纯。

(3)反转录引物为 S1Oligo3′，PCR 引物则为 S1O1igo3 与 S1Uni2 或 S1Oligo5′。

2.提取病毒 RNA 将电镜观察呈冠状病毒阳性的尿囊液按 Trizol 试剂盒说明方法提取病毒基因组 RNA，自然干燥 2～10 min。重悬于无 RNA 酶的水中，置－70℃备用。

3.cDNA 合成与 PCR 扩增 取 20 μL 病毒基因组 RNA 溶液加反转录引物在 70℃水浴 10 min，然后冰浴 2 min，随后分别加入 8 mL 5×First Strand Buffer，4 mL 2.5 mmol/L dNTPs，200 U RNA 聚合酶及 40 U RNA 酶抑制剂，将该混合物 37℃作用 2 h，98℃阻断反应 7 min，然后进行冰浴。PCR 反应体系中包括 15 nmol S1Oligo3′、15 nmol S1Uni2 或 S1Oligo5′、1 mL cDNA、5 mL 10×PCR buffer、4 μL 2.5 mmol dNTPs、2 U Taq polymerase 及 34 μL 去离子水。该混合物进行如下反应 94℃作用 1 min，50℃作用 1 min，72℃延伸 2 min，进行 35 个循环，最后 72℃作用 10 min。

4.S1 蛋白基因的克隆与序列测定 采用 DNA 胶回收试剂盒进行纯化回收 PCR 产物，参照 pMDl8-T 或 pGEM-Teasy 载体使用说明书依次加入载体，混合均匀后置于 16℃水浴连接过夜。转化宿主菌感受态细胞(JM109，JM83 或 DH5α)，涂布于含有抗生素的 LB 琼脂平板上培养 8～12 h。随机挑取琼脂板上的白色单个菌落，分别接种液体培养基培养过夜。按《分子克隆实验指南》所述的碱裂解法小剂量制备质粒。提取的质粒 DNA 进行鉴定，阳性克隆提出质粒后进行自动测序，也可委托生物工程公司协助完成。

5.基因序列确定及分析比较 根据 GenBank 中参考毒株的基因序列，用 DNAStar(Version 5.00)、Gene Runner(Version 3.00)及 DNAMAN(Version 5.2.2)软件对待测样品毒株的 S1 蛋白基因核苷酸序列进行确定，与已发表的国内外参考毒株相关基因的核苷酸及其推导的氨基酸序列进行分析比较，构建的系统发育树，分析病毒基因型。

6.LB 固体培养基 在 LB 液体培养基的配置方法中加琼脂粉 1.5 g，将高压灭菌后的培养基从灭菌器中取出，轻轻旋动使溶解的琼脂均匀分布于整个培养基溶液中。使培养基降温至 50%左右，按 20 μg/mL 加入氨苄青霉素，混匀后从烧瓶中倾出培养基铺制平板。如平板上的培养基有气泡形成，可在琼脂凝结前用本生灯灼烧培养基表面以除去之。在平板边缘作标记，待培养基完全凝结后，倒置平皿贮存于 4℃备用。

7 核酸电泳缓冲液(TAE)

浓贮存液(每升)50×：

Tris 碱	242 g
冰乙酸	57.1 mL
EDTA(0.5 mol/L,pH 8.0)	100 mL

使用液 1 ×：

Tris-乙酸	0.04 mol/L
EDTA	0.001 mol/L

五、操作重点提示

(1)IBV 在感染初期不管是呼吸型、肾型、嗜肠型还是变异的中间型的 IBV,在最初感染时均首先侵害呼吸道,因此采集病料主要以气管、肺为首选部位;在感染 10 d 后,则应根据 IBV 表现的不同组织嗜性进行采样,主要以肺、肾、输卵管、盲肠扁桃体及泄殖腔为主。病料采集后可通过鸡胚培养、细胞培养、器官和组织培养等技术进行病毒增殖并观察病变的发生情况。IBV 初次分离时可能不出现病变或病变不明显,可将其带毒盲传。

(2)鸡胚肾细胞的培养同鸡胚成纤维细胞相比更为复杂，CEK 适宜偏酸的环境,培养基 pH 一般调到 6.8 左右;CEK 制作 36 h 后及时更换培养液比 48 h 更换效果好;维持液中血清浓度为 2%时 CEK 可维持完整状态的时间最长,但需要 4～5 d 才能长成单层,其间需换液 1～2 次;当维持液中血清浓度为 5%时,3～4 d 即可长成单层,而当维持液中血清浓度为 10%时,48 h 即可长成单层。

(3)病料处理、接种、收获等,都应进行严格的无菌操作。

(4)分离毒株毒价测定、中和试验等实验中病毒稀释时必须准确。

六、实训总结

传染性支气管炎是由传染性支气管炎病毒(冠状病毒属)引起的鸡的一种高度接触性呼吸道传染病;鸡传染性支气管炎病毒属于冠状病毒科冠状病毒属抗原 3 群的成员。根据传染性支气管炎病毒致病性和临诊症状分为呼吸型、肾型、肠型等。所有致病性均表现呼吸道临床症状,以幼鸡咳嗽、打喷嚏、流鼻涕等呼吸道症状为主,产蛋鸡表现产畸形蛋、软壳蛋、砂壳蛋等异常蛋,部分鸡表现肾肿大、尿酸盐沉积的肾型病变或腺胃肿大、壁增厚的腺胃型病变。该病毒易发生变异,血清型复杂,不同血清型间的交叉保护力有差异,因此选用抗原谱广的多价毒株或当地分离株制备的疫苗才能保证较确实的免疫效果。其中,致肾型病变的传染性支气管炎通常引起较严重的肾病变包括肾肿大、尿酸盐沉积、衰竭死亡等,危害大、死亡率较高。

七、思考题

1. 试述 IBV 感染的流行特点。
2. 试述 IBV 感染的临床症状。
3. 试述 IB 的病理变化。

附:本实训相关试剂配制

1.磷酸缓冲盐溶液(PBS)

NaCl	8.0 g
KCl	0.2 g
$Na_2HPO_4 \cdot 12H_2O$	3.6 g
KH_2PO_4	0.24 g

将以上试剂溶于1 000 mL去离子水中,使其完全溶解后,103.4 kPa高压蒸汽灭菌20 min,即可放于室温备用。

2.0.01 mol/L磷酸盐缓冲液(pH 7.2)

NaCl	16 g
KCl	0.4 g
Na_2HPO_4	5.78 g
KH_2PO_4	0.4 g

双蒸水定容至2 000 mL,pH 7.2±0.2,使其完全溶解后,103.4 kPa高压蒸汽灭菌20 min,即可放于室温备用。

3.0.05 mol/L $NaHCO_3$缓冲液(pH 9.6)

碳酸钠(Na_2CO_3)	1.59 g
碳酸氢钠($NaHCO_3$)	2.93 g

双蒸水定容至1 000 mL,pH 9.6±0.2,使其完全溶解后,4℃保存。

4.PBST　在PBS中加入Tween-20,使之终浓度为0.05%～0.1%即可。

5.LB液体培养基

胰蛋白胨	1.0 g
酵母提取物	0.5 g
氯化钠	1.0 g
去离子水	100.0 mL

将配置好的溶液放于高压灭菌锅,103.4 kPa高压蒸汽灭菌20 min,液体温度降至室温后放于4℃冷藏备用。用前加氨苄青霉素至20 μg/mL。

实训 4-6　鸡传染性喉气管炎的诊治技术

一、实训目标和要求

1. 掌握鸡传染性喉气管炎的临诊诊断要点。

2. 系统地了解和掌握鸡传染性喉气管炎的分离、培养和鉴定等实验室诊断技术。

3. 熟练应用琼脂凝胶免疫扩散(AGP)试验、酶联免疫吸附试验、间接血凝试验进行鸡传染性喉气管炎的病毒检测和抗体的免疫监测。

二、实训设备和材料

(1)恒温箱、照蛋器、蛋架、超净工作台、10 日龄 SPF 鸡胚。

(2)1 mL 注射器、20～27 号针头、镊子、酒精灯、灭菌吸管、灭菌滴管、灭菌青霉素瓶、铅笔、透明胶纸、石蜡、2.5%碘酊及 75%酒精棉球等。

(3)抗原:市售冻干的致敏红细胞抗原,置冰箱中保存。

(4)待检血清:采取待检鸡血液分离的血清。

(5)白瓷板或玻璃板、采血注射器、消毒针头、牙签。

(6)0.01 mol/L pH 7.2 PBS:取 72 mL 0.01 mol/L Na_2HPO_4 加 28 mL 0.01 mol/L KH_2PO_4,混合后保存备用。

三、知识背景

传染性喉气管炎是由鸡传染性喉气管炎病毒(ILTV)引起的鸡的一种急性接触性传染病,主要侵害喉、气管等呼吸器官和眼结膜。

病原为疱病毒科的传染性喉气管炎病毒。该病毒不凝集鸡的红细胞。病鸡的气管分泌物和患病组织中含病毒最多,在血液、脾和肝中也含有病毒。本病毒很容易在鸡胚中繁殖,能引起绒毛尿囊膜增生和坏死,形成浑浊的斑块病灶。本病毒的抵抗力弱,一般的消毒剂如 3%来苏儿或 1%烧碱溶液,1 min 可杀死本病毒。此外,维生素 A 缺乏、寄生虫感染都可诱发和促进本病的传播和发生。

本病传播很快,潜伏期为 3～12 d。在易感鸡群中 90%～100%的鸡都能感染发病,致死率为 5%～70%。最突出的症状是鼻有分泌物和可听到呼吸时发出"咕噜咕噜"湿性啰音,咳嗽和喘气,流鼻涕,咳出带血分泌物,有时由于窒息而死亡。喉部有淡黄色凝固物或黏稠液附着,不易剥离。有的病鸡有结膜炎。重症者,眶下窦肿胀,持续性流鼻涕,并有出血性结膜炎。病鸡迅速消瘦、鸡冠发紫,有时排绿粪。气管和喉部黏膜肿胀、坏死、充血和出血,常覆盖有黄白色纤维素性干酪样伪膜。结膜水肿出血,眶下窦水肿。

四、实训操作方法和步骤

(一)样品采集和保存

1.样品采集 用于分离病毒的气管渗出物、气管或肺组织需在发病早期急性阶段采集。自活鸡采集病料时,最好用气管拭子,并将拭子置于含抗生素的 pH 7.2 PBS 中;自病死鸡采集病料时,可取整个病死鸡的头颈部或只取气管和喉头。将病料(如喉头、气管、肺)剪碎,加入血性分泌物,用 pH 7.2 PBS 制成 1∶5 的组织悬液,3 000 r/min 离心 20 min,取上清液加青霉素和双氢链霉素各 3 000 IU/mL 和 3 000 pg/mL。室温静置 30～50 min 后备用。亦可将上清液以 0.45 μm 的滤膜过滤除菌后备用。用于电镜观察的病料,则需将病料用湿的包装纸包扎后送检。

2.保存 长期保存的病料,应置－60℃以下保存,为防止病毒感染力下降,应尽量避免反复冻融。

(二)分离培养

1.鸡胚接种 取病料处理液 0.1～0.2 mL 经绒毛尿囊膜(CAM)接种 10～12 日龄的鸡胚,37℃孵育,每日照蛋并观察胚体活力及发育情况。于接种后第 3 天即可在 CAM 上观察到少量散在的痘斑,鸡胚气管黏膜有少量出血点,肺瘀血并有少量出血点。有些鸡胚在接种后 2～8 d 死亡,存活的鸡胚亦较正常胚小。组织学检查,可见 CAM 周围的细胞、鸡胚气管和支气管上皮细胞内有嗜酸性核内包涵体。

2.细胞培养 鸡胚肝细胞和鸡胚肾细胞最适用于分离 ILTV。取病料或鸡胚毒接种于鸡胚肝或鸡胚肾细胞,1 mL/瓶,37℃吸附 1～2 h,弃病毒液,加入 10 mL 维持液,同时设立阳性和阴性对照,37℃温箱培养,观察细胞病变(CPE),待出现明显的 CPE 时收毒并传代。第一代接毒细胞在接毒后 48 h 开始圆缩,以后形成合胞体细胞和巨细胞,72 h 开始脱落形成空斑,96 h 大量脱落。第 2～5 代接毒细胞的 CPE 逐渐明显,且出现 CPE 的时间变短。第 5 代细胞玻片培养,HE 染色后,可在细胞中观察到嗜酸性核内包涵体。

3.易感鸡接种 吸取病料处理液,缓慢滴入 2 只易感鸡的鼻孔内,让其自然吸入,同时滴入 1 只经 ILT 疫苗免疫的鸡作为对照。如果在接种后 2～6 d,2 只易感鸡发病,呈现呼吸困难、从喙和鼻孔流出血性分泌物,而免疫鸡健康,不表现发病症状,则可认为病料中含有 ILTV。

(三)电镜观察和病理组织学检查

1.电镜观察 直接取气管渗出物或气管上皮组织,涂于载玻片上,在病料上滴加几滴蒸馏水,混匀。取一滴混悬液,滴加到聚乙烯醇甲硅树脂(formvar)包被的喷碳铜网上,静置 2 min,用滤纸自液滴周围吸取多余的液体,加 1 滴 pH 6.4 的 4%磷钨酸,染色 3 min 后,吸弃多余的染液。待铜网完全干燥后,置电镜中放大 30 000～45 000 倍观察有无典型的疱疹病毒颗粒。

2.病理组织学检查 采取的气管组织立即放入福尔马林盐水中固定,镜下观察经 HE 或姬姆萨染色纵向的气管切片,可见到上皮细胞内的嗜酸性核内包涵体,即 CowdryA 型包涵体,多在感染后 3～5 d 出现。多数情况下,由于感染细胞从气管上分离下来,故在气管剥离物的完整细胞内,亦可见到包涵体。

(四)血清学诊断

用于ILTV的血清学诊断技术有中和试验、琼脂凝胶沉淀试验(AGPT)、间接血凝(HA)试验、荧光抗体(FA)试验、对流免疫电泳(CIEP)试验和ELISA。

1.中和试验

(1)病毒中和(VN)试验　VN试验可在10～12日龄鸡胚CAM或细胞培养物上进行。试验时,将血清做倍比稀释,然后与等体积的病毒液混合,病毒滴度为100个EID_{50}或100个$TCID_{50}$。混合物在37℃孵育1 h,以使其充分中和。用鸡胚进行中和试验时,将病毒-血清混合物接种于CAM上,每个稀释度接种5枚鸡胚,然后置37℃孵育6～7 d,以CAM上部出现痘斑的血清最高稀释度作为终点。用细胞培养物进行中和试验时,将血清在96孔细胞培养板上稀释,加入病毒,37℃中和1 h后,加入刚消化好的鸡胚肝或肾细胞,将培养板加封,置37℃孵育,每日观察CPE的出现情况。约4 d后,当证明在试验中使用的病毒对照滴度为30～300 $TCID_{50}$时,以能引起50%的细胞出现病变的血清稀释度作为终点。

(2)血清中和(SN)试验　在疑有ILT流行的鸡场内,可用SN试验检查鸡群中是否存在ILT抗体。其方法是先自可疑鸡的心脏或翅静脉采血,分离血清,然后将ILTV悬液(毒价≥ELD_{50}/0.1 mL,若毒价低时,可在鸡胚传代2次,使其毒价复壮)做1∶100、1∶1 000、1∶10 000和1∶100 000的稀释,随即与等量的血清原液混合,在每毫升混合液内加入青霉素、链霉素各2 000 U,置37℃作用1～2 h。然后接种到10～12日龄鸡胚的CAM上,每种稀释度接种2枚鸡胚;另取1∶10 000和1∶100 000的病毒液各接种1枚鸡胚作为对照。如对照的鸡胚死亡,而接种混合液的鸡胚不死或部分不死(如接种1∶100和1∶1 000的中和病毒的鸡胚死亡,而接种1∶10 000和1∶100 000的中和病毒的鸡胚不死亡),则表明待检鸡的血清中含有ILTV抗体,鸡群内有ILTV的感染。

2.琼脂凝胶沉淀试验(AGPT)

AGPT既可用于检查气管分泌物、感染CAM或细胞培养物中的ILTV抗原,亦可用于检测鸡血清中的ILTV抗体。

(1)试验准备:

①抗原。用CAM制备抗原时,取10日龄SPF鸡胚,经绒毛尿囊膜接种至少10^4 $TCID_{50}$的ILTV。孵育4 d后,收集带有大量痘斑的CAM放入少量pH 7.4的PBS中制成匀浆,经超声波裂解后,2 000 r/min离心20 min后取上清液即为抗原。用细胞制备抗原时,应将大量病毒接种于鸡胚肝、肾或鸡肾细胞,37℃孵育,直至观察到CPE,将贴在培养瓶壁上的细胞刮到培养液内,收获全部培养物,用聚乙二醇浓缩100倍即成。

②阳性血清:先用ILTV弱毒疫苗做基础免疫,免疫后第2天、第3天分别接种强毒,最后免疫后2周验血。当AGPT滴度达1∶32时,采血分离血清。

③琼脂平板的制备:取1.5 g优质琼脂或琼脂糖,8.0 g氯化钠,加入100.0 mL pH 7.2 PBS,加热溶解后置103 kPa(15 lb)高压灭菌15 min,然后加入1%叠氮钠或0.01%硫柳汞防腐。倾倒平皿,待凝固后,置4℃冰箱中保存备用。

(2)操作:将琼脂平板按梅花形打孔,中央孔孔径4 mm,滴加抗原或高免血清,外周孔孔径6 mm,滴加待检血清、阳性和阴性血清或待检病毒样品、阳性及阴性病毒抗原,孔间距

4 mm。每孔以加满不溢出为宜,加样后置湿盒内于37℃孵育24～48 h,观察沉淀线。

(3)结果判定:抗原孔或阳性血清孔与待检血清孔或待检抗原孔之间出现白色沉淀线者判为阳性,不出现沉淀线者判为阴性。

①AGPT的敏感性不及ELISA、FA试验和VN试验,但因其简便、价廉、易行,仍不失为检测鸡群抗体的一种有用方法;②为节省材料,试验亦可在载玻片上进行,即取琼脂加在载玻片上,铺成薄薄的一层,打孔,孔径为4 mm,孔距为2 mm。

3.间接血凝试验

(1)操作:将致敏红细胞抗原加蒸馏水稀释,置温箱中作用10 min,待抗原充分溶解后,用注射器轻轻吹打混匀。取抗原液与待检血清按1∶1比例滴入反应板上,用牙签搅拌均匀,经2 min判定结果,试验时应设立阳性、阴性血清对照和抗原自凝对照。

(2)结果判定:抗原和血清混合后,在2 min内发生红细胞凝集现象者判为阳性;不发生凝集者判为阴性;经2 min不易判断凝集者为疑似反应。

4.荧光抗体试验

(1)制备ILTV荧光抗体:对感染过ILTV并已痊愈的鸡,先后经鼻孔滴入攻毒3次。第1次滴入0.5 mL病毒原液;10 d后第二次攻毒,滴入1.0 mL病毒原液;10 d后第3次攻毒,滴入1.5 mL病毒原液。滴鼻时应缓慢滴入,以防止鸡发生吸入性肺炎。在第3次攻毒后10 d,采血分离血清即为高免血清。然后按常规方法制备免疫球蛋白并用FITC标记。

(2)荧光抗体检验:取感染鸡的气管涂抹片或急性期(感染后2～8 d)的切片、感染鸡胚CAM上的痘斑及鸡胚肾单层细胞上的多核细胞,用鸡蛋清黏附于载玻片上,滴加FITC标记的抗ILTV特异抗体,置荧光显微镜下检查,可见发荧光的核内包涵体。在鸡胚肾细胞感染后16 h,可在某些多核细胞的核周区域观察到一条狭窄的荧光核周带,当感染发展时,可在细胞质和核内观察到荧光。

5.ELISA

利用感染的CAM或细胞培养物制备的抗原,可以检测到接种后7 d的抗体;用多克隆或单克隆抗体在固体表面捕捉抗原,可以检测抗原。

(1)检测抗体:当感染ILTV的细胞出现CPE最多时,收获,经超声波裂解,即成ELISA抗原。将抗原包被在微量滴定板上,以同样方法处理未感染的细胞培养物作阴性抗原对照。将1∶10稀释的待检血清加到已包被阳性或阴性抗原孔内,每孔0.1 mL 37℃孵育2 h,洗板,加入1∶4 000的辣根过氧化物酶标记的兔抗鸡IgG结合物,37℃孵育1 h,洗板,每孔加5-氨基水杨酸底物后,用分光光度计以450 nm测定各孔的吸收值,结果以阳性、阴性抗原与血清产生的平均吸收值之差来表示。阳性和阴性结果的判断是以数份阴性血清的平均光吸收值+3标准误差作为临界值。此法极敏感,是进行流行病学调查的有效手段。

(2)检测抗原:使用单克隆抗体ELISA测定病毒抗原时,先将气管分泌物与等体积的去污剂(如NP40)混合,然后高速离心1 min,取上清液备用。试验前先将兔抗ILTV IgG用0.05 mol/L pH 9.0的碳酸盐缓冲液稀释200倍,包被微量滴定板,取0.05 mL制备好的上清液滴加到微量滴定板的各孔内,作用1 h,将抗ILTV主要糖蛋白的单克隆抗体用PBS稀释50倍,取0.05 mL滴加到酶标板各孔内,然后再加入0.05 mL 1 000倍稀释的经亲和层析提纯的辣根过氧化物酶标记的山羊抗鼠IgG。最后,每孔再加入0.1 mL经重结晶6.5 mmol/L的氨基水杨酸。30 min后,将板置分光光度计以450 nm判读各孔OD值,并用稀释液代替病料作

ELISA 的对照孔校正 OD 值。阳性和阴性结果以数份阴性样品（如无 ILTV 的气管组织）的平均光吸收值+3 标准误差作为临界值。

五、操作重点提示

（1）不论采用哪种方法分离病毒，在进行 3 代以上盲传后仍不出现病变后，方可确定病毒分离阴性。

（2）鉴定所分离的病毒是否为 ILTV，则需用抗血清在鸡胚或细胞上进行中和试验。

（3）用电镜技术可快速观察 CAM 或细胞培养液中的病毒。

六、实训总结

（1）坚持严格的隔离、消毒防疫措施是防止本病流行的有效方法。易感的鸡不可与病愈鸡或来历不明的鸡接触，新购进的鸡必须用少量的易感鸡与其做接触感染试验，隔离观察 2 周，易感鸡不发病，证明不带毒时方可合群。

（2）免疫接种。目前使用的疫苗有两种，一种是弱毒苗，即在细胞培养上或在鸡的毛囊中继代致弱的或为自然感染鸡只中分离的弱毒株。弱毒疫苗的最佳接种途径是点眼，但可引起轻度的结膜炎且可导致暂时失明，如有继发感染，甚至可引起死亡。另一种是强毒疫苗，只能擦肛接种，绝不能将疫苗接种到眼、鼻、口等部位，否则会引起疾病的暴发。擦肛后 3～4 d，泄殖腔会出现红肿反应，此时就能抵抗病毒的攻击。一般在 45 日龄和 90 日龄两次免疫。接种本苗前 10 天内不要接种其他疫苗，以免干扰传染性喉气管炎的免疫效果。

（3）在本病流行地区可以考虑使用疫苗接种，按疫苗的说明使用。但是，由于疫苗的毒力较强，接种后会出现明显的反应，甚至发生死亡，一般在接种后 3～4 d 出现症状，死亡率有时可达 10%～20%。所以，在非疫区一般不宜使用疫苗。

七、思考题

传染性喉气管炎主要症状有哪些？

实训 4-7　鸡传染性法氏囊炎的诊治技术

一、实训目标和要求

熟悉和掌握鸡传染性法氏囊病的诊断方法。

二、实训设备和材料

IBD 的标准阳性血清和阴性血清聚苯乙烯微量反应板、酶标测定仪，抗原、兔抗鸡 IgG 酶标记抗体、阳性血清和阴性血清。

三、知识背景

琼脂是一种含有硫酸基的多糖体，100℃时能溶于水，45℃以下凝固形成凝胶。琼脂凝胶呈多孔结构，孔内充满水分，其孔径大小决定于琼脂浓度。1%琼脂凝胶孔径为 85 nm，允许大分子物质（分子量十几至几百万以上）自由通过。由于大多数可溶性抗原（Ag）、抗体（Ab）分子量都在 20 万以下，所以它们在琼脂或琼脂糖（琼脂纯化产物）凝胶中几乎可以自由扩散，因此，琼脂或琼脂糖成为免疫沉淀技术最常用的基质材料。所谓琼脂扩散指可溶性 Ag 与 Ab 在含有电介质的半同体（1%）琼脂内进行自由扩散。当 Ag 与 Ab 由高浓度部位向低浓度部位扩散，二者相遇时，如果二者对应且比例适当，则可在相遇处形成白色沉淀线，为阳性反应。沉淀物在凝胶中可长时间保持固定位置，不仅便于观察，而且可以染色保存。另外，沉淀带对于组成它的 Ag、Ab 具有特异地不可透过性。而对其他的 Ag 和 Ab 是可透过的。所以一条沉淀带即可代表一种 Ag-Ab 系统的沉淀物。

四、实训操作方法和步骤

（一）临床综合诊断

传染性法氏囊病（IBD）是由传染性法氏囊病病毒引起鸡的一种急性、接触性传染病。根据本病的流行特点、临床症状和剖检变化可做出诊断，其诊断要点如下。

1.流行特点　IBD 仅发生于鸡，多见于雏鸡和幼龄鸡，以 3～6 周龄鸡最易感。成年鸡感染后一般呈隐性经过。在易感鸡群中，往往是突然发病，开始 2 d 死亡不多，第 3～5 天死亡达到高峰，第 7 天后死亡减少或停止死亡。

2.临床症状　本病在初发生的鸡群多呈急性经过，早期症状表现为有的鸡啄肛门和羽毛现象，随着病鸡出现下痢、食欲减退、精神委顿、畏寒、消瘦、羽毛无光泽，病鸡脱水虚弱而死亡。死亡率一般在 5%～25%，如毒力强的毒株侵害，其死亡率可达 60%以上。

3.病变　剖检时特征性病变，见胸肌、腿肌肌肉出血，腺胃和肌胃交界处有带状出血。法氏囊水肿比正常大 2～3 倍。法氏囊明显出血，黏膜皱褶上有出血点，里面黏液较多，如出血严重者法氏囊呈红色。病程长的病死鸡法氏囊内有干酪样物质，整个法氏囊变硬，有的病例法氏囊萎缩。肾肿大并有尿酸盐沉积。

(二)实验室的诊断

IBD的实验室诊断，取决于病毒的特异性抗体的检测或组织中病毒的血清学检查，通常不把病原分离和鉴定作为常规诊断的目的。

1.琼脂凝胶沉淀试验　本法是检测血清中特异性抗体或法氏囊组织中病毒抗原的最常用诊断方法。

(1)病料采集：采集发病早期的血液样品，3周后再采血样，并分离血清。为了检出法氏囊中的抗原，无菌采取10只鸡左右的法氏囊，用组织搅拌器制成匀浆，以3 000 r/min离心10 min，取上清液备用。

(2)IBD的标准阳性血清和阴性血清：生物药厂供应，可采购。

(3)琼脂板制备：取1 g优质琼脂溶化于含有0.1%石炭酸的8%氯化钠溶液100 mL，经多层纱布脱脂棉过滤，置冰箱备用。有时放在水浴液化并趁热浇在玻片上，每片4 mL，厚2.5～3 mm。也可以吸15 mL倒入直径为90 mm的平皿内。

(4)打孔和加样：事先制好打孔的图案(中央1个孔和外周6个孔)放在琼脂板下面，用打孔器打孔，并剔去孔内琼脂。孔径为6 mm，孔距为3 mm。检测IBDV的抗体时，中央孔加已知的IBDV的抗原，若测法氏囊中的病毒抗原，中央孔加已知标准阳性血清。现以检抗原为例进行加样：中央孔加IBDV的阳性血清，1孔和4孔加入已知抗原，2、3、5、6孔加入被检抗原，添加孔满为止。将平皿倒置放在湿盒内，置37℃温箱内经24～48 h观察结果。

(5)结果判定：在标准阳性血清与被检的抗原孔之间，有明显沉淀线者判为阳性，相反，如果不出现沉淀线者判为阴性。标准阳性血清和已知抗原孔之间一定要出现明显沉淀线，本试验方可确认。

2.免疫荧光抗体检查

(1)荧光抗体：兽医生物药品厂生产，可采购。

(2)被检材料：采取病死鸡的法氏囊、盲肠扁桃体、肾和脾，用冰冻切片制片后，用丙酮固定10 min。

(3)染色方法：在切片上滴加IBDV的荧光抗体，置湿盒内在37℃感作30 min后取出，先用pH 7.2 PBS液冲洗，继而用蒸馏水冲洗，自然干燥后滴加甘油缓冲液封片(甘油9份，pH 7.2 PBS 1份)镜检。

(4)结果判定：镜检时见片上有特异性的荧光细胞时判为阳性，不出现荧光或出现非特异性荧光则判为阴性。

(5)注意事项：滴加标记荧光抗体于已知阳性标本上，应呈现明显的特异荧光。滴加标记荧光抗体于已知阴性标本片上，应不出现特异荧光。本法在感染12 h就可在法氏囊和盲肠扁桃体检出。

3.病毒中和试验　可用细胞培养或幼龄鸡进行，本试验比琼脂凝胶沉淀试验检测抗体更敏感，对估价疫苗的免疫应答是有用的。

(1)细胞培养中和试验：在微量滴定板的每孔中，加入0.5 mL含100 $TCID_{50}$的病毒稀释液。被检血清经56℃灭能30 min，然后以滴定板上的病毒稀释液将被检血清作连续倍比稀释。滴定板在室温放 30 min 后，每孔加入 0.2 mL 制备好的鸡胚细胞悬液，置 37℃ 培养 4～5 d，每天在倒置显微镜观察细胞病变产生的情况，并以不出现细胞病变的最终稀释度的倒数(log_2)判定终点。

(2)用鸡做中和试验：将被检血清在 56℃灭能 30 min。取 1 mL 被检血清与 1 mL 已知阳性 IBDV 抗原(可用细胞培养病毒，1 mL 含 200$TCID_{50}$/0.05 mL，或用清亮的 10%法氏囊匀浆)混合，置 37℃孵育 30～60 min。将上述混合物滴入 7 只易感鸡眼内(易感鸡不含有 IBDV 抗体)，每只鸡滴 0.5 mL。3 d 后将鸡宰杀，检查其法氏囊有无病变。同时设立 IBDV 阳性血清和阴性血清作对照。若被检血清采于非免疫鸡群，阳性血清和被检血清鸡的法氏囊无病变，而阴性血清对照鸡的法氏囊出现病变时，表明被检血清的鸡已感染 IBDV；如果被检血清采于免疫鸡群，出现这种情况，说明 IBD 疫苗免疫应答较好。相反，阳性血清鸡的法氏囊无病变，而阴性血清和被检血清鸡的法氏囊出现病变，表明 IBD 疫苗免疫应答差。

4.间接 ELISA 检测 IBDV 抗体

(1)试剂：

①冲洗液。0.01 mol pH 7.4 PBS 液，取 KH_2PO_4 1 g、$Na_2HPO_4 \cdot 12H_2O$ 14.5 g、KCl 1.0 g、NaCl 42 g，无离子水加至 250 mL 溶解。

②酶标抗体和血清稀释液。0.01 mol pH 7.4 PBS 250 mL、吐温-20 2.5 mL、硫柳汞 0.1 g 混匀后，按每瓶 10 mL 分装，室温保存。

③封闭液。取②液 250 mL、BSA 1 g 混匀按每瓶 10 mL 分装，－20℃保存。

④底物液。

甲液：取 $Na_2HPO_4 \cdot 12H_2O$ 35.8 g，加无离子水 1 000 mL，按每瓶 6 mL 分装，室温保存。

乙液：取柠檬酸 21 g、加无离子水 1 000 mL，再加邻苯二胺 1.2 g，按每瓶 3 mL 分装，－20℃ 避光保存。

⑤终止液。2 mol/L 硫酸，取浓 H_2SO_4(纯度 95%～98%)4 mL 加入 32 mL 无离子水中混匀即成。

(2)操作方法：

①抗原包被。IBDV 抗原用 0.05 mol/L pH 9.6 碳酸盐缓冲液稀释至 5 μg/mL，每孔加 100 μL，置 37℃温箱 1 h 后，再置 4℃冰箱过夜。取出后倾去包被液，用 PBS-T 冲洗液洗涤 3 次，每次 3～5 min。加含 10%BSA 的 PBS-T 封闭液，每孔 100 μL，置 37℃ 1 h，倾去封闭液，同前洗涤。包被好的抗原板用塑料封装，放在－20℃冰箱保存。

②加被检血清。用血清稀释液按 1∶400 稀释，加入 ELISA 反应板中，每孔加 100 μL。A1 孔加稀释液，A2、A3 孔加阴性血清，A4、A5 孔加阳性血清。阳性和阴性血清不稀释，加入量同被检血清。然后将反应板放在湿盒中，置 37℃ 1 h。

③冲洗。倾去反应板中液体，用冲洗液洗涤 3 次，每次 3～5 min。

④加兔抗鸡 IgG 酶标记抗体。取 1 支兔抗鸡 IgG 酶标记抗体加入 9 mL 稀释液，每孔加入 100 μL，置 37℃1 h。

⑤冲洗。方法同③。

⑥加底物液。将底物液甲液加入乙液中，再加入 30%过氧化氢液 10 μL，混匀后立即加入反应板上，每孔 100 μL，37℃避光作用 20 min。

⑦加终止液。每孔加入 50 μL。

⑧测定。用酶标测定仪在波长 492 nm 下，测定每孔降解物的吸收值。测定时 A1 孔调零。

(3)结果判定：被检血清两孔 OD 值平均值与阴性血清两孔 OD 值平均值之比大于等于 2 者判为阳性。

五、操作重点提示

(1)阳性血清为冻干制品，加水稀释、完全溶解混匀后方可应用；避免反复冻融。

(2)琼脂板上的孔要垂直，孔距要准，打好孔后，用火焰封底。

(3)加样要满但不能外溢，每个样品都要换吸头，吸头用后洗净，煮沸 10 min、晾干，以备再用。

(4)往琼脂板孔内加样时不要有气泡，且加满而不溢，万一溢出，应迅速用吸水纸吸干溢出的液体。如果溢出过多，连成一片，则应重做。

(5)样品的编号和鸡号及加样时琼脂板上的孔号应一致。

(6)加样完毕，应将受检样品放于普通冰箱保存，在判断无误后经消毒后废弃。

六、实训总结

1.最佳首免日龄的确定　通过采用免疫血清学技术，如 ELISA、细胞微量中和试验和琼脂扩散试验(AGP)测定 1 日龄雏鸡母源抗体水平；然后推算确定首免日龄。按总雏鸡数的 0.5%的比例采血分离血清，用 AGP 测定 1 日龄雏鸡母源抗体的阳性率；如果阳性率低于 80%，鸡群应在 10～17 日龄进行首免；若阳性率达 80%～100%，在 7～10 日龄再采血测定一次，如阳性率低于 50%，鸡群应在 14～21 日龄首免，若超过 50%，鸡群应在 17～24 日龄首免。

2.推荐的免疫程序　种鸡的免疫程序：1 日龄种雏来自未经 IBDV 灭活疫苗免疫的种母鸡。首免应根据 AGP 测定的结果来确定，一般多在 10～14 日龄进行首免，二免应在首免后 3 周进行，首免和二免用活疫苗饮水免疫。18～20 周龄(开产前)和 40～42 周龄用灭活疫苗皮下或肌肉免疫接种。

3.发病鸡群的紧急治疗　鸡群发病时，应对环境和鸡舍进行彻底消毒。发病鸡群用 IBD 中等毒力活疫苗对全群鸡进行肌肉注射或饮水免疫紧急接种，可减少死亡。发病早期用高免血清或康复鸡血清或 IBD 高免卵黄抗体每只鸡注射 0.3～0.5 mL，可起到紧急治疗的效果。适当降低饲料中的蛋白质含量、提高维生素的含量，饮水中适当添加电解质盐可降低死亡率。

七、思考题

传染性法氏囊病的流行病学、临床症状和病理变化特点是什么？

实训 4-8　鸭瘟的诊治技术

一、实训目标和要求

1. 初步了解和掌握鸭瘟现场临床诊断技术。

2. 熟悉鸭瘟的实验室诊断程序和方法。

二、实训设备和材料

1. 器材　手术刀、剪刀、温箱、研磨器、酒精灯、蛋钻、微量移液器、Tip 头、离心机、倒置显微镜、二氧化碳培养箱、荧光显微镜、细胞培养瓶、盖玻片、手术剪、骨钳、镊子、酒精棉、消毒药水、手套、病理剖检记录表等。

2. 试剂　磷酸缓冲液 PBS、Hank's 液、酒精棉、碘酊、青霉素和链霉素、鸭瘟致弱病毒、弗氏完全佐剂、丙酮、缓冲甘油。抗鸭瘟病毒血清、鸭胚成纤维细胞。

3. 动物　10～14 日龄鸭胚、发病的鸭子。

三、知识背景

鸭瘟(duck plaque，DP)是由鸭瘟病毒(duck plaque virus，DPV)引起的鸭、鹅、雁的一种急性败血性传染病。该病的特征是流行广泛、传播迅速，发病率和死亡率都高。根据流行特点和特征性临床症状和病理变化可做出初步诊断，进一步确诊须进行病毒分离和鉴定。

根据 DP 的流行病学特点(传播迅速、发病率和死亡率高，鸭、鹅发病而其他家禽和家畜不感染)、特征性症状(体温升高、肿头流泪、两脚麻痹、绿色稀便)及肉眼病变(皮肤出血，皮下及胸腹腔内有黄色胶样浸润，伪膜坏死性食道炎，腺胃黏膜出血，泄殖腔黏膜充血、出血、水肿和坏死，肝有不规则的坏死灶)不难做出诊断，但在缺乏典型病变的情况下，可通过病毒分离和鉴定进行确诊。血清学方法多用于该病的检疫和防疫。

四、实训操作方法和步骤

(一)鸭瘟临诊诊断的要点

1. 流行病学诊断　不同品种和年龄的鸭均可感染鸭瘟；在自然流行中成年鸭发病和死亡较为严重，1 月龄以下鸭发病较少，但人工感染雏鸭时也易感，死亡率也很高。鹅也能自然感染发病。本病流行多发生在低洼水网地区。本病一年四季都可发生，一般以春、秋流行较严重。

2. 临床症状　本病的潜伏期一般为 3～4 d，人工感染为 2～4 d。病初体温升高 43℃以上，呈稽留热。随着病鸭渴欲增加，精神委顿，不久两腿麻痹，行走困难，爬伏地上，强行驱赶时，则两翅扑地而行，走不了几步又蹲伏地上。另一特征，病鸭流泪、眼睑水肿，部分病鸭头颈肿胀，俗称"大头瘟"，并排出草绿色稀粪。泄殖腔黏膜水肿、充血、出血，严重者外翻，翻开肛门可见泄殖腔黏膜有黄绿色假膜，不易剥离。

3.大体病理变化　鸭瘟的病变特点是呈急性败血症。全身小血管受损，导致组织出血和体腔溢血，尤其消化道黏膜出血和形成假膜或溃疡，淋巴组织和实质器官出血、坏死。食管与泄殖腔的坏死性病变具有特征性。食管黏膜有呈条纹状纵行排列的黄色假膜覆盖或小点出血，假膜不易剥离，强行剥离后留下溃疡瘢痕。泄殖腔黏膜病变与食管相似，即有出血斑点和不易剥离的假膜与溃疡。食管膨大部分与腺胃交界处有一条灰黄色坏死带或出血带。肌胃角质膜下充血和出血。肠黏膜充血、出血，以直肠和十二指肠最为严重。小肠黏膜上有4个定位的环状出血-坏死病变带，呈深红色，散布针尖大小的黄色病灶，后期转为深棕色，与黏膜分界明显。胸腺有大量出血点和黄色病灶区，在其外表或切面均可见到。雏鸭感染时法氏囊充血发红，有针尖样黄色小斑点，到后期，囊壁变薄，囊腔中充满白色、凝固的渗出物。肝表面和切面有大小不等的灰黄色或灰白色的坏死点，少数坏死点中间有小出血点。胆囊肿大，充满黏稠的墨绿色胆汁。膜和心内膜上有出血斑点，心腔内充满凝固不良的暗红色血液。产蛋母鸭的卵巢滤泡增大，卵泡的形态不整齐，有的皱缩、充血、出血，有的发生破裂而引起卵黄性腹膜炎。病鸭的皮下组织发生不同程度的炎性水肿，头和颈部皮下水肿，切开时流出淡黄色的透明液体。

4.病理组织学变化

(1)心：心肌纤维出现颗粒变性、溶解断裂，肌间小血管轻度瘀血、出血。

(2)肝：肝细胞颗粒变性、水泡变性和脂肪变性，窦状隙扩张，充满大量红细胞，叶间小静脉充血。血管内皮细胞肿胀，间质淋巴细胞浸润，可见核内包涵体。部分肝细胞发生凝固性坏死，核浓缩或破碎。

(3)脾：白髓淋巴滤泡减少，体积缩小，有少量散在的淋巴细胞坏死，可见核内包涵体，脾窦充血。脾小体结构不清，出血严重，出现灶状坏死，淋巴细胞明显减少。

(4)肺：肺泡壁毛细血管充血，肺泡腔内有少量的纤维蛋白，间质血管充血，炎性细胞浸润，此外也可见局部性肺萎陷和气管旁淋巴细胞浸润。

(5)肾：肾小管上皮细胞肿胀，胞质颗粒变性、水泡变性。管腔中有多量的血红蛋白，肾小管结构疏松，部分胞质溶解、消失，核浓染，可见核内包涵体。间质血管充血、出血、炎性细胞浸润。肾小管出现坏死。

(6)大脑：脑组织出现水泡样变，神经胶质细胞肿胀，进而发生坏死、溶解。脑组织充血、出血、炎性细胞浸润。

(7)胸腺：胸腺淋巴滤泡缩小，小淋巴细胞数量减少，可见核内包涵体。

(8)法氏囊：淋巴滤泡生发中心不明显，淋巴细胞数量减少，有轻度出血，可见核内包涵体。

(9)十二指肠：固有层结缔组织水肿、充血、出血，炎性细胞浸润。部分肠绒毛顶端上皮细胞脱落，固有膜细胞发生凝固性坏死。

(二)病原学检验

1.病原特征　鸭瘟病毒属于疱疹病毒科疱疹病毒属中的滤过性病毒。病毒粒子呈球形，直径为120～180 nm，有囊膜，病毒核酸型为DNA。病毒在病鸭体内分散于各种内脏器官、血液、分泌物和排泄物中，其中以肝、肺、脑含毒量最高。本病毒对禽类和哺乳动物的红细胞没有凝集现象，毒株间在毒力上有差异，但免疫原性相似。病毒能在9～12日龄的鸭胚绒毛尿囊膜上生长，初次分离时，多数鸭胚在接种后5～9 d死亡，继代后可提前在4～6 d死亡。死亡的鸭胚全身呈现水肿、出血，绒毛尿囊膜有灰白色坏死点，肝有坏死灶。此病毒也能适应于鹅胚，但不能适应于鸡胚。只有在鸭胚或鹅胚中继代后，再转入鸡胚中，才能生长繁殖，并致死鸡胚。病毒还能在鸭胚、鹅胚和鸡胚成纤维单层细胞上生长，并可引起细胞病变，最初几代病变不明显，但继代几次后，可在接种后的24～40 h出现明显病变，细胞透明度下降，胞质颗粒增多、浓缩，细胞变圆，最后脱落。有时可在胞核内看到颗粒状嗜酸性包涵体。经过鸡胚或细胞连续传代到一定代次后，可减弱病毒对鸭的致病力，但保持免疫原性，所以可用此法来研制鸭瘟弱毒疫苗。病毒对外界抵抗力不强，温热和一般消毒剂能很快将其杀死，夏季在直接阳光照射下，9 h毒力消失；病毒在56℃下10 min即杀死；在污染的禽舍内（4～20℃）可存活5 d。对低温抵抗力较强，在－5～－7℃经3个月毒力不减弱；－10～－20℃下约经1年仍有致病力。对乙醚和氯仿敏感，5%生石灰作用30 min亦可灭活。

2.病毒分离培养

(1)病料的采集与处理：以无菌操作采取病死鸭、鹅的肝或脾，称重后在组织研磨器中研碎，以PBS 5～10倍稀释，加入青霉素1 000 IU/mL、链霉素2 000 pg/mL、两性霉素B 5 μg/mL。反复冻融后3 000 r/min离心30 min。取上清液备用。也可取脑、食管、腺胃或肠管等作为分离病毒材料。制备好的病料悬液于－10～－20℃下可保存1年。

(2)分离培养：

①用雏鸭。分离培养选用1日龄北京鸭或莫斯科鸭6只，其中3只每只腿部皮下接种病料悬液0.2 mL，另外3只注射生理盐水作对照。隔离饲养观察。一般在接种后5～12 d发病或死亡。发病雏鸭出现流泪、眼睑肿胀、呼吸困难等症状，剖检死鸭可见特征性病理变化。对照组雏鸭健康。可以初步判定被检病料中含有鸭瘟病毒。

②用鸭胚分离培养。将病料悬液接种于10只10～14日龄的鸭胚尿囊腔内，每只0.2 mL。另取6只作空白对照。经37℃孵化培养，接种病料的鸭胚均在4～10 d内全部死亡，而对照鸭胚仍存活。死胚胚体广泛出血水肿，绒毛尿囊膜充血、出血、水肿，并有灰白色坏死斑点，肝有坏死灶。

③用细胞培养物分离。将病料悬液接种于鸭胚成纤维细胞单层，培养24～36 h，可见细胞发生病变，细胞的透明度降低，颗粒增加，胞质浓缩，细胞变圆、脱落。包涵体染色可见核内包涵体。

(三)血清学检验

1.血清中和试验(SN)

(1)试验准备：

①材料的准备。同病毒分离。将病料接种于10～14日龄鸭胚的尿囊腔，3～6 d收取死胚的尿囊液，供做中和试验用。

②抗鸭瘟病毒血清。购买或自制。

③鸭胚成纤维细胞。由易感鸭胚制备。

(2)操作：

①细胞中和试验。将上述尿囊液用Hank's液作100倍稀释，与抗鸭瘟病毒血清等量混合，室温作用30 min，接种于鸭胚单层细胞瓶中，每瓶接种量以覆盖细胞单层为宜，37℃下作用60 min，吸出。然后加入维持液，37℃下继续培养。同时，设不加血清的对照，观察4 d。

②雏鸭中和试验。1日龄雏鸭6只，分为两组，一组注射加血清的病料，另一组注射不加血清的病料，每只雏鸭注射0.1 mL，观察7 d。

(3)结果判定：

①细胞中和试验。试验管（加血清管）不出现细胞病变，对照管出现细胞病变，可判为阳性；都不出现病变，判为阴性。

②雏鸭中和试验。注射加血清病料的雏鸭不发病，注射不加血清病料的雏鸭发病、死亡，则证明病料中含有鸭瘟病毒，判为阳性；都不发病判为阴性；都发病、死亡，可能是血清无效或效价过低，或者病料中有其他病毒。

2.微量血清中和试验　微量血清中和试验采用固定病毒稀释血清法，在鸭胚单层细胞上进行，适用于血清抗体检测和病毒鉴定。

(1)试验材料：

①材料的准备。同病毒分离。将病料接种于10～14日龄鸭胚的尿囊腔，3～6 d收取死胚的尿囊液，供做中和试验用。

②抗鸭瘟病毒血清。购买或自制。

③鸭胚成纤维细胞。由易感鸭胚制备。

(2)鸭瘟病毒鉴定：

①用细胞培养液对病毒（鸭胚尿囊液）进行10^{-1}～10^{-9}的10倍系列稀释。每1个稀释度更换1个吸管或吸嘴。

②将稀释好的病毒分别移入细胞培养板的第一至九列孔，每个稀释度加一纵列孔（4孔），每孔0.2 mL，第十列孔（4个孔）不加病毒液，作为正常细胞对照。移入病毒液时，1个稀释度更换1个吸嘴，由高稀释度向低稀释度加时不必换吸嘴。

③置37℃ CO_2培养箱中培养，96 h后观察记录细胞病变（CPE）情况。按Reed-Muendh法计算病毒的半数细胞感染量（$TCID_{50}$），然后用细胞培养液配制成200 $TCID_{50}$ 0.025 mL的病毒液备用。

(3)正式试验：本实验采用双板法，一板用于稀释血清及其与病毒的中和试验，另一板用于细胞培养及结果判定。

①第一板进行血清稀释及病毒中和试验。按表4-2进行稀释。

表4-2　血清稀释法

项目	孔号									
	1	2	3	4	5	6	7	8	9	10
血清稀释度	2×	4×	8×	16×	32×	64×	128×	256×	血清对照	细胞对照
维持液/mL	0.1	0.1	0.1	0.1	0.1	0.1	0.1	0.1	0.1	0.2
血清/mL	0.1	0.1	0.1	0.1	0.1	0.1	0.1	0.1	0.1	
病毒液/mL	0.1	0.1	0.1	0.1	0.1	0.1	0.1	0.1	弃去0.1	

②第二板接种细胞，将制备好的鸭胚成纤维细胞液加入第二板各孔，每孔0.15 mL，再将第一板的液体加入到第二板的对应各孔中，每一血清稀释度加4孔（即一纵列孔），每孔0.05 mL。加盖后37℃培养，96 h后观察结果。同时，设阳性、阴性血清对照。

③病毒回归试验，将已配制好的200TCID$_{50}$ 0.025 mL的病毒液作10倍系列稀释，稀释到10^{-5}，每个稀释度接种4孔，每孔0.2 mL，与实验板一同培养。

(4)结果判定：当细胞、阳性和阴性对照、病毒回归试验符合下列情况时整个试验有效，可以判定结果。

①血清对照、细胞对照孔的细胞生长正常。

②阴性血清对照孔1∶2以上各孔细胞都有病变。

③阳性血清对照孔应呈现原先的抗体滴度，或误差在1个滴度以内。

④病毒回归试验的毒价应与原先的毒价一致，或误差在10±0.5之间。

阳性：待检血清在1∶4(含1∶4)以上稀释度的2个以上细胞孔都无病变。

可疑：待检血清在1∶4以上稀释度的4个细胞孔中有1个出现细胞病变。

阴性：待检血清在1∶2以上稀释度的各孔细胞都出现病变。

3.免疫荧光抗体检验(直接法)

(1)标本制备：取病死鸭肝或脾冰冻切片或印片(细胞培养待检病毒的都可作为抗原)，室温下以丙酮固定15 min，PBS漂洗3次，自然干燥。

石蜡切片脱蜡浸水后，用胰蛋白酶和微波修复液(10 mmol/L、pH 6.0的柠檬酸缓冲液)进行抗原修复，用PBS液洗涤3次，每次5 min，10%的小牛血清室温封闭30 min。用PBS液洗涤3次，每次5 min，自然干燥。

(2)染色：直接滴加2～4单位抗鸭瘟荧光抗体，置湿盒中37℃下染色30 min左右，然后用pH 7.2的PBS漂洗3次，每次5 min。干燥，封片，荧光显微镜观察。同时，应设自发荧光、阳性和阴性对照。

(3)结果判定：阴性对照、自发荧光呈阴性，阳性对照呈阳性时才可对标本进行判定。荧光亮度的判断标准是："－"为无或可见微弱荧光；"＋"为仅能见明确可见的荧光；"＋＋"为可见有明亮的荧光；"＋＋＋＋"为可见耀眼的荧光。只有"＋＋"以上者才可判定为阳性。

4.酶联免疫吸附试验(ELISA) ELISA是一种适合于对鸭群进行免疫抗体水平检测的快速实用的方法。检验时按试剂盒中的使用说明进行。Dot—ELISA是以硝酸纤维素(NC)膜为载体的ELISA方法，也有特异、敏感、简便等优点，但该法对抗原的纯度要求较高。

五、操作重点提示

(1)鸭瘟病毒(DPV)接种其他品种雏鸭，易感性不尽相同。

(2)一些低毒力或非致病毒株可能不引起临诊表现，故需检验存活鸭的血清是否存在鸭瘟抗体。

(3)DPV经易感雏鸭传一代以上可增加死亡率及病变的严重程度。

(4)初次分离为阴性时，应收获绒毛尿囊膜做进一步盲传。

(5)鸭胚死亡率、死亡时间及肝的病变均与不同毒株、毒力大小、接种剂量和鸭胚是否含有母源抗体等有关，如接毒后第6天的肝病变率趋势为活胚＞6 d死胚＞5 d死胚＞4 d死胚。

(6)在鸭胚中继代10次的鸭胚适应毒接种13～15日龄鹅胚时，病毒亦能良好地繁殖，并能致死胚胎和产生与鸭胚相似的病变。

(7)DPV不能直接在鸡胚中增殖传代，但可使病毒在鸡胚适应生长。

(8)绒毛尿囊膜、尿囊腔、羊膜腔及卵黄囊途径接种，DPV均可生长增殖并继代。

(9)DPV亦能在鸡胚单层细胞和鸡肾单层细胞、鸭肾单层细胞上增殖传代，并可引起同样的细胞病变。

(10)提高细胞培养物的培养温度(39.5～41.5℃)有助于病毒复制，特别是低毒力株的复制。

(11)实验完毕，对实验用具、实习场地进行彻底的消毒，病鸭、鹅尸体焚毁或深埋。

六、实训总结

接诊后首先要通过问诊了解疾病流行概况，观察临床症状，为病理学检验、病原学检验以及免疫学检验提供线索。

在自然条件下，本病主要发生于鸭，不同年龄、性别和品种的鸭都有易感性。以番鸭、麻鸭易感性较高，北京鸭次之。30日龄以内雏鸭较少发病。在人工感染时小鸭较大鸭易感，自然感染则多见于大鸭，尤其是产蛋的母鸭，这可能是由于大鸭经常放养，有较多机会接触病原。鹅也能感染发病，但很少形成流行。2周龄内雏鸡可人工感染发病。野鸭和雁也会感染发病。鸭瘟可通过病禽与易感禽的接触而直接传染，也可通过污染环境而间接传染。被污染的水源、鸭舍、用具、饲料、饮水是本病的主要传播媒介。某些野生水禽感染病毒后可成为传播本病的自然疫源和媒介。节肢动物(如吸血昆虫)也可能是本病的传染媒介。本病一年四季均可发生，但以春、秋季较为严重。当鸭瘟传入易感鸭群后，一般3～7 d开始出现零星病鸭，再经3～5 d陆续出现大批病鸭。鸭群整个流行过程一般为2～6周。如果鸭群中有免疫鸭或耐过鸭，可使疫情绵延2～3个月或更长时间。

自然感染的鸭潜伏期为3～5 d，人工感染的潜伏期为2～4 d。病初体温升高达43℃以上，高热稽留。病鸭表现精神委顿，头颈缩起，羽毛松乱，翅膀下垂，两脚麻痹无力，伏坐地上不愿移动，强行驱赶时常以双翅扑地行走，走几步即行倒地，病鸭不愿下水，驱赶入水后也很快挣扎回岸。病鸭食欲明显下降，甚至停食，渴欲增加。病鸭的特征性症状为流泪和眼睑肿胀。病初流出浆液性分泌物，使眼睑周围羽毛沾湿，而后变成黏稠或脓样，常造成眼睑粘连，甚至外翻。眼结膜充血或小点出血，甚至形成小溃疡。病鸭鼻中流出稀薄或黏稠的分泌物，呼吸困难。并发出鼻塞音，叫声嘶哑，部分鸭见有咳嗽。病鸭发生泻痢，排出绿色或灰白色稀粪，肛门周围的羽毛被沾污或结块。肛门肿胀，严重者外翻。泄殖腔黏膜充血、水肿、有出血点，病情严重的黏膜表面覆盖一层假膜，不易剥离。部分病鸭可见头和颈部发生不同程度的肿胀，触之有波动感，俗称“大头瘟”。

记录实验结果，综合分析所检查鸭、鹅病的病理剖检变化，比较不同疾病的病理变化特点。

七、思考题

鸭瘟的防治措施是什么？

实训 4-9 雏鸭病毒性肝炎的诊治技术

一、实训目标和要求

通过对患病毒性肝炎的雏鸭进行诊断，使学生了解鸭病毒性肝炎的种类和危害，培养学生对该病的感性认识，掌握相应的临床诊断和实验室诊断技术，思考对该病的关键防治措施。

二、实训设备和材料

1. **器材** 手套、剪刀、解剖盘、研钵、麦康凯培养基、恒温箱、接种环、注射器、细菌滤器、蜡烛、载玻片、离心机、雏鸭肝炎病毒荧光抗体、荧光显微镜、未免雏鸭和已免雏鸭、有母源抗体鸭胚和无母源抗体鸭胚。

2. **试剂** 蒸馏水、生理盐水、PBS、细胞培养液、青霉素、链霉素、氯仿、碳酸盐缓冲液。

三、知识背景

鸭肝炎相关病毒至少有 3 种：鸭甲型肝炎病毒（duck hepartitis A virus，DHAV）、鸭乙型肝炎病毒（duck hepatitis B virus，DHBV）和鸭星状病毒（duck astrovirus，DAV）。DHAV 亦作鸭肝炎病毒 1 型（DHV-1），对我国养鸭业危害最大，其所致雏鸭的高度传染性和致死性急性传染病，俗称“背脖病”。DHBV 主要感染日龄较大的北京鸭，所致疾病通常不急；DAV 见于英、美等国，亦作鸭肝炎病毒 2 型（DHV-2）和 3 型（DHV-3）。

（1）DHAV 可引起 1～3 周龄雏鸭迅速发病，潜伏期 18～48 h，出现症状 1 周内死亡，雏鸭病死率可达 95%。多在冬、春季节，因饲养管理不善、缺乏矿物质和维生素，鸭舍潮湿、拥挤等不良应激因素而刺激本病发生。病毒通过消化道和呼吸道感染，在雏鸭群中传播很快。病愈康复鸭能继续排毒 1～2 个月，经粪便污染饲料、饮水和饲养用具而传播。

（2）临床症状：病鸭精神委顿，眼睛流泪，眼眶湿润，眼神无力，呈半闭或闭眼状态，食欲减退，喙端和爪尖淤血呈暗紫色，有的排灰绿色或灰白色稀粪，羽毛逆立，缩头向上仰，不愿下水，两腿无力，步行不稳，跟不上鸭群，身体倒向一侧，加以驱赶即卧地不起，拍动双翼边走边歪倒，驱赶到阳光下极易猝死，死前脚抽搐如游泳状或头向后仰，呈角弓反张姿势。

（3）病理变化：剖检病死鸭，可见肝肿大、质脆，有时褪色呈黄色或白色，表面有点状、斑状或块状出血灶。胆囊肿胀呈长卵圆形，充满褐色、淡茶色胆汁。脾肿大，呈淡黄色、大理石斑状，包膜下可见针尖大的出血点。肾略微肿胀并有小出血点，十二指肠出血，气囊浑浊。

（4）实验室检查：①免疫荧光试验。用雏鸭肝炎病毒的荧光抗体对含有鸭肝炎病毒的肝细胞进行染色，荧光显微镜下观察，可见肝细胞内有颗粒状的荧光；反之，若镜检未见荧光，则判为病毒阴性。②动物接种试验。将预处理过的病鸭肝乳剂分别接种已免和未免雏鸭，若前者不表现症状，后者表现上述临床症状和病理变化，即可确诊。③细菌培养。在麦康凯培养基、巧克力琼脂培养基等细菌培养基上不能生长。④病毒分离。将无菌处理后的病毒经尿囊腔接种无母源抗体鸭胚，经3～5次传代后可致死胚体。⑤细胞培养。接种病毒分离材料的单层鸭胚肝细胞，会引起细胞变圆等CPE。此外，还可应用保护试验、中和试验、葡萄球菌A蛋白协同凝集试验、ELISA、胶体金等诊断。

(5)尚无治疗该病的特效药物。须采取规范引种、幼龄隔离饲养、适时接种疫苗、严格消毒、避免接触野生水禽、注意灭鼠、强化饲养管理等防控措施。对产蛋母鸭接种减毒疫苗，可使其产生有效的母源抗体。卵黄抗体可用于紧急被动免疫。本实训通过临床症状和病理剖检做出初诊，再依靠实验室检测技术来确诊。

四、实训操作方法和步骤

1.外观检查　观察并记录病鸭的精神状态、采食状况、粪便及运动是否正常。

2.病理剖检　观察并记录肝、脾和肾是否肿胀，有无点状或斑状出血灶，胆汁颜色是否正常，气囊有无浑浊。

3.分离病毒　将肝病料剪碎、磨细，用灭菌生理盐水或灭菌PBS做1∶5稀释，悬液经3 000 r/min离心30 min。取上清液按5%的体积量加入氯仿，室温处理10～15 min，再经3 000 r/min离心30 min。取上清液加入青霉素和链霉素至各含1 000 U(μg)/mL悬液(有条件者可用滤膜过滤)，作为病毒分离接种的材料。

4.实验室检验

(1)免疫荧光试验：取病死雏鸭肝直接涂片，浸入固定液(甲醇∶丙酮＝1∶3)固定，滴加雏鸭肝炎病毒荧光抗体，取玻片顺序浸入0.01 mol/L磷酸盐缓冲液(pH 7.4)三缸中，每缸3～5 min，并微轻晃荡以洗去染料，最后在中性蒸馏水缸中脱盐；取标本待半干时，滴加少量缓冲甘油(0.2 mol/L碳酸盐缓冲液1份与无自发荧光甘油9份的pH 7.2混合液)封片，立即镜检观察。

(2)动物接种试验：取病死鸭的肝，经无菌处理制成乳剂，以0.5 mL/只的剂量接种10日龄健康未免雏鸭和已免雏鸭，36 h后观察临床症状和病理变化。

(3)细菌培养：以无菌操作法从发病雏鸭肝、脾和脑取样，接种于麦康凯和巧克力琼脂培养基，分别置37℃厌氧和有氧恒温箱培养48～72 h，观察有无菌落形成。

(4)病毒分离：取发病雏鸭的肝、脾等组织经无菌处理，用尿囊腔途径接种9～12日龄无母源抗体鸭胚或鸡胚。连续传3～5代，观察胚体是否正常。

(5)细胞培养：于单层鸭胚肝细胞接种病毒分离材料，室温吸附15 min，加入细胞培养液，37℃二氧化碳培养箱内培养，观察细胞是否出现变圆等病变。

五、操作重点提示

重点观察病死鸭肝的肿大和斑点状出血。做细菌鉴别和病毒分离实验时应无菌操作，避免杂菌污染；荧光抗体染色后充分洗涤，以排除非特异性反应。

六、实训总结

实训结束后，每个实验小组都应讨论实验结果，总结提交实验报告(附图片)，并选出学生代表做幻灯片展示。

七、思考题

1.如何区别不同病原类型的鸭病毒性肝炎？

2.怎样鉴别诊断鸭病毒性肝炎与鸭瘟？

实训 4-10　雏鸭传染性浆膜炎的诊治技术

一、实训目标和要求

通过对患传染性浆膜炎的雏鸭进行诊治，使学生掌握对该病的临床诊断、病理剖检和实验室诊断方法，了解相关的防治措施，并注意该病与鸭大肠杆菌病、鸭沙门菌病的区别。

二、实训设备和材料

1.器材　剪刀、解剖盘、手套、研钵、载玻片、恒温箱、接种环、显微镜、巧克力琼脂（或胰蛋白胨大豆琼脂）培养基、烛缸、未免雏鸭、注射器、试管、采血管、生化试验反应管、脲酶培养基、甲硫氨酸培养基、枸橼酸培养基。

2.试剂　厌氧肉汤、药敏片、革兰染色剂、瑞氏染色剂、葡萄糖发酵培养液、蔗糖发酵培养液、乳糖发酵培养液、VP 试剂、甲基红指示剂、过氧化氢溶液。

三、知识背景

鸭传染性浆膜炎是由鸭疫里氏杆菌（*Riemerella anatipestifer*）通过伤口或呼吸道感染，引起 2～7 周龄鸭的一种高度接触性的急性传染病，俗称“雏鸭三炎”，病死率高达 50%。该菌微需氧，形态及染色特性与巴氏杆菌相似，但 rRNA 不与其同源，血清型多达 21 个，型间无交叉保护作用。在我国至少存在 14 个血清型，即 1、2、3、4、5、6、7、8、10、11、13、14、15 和 17 型。

（1）临床症状：病鸭主要表现为精神委顿、嗜睡、嘴拱地、缩颈、两腿无力、行动迟缓或不愿行走，喘气、咳嗽，发出“吭哧”“咔咔”等异常呼吸声。不食或少食、腹胀，眼睛和鼻孔有浆液或黏液性分泌物，眼部羽毛常被粘连在一起，甚至脱落（俗称“戴眼镜”）。下痢，肛门周围常污染粪便，粪便稀薄呈黄绿色。病鸭运动或共济失调，头颈震颤，歪头斜颈，全身痉挛性抽搐，很快死亡。

（2）病理变化：纤维素性渗出性心包炎、气囊炎和肝周炎为典型特征。具体地说，心包粘连，腹腔积液，脾肿大，表现有灰白色坏死斑点；肝肿大，肝表面有一层半透明状灰白色的纤维素性膜，此膜容易剥离；气囊壁增厚、浑浊、不透明，表面有纤维素性渗出物。还可见关节炎、干酪性输卵管炎和脑膜炎（有神经症状）。肠道以十二指肠充血、出血最为严重；肠黏膜表面有黄色胶冻样分泌物，直肠处可见白色或浅绿色稀粪。

（3）实验室检验：①病料革兰染色可见阴性细菌，瑞氏染色可见两极着色明显的菌体。②巧克力琼脂平板培养会出现半透明，灰白色，微凸起，表面光滑边缘整齐，1～1.5 mm 直径的小菌落；厌氧肉汤则呈均匀浑浊。③动物接种试验：取患鸭病料接种正常未免鸭，可复制相同病症。④生化试验：该菌不能利用葡萄糖、蔗糖、尿素、枸橼酸盐和硝酸盐，不产生硫化氢，VP 试验阴性，甲基红（MR）试验阴性，但过氧化氢酶试验阳性。⑤药敏试验：该菌对环丙沙星、卡那霉素高敏，对庆大霉素、链霉素中敏，对磺胺二甲嘧啶、青霉素低敏。④平板凝集反应：用于测定、监测病菌血清型。

(4)该病主要发生在秋、冬、春初寒冷且气温多变的季节，潜伏期 2～5 d。气温骤变、鸭舍拥挤、通风不良和未定期消毒都是该病发生的诱因。保持合理的饲养密度、湿度及温度，做好日常环境卫生工作，并接种地方流行菌株疫苗，是防控该病的主要措施。鸭群发病初期可及时混水饲喂喹诺酮类抗生素进行治疗。

四、实训操作方法和步骤

1.外观检查 观察眼鼻有无浆液或黏液性分泌物，两侧鼻是否高度肿大，听其气管呼吸音，腹部、关节、运动、粪便是否正常。

2.病理剖检 心、肝和气囊应有广泛纤维素样或干酪样渗出物，气囊壁应增厚，心包液也应增多。肠道会充血、出血或肠黏膜表面有异样分泌物。

3.实验室检查

(1)直接涂片镜检：取巧克力琼脂纯培养物涂片，革兰染色并镜检；血涂片可直接用于瑞氏染色，即血涂片经自然干燥，滴加染液覆盖血涂片，染色约 1 min，滴加稍多体积的缓冲液，用吸耳球将其与染液吹匀，染约 5 min，慢慢摇动玻片，用细的自来水流从一侧冲去染液，待血涂片自然干燥(或用滤纸吸干)，镜检。

(2)细菌培养：无菌取心包液和肝病料接种巧克力琼脂和厌氧肉肝汤，置于 37℃含 5% CO_2 培养箱和烛缸中培养 24～48 h，观察菌落形态及大小。

(3)动物接种试验：取巧克力琼脂培养基上的纯培养物与 2 mL 注射用水混匀，于 15～20 日龄健康雏鸭的蹼部，每只刺种 0.1 mL。接种后 48 h 观察雏鸭变化，再从这些雏鸭中采集心、血等材料，看能否分离到鸭疫里氏杆菌。

(4)生化试验：氧化发酵试验，取分别装有葡萄糖、蔗糖、乳糖发酵培养液试管，分别接种少量典型菌落，置 37℃恒温箱培养 24～48 h；尿酶试验，挑取典型菌接种脲酶培养基，置 37℃恒温箱培养 24 h；硫化氢试验，挑取典型菌接种于含有甲硫氨酸的培养基，同法培养 24 h；枸橼酸盐利用试验，接种枸橼酸培养基，同法培养 24 h；VP 试验，将细菌接种于 2 mL 的培养液，再加入等体积 VP 试剂，充分振荡 2 min，置 37℃恒温箱培养 30 min；MR 试验，向 VP 试验留下的培养液中加入 2～3 滴甲基红指示剂，立即观察培养液的颜色变化；触酶试验，将细菌涂布在玻片上，滴 2～3 滴过氧化氢，观察有无气泡产生。

(5)药敏试验：取液体培养的细菌悬液 300 μL，均匀涂布于固体培养基，每个培养皿均匀贴上 5 个药敏片，保证药敏片之间的距离大于 24 mm，药敏片与培养皿边缘大于 15 mm，培养 18～24 h 或过夜，观察并测定抑菌圈直径。

五、操作重点提示

重点检查心包、肝和气囊病变。鸭疫里氏杆菌病的微生物学判定依据是病菌瑞氏染色呈两极浓染，染色及冲洗过程要轻柔，避免细菌被洗掉。

六、实训总结

实训结束时提交实验报告，附上与实验结果有关的图片及说明，并分组讨论总结，可选出学生代表对实训结果做幻灯展示。

七、思考题

1.列表描述鸭传染性浆膜炎、鸭大肠杆菌病和鸭巴氏杆菌病的区别。

2.鸭传染性浆膜炎的诊断核心要点是什么？

实训 4-11　小鹅瘟的诊治技术

一、实训目标和要求

通过临床观察、病理剖检及实验室检测对小鹅瘟进行诊断，加强学生对小鹅瘟危害及病症的认识，掌握相应的诊断技术和防治方法。

二、实训设备和材料

1.器材　剪刀、解剖盘、手套、研钵、镊子、显微镜、载玻片、恒温箱、接种环、普通琼脂、血琼脂、麦康凯琼脂、未免疫健康鹅胚、注射器、离心机、滤纸、酒精灯、EP 管、振荡器、移液器、吸头、冰箱、PCR 仪、水浴锅、天平、量筒、电泳仪、电泳槽、微波炉。

2.试剂　瑞氏染色液、美蓝染色液、香柏油、青霉素、链霉素。

三、知识背景

小鹅瘟是由鹅细小病毒(Goose parvovirus)引起雏鹅的一种高死亡率传染病，见于欧亚大陆，可分为急性、亚急性或慢性临床类型。该病毒是一种单链 DNA 病毒，抵抗力很强，对热、多种消毒剂都不敏感。不同品种、不同季节均可发病，3 周龄以内易发病，10 日龄以下雏鹅发病率和死亡率可达 100%。

(1)临床症状：该病的暴发和流行具有周期性，潜伏期一般为 5～7 d。病初期精神沉郁，食欲不振，嗉囊松软，内有大量气体和液体，饮水增多，眼睑潮红，流泪。随着病情发展，病鹅精神极度沉郁、畏寒、喜打堆；羽毛松乱逆立，食欲废绝，饮水减少，排白色黏稠稀粪，肛门周围附着白色条状排泄物，不易脱落，有时可见腊肠状粪便或血便排泄物，有浓烈腥臭味。眼睑红肿，头颈部肿大，摇头。喙和蹼色发绀，鼻孔有分泌物。最后两腿麻痹倒地，乱划、抽搐而死。病程 3～6 d，日龄越大，死亡率越低。慢性病例表现为生长停滞、羽毛脱落及皮肤发红。

(2)病理变化：特征性病变见于消化道。急性病例小肠发生急性卡他性-纤维素性坏死性肠炎，有带状假膜脱落在肠腔，并与凝固的纤维素渗出物形成栓子，堵塞在小肠后的狭窄处。盲肠和泄殖腔红肿。病程短的病例通常有明显的心脏变化：心脏变圆、心房扩张，心壁松弛，心尖周围的心肌灰暗无色，肝、脾、胰肿大和充血。亚急性病例出现肝炎和肌肉变性。

(3)实验室检验：①镜检。瑞氏染色和美蓝染色镜检均不能发现细菌。②细菌培养。将小鹅瘟肝、脾组织接种于普通琼脂、新鲜血琼脂和麦康凯琼脂平板，应无细菌生长。③鹅胚接种试验。将患鹅肝匀浆接种未免疫健康鹅胚，若见绒毛尿囊膜增厚，说明其可能感染小鹅瘟病毒，反之则无。④分子生物学检测。从病鹅肝或脾组织提取 DNA，经 PCR 扩增，琼脂糖凝胶电泳和测序对比。

(4)小鹅瘟主要是通过禽蛋传播，因此应坚持用福尔马林等消毒，孵场中的一切用具设备在每次使用后也都必须清洗和消毒。坚持“以预防为主，防治结合”的原则，做到场地布局合理，严格饲养管理、疫苗预防，母源抗体可提供 2 周的保护作用，场地设计应避风、防寒、防潮、饮水区和洗浴区分隔。室内应保温，保持羽毛清洁。实行全进全出制管理。

四、实训操作方法和步骤

1.外观检查　观察感染或发病家禽的种类，病鹅的精神状况、喙端色泽、饮饲、粪便、鼻端分泌物、背部皮肤颜色、羽毛及生长有无异常。

2.病理剖检　主要看其消化道，食道黏膜、腺胃黏膜有无异常分泌物，十二指肠有无充血、肿胀或出血斑等情况。

3.实验室检查

(1)镜检：瑞氏染色，用灭菌的剪刀或镊子取被检组织一小块在玻片上压印或涂抹，如果是血涂片就直接涂抹在玻片表面，固定自然干燥后，滴瑞氏染液数滴覆盖血片，着色约 1 min，滴加稍多体积的缓冲液，用吸耳球将其与染液吹匀，染约 5 min，慢慢摇动玻片，用细的自来水流从一侧冲去染液，待血片自然干燥(或用滤纸吸干)，镜检；在已固定的组织玻片上，滴加美蓝染色液数滴，染色 5～10 min，沥水洗去染色液，吸干玻片上的水分，在镜面上滴加适量香柏油 1～2 滴，置油镜下镜检，心肌细胞可见包涵体。还可做免疫荧光染色检查。

(2)细菌培养：无菌挑取病死雏鹅的肝、脾组织接种于普通琼脂、新鲜血琼脂和麦康凯琼脂平板，37℃培养 24 h 观察，未见细菌生长。

(3)病毒分离：无菌采集肝、脾、肾以及肠道等病料 0.2～2.0 g，研磨并用灭菌含抗生素(青霉素 10 000 U/mL、链霉素 10 000 μg/mL、pH 7.2)的 PBS 缓冲液稀释成 1∶3 混悬液，置于指形管中，−20℃/37℃反复冻融 3 次，每次融化时使其在 37℃水浴缓慢融化，以使细胞破裂释放病毒。反复冻融后的溶液以 8 000 r/min，离心 10 min，取上清经除菌滤器过滤。滤液 −20℃ 保存备用，或经尿囊腔直接接种 5 个非免疫鹅胚(0.5 mL/胚)，置 37℃温箱内继续孵化，每天照蛋 2 次，观察鹅胚变化。必要时，可用阳性血清做中和试验，以区别番鸭细小病毒。

(4)分子生物学检测：取收获的鹅胚尿囊液 500 μL，加入蛋白酶 K 至终浓度为 500 μg/mL，再加入 SDS 至终浓度为 1%，充分混匀，置 55℃水浴 30 min。然后分别用 Tris 饱和酚(pH 8.0)、苯酚∶氯仿(1∶1)、氯仿各抽提一次，吸取水相，加入 1/10 体积 3 mol/L 乙酸钠溶液(pH 5.2)及 2 倍体积无水乙醇做沉淀处理，−20℃放置 10 min。12 000 r/min 离心 15 min，沉淀用 70%乙醇洗涤，晾干后悬浮于 30 μL 含 RNase A(20 μg/mL)的 TE 溶液(pH 8.0)。同时提取小鹅瘟疫苗毒株 SYG26-35 含毒尿囊液 DNA 作为阳性对照样品。

PCR 反应：体系总体积设为 50 μL，其中包括：10×Reaction buffer(含 5 mmol/L $MgCl_2$) 5.0 μL，dNTPs(2.5 mmol/L)4.0 μL，引物 GPV-F 和 GPV-R 各 0.5 μL，DNA 模板 2.0 μL，Taq DNA 聚合酶 0.5 μL，超纯水 37.5 μL。

PCR 反应参数：95℃预变性 2 min，然后 95℃变性 1 min、50℃退火 1 min、72℃延伸 2.5 min，共循环 30 次，最后 72℃延伸 10 min。取 PCR 产物 5 μL，加 6×上样缓冲液 1 μL 混匀，点样于 1.2%琼脂糖凝胶电泳(含溴化乙啶 0.5 μg/mL)加样孔内，于 0.5×TBE 电泳缓冲液 80 V 电泳 1 h，紫外线下观察结果。

五、操作重点提示

PCR 引物必须是鹅细小病毒特异性引物。

六、实训总结

实训结束提交实验报告，附上与实验结果有关的图片及说明，并分组讨论总结，可选出代表对实训结果作幻灯展示。

七、思考题

1. 该病的诊断核心要点是什么？

2. 防控小鹅瘟的关键措施是什么？

实训 4-12　鹅副黏病毒感染的诊治技术

一、实训目标和要求

通过观察临床症状、病理剖检及实验室检验，加深学生对鹅副黏病毒感染的认识，掌握相应的诊断技术及防制措施。

二、实训设备和材料

1.器材　剪刀、解剖盘、手套、研钵、镊子、显微镜、载玻片、血琼脂、恒温箱、10日龄鸡胚15枚、注射器、离心机、滤纸、酒精灯、EP管、移液枪、吸头、冰箱、96孔凝集反应板。

2.试剂　生理盐水、PBS、鸡全血、青霉素、链霉素、NDV F阳性血清、禽流感H9标准血清。

三、知识背景

鹅副黏病毒病是由禽副黏病毒(APMV)引起的以鹅呼吸道症状、消化道病变及产蛋减少为主要特征的一种急性传染病，发病率和死亡率可高达98%。国内于20世纪末首次发现。已确定有12个血清型，即APMV-1到APMV-12。APMV-1即为新城疫病毒(NDV)，是世界养禽业的最主要疫病之一。

1.临床症状　1月龄以上患鹅发病初期拉白色稀粪，中期稀粪带有红色物，后期带有绿色。患鹅精神委顿，常蹲地，行动无力，浮在水面，随水漂游，少食或拒食，体重迅速减轻。后期不死的鹅表现扭颈、转圈、仰头等神经症状，饮水时更加明显。10日龄左右患鹅有感冒样症状，眼睛湿润、多泪水、半闭，流清水样鼻液，甩头、咳嗽、呼吸急促等呼吸道症状，拉白色稀粪，1～3 d后死亡。种鹅感染后，产蛋率迅速下降，可高达50%，并在低水平产蛋率上持续十多天。

2.病理变化　脾和胰腺肿大，有灰白色坏死灶；肠道出血溃疡，并附有大量纤维素性结痂，不易剥离。从十二指肠开始，往后肠段病变更加明显和严重，直肠尤其明显，散在性溃疡病灶，有的覆盖红褐色结痂。

3.实验室检验

(1)细菌学检查：鹅副黏病毒在血琼脂培养基上结果为阴性，即无细菌生长。

(2)鸡胚接种试验：将鹅副黏病毒接种未免鸡胚尿囊腔，培养一段时间会出现死胚。

(3)HA和HI检测：鹅副黏病毒囊膜表面纤突上的血凝素能与红细胞表面的受体结合，引起红细胞凝集，而且这种凝集可被抗血清特异性抑制，因此可用HA和HI试验配对进行诊断。

(4)中和试验：接种经抗血清处理过的病毒，鸡胚不致死，而用生理盐水稀释的病毒则致死鸡胚。

目前，尚未发现对该病有特效的药物，故必须采取以预防为主的策略，有计划地做好鹅群的免疫监测和疫苗接种工作是防制本病发生和流行的重要措施。

四、实训操作方法和步骤

1.外观检查 病鹅的精神状况、饮饲、粪便有无异常，是否出现呼吸道症状和神经症状。

2.病理剖检 脾和胰腺有无肿大或灰白色坏死灶，十二指肠和直肠有无病变或散在性溃疡病灶。

3.实验室检查

(1)细菌学检查：取肝、脾涂片染色镜检，同时接种鲜血琼脂培养基，37℃培养 48 h 后进行观察。

(2)鸡胚接种试验：取病鹅的肝、脾、胰等组织混合，充分剪碎并用灭菌的玻璃研磨器磨细，按 1∶5 比例加入灭菌生理盐水稀释混匀，以水平离心机 3 500 r/min 离心 20 min，取上层液体，加入青、链霉素贮液，使每毫升组织上清液各含 1 000 U，4℃冰箱中混匀处理 2 h 后备用。将样品经尿囊腔分别接种 10 日龄鸡胚 15 枚，每胚 0.1 mL，37℃孵育，弃 24 h 内死亡胚，以后每隔 2～4 h 观察 1 次，及时取出死亡胚，4℃过夜，无菌收集鸡胚绒尿液，并盲传 3 代，然后在 SPF 鸡胚中连续传三代，观察胚体病变，取其尿囊液进行 HA 和 HI 试验。

(3)HA 和 HI 检测：将预先采集的抗凝鸡血置于 2 mL EP 管，2 000～3 000 r/min，离心 5 min，弃上清液和红细胞上层的白细胞薄膜，再加入 10 倍以上的 PBS 液，上下颠倒使其充分混匀，再离心弃去上清液，反复几次直至上清液清亮透明为止，最终制成 1%鸡红细胞悬液。用尿囊液样品在 U 形 96 孔反应板上进行 2 倍连续稀释，加入等体积红细胞悬液，进行 HA 试验，测定病毒效价。随后，取阳性血清进行 2 倍连续稀释，每孔分别加入 4 U 的病毒溶液，混匀作用 15 min，再加入等体积红细胞悬液，进行 HI 试验，测定抗体效价。

(4)中和试验：将分离到的病毒用生理盐水稀释 500 倍，各取 1 mL 病毒液分别与等量的 NDV F 阳性血清、禽流感 H9 标准血清或生理盐水混匀，37℃作用 1 h，每组接种 10 日龄 SPF 鸡胚 5 枚，每胚 0.2 mL，弃去 24 h 内死亡胚，以后每天观察 2～3 次，检查鸡胚死亡情况。

五、操作重点提示

做 HI 或中和试验之前，应先测定病毒效价。

六、实训总结

实训结束后须提交实验报告，就重要体会和结果要点做幻灯片展示。

七、思考题

1.能否用新城疫Ⅰ系苗对染疫鹅群做紧急接种？

2.如何鉴别鹅副黏病毒病与鹅鸭瘟、小鹅瘟、鹅禽流感及鹅巴氏杆菌病？

3.鹅副黏病毒与新城疫有何异同？

实训 4-13　鸡球虫病的诊治技术

一、实训目标和要求

通过对感染球虫的病鸡进行外观观察及病理剖检，再结合实验室检验确诊鸡球虫病，掌握寄生虫相关的检测方法，如直接涂片镜检，漂浮法及沉淀法等。

二、实训设备和材料

1.器材　剪刀、解剖盘、手套、研钵、镊子、显微镜、载玻片、烧杯、玻璃棒、60 目粪筛（纱布）、胶头滴管。

2.试剂　饱和食盐水、草酸铵结晶紫染色液。

三、知识背景

鸡球虫病是一种对养鸡业危害很大的原虫病，不仅可造成鸡生长缓慢、死亡，药物投入增加，还继发其他疾病。鸡球虫属于艾美耳科艾美耳属（*Eimeria*）。目前公认的球虫有 9 种，即堆型艾美耳球虫、布氏艾美耳球虫、巨型艾美耳球虫、和缓艾美耳球虫、毒害艾美耳球虫、变位艾美耳球虫、早熟艾美耳球虫、柔嫩艾美耳球虫和哈氏艾美耳球虫。柔嫩艾美耳球虫、毒害艾美耳球虫、巨型艾美耳球虫、堆型艾美耳球虫等 4 种致病力较强。球虫主要通过污染的垫料、饮水、土壤或机械传播，引起肠道黏膜损伤。球虫感染具有自限性，发病情况主要取决于摄入卵囊的数量和鸡的免疫状态。

1.临床症状　急性型，病程多为 2～3 周，主要见于雏鸡，病初精神萎靡、嗜睡、被毛松乱、闭目缩头、呆立吊翅、食欲减退和饮欲增加。初期便秘，后腹泻，泄殖孔周围羽毛被稀粪污染而粘连。随着病情加重，病鸡双翅轻度麻痹，共济失调，嗉囊充满液体，食欲完全废绝，稀粪如水并带有血液，若是盲肠球虫，则粪便呈棕红色，可视黏膜、冠和髯苍白，极度消瘦。病末期有神经症状，昏迷、两脚外翻、僵直、痉挛或不断抽搐而死亡。雏鸡死亡率可高达 100%。慢性型，多见于 2～4 月龄成鸡，急性经过不愈者转为慢性。症状类似急性型，但不太明显，表现为厌食、少动、消瘦、生长缓慢及脚翅轻瘫，偶有间歇性腹泻，血便，产蛋量下降，死亡率较低。

2.剖检变化　柔嫩艾美耳球虫主要侵害盲肠，又称盲肠球虫病，在各种球虫中盲肠球虫致病力最强，急性感染时从出现症状到死亡时间短。患盲肠球虫病的鸡，两侧盲肠肿大，比正常粗 2～3 倍，外观呈黑褐色，剖开可见黏膜出血坏死，肠内容物充满血凝块和黏膜碎片。毒害艾美耳球虫主要侵害小肠中段，由于繁殖力低，大多见于较大日龄的鸡。感染后常见于小肠肠管气肿，黏膜增厚，肠腔充满液体、血液和组织碎片，从浆膜面观察，在感染的病灶区有小的白斑和红色瘀点。严重感染时，病变可以扩展至整个小肠，引起肠管肿胀和黏膜增厚。巨型艾美耳球虫病变部位与毒害艾美耳球虫相似，一般寄生于小肠中段，但在严重感染时，病变可扩展至整个小肠。常见肠管扩张，肠壁肥厚，内容物黏稠，呈淡灰色、淡褐色或淡红色，有时混有少量血块。堆型艾美耳球虫轻度感染仅局限于十二指肠，从浆膜面观察到有横纹状白斑，外观呈梯形，肠道苍白，有白色液体。严重感染时肠壁增厚，同期发育阶段的虫体聚积在肠黏膜上，呈白色。

3.实验室检查

(1)直接涂片，在高倍镜下观察刮取的肠内容物，可见大量呈圆形、椭圆形的裂殖体以及少量的球虫卵囊。

(2)用姬姆萨、草酸铵结晶紫或复红染色液染色，镜检，高倍镜下可见许多弯曲样运动、上下翻滚的虫体。

(3)粪便检查，即将收集到的新鲜粪便用饱和盐水漂浮法收集上层漂浮物，进行显微镜检查，发现有大量卵圆形球虫的卵囊。

4.防治措施

鸡球虫可防治，具体措施包括：

(1)加强消毒，合理堆放粪便，自然发酵杀灭虫卵。

(2)抗球虫药物治疗，如球肠痢克(主要成分为磺胺喹恶啉钠、癸氧喹酯)每 100 g 兑水 200 kg 供饮，3～5 d 一个疗程，其他药物还有安普罗利、地克珠利、盐霉素、莫能菌素等。

(3)止血、凝血，可在饲料中补充维生素 K_3，起凝血和止血作用，按说明书 2 倍量使用。

(4)辅助治疗，由于球虫病容易造成鸡体缺乏维生素 A、维生素 D 和维生素 E，故在饲料中应补充以弥补不足，可按使用说明添加。但应注意检查球虫是否产生耐药性。另可接种弱毒卵囊疫苗或通过低剂量卵囊自然感染来预防该病。

四、实训操作方法和步骤

1.外观检查 观察病鸡有无精神不振、羽毛蓬乱、闭眼呆立、食欲减退，喜卧、嗜睡的状况，或下痢，粪便稀薄，呈红色等。

2.病理剖检 观察是否出现盲肠肿大并严重出血，肠壁增厚，肠腔内有大量血性内容物的现象。或是心包炎，心包膜浑浊增厚，附着多量淡黄色绒毛状脓性分泌物，肝明显肿大，表面有胶样渗出物包围。

3.实验室检查

(1)直接涂片镜检，即刮取少量肠黏膜及带血的肠内容物，涂成薄膜，加 1 滴生理盐水，用盖玻片压片，在高倍镜下观察。

(2)用姬姆萨、草酸铵结晶紫或复红染色液染色，镜检虫体。

(3)粪便检查，取 5 g 粪便置于烧杯中，加清水 100 mL，用玻璃棒充分搅拌均匀，用 60 目粪筛或双层纱布滤到另一烧杯内，静置 30 min，倾去上层液体，保留沉淀，再加水混匀，再沉淀，如此反复用水洗沉淀数次，直到上层液体透明为止，最后倾去上清液，用胶头滴管吸取沉淀于载玻片上，加盖玻片镜检。

五、操作重点提示

应用沉淀法处理粪便，镜检不容易发现虫体及虫卵，操作过程中需掌握一定技巧，或需重复多次试验。

六、实训总结

实训结束提交实验报告，附上与实验结果有关的图片及说明，并分组讨论总结，可选出代表对实训结果作幻灯展示。

七、思考题

1. 鸡球虫病的诊断要点是什么？

2. 若要做到艾美耳球虫种的鉴定，你打算怎么做？

实训 4-14 禽脂肪肝综合征的诊治技术

一、实训目标和要求

了解禽类脂肪肝综合征的病因、症状及病变，掌握相关观测方法，对禽脂肪肝综合征提出或实施防治措施。

二、实训设备和材料

1.器材 剪刀、解剖盘、手套、镊子、血琼脂培养基、普通琼脂培养基、麦康凯琼脂培养基、恒温箱、酒精灯、EP 管、采血管、血液分析仪、显微镜、载玻片、吸水纸。

2.试剂 鸡全血、美蓝染色液、苏丹红Ⅲ染料。

三、知识背景

禽脂肪肝综合征又称为脂肪肝出血综合征(FLHS)，多发于蛋鸡群，因其卵巢活跃，雌激素释放量大，而鸡饲料中胆碱、肌醇、维生素 E 不足，使肝内的脂肪积存量过高所致。鸡饲料中蛋白质含量偏低或必需氨基酸不足，相对能量过高，母鸡为获得足够蛋白质或必需氨基酸，摄入过多高能饲料，转化为脂肪，沉积于肝和体腔。鸡饲料中蛋白质含量过高，与能量值不相适应，造成代谢紊乱，使脂肪过量沉积。鸡饲料中主要使用粉末状钙质添加剂，而钙含量过低，母鸡需要大量的钙来制造蛋壳而摄入过多的饲料，于是过多的饲料被吸收后转化成脂肪沉积于肝和体腔。饮用硬水和鸡体缺硒，鸡群缺乏运动也是诱发因素。

1.临床症状 高产笼养母鸡多发，多数鸡膘情良好，在达到产蛋高峰之后，产蛋率下降至10%～30%，几周后产蛋停止。食欲减少，精神沉郁，腹部柔软下垂，不愿走动，喜卧，鸡冠、肉髯色淡，甚至发绀带黄。当拥挤、驱赶、捕捉、产蛋时常发生肝破裂，鸡冠突然发白，头颈前伸或向背弯曲，倒地痉挛而死。有的呈现胆碱缺乏的症状，初期飞节出现针尖大小的出血点，轻度肿胀，腿骨短粗，飞节习惯性滑脱。有的鸡冠变大(大冠鸡)。

2.病理变化 病死鸡的皮下、腹腔及肠系膜均有多量的脂肪沉积，肝肿大，边缘钝圆，呈油灰色，质脆易碎，用力切时，在刀表面有脂肪滴附着，肝表面有出血点，在肝被膜下或腹腔内往往有大的血凝块，有的患鸡心肌变性，呈黄白色，有时肾略变黄，脾、心、肠道有程度不同的小出血点。

3.实验室检查

(1)血清胆固醇明显增高，达到每 100 mL 605～1 148 mg 或以上，血钙增高可达到每 100 mL 28～74 mg，血浆雌激素增高，平均含量为 1 019 μg/mL。病鸡血液中肾上腺皮质固醇含量均比正常鸡高。此外，病鸡肝的糖原和生物素含量很少，丙酮酸脱羧酶的活性大大降低。

(2)细菌学检查：将病料接种于普通琼脂培养基、鲜血营养琼脂培养基以及麦康凯琼脂培养基上，结果呈现阴性。

(3)肝触片镜检：脂肪肝可见肝细胞索紊乱，肝细胞肿大，胞质内有大小不等的空泡(脂肪滴)，胞核位于中央或被挤压一侧，有的可见局部肝细胞坏死，脂肪弥漫分布整个肝小叶，使肝小叶失去正常的结构，与一般的脂肪组织相似。

(4)脂肪与苏丹红Ⅲ或苏丹红Ⅳ染成橘黄色或红色，故肝细胞染色镜检可见橘黄色或红色空泡。

本病目前无有效的治疗方法，主要以预防为主。防止产前母鸡积蓄过量的体脂，日粮中应保持能量与蛋白质的平衡，能量饲料(尤其是玉米)不可过量，适当增加蛋白质饲料，尽可能不用碎粒料或颗粒料饲喂蛋鸡，保证日粮中有足够水平的蛋氨酸和胆碱等嗜脂因子的营养素；禁止饲喂霉败饲料，对易发生脂肝病的鸡群，可在日粮中加入 6% 的燕麦壳、小麦麸、酒糟或苜蓿粉，以增加避免笼养蛋鸡脂肪代谢障碍的必需因子；配合饲料中添加多种维生素及 0.3 mg/kg 硒；最好还应提供足够的活动空间，并监测体重。

四、实训操作方法和步骤

1.外观检查　观察病鸡精神状况、腹部柔软度、肉髯颜色、产蛋情况等。

2.病理剖检　腹腔：腹内壁覆盖一层较厚的脂肪层，是否有积水。

3.实验室检验

(1)病鸡血液化验：做血液生化检验，测其每毫升血清中胆固醇、血钙、肾上腺皮质固醇的含量并与正常鸡做对比，检验病鸡肝的糖原和生物素含量，丙酮酸脱羧酶的活性。

(2)细菌学检查：在无菌实验室中，将病鸡的肝组织分别接种于普通琼脂培养基、鲜血营养琼脂培养基以及麦康凯琼脂培养基上，使用 37～39℃培养环境模拟鸡的体温，经过 24 h 的无菌培养后观察。

(3)肝触片镜检：取一小块肝组织并用吸水纸吸干，在洁净的载玻片上轻轻做 2～3 个压迹，制成肝触片然后固定，加适量美蓝染色，水洗，干燥。

(4)肝细胞染色镜检：取一小块肝组织在载玻片上轻轻做压迹，滴 2～3 滴苏丹红Ⅲ，镜检观察。

五、操作重点提示

血液生化指标检测和肝细胞脂肪滴染色是关键的判定依据，须正确检测。

六、实训总结

实训结束提交实验报告，附上与实验结果有关的病理剖检和病理显微照片。

七、思考题

1.指出禽脂肪肝综合征与肾综合征的区别。

2.禽脂肪肝综合征和腹水综合征有何区别?

第五篇　常见猪病诊治综合实训

实训 5-1 口蹄疫的诊治技术

一、实训目标和要求

通过此次实训(以仔猪为例),学生能够掌握口蹄疫的病原特性、流行特点、临床症状、剖检特征、诊断与防制方法,培养学生鉴别诊断能力。

二、实训设备和材料

1.器材 剪刀、解剖盘、手套、体温计、镊子、注射器、离心机、EP 管、牛甲状腺原代细胞、冰箱、U 形微量反应板、移液枪、枪头、血琼脂培养基、普通琼脂培养基、麦康凯琼脂培养基、恒温箱、酒精灯、金属稀释棒。

2.试剂 双抗、生理盐水、明胶巴比妥缓冲液(GVB)、PBS、显色剂、绵羊红细胞、FMDV 型特异的豚鼠抗血清。

三、知识背景

口蹄疫(FMD)俗称“口疮”、“蹄黄”,是由口蹄疫病毒(FMDV)感染引起偶蹄动物的一种急性、发热性、高度接触性传染病,其感染率高、传播速度快、危害大,因此被世界动物卫生组织(OIE)列为 A 类动物传染病之首。FMDV 分为 7 个血清型,A、O、C、SAT1、SAT2、SAT3 及 Asian Ⅰ型,型间无交叉免疫保护作用。易被 FMDV 感染的偶蹄动物约有 70 多种,最常见的为牛、猪、羊和鹿科动物,其中牛的症状最典型,猪次之,但排毒量最大,再次是绵羊、山羊和骆驼。病毒感染后分布于皮肤、咽喉部、黏膜、乳汁及精液。发病动物口腔和蹄部的病变和症状最明显。FMD 可引起幼畜死亡(可达 80%)、产奶量下降、体重降低、肉品质下降,动物的生产性能降低。该病毒偶尔也可感染人。

1.临床症状 体温上升到 40～41℃,精神萎靡不振,在口腔黏膜、乳房和蹄部的皮肤上出现水疱和烂斑,如果家畜蹄部发生更严重的病变,家畜会出现行走困难或跛行的状况。一般情况下,牛感染之后,其唇部、齿龈、舌头和面颊上就会出现豆子大的水疱,颜色呈红色,有的还会出现烂斑,流涎增多,涎液呈白色泡沫状。若猪受感染,就会在蹄冠、蹄叉等部位出现水疱,影响猪的行动,口和鼻也可能会出现水肿。绵羊在感染后会出现跛行的状况,而山羊则是舌面发生水疱。

2.病理变化 幼畜会发生急性心肌炎以及顽固性坏死性肠炎,心肌出现脂肪变性,呈黄色、白色或者黄白色,故名“虎斑心”。

3.实验室检验

(1)动物或细胞接种试验:病料离心取上清液接种实验动物或组织培养细胞,如果病料中含有 FMDV,敏感实验动物(豚鼠)可出现典型的症状,细胞也会出现 CPE。

(2)补体结合试验(CFT):应用可溶性抗原与相应的抗体结合,随后结合并激活补体,再加入抗体致敏的红细胞,即可根据是否出现溶血反应判定反应系统中是否存在相应的抗原和抗体。补体不能和单独的抗原或抗体结合，若待检材料中的 FMD 抗原(或抗体)不对应或没有相应的抗原(或抗体)，就不能形成抗原抗体复合物，补体便只能和绵羊红细胞与溶血素(抗细胞抗体)构成的溶血系统结合，引起红细胞溶解，此时 CFT 结果为阴性；若待检材料中的 MFDV 抗原(或抗体)与某型抗体(或抗原)特异结合，则反应混合液中的补体将被激活并消耗掉，就不参与溶血反应，红细胞不会被溶解，此时 CFT 结果判为阳性。

(3)病毒中和试验(VNT)：即利用血清抗体对病毒的特异性中和作用，使病毒失去吸附细胞的能力或抑制其侵入和脱衣，丧失对易感动物和敏感细胞的感染力，VNT 既可用来鉴定抗原，又可用来定量抗体，具有型特异性，是最经典的 FMDV 检测和鉴定方法，并常作其他方法的参照。

(4)间接夹心 ELISA：该方法被 OIE 口蹄疫世界参考实验室确认可优先用于检测 FMDV 抗原和病毒血清型。在用已知型特异性的捕获抗体包被的反应孔内加入被检病毒样品，再依次加入检测抗体(豚鼠抗血清)、酶标二抗(羊抗豚鼠抗体)和显色剂(底物溶液)，并设强阳性、弱阳性、阴性和空白对照，每一步结束时都应充分洗涤，以去除未结合的试剂成分。出现颜色反应可判为阳性反应，强阳性反应时用肉眼即可判定。还可采用 OIE 推荐的 ELISA 试剂盒检测 FMDV IAA(3ABC)的抗体，可区别纯化灭活疫苗免疫的动物，并且适用检测所有血清型 FMDV。

口蹄疫病毒具有高度感染性，可经空气、飞沫快速传播，还可经消化道感染，病愈反刍动物长期带毒排毒，故要采取科学、合理的防制措施。口蹄疫病流行区，可根据需要，在春、秋两季对家畜取皮下或肌肉注射途径接种单价或多价灭活疫苗，甚至是用新出现的病毒亚型灭活疫苗。牛可在 1～2 岁时用 1 mL，2 岁以上可用 2 mL；羊在 4～12 月龄只能用 0.5 mL，1 岁以上注射 1 mL。免疫期可达 4～6 个月。

四、实训操作方法和步骤

1.临床检查 测量动物体温，观察其精神状况，口腔黏膜、乳房、蹄部有无水疱或烂斑。

2.病理剖检 观察幼畜心脏松软度，其形状和颜色是否像是被煮过的，在心脏内部有无灰白色或者淡黄色斑点和条纹。

3.实验室检查

(1)细胞接种试验：采集新鲜未破溃的水疱皮或水疱液制成 1∶5 的悬液，再按每毫升含双抗 1 000 U 的比例加入双抗，置 4℃浸出病毒 4～6 h，离心取上清液接种犊牛甲状腺原代细胞，逐日镜下观察细胞病变效应(CPE)。

(2)补体结合试验：用 U 形微量反应板操作，一排血清对照孔。各孔内先加 GVB2＋溶液 0.025 mL，用金属稀释棒蘸取已灭活的被检血清(0.025 mL)插入第一孔旋转均匀后，移入第二孔，依此类推稀释至 1∶16。然后按实验要求滴加 4U 抗原、2U 补体，对照各孔不足 0.075 mL 的用 GVB2＋缓冲液补足，摇匀后置 37℃孵箱 1 h，加入抗体致敏的 2%绵羊红细胞悬液，充分摇匀，置 37℃ 30 min 后又放 4℃冰箱 2 h，观察结果。

(3)病毒中和试验：将从病料中分离到的病毒与 FMDV 型特异的豚鼠抗血清混合并孵育 30～60 min，再接种牛甲状腺原代细胞，观察并统计 CPE 情况。

(4)间接 ELISA(双夹心 ELISA)：向一抗包被好的反应孔内加入被检病毒样品溶液，并设强阳性、弱阳性、阴性和空白对照，再加每个 FMDV 型特异的豚鼠抗血清(检测抗体)，再加酶标记的羊抗豚鼠二抗，观察颜色反应。

五、操作重点提示

确诊口蹄疫只能将样品送到 BSL-3/4 实验室或 OIE 认可的口蹄疫参考实验室，所用方法的优先顺序为定量 RT-PCR、夹心 ELISA、CFT 和病毒分离。若做动物免疫试验，只能接种确认灭活彻底的疫苗。间接夹心 ELISA 的每一步都应充分洗涤，以排除非特异性反应。

六、实训总结

对实训结果必须以小组为单位，进行充分讨论和归纳总结，并发表各自的防制见解，相互评价和交流心得体会。

七、思考问题

1. 如何进行口蹄疫与猪水疱病、水疱性口腔炎的鉴别诊断？
2. 不同动物患口蹄疫表现有何症状差异？
3. 如果诊断结果是口蹄疫，该如何处理？

实训 5-2　猪瘟的诊治技术

一、实训目标和要求

了解猪瘟的典型及非典型临床症状和病理变化，掌握猪瘟的 RT-PCR 诊断方法，并思考相应的防治措施。

二、实训设备和材料

1.器材　剪刀、解剖盘、手套、体温计、镊子、研钵、离心机、EP 管、振荡器、移液枪、吸头、冰箱、PCR 仪、水浴锅、漩涡混合器、冰盒、天平、量筒、电泳仪、电泳槽、微波炉。

2.试剂　Trizol 试剂、氯仿、异丙醇、冷乙醇，cDNA 第一链合成试剂盒、猪瘟病毒特异引物、琼脂糖、1×TAE 缓冲液、核酸染料 goldview、6×loading buffer 和 DNA marker。

三、知识背景

猪瘟是由典型猪瘟病毒(CSFV)引起的一种急性或慢性、热性、高度接触性的全身性传染病。不同年龄、品种的猪都易感。主要通过消化道、呼吸道、眼结膜、皮肤创口等途径感染传播，由扁桃体扩散至内皮细胞和淋巴细胞。该病发病急，感染率及死亡率高，以全身败血，内脏实质器官广泛出血、坏死和梗死为显著特征。因毒株的毒力差异和病程阶段不同，临床和病理剖检可明显不同。

1.临床症状

(1)典型性猪瘟，表现呆滞，昏睡，行动迟缓，站立一旁，弓背怕冷，低头垂尾，食欲减少，进而停食，体温升高至 41～42℃或以上，高热稽留，病猪眼睑膜发炎，两眼有多量黏液、脓性分泌物，眼睑浮肿，先便秘后黄色样腹泻或呕吐。公猪包皮内有尿液，腹下、鼻端、耳根、四肢内侧和外阴等处皮肤充血，后期变为紫绀或出血，常并发肺炎和纤维性坏死性肠炎，大多数病猪在感染后 10～20 d 死亡。

(2)非典型性猪瘟，临诊症状较轻，体温一般在 40～41℃，病猪耳、尾、四肢末端皮肤坏死，发育停滞，到后期站立不稳，后肢瘫痪，部分跗关节肿大，食欲时好时坏，体温忽高忽低，大多数能存活 6 个月以上，最终死亡，不死的仔猪最终也成为僵猪。中低毒力毒株会引起持续感染，这样的猪群可见莫名其妙的母猪繁殖力下降或繁殖障碍和仔猪先天性痉挛症。

2.剖检病变　可见耳根部、颈部、腹股沟、四肢内侧出血，皮下有小出血点；腹股沟淋巴结、颌下淋巴结、肠系膜处淋巴结明显肿胀，呈紫红色，切面呈大理石样外翻；脾边缘有紫黑色梗死灶；肝、肺出血，胃底黏膜呈弥漫性出血；肾呈土黄色，表面有小出血点。慢性猪瘟的出血变化较不明显，但在回肠末端、盲肠和结肠常有特征性的伪膜性坏死和溃疡，呈纽扣状。

3.实验室检查　可参照国家标准(GB/T 16551—2008)方法进行。典型性猪瘟根据病理剖检和临床特征进行初步诊断比较容易。但非典型性猪瘟或不确定情况下，通常还须取淋巴组织(扁桃体、淋巴结和脾)，借助免疫组织化学染色或 RT-PCR 等分子生物学技术做病原学诊断。单克隆抗体反应和 RT-PCR 都可用于区别牛病毒性腹泻病毒(BVDV)或边地病病毒(BDV)感染。必要时可做病毒分离培养,但因难产生 CPE,须用新城疫病毒强化试验、荧光抗体染色等特殊方法进一步检查。

4.猪瘟的防治

(1)加强饲养管理,加强减毒疫苗的管理和提高免疫质量,在保育猪的饲料中添加抗应急的药物;

(2)做好生物安全措施,对场地、圈舍、道路、用具等严格消毒,限制猪群、猪肉、相关人员的随意流动;

(3)定期做血清抗体监测,制定科学合理的免疫程序;

(4)猪群发病初期可用抗血清进行紧急被动免疫或用减毒疫苗做紧急主动免疫(接种后 3 d 就有效)。

四、实训操作方法和步骤

1.观察　准确测量病猪体温,观察有无便秘腹泻,运动是否正常,颈部、腹下、四肢内侧有无发绀或皮肤出血现象。

2.病理剖检　观察胃底黏膜、脾、肝、肺、肾及膀胱有无出血点或坏死。

3.实验室诊断　取病死仔猪扁桃体、脾、淋巴结组织,将其剪碎,添加 3 倍灭菌生理盐水,用匀浆器研磨制成悬液。悬液经反复冻融 3 次,低速离心取上清液,于－80℃冰箱冻存备用。

根据 Gen Bank AY663656 的 mRNA 序列,应用 Prime 5.0 软件设计引物,扩增约 1 065 bp 的 CSFV E2 基因。

上游引物:5′-ATGGTAACTGGGGCACAAGG-3′;

下游引物:5′-TCACACCACCAAGACAACAA-3′。

从冻存的上清液中提取病毒 RNA 基因组:取预先经焦碳酸二乙酯(DEPC)水处理过的 1.5 mL EP 管 1 个,加入 250 μL 上清液,接着加入 750 μL Trizol 试剂,涡旋混匀,室温静置 5 min;再加入 200 μL 氯仿,然后上下颠倒摇动数次,室温静置 10 min;以 4℃ 12 000 r/min 离心 10 min;取上层液体 400 μL 转移至新管内,再加入预冷的异丙醇 200 μL,混匀于－20℃放置 30 min;于 4℃条件下 12 000 r/min 离心 10 min;弃上清液,用预冷的 75%乙醇溶液洗涤沉淀;再次同样条件下离心 10 min;弃上清液,将该 EP 管放置室温或 37℃温箱干燥 10 min;最后加入 30 μL 含 DEPC 的灭菌水,得到的溶液中即含病毒的 RNA 基因组。

病毒的 RT-PCR 反转录步骤:取预先经 DEPC 水处理过的 1.5 mL EP 管 1 个,加入 RNA 提取物 10 μL、下游引物(20 μmol/L)2 μL,70℃水浴 10 min;取出后再加入 5×第一链合成缓冲液 4 μL、d NTP (10 mmol/L) 3 μL、Mo-MLV 酶 1.0 μL,42℃水浴 60 min;取出后放置 70℃水浴 15 min,得到的溶液即为 cDNA。

设定 PCR 扩增程序:94℃ 3 min、94℃ 45 s、55℃ 45 s、72℃ 1 min,35 个循环,72℃ 10 min。

凝胶电泳:取 1 g 琼脂糖粉溶于 100 mL TAE 缓冲液,在微波炉中加热 3 min,或加热至彻底溶解、溶液呈清亮为止,取出后加入 5 μL goldview,倒入制胶板内,制胶厚度不宜超过梳子的 1/3,待自然冷却凝固,放入电泳槽中,添加 TAE,电泳 30 min,紫外灯照射下观察,分析扩增产物条带的大小和扩增特异性。

五、操作重点提示

由于 RNA 很容易被环境中的 RNA 酶降解，提取 RNA 所用到的 EP 管均需 DEPC 溶液充分处理，并在低温条件下进行。

六、实训总结

分组讨论、总结检测结果，对实验过程中出现问题进行讨论，可重点展示 RNA 的提取过程及注意事项。

七、思考题

1. 猪瘟和非洲猪瘟有何区别？
2. 猪瘟病毒的自然感染和疫苗接种如何鉴别？
3. 如何鉴别猪瘟与猪链球菌病？

实训 5-3　猪蓝耳病的诊治技术

一、实训目标和要求

掌握猪繁殖与呼吸综合征(猪蓝耳病,PRRS)临床诊断要点及血清学检测方法;熟悉分子生物学诊断技术;可根据生产实际情况,灵活运用合适检测方法及结果分析;掌握猪繁殖与呼吸综合征防控的关键措施。

二、实训设备和材料

(一)病毒分离与鉴定

1.器材　二氧化碳培养箱、普通冰箱及低温冰箱、倒置生物显微镜、恒温水浴箱、离心机及离心管、96孔细胞培养板、微量移液器、组织研磨器、孔径0.2 μm的微孔滤器及滤膜。

2.试剂　RPMI1640细胞培养液、DMEM细胞培养液、犊牛血清、青霉素(10^4 IU/mL)溶液、7.5%碳酸氢钠溶液等。

3.细胞　猪原代肺泡巨噬细胞、MARC-145。

(二)间接免疫荧光试验

1.器材　荧光显微镜、二氧化碳培养箱、恒温箱、保湿盒、微量移液器等。

2.试剂　兔抗猪IgG异硫氰酸荧光素(FIFC)结合物、标准阳性血清和标准阴性血清。

3.样品　被检血清应新鲜、透明、无溶血、无污染,试验前用PBS作20倍稀释。

(三)间接ELISA试验

1.器材　96孔平底微量反应板、微量移液器、酶标测定仪、恒温箱、保湿盒等。

2.试剂　PRRSV抗原和正常细胞对照抗原、兔抗猪IgG HRP结合物(简称酶标抗体)、标准阳性血清和标准阴性血清。使用前按说明书规定用抗原稀释至正常工作浓度。抗原稀释液为碳酸盐缓冲液、血清稀释液(1%犊牛血清白蛋白)、洗涤液(PBS液-0.05%吐温)、封闭液(1%犊牛血清白蛋白)和底物溶液($TMB-H_2O_2$)、终止液(1 mol/L氢氟酸溶液)。

(四)反转录-聚合酶链式反应试验

1.器材　PCR检测仪,高速台式冷冻离心机(离心速度12 000 r/min以上),台式离心机(离心速度12 000 r/min),稳压稳流电泳仪和水平电泳槽,电泳凝胶成像系统(或紫外分析仪),混匀器,冰箱,微量移液器(10 μL、100 μL、1 000 μL)及配套无RNA酶污染带滤芯吸头,Eppendorf管。

2.试剂　PBS,裂解液(Trizol、Tri-reagent等其他等效裂解液);氯仿;异丙醇(−20℃预冷);75%乙醇;DEPC水;M-MLV反转录酶;5×RT缓冲液;RNA酶抑制剂;Taq酶;10×

PCR 缓冲液;dNTP 混合物;电泳缓冲液(TBE);上样缓冲液(10×loading buffer 或 6×loading buffer);溴化乙啶(EB)。

三、知识背景

猪繁殖与呼吸综合征(PRRS)是由病毒引起猪的一种繁殖和呼吸障碍为主要特征的传染病。PRRS 的诊断方法有多种。依据临床症状和病理变化只可做出初步诊断,确诊依靠实验室检测。病毒分离与鉴定多用于急性病例的确诊和新疫区的确定,RT-PCR 适用于该病病原的快速诊断。血清学方法主要用于检测 PRRSV 抗体。IFA 和间接 ELISA 群体水平上进行血清学诊断较易操作,特异性强,敏感性高,但是对于个体检测比较困难,有时出现非特异性反应,但是在 2～4 周后采血检测能解决此问题。

四、实训操作方法和步骤

(一)诊断要点

1.临床症状

(1)母猪:主要表现为流产、死胎、早产、木乃伊胎等繁殖障碍,产弱仔,间情期延长或不孕,产后无乳,胎衣不下。发热,昏睡,精神、食欲不振;病猪耳朵、阴门、尾巴、腹部、鼻孔等处发绀。不同程度呼吸困难(很少咳嗽),结膜炎、鼻炎。

(2)仔猪:新生仔猪呼吸困难,腹式呼吸(在哺乳与断奶猪亦可见),体温 40～41℃,部分猪耳部等处发绀,皮毛粗乱,扎堆,眼睑水肿,结膜炎,也可见顽固性腹泻。

(3)育肥猪:临床症状不明显,有时厌食和轻度呼吸困难,部分出现皮肤发绀,易继发感染,生长缓慢。

(4)公猪:厌食,精液质量下降,精子运动力下降,畸形精子比率上升。

2.病理变化

单纯感染以肺为主,肺有出血斑,或有肝变病灶(暗红色),腹股沟、肺门淋巴结肿大、出血,胸、腹腔积液,脑积液,如继发感染,则病变复杂化,症状多样性。

(二)病原学诊断

1.病料的采集与处理 采集病猪、疑似病猪、新鲜死胎或活产胎儿组织的病料,哺乳仔猪的肺、脾、脑、扁桃体、支气管淋巴结、血清和胸腔液等,木乃伊胎儿和组织自溶胎儿不宜用于病毒分离。用含抗生素的维持液(含 2%胎牛血清的 DMEM 营养液)做 1∶10 稀释,4 500 r/min 离心 30 min,经 0.45 μm 滤膜过滤,上清液用 DMEM 做 1∶30 稀释,制成悬液,供病毒分离使用。

2.病原的分离

(1)细胞培养,将病料制备的上清液接种于猪肺巨噬细胞(PAM)、MARC-145 细胞单层,于 37℃吸附 24 h,加含 4%胎牛血清的 DMEM,培养 7d。观察 CPE。每份样品可盲传一代,出现 CPE 并能被特异性的抗血清中和的样品即为 PRRSV。

(2)动物试验,选取 6 日龄 SPF 猪或无 PRRS 血清中和抗体的仔猪,鼻内接种抗生素处理过的病料悬液,可于接种后 1 d 于肺前叶尖部出现 2 cm×2 cm 的肺炎病灶,接种后 3 d 肺有轻度肝样变,接种后 6～8 d 的病灶几乎覆盖整个肺前叶,同时,接种后 2～3 d 可见腹膜及肾周围脂肪、肠系膜淋巴结及皮下脂肪和肌肉发生水肿。

3.病原的鉴定

(1)电子显微镜检查：将被检验品(病毒细胞培养物冻融后的离心上清液)悬浮液滴一滴(约 20 μL)在蜡盘上。将被覆 Formvar 膜的铜网，膜面朝下放到液滴上，吸附 2～3 min，取下铜网，用滤纸吸掉多余的液体。再将该铜网放到 pH 为 7.0、2%的磷钨酸染色液上染色 1～2 min，取下铜网，用滤纸吸掉多余的染色液。干燥后，放入电镜进行检查。可见带有纤突，呈球形或卵圆形，具有囊膜，二十面体对称的病毒粒子。病毒粒子的直径 30～35 nm，纤突长为 5 nm。

(2)间接免疫荧光试验(IFA)：在 96 孔板中每孔加入 PBS 190 μL，再分别加入待检血清、阳性血清、阴性血清 10 μL(1∶20 稀释)。

96 孔板 IFA 操作步骤：取 96 孔 IFA 诊断板，加入 150 μL PBS，室温浸润 5 min，弃去板中液体，并在吸水纸上轻轻拍干。在 96 孔 IFA 诊断板的感染和非感染细胞孔内分别加入 50 μL 稀释血清，封板后，湿盒中 37℃作用 30 min，弃去板中血清，在吸水纸上轻轻拍干。每孔加入 PBS 200 μL，洗板六次，弃去液体。每孔加入工作浓度的兔抗猪 IgG-FITC 结合物 50 μL，在 37℃湿盒中作用 30 min。弃去板中结合物，用 PBS 洗涤 4 次后，最后在吸水纸上轻轻拍干。用荧光显微镜观察。

结果判断：在对照血清成立的前提下进行，即标准阳性血清对感染细胞孔应出现典型的特异荧光，而未感染细胞孔不出现荧光；标准阴性血清对感染细胞孔和未感染细胞孔均不出现荧光。被检血清中未见感染细胞孔不出现荧光，感染细胞孔出现绿色荧光，判为阳性；未感染细胞和感染细胞中都没有特异性绿色荧光，判为阴性。任何血清在 1∶20 稀释条件下出现可疑结果时应重新检测，或 2～3 周后重新采样进行检测，重复检测仍为可疑，判为阴性。

(3)反转录-聚合酶链式反应试验(RT-PCR)：检测 PRRSV 核酸引物序列如下：

上游引物 P1：5′-GCGGATCCATGCCAAATAACAAC-3′

下游引物 P2：5′-AGCTCGAGTCATGCTGAGGGTGA-3′

样品总 RNA 的提取：取 *n* 个灭菌的 1.5 mL Eppendorf 管，其中 *n* 为被检样品、阳性对照与阴性对照，编号。每管加入 600 μL 的细胞裂解液，分别加入被检样品、阴性对照、阳性对照各 200 μL，每加 1 份样品换用 1 个吸头，再各加入 200 μL 氯仿，在混匀器上振荡混匀 5 s。于 4℃、以 12 000 r/min，离心 15 min。取等量的灭菌的 1.5 mL Eppendorf 管，加入 500 μL 异丙醇(−20℃预冷)，做标记。吸取上一步骤各管中上清液转移至相应的管中，上清液应至少吸取 500 μL(不能吸出中间层)，颠倒混匀。于 4℃、以 12 000 r/min 离心 15 min，小心倒去上清，倒置于吸水纸上，蘸干液体；加入 600 μL 75%乙醇，颠倒洗涤。于 4℃、12 000 r/min 离心 10 min，小心倒去上清，倒置于吸水纸上，尽量蘸干液体。以 4 000 r/min 离心 10 s，将管壁上的残余液体甩到管底，小心倒去上清，用微量加样器将其吸干，一份样品换用一个吸头，吸头不要碰到有沉淀一面，室温干燥 3 min，不能过于干燥，以免 RNA 不溶。加入 11 μL DEPC 水，轻轻混匀，溶解管壁上的 RNA，以 2 000 r/min 离心 5 s，冰上保存备用。提取的 RNA 应在 2 h 内进行 PCR 扩增；若需长期保存应放置于−70℃冰箱内。

①反转录过程。反转录体系(总量 20 μL)。依次在 RT 反应管中加入以下反应物：

提取样品的总 RNA	5 μL
下游引物 P2	1 μL
5×RT 缓冲	4 μL

10 mmol/L dNTP	2 μL
RNA 酶抑制剂	1 μL
M-MLV 反转录酶	1 μL
DEPC 水	6 μL

反转录条件：42℃ 60 min，95℃ 5 min。

②PCR 扩增。PCR 反应体系如下：

反转录产物	10 μL
10×PCR 缓冲液	5 μL
10 mmol/L dNTP	1 μL
10×$MgCl_2$(25 mmol/L)	3 μL
上游引物(20 μmol/L)	1 μL
下游引物(20 μmol/L)	1 μL
Taq 酶(5 U/μL)	0.5 μL
加 DEPC 水至	50 μL

PCR 反应程序：各种试剂充分混合均匀后，以 4 000 r/min 离心 30 s，放入 PCR 仪中，设定 PCR 程序为 95℃ 5 min，95℃ 1 min，51℃ 1 min，72℃ 1 min，35 个循环；72℃ 10 min。试验结果根据琼脂糖凝胶电泳来判断。

③琼脂糖凝胶电泳。

1%琼脂糖凝胶的制备：称取 1 g 琼脂糖，加入到 100 mL 1×TAE 缓冲液中。加热融化后稍冷却到 40℃左右加 5 μL(10 mg/mL)溴化乙啶，混匀后倒入放置在水平台面上的凝胶盘中，胶板厚 5 mm 左右。依据样品数量选用合适型号的梳子。带凝胶冷却凝固后拔出梳子，放入水平电泳槽中，加 1×TAE 缓冲液淹没胶面。

加样：取 8 μL PCR 扩增产物和 2 μL 上样缓冲液混匀后加入一个加样孔。每次电泳应加阳性对照和阴性对照的扩增产物。并且设立 DNA 标准分子质量 Marker 作分子量大小对照。

电泳条件：电压 80～100 V，或电流 40～50 mA，电泳时间 30～40 min。

结果观察和判断：在紫外灯下观察核酸条带并判断，PCR 后阳性会出现约 372 bp 的 DNA 片段，阴性对照和空白对照没有核酸条带；待检测样品电泳后应在相应 372 bp 位置上有条带者为 PRRSV 核酸检测阳性；无条带或条带的大小不是 372 bp 的为 PRRSV 核酸检测阴性。

必要时，可取 PCR 扩增产物进行序列测定，序列结果与已公开发表的 PRRSV 特异性片段序列进行比对，序列同源性在 95%以上，可判定待测样品 PRRSV 核酸检测阳性。

(三)抗体检测(间接 ELISA)

1.被检样品 被检血清应新鲜、透明、无溶血、无污染，试验前用血清稀释液做 1∶20 稀释。

2.操作方法

(1)取 96 孔微量反应板，于奇数列加入工作浓度的病毒抗原，偶数列加入工作浓度的对照抗原，每孔 100 μL，封板，置于湿盒内，37℃恒温箱中感作 60 min，置 4℃过夜。

(2)弃去板中包被液，加洗涤液洗板，每孔 300 μL，洗涤 3 次，每次 1 min。在吸水纸上轻轻拍干。

(3)每孔加入封闭液 100 μL,封板后置湿盒内 37℃恒温箱中感作 60 min。洗涤方法同上。

(4)反应板编号后,对号加入已作稀释的被检血清、标准阳性血清和标准阴性血清。每份血清各加 2 个病毒抗原孔和 2 个对照抗原孔,孔位相邻。每孔加样量均为 100 μL。封板,置湿盒内,于 37℃恒温箱中感作 30 min。洗板,方法同上。

(5)每孔加工作浓度的酶标抗体 100 μL,封板,放湿盒内,37℃恒温箱中感作 30 min。洗板,方法同上。

(6)每孔加入新配制的底物溶液 100 μL,封板,在 37℃温箱中避光感作 15 min。每孔加终止液 100 μL 终止反应。

(7)光密度(OD)值测定,在酶标仪上读取反应各孔溶液的 OD 值,记入专用表格。

3.结果判断　阳性对照 OD 值与阴性对照 OD 值的差应大于或等于 0.15 时,才可进行结果判定。否则,本次试验无效。

判定标准与说明:$S/P<0.3$,判定为 PRRSV 抗体阴性,记作间接 ELISA(－);$0.3\leqslant S/P<0.4$,判定为可疑,记作间接 ELISA(＋);$S/P\geqslant 0.4$,判定为 PRRSV 抗体阳性,记作间接 ELISA(＋)。

判定为可疑样品,可重复检测一次,如果检测结果仍为可疑,可判定阳性;也可采用其他血清学检查方法进行检查。

注:间接 ELISA 试验也可采用经过验证的商品化检测试剂盒。

五、操作重点提示

(1)在临床上怀疑有 PRRSV 感染时,可根据实际情况,选用一种或两种方法进行确诊,对于未接种过 PRRSV 疫苗,经任何一种方法检测呈阳性结果时,都可最终判定为 PRRSV 感染猪。

(2)对于接种过 PRRSV 灭活疫苗并在疫苗免疫期内的猪或已超越疫苗免疫期的猪,当病毒分离鉴定试验结果为阳性时,可终判为 PRRSV 感染者;当仅血清学试验呈阳性结果时,应结合病史和疫苗接种史进行综合判定,不可一律视为 PRRSV 感染猪。

(3)实训前做好工作服、手套、口罩等防护措施,过程中不得进食、饮水。

(4)病原污染的台面与器械均要进行消毒处理,剩余病料和病原培养物必须经消毒后方可丢弃。

(5)爱惜使用仪器设备,必须按照老师指导方法和步骤进行操作;使用药品力求节省,不可浪费。

(6)实训结束后,要将所用器械进行摆放整齐,完成所需记录填写。

六、实训总结

应以小组为单位,对实训结果进行讨论和归纳总结,发表各自的防制见解,相互评价和交流心得体会,并写好实训报告。

七、思考题

1.简述猪繁殖与呼吸综合征的诊断要点。

2.简述猪繁殖与呼吸综合征实验室诊断流程。

实训 5-4 猪伪狂犬病的诊治技术

一、实训目标和要求

掌握猪伪狂犬病临床诊断要点；掌握猪伪狂犬病毒分离培养、分子生物学诊断、免疫学诊断方法的操作及注意事项；可根据生产实际情况，灵活运用合适检测方法及结果分析；掌握猪伪狂犬病防控的关键措施。

二、实训设备和材料

1.**病毒分离鉴定** DMEM 营养液，仓鼠肾细胞（BHK21）或猪肾细胞（PK-15），新生犊牛血清，青霉素，链霉素，0.22 μm 微孔滤膜，细胞培养瓶。

2.**聚合酶链式反应** 蛋白酶 K，十二烷基硫酸钠（SDS），苯酚，三氯甲烷，异戊醇（分析纯），溴化乙啶（EB），TEN 缓冲液。

3.**血清中和试验** 0.25%胰酶（胰蛋白酶 250 mg 加入 100 mL Hanks 液中，充分溶解后，过滤除菌，−20℃保存，PK-15 细胞；伪狂犬病阳性血清、阴性血清、伪狂犬病标准弱毒株；96 孔细胞培养板。

4.**酶联免疫吸附试验** 抗原、酶标抗体、阴性血清、阳性血清；底物邻苯二胺-过氧化氢（OPD-H_2O_2）溶液，抗原包被液（0.025 mol/L pH 9.6 碳酸盐缓冲液）、封闭液（0.1 g BSA/100 mL）、冲洗液（0.05%吐温-20 pH 7.4 磷酸盐缓冲液）、终止液（2 mol/L 硫酸），酶标反应板。

5.**胶乳凝集试验** 伪狂犬病胶乳凝集抗原、伪狂犬病阳性血清、阴性血清，稀释液（0.1 mol/L pH 7.4 磷酸盐缓冲液）。

三、知识背景

猪伪狂犬病是由伪狂犬病毒引起的一种急性传染病。临床上可通过发病猪出现以下症状进行初步诊断。新生仔猪主要表现神经症状，还可侵害消化系统。成年猪常为隐性感染，妊娠母猪感染可引起流产、死胎及呼吸困难。公猪表现为繁殖障碍和呼吸系统症状。确诊还需进行实验室诊断。

1.**病毒分离与动物试验** 将病毒在 BHK 细胞或 PK-15 细胞上繁殖后，可产生 CPE，将细胞毒接种兔子，可使兔子的注射部位皮肤发生痒感。

2.**PCR 检测方法** 该方法可利用检测引物特异性与伪狂犬病毒基因结合，并进行目的基因扩增，从而借助琼脂糖凝胶电泳确定扩增片段，该方法具有快速、准确和灵敏度高的特点。可利用该方法直接检测采集病料中或细胞分离培养的伪狂犬病毒核酸存在，从而证实有伪狂犬病毒感染。

3.**ELISA 和乳胶凝集试验** 可利用已知的伪狂犬病毒作为抗原，检查被检血清中伪狂犬病毒抗体。可根据被检猪的伪狂犬疫苗免疫背景情况进行分析，如被检猪未被疫苗免疫或者免疫时间超过保护期时，检测抗体可证实感染；如被检猪已被疫苗免疫，可根据检测结果中数值，以及免疫时间来评价免疫效果。

四、实训操作方法和步骤

（一）诊断要点

猪的易感性随着年龄而有所不同，10～20 日龄哺乳仔猪感染后病死率很高，而大猪多数为隐性经过。本病的感染途径是呼吸道、消化道，损伤的皮肤、黏膜以及通过交配或吸血昆虫叮咬传播。

主要呈现脑膜炎和败血症的综合症状，无瘙痒现象，20 日龄以内的病猪表现为体温升高到 41～42℃（后期降至常温以下），精神不振，不吃，流涎，叫声嘶哑，肌肉痉挛收缩，鼻歪向一侧，兴奋不安，步态僵硬，运动失调或倒地抽搐；有时出现向前冲、后退或转圈运动；最后出现四肢瘫痪、麻痹、倒地侧卧，昏迷死亡。而 4 月龄以上的猪仅表现发热，流鼻液，咳嗽，食欲减退，精神萎靡，有时出现呕吐和腹泻或神经症状。母猪可引起流产。

尸体解剖变化：脑充血、水肿，有的病例脑实质有出血点，鼻腔、咽喉、胃肠道黏膜充血、水肿、出血。肝上有白色坏死病灶。

（二）病毒分离与鉴定

1.病料的采集与处理　对死亡病畜或活体送检并处死的动物，以无菌手术采集大脑、三叉神经节、扁桃体、肺等组织，冷藏送实验室检测。待检组织在灭菌乳钵内剪碎，加入灭菌玻璃砂研磨，用灭菌生理盐水或 DMEM 培养液制成 1∶5 乳剂，反复冻融三次，经 3 000 r/min 离心 30 min 后，取上清液经 0.22 μm 微孔滤膜过滤，加入青霉素溶液至最终浓度为 300 IU/mL，链霉素为 100 μg/mL，－70℃保存作为接种材料。

2.病料接种　将病料滤液接种已长成单层的 BHK 细胞（或 PK-15 细胞），接种量为培养液量的 10%，37℃恒温箱中吸附 1 h，加入含 10%新生犊牛血清（已经过 56℃水浴灭活 30 min，过滤除菌，无支原体）的 DMEM 培养液，置 37℃温箱中培养。接种后 36～72 h，细胞应出现典型的 CPE，表现为细胞变圆、拉网、脱落。如第一次接种不出现 CPE，应将细胞培养物冻融后盲传三代，如仍无细胞病变，则判为伪狂犬病病毒检测阴性。

3.病毒的鉴定　将出现细胞病变的细胞培养物，用 PCR 或家兔接种试验，或做进一步鉴定。

(1)聚合酶链反应：

①引物。扩增伪狂犬病毒基因中 434～651 碱基对（bp）之间 217 bp 基因片段，序列为：

上游引物 P1：5′-AGGAGGACGACTGGGGCT-3′

下游引物 P2：5′-GTCCACGCCCCGCTTGAAGCT-3′

②基因组 DNA 的提取。对于病死或扑杀动物，取大脑和三叉神经节、扁桃体、肺等组织；对于待检活猪，用已灭菌的棉签，伸入猪鼻腔中，采取鼻黏液，即为鼻拭子，冷藏条件下送实验室检测。采病料经组织研磨器充分研磨，按1∶5 用 TEN 缓冲液悬浮收集于离心管内，反复冻

融 3 次，7 000 r/min 离心 5 min，如样品为鼻拭子，则加入 25 mL TEN 缓冲液充分挤压，取出棉拭子，7 000 r/min 离心 5 min，取上清液 472.5 μL，加入 25 μL 10％十二烷基硫酸钠和 2.5 μL 的 20 mg/mL 蛋白酶 K，50℃水浴摇床上放置 2 h 后加入等量的饱和酚溶液 500 μL，涡旋 20 s 离心取上清液，加等量的酚：氯仿：异戊醇(25：24：1)抽提一次，再用等量的氯仿：异戊醇(24：1)抽提一次，最后用两倍的无水乙醇沉淀，真空抽干后加入 20 μL 双蒸水溶解(此即为“模板”)，－20℃贮存备用。

③聚合酶链反应(PCR)。先将制备的模板 DNA 置 100℃水浴 10 min 做变性处理，然后立即放于冰浴。PCR 反应体系(按摩尔浓度计算)为：总体积 25 μL，含有 50 mmol/L KCl，10 mmol/L 三羟甲基氨基甲烷-盐酸(Tris-HCl)(pH 9.0)，0.1％三羟甲基氨基甲烷溶液(0.1％TritonX-100)，100 μmol/L dNTPs，0.35 μmol/L 引物，2 mol/L $MgCl_2$，及 0.5 U *Taq* DNA 聚合酶，2 μL 模板 DNA。

扩增条件为：94℃ 变性 3 min，进入循环，94℃ 60 s，65℃ 60 s，72℃ 60 s，40 个循环后 72℃ 延伸 5 min。

PCR 产物的检测：将样品分别加于 1％琼脂凝胶板的各样品孔中，有一孔加标准阳性样品，每孔 10～15 μL PCR 扩增产物，进行电泳，溴化乙啶(EB)染色，在紫外光下观察结果。电泳区带迁移率与标准阳性样品区带迁移率相同的待检样品应判为阳性。为进一步进行 PCR 扩增产物的特异性鉴定，可取 PCR 产物用 *Sal* Ⅰ酶切，酶切产物在 2％琼脂糖凝胶上电泳，EB 染色，在紫外光下观察并与标准分子量相对照，阳性样品可出现 140 bp 和 77 bp 两个片段。

(2)家兔接种试验：

①家兔的选择。选择健康成年家兔，用血清中和试验、乳胶凝集试验、琼脂扩散试验或酶联免疫吸附试验检测，证实为伪狂犬抗体阴性。

②病料的采集及处理。无菌采集疑为该病死亡或扑杀动物的脑组织、扁桃体、淋巴结，混合后剪碎，用组织匀浆器研磨，用无菌生理盐水配成 1：5 乳悬液，反复冻融 2～3 次以后，以 3 000 r/min，离心 10 min，取上清液加入青霉素和链霉素溶液，最终浓度分别为 100 IU/mL 和 100 μg/mL，置 4℃冰箱中作用 12 h，作为待检样品。

③病料接种。将待检样品经颈部皮下注射接种，每只家兔接种 1～2 mL。

④结果观察和判定。伪狂犬病毒感染阳性：被接种动物在接种后 24～48 h 注射部位出现奇痒，家兔啃咬注射局部，导致皮肤溃烂，家兔尖叫，口吐白沫，最终死亡。接种家兔仍健活，判为阴性。

(3)血清中和试验：

①病毒半数组织培养感染量($TCID_{50}$)的测定。将伪狂犬病毒标准毒株接种于长成单层 PK-15 细胞，接种量为培养液的 1/10，37℃培养，待出现病变后，冻融，收获病毒。病毒的滴定用 DMEM 培养液将伪狂犬病病毒做连续 10 倍稀释，即 10^{-1}，10^{-2}，…每个稀释度取 100 μL。加入 96 孔细胞培养板中，随后加入经 25％胰蛋白酶消化的 PK-15 细胞悬液 100 μL(细胞含量以 10^5 个/mL 左右为宜)。每个稀释度做 8 个重复，并设正常细胞培养对照。置 37℃ 5％二氧化碳培养箱中。按照 Reed-Muench 法计算病毒的 $TCID_{50}$。

②中和试验。将无菌采集的待检血清置 56℃水浴灭活 30 min。在细胞培养板各孔中加

入 50 μL DMEM 培养液，随后在第 1 孔中加入待检血清 50 μL 混合后，用微量移液器取出 50 μL，加到第 2 孔中，混匀后取出 50 μL、再加入第 3 孔中，依此类推，直至第 10 孔（将混合液弃去 50 μL），血清稀释度即为 1∶2，1∶4，1∶8，…，1∶1024，每份待检血清稀释度做 3 个重复。加入病毒，将 50 μL 含 200 个 $TCID_{50}$ 的病毒液加到不同稀释度的血清孔中，37℃作用 1 h。每血清孔中加入 100 μL 经胰蛋白酶消化分散的 PK-15 细胞悬液（细胞含量以 10^5 个/mL 左右为宜）。

设立对照组。病毒回归试验，每次试验每一块板上都设立病毒对照，先将 200 $TCID_{50}$/50 mL 病毒液做 1、10、100、1 000 倍稀释，每个稀释度做 4 孔，每孔加 100 μL 病毒液，然后每孔 100 μL PK-15 细胞悬液。阳性血清、阴性血清、待检血清和正常细胞对照。

③结果观察。逐日观察，记录病变和非病变孔数，共观察 7 d。病毒回归试验中 0.1$TCID_{50}$ 应不引起细胞病变，而 100$TCID_{50}$ 应引起细胞病变，阳性血清、阴性血清、待检血清和正常细胞对照成立，测定结果方有效，否则该试验不能成立。

④计算抗体中和效价。观察后确定能对细胞培养 50%保护的血清最大稀释度，计算抗体中和效价。如抗体效价为 1∶2 及 1∶2 以上则判为伪狂犬病抗体阳性。

(4)酶联免疫吸附试验：

①包被。用包被液将抗原稀释到工作浓度加入酶标板孔内，每孔 100 μL 37℃作用 1 h 后置 4℃冰箱过夜。

②洗涤。弃去孔内液体，用冲洗液洗 3 次，每次 3 min，用吸水纸拍干。

③封闭。各孔加入封闭液 100 μL 37℃作用 1 h。按上述步骤洗涤。

④加入待检血清和阴性、阳性血清对照。待检血清经 56℃ 30 min 灭活后，用冲洗液作 1∶40 稀释，加入抗原孔中，每孔 100 μL；同时将阴性血清对照和阳性血清对照各加入三个抗原孔中，分别记为 A1，A2，A3 和 A4，A5，A6 孔。37℃作用 1 h，重复②步骤。

⑤加入酶标抗体用冲洗液将酶标抗体按工作浓度稀释，每孔加入 100 μL，37℃作用 1 h，重复②步骤。

⑥加入底物邻苯二胺-过氧化氢（OPD-H_2O_2），每孔 100 μL，室温避光显色 25 min。

⑦终止反应。每孔加入 50 μL 终止液终止反应。

⑧测定透光值（OD），在酶联免疫检测仪上于 490 nm 波长处测定光吸收值。

结果的判定。阴性对照光吸收值（OD）3 孔（A1，A2，A3）的平均值（NC）为 NCx＝（A1＋A2＋A3）/3；阳性对照 OD 3 孔（A4，A5，A6）平均值（PC）为 PCx＝（A4＋A5＋A6）/3；血清检测值与阳性对照血清检测值之比（S/P）值为 S/P ＝（样品－NCx）/（PCx－NCx）；如 $S/P \geq 0.5$，则判为抗体阳性；如 $S/P < 0.5$，则判为抗体阴性。

(5)胶乳凝集试验：

①对照试验。取等量的胶乳凝集试验抗原（约 20 μL）分别与阴性血清、阳性血清在洁净的玻片上混合，如分别出现如下判定标准中的不凝集和等于或高于 50%凝集，则对照组成立，可进行待检血清的检测。

②待检血清处理。待检血清不须热灭活或其他方式的灭活处理。

③待检血清的检测。将待检血清用稀释液作倍比稀释后，各取 15 μL 与等量胶乳凝集抗

原在洁净干燥的玻片上用竹签搅拌充分混合，在 3～5 min 内观察结果。

④判定标准。可能出现以下几种凝集结果，即：100 %凝集：混合液透亮，凝集颗粒聚集在液滴的边缘；75%凝集：混合液几乎透明，出现大的凝集颗粒；50 %凝集：凝集颗粒较细，液滴略浑浊；25 %凝集：有少量凝集颗粒，混合液浑浊；0 凝集：无凝集颗粒出现，混合液呈乳白色均匀一致的浑浊。

⑤结果的判定。以出现50%凝集程度的血清最高稀释倍数为该血清的抗体效价，其值≥1∶2 判为伪狂犬病抗体阳性，否则判为抗体阴性。如为阴性，可用血清中和试验或酶联免疫吸附试验进一步检测，可能出现以下三种结果：如为阴性，则判为伪狂犬病抗体阴性；如为可疑，建议在间隔 2 周后再检测，如这三种方法均为阴性或可疑，判为阴性；如这三种方法中任何一种方法为阳性，则判为阳性；如中和试验和酶联免疫吸附试验均为阳性或某一种方法为阳性，均可判为伪狂犬病抗体阳性。

（三）防制

(1)加强检疫，不引入野毒感染的种猪。

(2)免疫接种是预防和控制本病的主要措施，目前 PR 弱毒苗、弱毒灭活苗、野毒灭活苗及基因缺失苗（缺失 gE 糖蛋白的基因工程苗已成为世界首选使用的疫苗）已研制成功，在许多流行地区应用，能有效减缓猪感染后的临诊症状，降低疾病的发生，减少经济损失，但靠疫苗接种不能消灭本病。一般无本病猪场可采用灭活疫苗预防本病。弱毒疫苗如 Bartha 株疫苗，可以用于牛、羊的免疫预防。野生动物和宠物一般不免疫。

(3)控制传染源。鼠类可携带病毒，消灭鼠类对猪场预防本病有重要意义。猪为重要带毒者，因此牛、猪要严格分开饲养。严禁犬、猫和鸟类等进入猪场。及时深埋流产的胎儿和死胎等。

(4)其他措施。本病尚无有效药物治疗，紧急情况下用高免血清治疗，可降低死亡率。另外，采取一些对症治疗措施，如口服补液盐，可减少由于电解质丢失而造成猪的死亡。

(5)伪狂犬病净化与根除计划。利用基因缺失疫苗进行免疫，采用配套的鉴别诊断方法对猪群进行野毒感染的抗体检测和监测。再根据野毒感染阳性率高低，分别制定全群（或部分）淘汰、再引种、高强度免疫、免疫与淘汰等净化方案，培养自建立后备种猪群，在种猪群中逐步净化伪狂犬病，为商品猪场提供健康的种猪，即伪狂犬病的净化与根除计划。伪狂犬病根除计划是国际上控制本病的重要方案。

五、操作重点提示

(1)在细胞培养过程中，要严格遵守无菌操作，避免细菌污染造成影响。

(2)最终诊断结果需要根据临床的初步诊断，免疫背景，结合实验室诊断结果，综合分析，才可以获得准确诊断结果。

(3)实训前做好工作服、手套、口罩等防护措施，过程中不得进食、饮水，避免危险操作。

(4)病原污染的台面与器械均要进行消毒处理，剩余病料和病原培养物必须经消毒后方可丢弃。

(5)爱惜使用仪器设备，必须按照老师指导方法和步骤进行操作；使用药品力求节省，不可浪费。

(6)实训结束后,要将所用器械进行摆放整齐,完成所需记录填写。

六、实训总结

实训结束后,以小组为单位对实训结果进行讨论和归纳总结,发表各自见解,同学之间要进行相互评价和交流心得体会,并写好实训报告。

七、思考题

1.简述猪伪狂犬病实验室诊断流程。

2.简述猪伪狂犬病的综合防治措施。

实训 5-5　猪圆环病毒感染的诊治技术

一、实训目标和要求

掌握猪圆环病毒病临床诊断要点及血清学检测方法；熟悉分子生物学诊断技术；可根据生产实际情况，灵活运用合适检测方法及结果分析；掌握猪圆环病毒病防控的关键措施。

二、实训设备和材料

(一)病毒分离

1.器材　48 孔或 96 孔细胞培养板、微量移液器、恒温水浴箱、二氧化碳恒温箱、普通冰箱及低温冰箱、离心机及离心管、组织研磨器、0.2 μm 的微孔滤膜、普通光学显微镜。

2.试剂　MEM 培养液、胎牛血清、D-氨基葡萄糖、PBS、青霉素(10^4 IU/mL)和链霉素(10^4 μg/mL)溶液。

3.PCV-2 易感细胞　PK15 细胞。

(二)间接免疫荧光试验(IFA)

1.器材　IFA 诊断板、荧光显微镜、恒温箱、保湿盒、微量移液器等。

2.试剂　PCV-2 单克隆抗体、FITC 结合物、0.25%胰蛋白酶、丙酮。

(三)巢式聚合酶链式反应(nPCR)

1.器材　微量振荡器、PCR 仪、微量加样器(0.5～10 μL;5～20 μL;20～200 μL;100～1 000 μL)及配套的带滤芯吸头、生物安全柜、高速台式冷冻离心机(离心速度 12 000 g 以上)、凝胶成像系统、电泳仪、PCR 管、1.5 mL 的离心管等。

2.试剂　50×TAE 缓冲液(pH 8.5)、10 mg/mL 的溴化乙啶(EB)、6×上样缓冲液(6×loding buffer)、苯酚、三氯甲烷、无水乙醇、异戊醇、乙酸钠、*Taq* 酶(5 U/μL)、10×PCR 缓冲液、氯化镁(25 mmol/L)、dNTP(10 mmol/L、琼脂糖、蛋白酶 K、十二烷基磺酸钠(SDS)。

(四)荧光聚合酶链式反应(real-time PCR)

1.试剂　Taq 酶(5 U/μL)、dNTP(10 mmol/L)、苯酚、三氯甲烷、无水乙醇、乙酸钠、75%乙醇、荧光定量 PCR 试剂盒(real time PCR prime× 或 real time PCR master mix×)。

2.器材　微量振荡器、ABI9700 或 Light cycler 荧光 PCR 仪及配套的毛细管、微量加样器(0.5～1.0 μL、5～20 μL、0～200 μL、100～1 000 μL)及配套的带滤芯吸头、高速台式冷冻离心机(离心速度 12 000 *g* 以上)、1.5 mL 的离心管、生物安全柜、超纯水系统等。

三、知识背景

猪圆环病毒病是由猪圆环病毒 2 型引起断奶仔猪的一种多系统衰竭综合征。猪圆环病毒主要有1型和2型,其中圆环病毒2型是主要致病性病原,圆环病毒1型在猪群中广泛存在。由于目前PCV-2感染细胞后,CPE不明显。因此,必须借助nPCR、间接IFA和real-time PCR等方法做进一步鉴定。nPCR可以用引物P1和P2扩增PCV-1型和PCV-2型核酸,以此为模板,利用引物可以准确扩增PCV-2;real-time PCR可以定量检测PCV-2的核酸;间接IFA可利用已知的PCV-2单克隆抗体检测细胞中是否有PCV-2的存在。

四、实训操作方法和步骤

(一)诊断要点

圆环病毒2型相关疾病包括仔猪断奶多系统衰竭综合征、皮炎肾病综合征、间质性肺炎、繁殖障碍等。

1.断奶仔猪多系统衰竭综合征　患猪表现为肌肉衰弱无力,下痢,呼吸困难,黄疸,贫血,生长发育不良,腹股沟淋巴结肿胀明显,康复猪成为僵猪。剖检可见淋巴结肿大,肝变硬,多灶性黏液脓性支气管炎。肺和淋巴结是最主要受损伤的器官。

2.皮炎肾病综合征　此病通常发生在8～18周龄的猪。皮肤出现红紫色病变斑块,在会阴部和四肢最明显,这些斑块有时会相互融合。在极少情况下皮肤病变会消失。病猪表现皮下水肿,有时可以维持2～3周。病理组织学变化为出血性坏死性皮炎和动脉炎,以及渗出性肾小球性肾炎和间质性肾炎,并因而出现胸水和心包积液。

3.间质性肺炎　间质性肺炎主要危害6～14周龄的猪,眼观病变为弥漫性间质性肺炎,颜色灰红色。

4.繁殖障碍　圆环病毒感染可以造成繁殖障碍,导致母猪返情率增加、产木乃伊胎、死胎和弱仔等。此外,圆环病毒还可以引起仔猪的先天性震颤。

(二)病毒的分离与鉴定

1.病料采集　无菌采集病死猪的腹股沟淋巴结、脾、肺、肾等组织样品或病猪的抗凝血,4℃保存,立即送检。若不能立即送检,应置－20℃以下条件保存备检。

2.病毒分离　将采集的组织样品用PBS按1∶10的比例进行稀释,研磨成匀浆,或取病猪的抗凝血,反复冻融3次后,4 500 *g*离心15 min,取上清液,经微孔滤膜过滤除菌,接种在无PCV感染的正常PK-15细胞单层上,感作1 h,倾尽接种液,加入含2%胎牛血清的MEM培养液(含100 IU/mL的青霉素和100 μg/mL的链霉素),37℃继续培养24 h,弃上清液,加入300 mmol/L的D-氨基葡萄糖0.5 mL,作用30 min,倾去,PBS洗涤,再加入含2%胎牛血清的MEM培养液(含100 IU/mL的青霉素和100 μg/mL的链霉素),继续培养24～48 h。

3.病毒鉴定　PCV-2感染PK15细胞后不产生明显的细胞病变效应,故需采用IFA或nPCR等方法做进一步的鉴定。

(1)间接免疫荧光试验(IFA):

①吸取50 μL接种过待检样品,经0.25%胰蛋白酶消化的PK15细胞,加入IFA诊断板中,置超净工作台中风干,然后加100 μL丙酮(－20℃预冷)固定10 min,同时设正常PK15细胞孔和感染了PCV-2的PK15细胞孔作为阴、阳性对照。用PBS(100 mL/孔)清洗IFA诊断板3次,每次3 min,最后弃去PBS,在吸水纸上轻轻拍干。

②滴加工作浓度(PBS稀释1 000倍)的鼠源PCV-2单克隆抗体100 μL,置于湿盒内,37℃感作1 h。PBS清洗IFA诊断板3次,方法同上。

③加入工作浓度(PBS稀释50倍)的兔抗鼠FITC结合物,100 mL/孔,置于湿盒内,37℃感作30～45 min,弃去板中液体,PBS清洗4次,方法同上。

④荧光显微镜检查。在放大100×至400×条件下镜检,荧光显微镜采用蓝紫光(波长:405～490 nm)。

⑤结果判定与解释。标准阳性细胞孔,细胞边界清晰,胞质内应出现典型的特异性亮绿色荧光;标准阴性细胞孔,细胞边界清晰,细胞胞浆内不应出现特异性亮绿色荧光;在阴阳性对照孔检测结果成立的条件下,待检样品细胞孔的细胞胞浆内如出现特异性亮绿色荧光,则证明待检样品内含有PCV-2,判为阳性;否则,判为阴性。

(2)巢式聚合酶链式反应(nPCR):

①扩增引物。外部引物对(P1、P2)可以扩增PCV-1的核苷酸序列,也可以扩增PCV-2的核苷酸序列,扩增产物约为880 bp;内部引物对(P3、P4)只可以扩增PCV-2的核苷酸序列,扩增产物约为260 bp。引物序列如下:

P1:5′-CAACTGCTGTCCCAGCTGTAG-3′;

P2:5′-AGGAGGCGTTACCGCAGAAG-3′;

P3:5′-TAGGTTAGGGCTGTGGCCTT-3′;

P4:5′-CCGCACCTTCGGATATACTG-3′。

②检测样品与处理。

脏器组织:采集病死猪的腹股沟淋巴结、脾、肺、肾等组织样品,用PBS按1∶10的比例稀释,研磨成匀浆,反复冻融3次后,4 500*g*离心15 min,取上清液置于1.5 mL的离心管内编号备检。

细胞悬液:将接种过疑似含PCV-2样品的细胞培养液反复冻融3次后,4 500*g*离心15 min,取上清液置于1.5 mL的离心管内编号备检。

抗凝血:将采集的病猪抗凝血直接编号后备检或4℃保存备检。

对照:取PCV-2细胞增殖液或PCV-2自然感染恢复后的猪抗凝血作为阳性对照;取无PCV-2感染的细胞悬液或无PCV-2感染且未经免疫的猪抗凝血作为阴性对照;取无菌去离子水作为空白对照。

③DNA模板的制备。取病猪抗凝血或经匀浆后提取的组织上清液或细胞悬液100 μL,加入400 μL的PBS,然后加入蛋白酶K至终浓度100 μg/mL和SDS至终浓度10 g/L,55℃水浴2 h,用等体积的苯酚∶氯仿∶异戊醇混合液(体积比为25∶24∶1)、氯仿各抽提1次,吸取水相,加入1/10体积3 mol/L的乙酸钠和2.5倍体积的无水乙醇,轻轻混匀,-20℃沉淀1 h,4℃条件下12 000*g*离心15 min,弃上清液,沉淀干燥后悬浮于无菌去离子水中,取适量用作PCR模板或-20℃以下保存备用。

④反应体系(两次的反应体系均为50 μL)。

上游引物(浓度为10 pmol/L)	1 μL
下游引物(浓度为10 pmol/L)	1 μL
10×PCR缓冲液	5 μL
dNTP(10 mmol/L)	1 μL

Taq 酶　　1 μL

模板 DNA　　2 μL

去离子水　　39 μL

对照组的设置：同时设置 PCV-2 阴性对照、PCV-2 阳性对照和空白对照。对照组反应体系中，除模板外其余组成成分相同。

⑤反应条件（两次的反应条件相同）。

94℃　　2 min

94℃　　30 s　　30 个循环

65℃　　30 s

72℃　　1 min

72℃　　5 min

反应结束后取出 PCR 反应管，3 000g 以下瞬时离心，取扩增产物进行电泳分析。

⑥电泳分析。取 1.5 g 琼脂糖，加入 100 mL 的 1×TAE 缓冲液，配制 1.5%的琼脂糖溶液。加热溶解，待冷却（约 55℃）后，在每 100 mL 琼脂糖溶液中加入 5 μL 的 EB 溶液（10 mg/mL），混匀，制备电泳凝胶。在凝胶孔内分别添加 5 μL 扩增产物（需和上样缓冲液充分混合）和 DNA 分子量标记物（marker），电泳（电压约为 5 V/cm）后取琼脂糖凝胶置于凝胶成像系统内进行分析。

⑦结果判定。在各对照组成立的条件下，以标准 marker 及阳性对照为基准，nPCR 结束后若得到 260bp 左右的电泳条带，则可初步判断为 PCV-2 阳性，否则判为 PCV-2 阴性。若 nPCR 扩增产物与 Genbank 中发布的有关序列或参考序列的同源性高于 90%以上，则判为 PCV-2 阳性，否则判为 PCV-2 阴性。

(3)荧光聚合酶链式反应（real-time PCR）：

①引物和探针。

引物 P5：5′-CGCTGGAGAAGGAAAAATGG-3′

引物 P6：5′-CTTGACAGTATATCCGAAGGT-3′

探针：FAM 5′-TTCAACACCCGCCTCTCCCG-3′ TAMRA

②样品的制备与 DNA 模板制备。样品制备与 PCR 反应的样品制备与处理方法相同。DNA 模板的制备与 PCR 反应的 DNA 模板制备方法相同。

③荧光 PCR 反应。反应体系（25 μL）如下。同时设置 PCV-2 阴性对照、PCV-2 阳性对照和空白对照。对照组反应体系中，除模板外，其余组成成分相同。

上游引物（10 pmol/L）　　0.5 μL

下游引物（10 pmol/L）　　0.5 μL

real time PCR prime× 或 real time PCR master mix×　　12.5 μL

探针　　0.5 μL

模板 DNA　　1 μL

无菌去离子水　　10 μL

混匀，3 000g 以下瞬时离心后置荧光 PCR 仪内开始反应。

反应条件如下：预变性 94℃/30 s。扩增 94℃/10 s，60℃/30 s，40 个循环，在退火延伸时收集各循环的荧光。反应结束后，根据荧光曲线和 Ct 值判定结果。

④结果判定。

结果分析条件设定：直接读取检测结果。阈值设定原则根据仪器的噪声情况进行调整，以阈值线刚好超过正常阴性对照样品扩增曲线的最高点为准。

质控标准，阴性对照：无 *Ct* 值或 *Ct* 值＞35.0，并且无扩增曲线；阳性对照：*Ct* 值＜30.0，并且出现典型的扩增曲线。若阴、阳性对照组结果不成立，则视为无效试验。

结果描述与判定：若检测样品的 *Ct* 值＞30.0 或无 *Ct* 值，并且无扩增曲线，则判为阴性。若检测样品的 *Ct* 值＜30.0，并且出现典型的扩增曲线，则判为阳性。若检测样品的 *Ct* 值介于 30.0～35.0 之间，但扩增曲线显著，或 *Ct* 值＜30.0，但扩增曲线不显著，则建议对样品进行复检。若复检后，结果无变化，则判为阳性；若复检后，*Ct* 值＜30.0，无扩增曲线，或 *Ct* 值介于 30.0～35.0 之间，但扩增曲线不显著，或 *Ct* 值＞35.0，则判为阴性。

五、操作重点提示

(1)病料的采取应选择临床症状与病理变化比较明显，新鲜的病料。

(2)由于 PCV-2 感染细胞，不能出现明显 CPE，所以，不能简单根据 CPE 判断是否病毒感染细胞。需要借助于 IFA 和 nPCR 等方法进行鉴定。

(3)实训前做好工作服、手套、口罩等防护措施，过程中不得进食、饮水，避免危险操作。

(4)病原污染的台面与器械均要进行消毒处理，剩余病料和病原培养物必须经消毒后方可丢弃。

(5)爱惜使用仪器设备，必须按照老师指导方法和步骤进行操作；使用药品力求节省，不可浪费。

(6)实训结束后，要将所用器械进行摆放整齐，完成所需记录填写。

六、实训总结

实训结束后，以小组为单位对实训结果进行讨论和归纳总结，发表各自见解，同学之间要进行相互评价和交流心得体会，并写好实训报告。

七、思考题

1. 简述猪圆环病毒感染引起的常见疾病。

2. 简述利用 nPCR 方法诊断圆环病毒 2 型的过程。

实训 5-6　仔猪流行性腹泻的诊治技术

一、实训目标和要求

掌握仔猪流行性腹泻病临床诊断要点及血清学检测方法；熟悉分子生物学诊断技术；可根据生产实际情况，灵活运用合适检测方法及结果分析；掌握仔猪病毒性腹泻病防控的关键措施。

二、实训设备和材料

(一)病毒分离与鉴定

1.器材　倒置显微镜，冷冻离心机，微孔滤器，细胞培养瓶，盖玻片，温箱等。

2.试剂　磷酸盐缓冲液(PBS)、细胞培养液、病毒培养液及 N-2-羟乙基哌嗪-N′-2-乙烷磺酸(HEPES)液。

3.细胞　Vero 细胞系。

(二)直接荧光抗体法

1.器材　荧光显微镜、冷冻切片机、载玻片、盖玻片、温箱、滴管等。

2.抗体　荧光抗体(FA)。

3.试剂　磷酸盐缓冲液(PBS)，0.1%伊文思蓝原液、磷酸盐缓冲甘油。

(三)双抗体夹心 ELISA

1.器材　定量加液器、微量移液器及配套吸头、96 孔或 40 孔聚乙烯微量反应板、酶标测试仪。

2.抗体　猪抗 PED-IgG 及猪抗 PED-IgG-HRP(HRP 为辣根过氧化物酶)。

3.试剂　洗液、包被稀释液、样品稀释液、酶标抗体稀释液、底物溶液、终止液。

(四)血清中和试验

1.器材　微量移液器及配套吸头，96 孔微量平底反应板，二氧化碳培养箱或温箱，倒置显微镜，微量振荡器及小培养瓶等。

2.细胞　Vero 细胞系。

病毒抗原和标准阴、阳性血清；指示毒毒价测定后立即小量分装，−30℃冻存，避免反复冻融，使用剂量为 500 $TCID_{50}$～1 000 $TCID_{50}$。

3.样品　同头份的健康(或病初)血清和康复 3 周后的双份被检血清在同等条件下测定，单份血清也可以进行检测。

4.试剂　抗体效价稀释液、细胞培养液、病毒培养液、HEPES 液。

(五)间接 ELISA

1.**器材** 定量加液器,微量移液器及配套吸头,96 孔或 40 孔聚乙烯微量反应板,酶标测试仪等,抗原和酶标抗体。

2.**试剂** 磷酸盐缓冲液,包被稀释液,样品稀释液,酶标抗体稀释液,底物溶液及终止液。

三、知识背景

猪流行性腹泻(PED)是由猪流行性腹泻病毒(PEDV)引起猪的急性、高度接触性肠道传染病。临诊主要特征为呕吐、腹泻和脱水。在病毒分离培养与鉴定过程中,最初的 PEDV 对 Vero 细胞感染引起 CPE 不明显,需要进行盲传几代进行电镜观察,但 PEDV 与猪传染性胃肠炎病毒(TGEV)十分相似,可在细胞培养瓶中加盖玻片,收毒后用直接荧光抗体法或双抗体夹心 ELISA 方法做鉴定试验。此外,还可以利用中和试验或者间接 ELISA 方法检测疑似感染猪(未经疫苗免疫)的血清内抗体进行诊断。

四、实训操作方法和步骤

(一)诊断要点

病猪是主要的传染源。病毒存在小肠绒毛上皮和肠系膜淋巴结中,随粪便排出体外,污染环境、饲料、饮水、交通工具和用具等。主要经消化道传染给易感猪。本病仅发生在猪身上,且各种年龄的猪均易感染而发病。哺乳仔猪和育肥猪发病率高,以 5～8 周龄的哺乳仔猪发病最重,母猪发病率为 15%～90%。本病呈地方性流行,多发生于寒冷季节。

潜伏期一般为 5～8 d,水样腹泻和呕吐常发生于吃食或吃乳后。病猪日龄越小,症状越重。7 日龄以内的仔猪发生腹泻后 3～4 d,呈严重脱水而死亡。死亡率可达 50%～100%。断乳猪、母猪多出现精神萎靡,厌食和持续性腹泻,约 1 周后逐渐恢复正常;育肥猪在感染后可发生腹泻,1 周后康复,死亡率 1%～3%;成年猪症状较轻,有的只表现呕吐,严重者水样腹泻,在 3～4 d 后自愈。

病理变化为眼观变化仅限小肠,小肠扩张,充满黄色液体,肠系膜充血,肠系膜淋巴结水肿,绒毛萎缩。

(二)病毒分离与鉴定

1.病毒分离

(1)病料采集:采病仔猪空肠内容物及小肠内容物用于分离病毒,样品冷冻保存。

(2)病料处理:将采集的小段空肠连同肠内容物用含 1 000 IU/mL 青霉素,1 000 μg/mL 链霉素,PBS 液制成 5 倍悬液,在 4℃条件下 3 000 r/min 离心 30 min,取上清液,经 0.22 μm 孔滤膜过滤,分装,−20℃保存备用。

(3)接种及观察:将过滤液(病毒培养液的 10%)接种于 Vero 细胞单层上,同时加过滤液量 50%的病毒培养液,37℃吸附 1 h,根据培养瓶大小添加病毒培养液至病毒培养总量,置 37℃培养,逐日观察 3～4 d,按致细胞病变作用(CPE)变化情况,可盲传 2～3 代。

(4)结果判定：

CPE 变化的特点：细胞面粗糙，颗粒增多，有多核细胞(7～8 个甚至几十个)，并可见空斑样小区，细胞逐渐脱落，这是特征性的 CPE。有条件时可进行电镜观察，用负染法在阳性样品中电镜观察可见到冠状病毒粒子。

2.直接荧光抗体法

(1)标本片的制备：

①组织标本。采急性期内(5～7 d)患猪空肠中段的黏膜上皮做涂片或肠段做冷冻切片(4～7 pm)，丙酮中固定 10 min，置 PBS 中浸泡 10～15 min，风干或自然干燥。

②细胞培养盖玻片。将分离毒细胞培养 24～48 h 的盖玻片及阳性、阴性对照片在 PBS 中冲洗数次，放入丙酮中固定 10 min，再置于 PBS 中浸泡 10～15 min，风干。

(2)FA 染色：

①用 0.02%伊文思蓝溶液将 FA 稀释至工作浓度(1：8 以上合格)。

②4 000 r/min 离心 10 min，取上清液滴于标本上。

③37℃恒温恒湿染色 30 min，用 PBS 冲洗 3 次，依次为 3 min，4 min，5 min，风干，滴加磷酸盐缓冲甘油，盖玻片封固，荧光显微镜检查。

(3)结果判定：

判定标准：在荧光显微镜下检查，被检标本的细胞结构应完整清晰。并在阳性、阴性对照均成立时判定。在胞质中见到特异性苹果绿色荧光判定为阳性，如所有细胞质中无特异性荧光判定为阴性。

可根据细胞内荧光亮度强、弱分别作如下记录：①“＋＋＋＋”呈闪亮苹果绿色荧光；②“＋＋＋”呈明亮苹果绿色荧光；③“＋＋”呈一般苹果绿色荧光；④“＋”呈 较弱绿色荧光；⑤“－”呈红色。结果为①～④者均判为阳性。

3.双抗体夹心 ELISA

(1)待检样品：发病仔猪粪便或肠内容物，用浓盐水 1：5 稀释，3 000 r/min 离心 20 min，取上清液待检。

(2)操作过程：

①冲洗包被板。向各孔注入去离子水，浸泡 3 min，甩干，重复 3 次，甩干孔内残液，在滤纸上吸干。

②包被抗体。用包被稀释液稀释猪抗 PED-IgG 至使用倍数，每孔加 100 μL，置 4℃过夜。弃液，用洗液冲洗 3 次，每次 3 min。

③加样品。将被检样品用样品稀释液做 5 倍稀释，加入两孔，每孔 100 μL，每块反应板设阴性抗原、阳性抗原及稀释液对照各两孔。置 37℃作用 2 h，弃液，冲洗同上。

④加酶标记抗体。每孔加 1 00 μL 经酶标抗体稀释液稀释至使用浓度的猪抗 PED-IgG-HRP，置 37℃ 2 h，弃液，冲洗同上。

⑤加底物溶液。每孔加新配制的底物溶液 100 μL，置 37℃ 30 min。

⑥终止反应。每孔加终止液 50 μL，置室温 15 min。

(3)结果判定：用酶标测试仪在波长 492 nm 下测定吸光度(OD)值。阳性抗原对照两孔平均 OD 值＞0.8，阴性抗原对照两孔平均 OD 值≤0.2 为正常反应，按以下两个条件判定结果：P/N 值≥2，且被检抗原两孔平均 OD 值≥0.2 判为阳性，否则为阴性。

注：P 为阳性孔的 OD 值，N 为阴性对照孔的 OD 值。

4.血清中和试验

(1)操作方法：

①用稀释液倍比稀释血清，每份血清加 4 孔，每孔 50 μL，再分别加 50 μL，指示毒。

②经微量振荡器振荡 1～2 min，置 37℃中和 1 h。

③每孔加细胞悬液 100 μL（20 万～30 万个细胞/mL），微量板置 37℃ 二氧化碳培养箱或用胶带封口，置 37℃温箱培养，72～96 h 判定结果。

④设阴、阳性对照，病毒对照和细胞对照，阴性血清与待检血清同倍稀释，阳性血清做 2^{-6} 稀释。

(2)结果判定：当病毒抗原及阴性血清对照组均出现 CPE，阳性血清及细胞对照组均无 CPE 时，试验成立。以能抑制 50%以上细胞出现 CPE 的血清最高稀释度的倒数判定为该血清 PED 抗体效价的滴度。

血清中和抗体效价 1∶8 以上为阳性反应；1∶4 为疑似反应；小于 1∶4 为阴性反应，疑似血清复检一次，仍为可疑时，则判为阴性。

发病后 3 周以上的康复血清滴度是健康(或病初)血清滴度的 4 倍或以上判为阳性反应。

5.间接 ELISA

(1)操作方法：

①冲洗包被板。向各孔注入去离子水，浸泡 3 min，甩干，重复 3 次，甩干孔内残液，在滤纸上吸干。

②抗原包被。用包被稀释液稀释抗原至使用浓度，包被量为每孔 100 μL，置 4℃冰箱湿盒内过夜，弃掉包被液，用洗液冲洗 3 次，每次 3 min。

③加被检及对照血清。将每份被检血清样品用血清稀释液做 1∶100 稀释，加入两个孔，每孔 100 μL。每块反应板设阳性、阴性血清及稀释液对照各两孔，每孔 100 μL，盖好包被板，置 37℃湿盒内 1 h，冲洗同上。

④加酶标抗体。用酶标抗体稀释液将酶标抗体稀释至使用浓度，每孔加 100 μL，置 37℃湿盒内 1 h，冲洗同上。

⑤加底物溶液。每孔加新配制的底物溶液 100 μL，在室温下避光反应 5～10 min。

⑥终止反应。每孔加终止剂 50 μL。

(2)结果判定：

①目测法。阳性对照血清孔呈鲜明的橘黄色，阴性对照血清孔无色或基本无色，被检血清孔凡显色者即判抗体阳性。

②比色法。用酶标测试仪，在波长 492 nm 下，测定各孔 OD 值，阳性对照血清的两孔平均 OD 值＞0.6，阴性对照血清的两孔平均 OD 值≤0.162 为正常反应，OD 值≥0.200 为阳性；OD 值 0.200～0.400 时判为"＋"；0.400～0.800 判为"＋＋"；OD 值＞0.800 判为"＋＋＋"；OD 值在 0.163～0.200 之间为疑似；OD 值＜0.163 为"－"，对疑似样品可复检一次，复检结果如仍为疑似范围，则看 P/N 值，P/N 值≥2 判为阳性，P/N 值＜2 者判为阴性。

五、操作重点提示

(1)遵守实训程序，服从老师指导，保证实验时的组织性和纪律性。

(2)要以谦虚认真,实事求是的科学态度,对任何细微或简单操作。

(3)爱惜使用仪器设备,必须按照老师指导方法进行操作。

(4)实训前做好工作服、手套、口罩等防护措施,过程中不得进食、饮水。

(5)病原污染的台面与器械均要进行消毒处理,剩余病料和病原培养物必须经消毒。

(6)实训结束后,要将所用器械进行摆放整齐,完成所需记录填写。

(7)猪流行性腹泻病毒感染 Vero 细胞产生 CPE 病变不明显,需盲传 3 代以上再观察。

六、实训总结

实训结束后,以小组为单位对实训结果进行讨论和归纳总结,发表各自见解,同学之间要进行相互评价和交流心得体会,并完成各自的实训报告。

七、思考题

列举猪流行性腹泻的实验室诊断方法。

实训 5-7　仔猪黄白痢的诊治技术

一、实训目标和要求

掌握仔猪黄白痢的临床诊断要点与实验室诊断步骤与方法，熟悉该病防治关键环节。通过理论与实践相结合，从而使学生可以灵活运用所学知识，满足生产实际的需求。

二、实训设备和材料

1.器材　显微镜、天平(0.1～1 000 g，读数精度 0.1 g)、恒温培养箱、恒温水浴锅、剪刀、镊子、酒精灯、接种环、载玻片。

2.试剂　无菌 PBS、革兰氏染液、生化鉴定管、香柏油、石炭酸生理盐水、普通琼脂斜面培养基、伊红美蓝琼脂培养基、麦康凯琼脂培养基、生化鉴定管。

三、知识背景

仔猪黄白痢是由致病性大肠杆菌引起哺乳仔猪常见的传染病，以呕吐、腹泻等为主要特征。临床上根据初生仔猪在 1 周内发生剧烈黄色的腹泻，通常为窝发，病死率高等特征，可做初步诊断。确诊取新死亡猪小肠前段内容物，接种麦康凯和伊红美蓝培养基上，18～24 h 培养，在麦康凯培养基上长出粉红色菌落，伊红美蓝培养基上形成具有金属光泽的紫黑色菌落。挑取该菌落做进一步的培养和生化试验，利用已知大肠杆菌因子血清分别做平板凝集试验，鉴定各分离株血清型。

四、实训操作方法和步骤

(一)诊断要点

仔猪黄痢排黄白色黏液样腥臭稀粪，严重者排粪失禁，脱水，迅速消瘦、衰竭而死亡，病程 1～3 d。仔猪白痢表现脱水、消瘦，排白色糊状、腥臭的稀粪，病程 5～6 d。

仔猪黄痢最显著变化是胃肠的急性卡他性炎症，少数是急性出血性卡他性炎症。仔猪白痢胃肠道有充血或出血性卡他性炎症，其他无明显变化。

(二)实验室诊断

1.病料采取　采集正在发病或新死亡猪小肠前段内容物。

2.分离培养与鉴定　将采集的检样划线接种于麦康凯琼脂平板上进行细菌分离，于 37℃ 培养 20 h 观察生长情况；然后从麦康凯琼脂平板上挑取单个可疑菌落划线于伊红美蓝琼脂平板上，于 37℃ 培养 20 h 观察结果，并对可疑菌落进行抹片，革兰氏染色镜检。在普通培养基上生长出隆起、光滑、湿润的乳白色圆形菌落；在麦康凯和远藤氏培养基上形成红色菌落；在伊红美蓝琼脂上形成带金属光泽的黑色菌落。镜检可见革兰氏阴性杆菌。

生化试验结果可见葡萄糖、乳糖、麦芽糖、蔗糖、甘露醇产酸产气，靛基质试验、M. R. 试验均为阳性，V-P 试验、柠檬酸盐利用试验均为阴性。

3.动物实验　选择正常的小鼠，将分离菌的肉汤纯培养物腹腔注射 0.2 mL/只。注射后 6 h 观察 1 次，连续观察 72 h，并做记录和检查死亡小鼠，同时取其肝抹片，革兰氏染色镜检。接种后，小鼠全发病，出现拉稀，精神沉郁，呼吸加快，肛门周围被毛沾污。接种后 13～24 h，出现死亡。取死亡和发病小鼠的肝抹片，革兰氏染色，镜检，可观察到与 72 个分离菌株形态、染色相同的病菌。

4.血清学鉴定　取可疑菌株的普通琼脂斜面培养物，用少量 0.05 mol/L 石炭酸生理盐水洗下，然后置 121℃高压 2 h，以破坏“K”抗原。用已知大肠杆菌因子血清分别做平板凝集试验，鉴定各分离株血清型。

五、操作重点提示

(1)遵守实训程序，服从老师指导，保证在试验时的组织性和纪律性。

(2)爱惜使用仪器设备，实训前做好工作服、手套、口罩等防护措施。

(3)病原污染的台面与器械均要进行消毒；实训结束后，要将所用器械进行摆放整齐，完成所需记录填写。

六、实训总结

实训结束后，以小组为单位对实训结果进行讨论和归纳总结，发表各自见解，同学之间要进行相互评价和交流心得体会，并完成各自的实训报告。

七、思考题

1.仔猪黄白痢主要诊断要点是什么？

2.仔猪黄白痢实验室诊断流程是什么？

实训 5-8　仔猪副伤寒的诊治技术

一、实训目标和要求

掌握仔猪副伤寒临床诊断要点与实验室诊断步骤与方法，熟悉该病防治关键环节。通过理论与实践相结合，从而使学生可以灵活运用所学知识，满足生产实际的需求。

二、实训设备和材料

1.器材　显微镜、匀质器和匀质杯、天平（0.1～1 000 g，读数精度 0.1 g）、恒温培养箱、恒温水浴锅、剪刀、镊子、酒精灯、接种环、载玻片、置荧光显微镜等。

2.试剂　无菌 PBS、革兰氏染液、生化鉴定管、香柏油、普通琼脂培养基、麦康凯琼脂培养基，四硫磺酸钠煌绿液、亚硒酸盐亮绿培养液、SS 琼脂培养基、亚硫酸铋琼脂培养基、HE 琼脂培养基、伊红美蓝琼脂培养基、三糖铁斜面、生化管、沙门氏菌属诊断血清、荧光抗体、丙酮溶液。

三、知识背景

仔猪副伤寒是由致病性猪伤寒沙门氏菌或猪霍乱沙门氏菌感染引起人和多种动物共患的传染病。急性主要特征是败血症变化，慢性病猪大肠发生弥漫性、纤维素性、坏死性肠炎，也可使孕畜发生流产。采集临床疑似病料，需要进一步实验室诊断进行确诊，主要按照细菌分离培养、形态学、生化特性和动物试验等流程进行。同时也可利用已知沙门氏菌属阳性诊断血清通过凝集试验或者利用免疫荧光技术检测沙门氏菌。

四、实训操作方法和步骤

（一）诊断要点

1.流行特点　1～4 月龄仔猪易感性较高，但在初乳中缺乏抗体或存在一定应激时（管理不当、长途运输、气候突变等），即不受年龄限制都可发病。

2.临床症状

（1）急性型：病猪体温升高达 39℃以上，精神不振，食欲减退或废绝，便秘或腹泻，在耳根、胸前、腹下皮肤有紫斑。

（2）慢性型病：猪体温升高，呈间歇热，便秘与腹泻交替发生，逐渐消瘦、贫血，皮肤有痘状湿疹，病程长达 2 周或以上。

3.尸体解剖变化　大肠黏膜上有分散或融合性的溃疡，溃疡大小不一，中央凹陷，四周隆起，表面覆盖有纤维素膜，似糠麸样，不易剥离。有时在肝见到粟粒大、黄白色坏死灶。

(二)实验室诊断

1.病料的采集　最好将死亡后 12 h 以内的猪整体送检，如整体送检有困难，可以无菌采取心、血、肝、脾、淋巴结等放置于 30%甘油盐水中送至实验室。

2.直接镜检　采取病猪的粪、尿、心血、肝、脾、肾组织、肠系膜淋巴结、流产胎儿的胃内容物等，触片或涂片自然干燥，用革兰氏染色、镜检，沙门氏菌两端钝圆或卵圆形，不运动，不形成芽孢和荚膜的革兰氏阴性小杆菌。

3.细菌的分离培养　无菌采取病死猪的内脏，分别接种于普通琼脂培养基、麦康凯琼脂培养基，37℃培养 24 h。观察可见在普通琼脂培养基上生长出边缘整齐、湿润、圆形、无色半透明的小菌落；在麦康凯琼脂培养基上生长出无色半透明、圆形、边缘整齐、湿润隆起的菌落。分别取上述培养基上的菌落，接种于普通肉汤培养基，37℃培养 24 h，可见肉汤浑浊，有少量白色沉淀，镜检可见均匀的革兰氏阴性杆菌存在。

4.增菌和鉴别培养　如果病料污染严重，可用增菌培养液进行增菌培养，常用的增菌培养液为四硫磺酸钠煌绿液和亚硒酸盐亮绿培养液。用四硫磺酸钠煌绿液增菌培养，需 37℃培养 18～24 h；用亚硒酸盐亮绿培养液增菌培养，需 37℃培养 12～16 h。用接种环取培养物于鉴别培养基上划线接种，37℃培养 24 h，如出现可疑菌落，从已培养 48 h 的增菌培养液中取样重新鉴别培养。鉴别培养基为 SS 琼脂培养基、亚硫酸铋琼脂培养基、HE 琼脂培养基、伊红美蓝琼脂培养基等。在培养菌的同时，也可以直接在鉴别培养基上作浓厚涂布及划线接种，也可能一次获得纯培养的机会。在 SS 琼脂培养基上，沙门氏菌的菌落呈灰色，菌落中心为黑色；在亚硫酸铋琼脂培养基上沙门氏菌菌落呈黑色；在 HE 琼脂上，沙门氏菌的菌落呈蓝绿色或蓝色，中心为黑色；在伊红美蓝琼脂培养基上，与大肠杆菌比，菌落为无色。

5.生化特性　挑取鉴别培养基上的菌落进行纯培养，同时在三糖铁斜面上划线接种并向基底部穿刺接种，37℃培养 24 h。如为沙门氏菌则在穿刺线上呈黄色，斜面呈红色，产生硫化氢的菌株可使穿刺线变黑。将上述检查符合的培养物用革兰氏染色，镜检，并接种生化管以鉴定生化特性，做出判断。本属细菌为革兰氏阴性直杆菌，周生鞭毛，能运动。能还原硝酸盐，能利用葡萄糖产气，在三糖铁琼脂培养基上能产生硫化氢。赖氨酸和鸟氨酸脱羧酶反应阳性，尿素酶试验阴性。不发酵蔗糖、水杨苷、肌醇和苦杏仁苷。不发酵乳糖，靛基质阴性。猪霍乱沙门氏菌不发酵阿拉伯糖和海藻糖，对卫矛醇缓慢发酵且无规律性；猪伤寒沙门氏菌不发酵甘露醇，偶尔也有发酵蔗糖和产生吲哚的菌株。

6.血清学检测

(1)玻板凝集法：用沙门氏菌属诊断血清与分离菌株的纯培养物做玻板凝集试验。将可疑菌落用无菌生理盐水洗下，制成浓厚的细菌悬液，100℃水浴 30 min。取清洁玻片，滴一小滴沙门氏菌 A～F 群多价 O 血清至玻片上，再将少许上述细菌悬液与玻片上的多价 O 血清混匀，摇动玻片，观察结果，2 min 内是否出现凝集现象，可判断为阳性。同时做阳性对照和阴性对照。

(2)荧光抗体检测法：取被检猪的肝、脾、肾、血液、肠系膜淋巴结和皮下胶样浸出液涂片，晾干，丙酮溶液中固定 10 min。抗原标本用丙酮固定 10 min 后，将荧光抗体加在每个标本面上，使其完全覆盖标本。将玻片置于湿盒中，37℃水浴中作用 40 min。取出玻片置玻架上，先用 pH 7.4，0.01 mol/L 的 PBS 冲洗后，再经 3 次漂洗，每次 5 min，用滤纸吸去多余水分，但不使标本干燥，加1滴缓冲甘油，用盖玻片覆盖，置荧光显微镜下观察。

结果判定：标本中看不出菌体，无荧光记为“－”；仅见菌体及较弱的荧光记为“＋”；菌体有明亮光记为“＋＋”；菌体非常清晰，呈明亮的黄绿色荧光记为“＋＋＋＋”。

五、操作重点提示

(1)遵守实训程序，服从老师指导，保证在实训时的组织性和纪律性。

(2)爱惜使用仪器设备，实训前做好工作服、手套、口罩等防护措施。

(3)病原污染的台面与器械均要进行消毒；实训结束后，要将所用器械进行摆放整齐，完成所需记录填写。

六、实训总结

实训结束后，以小组为单位对实训结果进行讨论和归纳总结，发表各自见解，同学之间要进行相互评价和交流心得体会，并完成各自的实训报告。

七、思考题

简述仔猪副伤寒主要诊断要点。

实训 5-9　猪丹毒的诊治技术

一、实训目标和要求

掌握猪丹毒临床诊断要点与实验室诊断步骤与方法，熟悉该病防治关键环节。通过理论与实践相结合，从而使学生可以灵活运用所学知识，满足生产实际的需求。

二、实训设备和材料

1. **病料或菌株**　患猪丹毒病猪病料或注射猪丹毒死亡的小鼠，猪丹毒血平板纯培养物。

2. **试剂**　鲜血琼脂平板、明胶培养基、清洁载玻片、三糖铁琼脂斜面、杨苷发酵管、3% H_2O_2、生化鉴定管等。

3. **器材**　培养箱、剪刀、镊子、蜡盘等。

三、知识背景

猪丹毒是由丹毒丝菌引起的一种急性、热性传染病。临床以急性败血症、亚急性疹块型和慢性心内膜炎和关节炎为主要特征。采集临床疑似猪丹毒的病料，需要进一步实验室诊断进行确诊，主要按照细菌分离培养、形态学、生化特性和动物试验等流程进行。同时可以利用丹毒丝菌具有抵抗叠氮钠作用的特性，可利用含有叠氮钠的培养基进行鉴别培养。此外，也可利用已知猪丹毒抗体，与败血症病猪血液进行凝集试验，从而可以进一步确诊血液中丹毒丝菌。

四、实训操作方法和步骤

(一)诊断要点

1. **流行特点**　不同年龄、性别、品种的猪均可感染发病，尤以 3 月龄以上的架子猪更为易感。本病经消化道、皮肤伤口感染及经蚊、绳、虱等吸血昆虫叮咬传播。

2. **症状**

(1)急性败血型：病猪体温升高达 42～43℃，精神沉郁，食欲废绝，行走时步态僵硬或跛行，多静卧不动；在耳、胸、腹、股内侧皮肤出现红斑，指压褪色。仔猪还表现抽搐。

(2)疹块型：病猪体温升高，精神不振。在胸、腹、背、肩、四肢等部位的皮肤发生大小约 1 cm 至数厘米、数量不等的暗红色隆起的疹块，形状多为方形或菱形，初期指压疹块褪色，后期呈紫黑色，压之不褪色。

(3)慢性型：病猪关节肿胀、疼痛，跛行或卧地不起；消瘦、贫血，听诊心脏有器质性杂音；耳、肩、背、尾部皮肤坏死，变黑、干硬，似皮革状。

3. **尸体解剖变化**　脾充血、肿大，呈樱桃红色，质地松软，切面外翻，脾髓暗红，易于刮下，呈典型的败血脾变化。慢性者除关节肿胀、关节囊增厚外，还可在二尖瓣、主动脉瓣的瓣膜表面被有疣状赘生物。

(二)实验室诊断

1.病料采取 急性和亚急性病例,高热,菌血症期可从耳静脉采血,疹块型可切开疹块挤出血液或疹出液,慢性者可采取关节液,病死猪可采取心、脾、肝、肾、淋巴结等脏器。慢性病例可采取心内膜炎的菜花样疣状赘生物、关节液、胆汁、骨髓等。

2.直接涂片染色检查 将肝、淋巴结、肾等组织直接涂片,自然干燥,经甲醇固定 2～5 min 后用瑞氏或革兰氏染色、镜检。病料中丹毒丝菌呈细小杆菌、散在、成对、成堆,革兰阳性。

3.分离培养 取病猪的血液、脾、肝、淋巴结等接种于鲜血琼脂培养基。对死亡过久的尸体,可取骨髓作分离培养。接种后置 37℃培养 24～48 h,可见针尖样细小的菌落,经涂片染色镜检,为革兰阳性细小杆菌。再挑选典型菌落作纯培养后,作明胶穿刺培养,3～4 d 后呈试管刷状生长,明胶不液化。也可在培养基加入叠氮钠和结晶紫各 0.01%,制成选择培养基,只有猪丹毒丝菌能在这种培养基上正常生长繁殖,其他杂菌受到抑制。

4.生化试验 纯培养物接种于葡萄糖、果糖、半乳糖和乳糖发酵管,培养后产酸不产气。不发酵木糖、甘露糖和蔗糖。H_2S 试验阳性。靛基质,MR、VP 和接触酶试验均呈阴性。

5.动物接种 取病料(心血、脾、淋巴结)或纯培养物接种鸽、小鼠和豚鼠。病料先磨碎,用灭菌生理盐水作 1∶10 稀成悬液。鸽胸肌肉注射 0.5～1 mL,小鼠皮下注射 0.2 mL、脉鼠皮下注射或腹腔注射 0.5～1 mL。若为固体培养基上的菌落,则用灭菌生理盐水洗下,制成菌液进行接种。接种后 1～4 d,鸽子腿、翅麻痹,精神委顿,头缩羽乱,不吃而死亡。小鼠出现精神委顿,背拱,毛乱,停食,3～7 d 死亡。死亡的鸽和小鼠脾肿大,肺和肝充血,肝有时可见小点坏死,并可从其内脏分离出猪丹毒丝菌。豚鼠对猪丹毒丝菌有很强的抵抗力,接种后不表现任何症状。

6.血清培养凝集试验 在 3%胰蛋白胨肉膏汤(或肝化汤)中,加入(1∶40)～(1∶80)的猪丹毒高免血清,同时每毫升再加入 400 IU 卡那霉素、50 IU 庆大霉素及 25 IU 万古霉素。取病猪耳尖血 1 滴或死后取少许病料放入安瓿管内,37℃培养 14～24 h。凡管底出现凝集颗粒或团块即判为阳性。此法检出率很高。

五、操作重点提示

(1)遵守实训程序,服从老师指导,保证在实验时的组织性和纪律性。

(2)爱惜使用仪器设备,实训前做好工作服、手套、口罩等防护措施。

(3)病原污染的台面与器械均要进行消毒;实训结束后,要将所用器械进行摆放整齐,完成所需记录填写。

六、实训总结

实训结束后,以小组为单位对实训结果进行讨论和归纳总结,发表各自见解,同学之间要进行相互评价和交流心得体会,并完成各自的实训报告。

七、思考题

1.简述猪丹毒的主要诊断要点。

2.简述丹毒丝菌的实验室诊断流程。

实训 5-10 猪链球菌病的诊治技术

一、实训目标和要求

掌握猪链球菌病临床诊断要点与实验室诊断步骤与方法，熟悉该病防治关键环节。通过理论与实践相结合，从而使学生可以灵活运用所学知识，满足生产实际的需求。

二、实训设备和材料

1.器材 显微镜、匀质器和匀质杯、天平(0.1～1 000 g，读数精度 0.1 g)、恒温培养箱、恒温水浴锅、剪刀、镊子、酒精灯、接种环、载玻片等。

2.试剂 无菌 PBS、鲜血琼脂培养基、THB 肉汤培养基、革兰氏染液、碱性亚甲蓝、生化鉴定管、香柏油等。

3.动物或病料 猪链球菌感染猪或病变组织、小鼠、家兔、仓鼠、鸽等。

三、知识背景

猪链球菌病是由多种不同群的致病性链球菌引起的不同临诊类型传染病的总称。侵害各种年龄的猪，急性的表现为败血症和脑炎，慢性的表现为关节炎、心内膜炎。本病症状和病例变化比较复杂，因此，确诊本病必须依靠细菌学检查，按照科赫法则原理，通过疑似病料的采取，直接进行镜检或进行分离培养，分别在形态、生化特性和动物试验等方面进行鉴定。

四、实训操作方法和步骤

(一)诊断要点

不同年龄的猪均可感染发病，其中仔猪发病率最高；一年四季均可发生，但以 5～10 月份发病较多。主要经呼吸道感染，此外经皮肤伤口也可感染。

急性型，病猪突然不食，体温升高达 41℃以上，精神沉郁，步态不稳或卧地不起，呼吸困难，流浆液性鼻液。皮肤有出血斑，流泪。而有的病猪除上述症状外，还表现尖叫，抽搐，共济失调，盲目行走或做圆圈运动，或倒地后四肢呈划水动作，衰竭而死。

慢性型，病猪主要表现关节炎、心内膜炎、化脓性淋巴结炎、局部脓肿、子宫炎、咽喉炎、皮炎等，病程 1 周至数周。

病理变化，急性者表现血液凝固不良，但尸僵完全，胸、腹下和四肢皮肤有紫斑或出血斑；全身淋巴结肿大、出血，有的化脓；心内膜有出血斑，肺呈支气管肺炎变化；脑膜充血、出血。慢性型有其相应器官的病理变化，如关节炎病猪的尸体，关节皮下水肿或关节周围化脓坏死，关节面粗糙，滑液浑浊呈淡黄色，内含有干酪样、黄白色块状物。

(二)实验室诊断

1.病料的采取 可采取肿胀的淋巴结，特别是肿胀的颈部淋巴结；败血型链球菌病时，采取病畜的鼻漏、唾液、气管分泌物、血液、肝、脾、肾、肺、肌肉等。

2.涂片镜检 将心血、肝、脾、肾等新鲜病料制成涂片，用革兰氏染色后镜检。链球菌呈圆形或椭圆形，成对或3～5个菌体排列成短链。偶尔可见30～70个菌体相连接的长链，无芽孢，偶见有荚膜存在。革兰氏染色阳性，经数日培养的老龄链球菌可染成革兰氏阴性。

3.分离培养 将脓汁或其他分泌物、排泄物划线接种于血液琼脂平板上，置37℃培养24 h或更长。已干涸的病料棉拭子可先浸于无菌的脑心浸液或肉汤中，然后挤出0.5 mL进行培养。为了提高链球菌的分离率，先将培养基置于37℃温箱中预热2～6 h。培养基中加有5%无菌的绵羊血液，细菌生长良好并可发生溶血。有的实验室用牛血琼脂平板进行划线接种培养较为满意。链球菌在普通培养基上多生长不良。

链球菌在血液琼脂上呈小点状，培养24 h溶血不完全，48～72 h菌落直径大约为1 mm，呈串珠状，中心浑浊，边缘透明，有些黏性菌株融合粘连，菌落呈单凸或双凸，多数具有致病性的链球菌呈β-型溶血。

4,培养特性 本菌在有氧及无氧环境中都能生长。呈灰白色、半透明、珍珠状菌落。在血液琼脂平板上生长良好，菌落周围呈β型溶血。在血清肉汤及厌氧肉汤中均匀浑浊，继而于管底形成沉淀，上部澄清，不形成荚膜。实验动物中，小鼠、家兔、仓鼠、鸽等对此菌敏感，而豚鼠、鸡、鸭等则无感受性。

5.生化特性 经初步鉴定后，做5%乳糖、海藻糖、七叶苷、甘露醇、山梨醇、马尿酸钠等糖发酵试验。猪链球菌发酵5%乳糖和海藻糖产酸，发酵七叶苷，不发酵甘露醇和山梨醇，不水解马尿酸钠。

6.玻片凝集试验 将可疑菌落接种THB肉汤，于37℃培养18 h，取1.5 mL培养物，经10 000 r/min离心3 min，弃上清液，用100 μL生理盐水将沉淀悬浮，取25 μL菌体悬浮液分别和等体积的25 μL生理盐水、猪链球菌阳性血清作玻片凝集试验，其中生理盐水作为稀释液对照并观察待检菌株是否有自凝现象。同时设阳性菌株对照。在生理盐水对照不凝集，阳性菌株凝集的情况下，待检菌株出现凝集为阳性反应。

7.动物接种 将病料制成5～10倍生理盐水悬液，接种家兔和小鼠，剂量为兔腹腔注射1～2 mL，小鼠皮下注射0.2～0.3 mL。接种后的家兔于12～26 h死亡，小鼠于18～24 h死亡。死后采心血、腹水、肝、脾抹片镜检，均可见有大量单个、成对或3～5个菌体相连接的球菌。也可用细菌培养物制成的菌液或肉汤培养物接种家兔或小鼠。

五、操作重点提示

(1)遵守实训程序，服从老师指导，保证在实训时的组织性和纪律性。

(2)要有谦虚认真，实事求是的科学态度，对任何细微或简单操作，均不可应付或不动手。

(3)爱惜使用仪器设备，必须按照老师指导方法和步骤进行操作；使用药品力求节省。

(4)实训前做好工作服、手套、口罩等防护措施，避免危险操作。

(5)病原污染的台面与器械均要进行消毒处理，剩余病料和病原培养物必须消毒。

(6)实训结束后，要将所用器械进行摆放整齐，完成所需记录填写。

六、实训总结

实训结束后，以小组为单位对实训结果进行讨论和归纳总结，发表各自见解，同学之间要进行相互评价和交流心得体会，并完成各自的实训报告。

七、思考题

1. 简述猪链球菌实验室诊断流程。
2. 简述猪链球菌病的特征。

实训 5-11 猪肺疫的诊治技术

一、实训目标和要求

掌握猪肺疫临床诊断要点与实验室诊断步骤与方法，熟悉该病防治关键环节。通过理论与实践相结合，从而使学生可以灵活运用所学知识，满足生产实际的需求。

二、实训设备和材料

1.器材　显微镜、天平、恒温培养箱、恒温水浴锅、剪刀、镊子、酒精灯、接种环、载玻片等。

2.试剂　无菌PBS、鲜血琼脂培养基、革兰氏染液、碱性美蓝染色液、生化鉴定管、香柏油等。

3.动物或病料　猪肺疫感染猪或病变组织、小鼠等。

三、知识背景

猪肺疫又称猪巴氏杆菌病、锁喉风，是猪的一种急性传染病。主要特征为败血症，咽喉及其周围组织急性炎性肿，或表现为肺、胸膜的纤维蛋白渗出性炎症。本病分布很广，发病率不高，常继发于其他传染病。其病原体是多杀性巴氏杆菌，呈革兰氏染色阴性，有两端浓染的特性，能形成荚膜。有许多血清型。

四、实训操作方法和步骤

(一)诊断要点

大小猪均有易感性，小猪和中猪的发病率较高。病原体主要存在于病猪的肺病灶及各器官，存在健康猪的呼吸道及肠管中，随分泌物及排泄物排出体外，经呼吸道、消化道及损伤的皮肤而传染。带菌猪受寒、感冒、过劳、饲养管理不当，使抵抗力降低时，可发生自体内源性传染。猪肺疫常为散发，多继发于其他传染病之后。有时也可呈地方性流行。

本病潜伏期1～3 d。

1.发病症状

(1)最急性型：呈现败血症症状，常突然死亡，病程稍长的，体温升高到41℃以上，呼吸高度困难，食欲废绝，黏膜蓝紫色，咽喉部肿胀，有热痛，重者可延至耳根及颈部，口鼻流出泡沫，呈犬坐姿势。后期耳根、颈部及下腹皮肤变成蓝紫色，有时见出血斑点。最后窒息死亡，病程1～2 d。

(2)急性型：主要呈现纤维素性胸膜肺炎症状，败血症症状较轻。病初体温升高，发生干咳，有鼻液和脓性眼屎。先便秘后腹泻。后期皮肤有紫斑。病程4～6 d。

(3)慢性型：多见流行后期，主要表现为慢性肺炎或慢性胃肠炎症状。持续性的咳嗽，呼吸困难，体温时高时低，精神不振，食欲减退，逐渐消瘦，有时关节肿胀，皮肤发生湿疹。最后发生腹泻。多经两周以上因衰弱而死亡。

2.**剖检变化**　主要病变在肺。

(1)最急性型:各浆膜、黏膜有大量出血点。咽喉部及周围组织呈出血性浆液性炎症,皮下组织可见大量胶冻样淡黄色的水肿液。全身淋巴结肿大,切面呈一致红色。肺充血、水肿,可见红色肝变区(质硬如肝样)。各实质器官变性。

(2)急性型:败血症变化较轻。肺有大小不等的肝变区,切开肝变区,有的呈暗红色,有的呈灰红色,肝变区中央常有干酪样坏死灶。肺小叶间质增宽,充满胶冻样液体。胸腔积有含纤维蛋白凝块的浑浊液体。胸膜附有黄白色纤维,病程较长的,胸膜发生粘连。

(3)慢性型:高度消瘦,肺组织大部分发生肝变,并有大块坏死灶或化脓灶,有的坏死灶周围有结缔组织包裹,胸膜粘连。

(二)诊断

1.**病料的采取**　采取病变部的肺、肝、脾及胸腔液,制成涂片,用碱性美蓝液染色后镜检,如从各种病料的涂片中,均见有两端浓染的长椭圆形小杆菌时,即可确诊。有条件时可做细菌分离培养。

2.**鉴别诊断**　应与急性咽喉型炭疽、猪传染性胸膜肺炎、气喘病等鉴别。

(1)急性咽喉型炭疽:咽喉型炭疽主要侵害颌下、咽后及颈前淋巴结,而肺没有明显的发炎病变。最急性猪肺疫的咽喉部肿胀是咽喉部周围组织及皮下组织的出血性浆液性炎症,肺有急性肺水肿等病变。涂片用碱性美蓝液染色后镜检,炭疽可见到带红色荚膜的大杆菌,猪肺疫可见到两端浓染的长椭圆形小杆菌。

(2)猪传染性胸膜肺炎:传染性胸膜肺炎的病变局限于呼吸系统,肺炎肝变区呈一致的紫红色,而猪肺疫的肺炎区常有红色肝变和灰色肝变混合存在。涂片染色镜检,可见到不同的病原体。

(3)猪气喘病:气喘病主要症状是气喘、咳嗽,体温不高,其全身症状轻微。肺炎病变呈胰样或肉样,界限明显,两侧肺叶病变对称,无化脓或坏死趋向。猪肺疫与上述症状和病变有明显区别。

(三)防制

1.**治疗**　发现病猪及可疑病猪立即隔离治疗。青霉素、链霉素和四环素族抗生素对猪肺疫都有一定疗效。抗生素与磺胺药合用,如四环素+磺胺二甲嘧啶,泰乐菌素+磺胺二甲嘧啶则疗效更佳。如已分离出本菌,可通过药敏试验选用最敏感的抗菌药物来治疗。

2.**预防**　预防本病的根本办法是改善饲养管理和生活条件,以消除减弱猪抵抗力的一切外界因素。死猪要深埋或烧毁。慢性病猪难以治愈应急宰加工,肉煮熟食用,内脏及血水应深埋。未发病的猪可用药物预防,待疫情稳定后,再用菌苗免疫1次。

猪群应按免疫程序注射菌苗。每年春秋两季定期用猪肺疫氢氧化铝甲醛菌苗或猪肺疫口服弱毒菌苗进行两次免疫接种。也可选用猪丹毒、猪肺疫氢氧化铝二联苗,猪瘟、猪丹毒、猪肺疫弱毒三联苗。接种疫苗前几天和后7天内,禁用抗菌药物。

五、操作重点提示

(1)遵守实训程序,服从老师指导,保证在实训时的组织性和纪律性。

(2)要有谦虚认真,实事求是的科学态度,对任何细微或简单操作,均不可应付或不动手。

(3)爱惜使用仪器设备,必须按照老师指导方法和步骤进行操作;使用药品力求节省。

(4)实训前做好工作服、手套、口罩等防护措施,避免危险操作。

(5)病原污染的台面与器械均要进行消毒处理,剩余病料和病原培养物必须消毒。

(6)实训结束后,要将所用器械进行摆放整齐,完成所需记录填写。

六、实训总结

实训结束后,以小组为单位对实训结果进行讨论和归纳总结,发表各自见解,同学之间要进行相互评价和交流心得体会,并完成各自的实训报告。

七、思考题

1.简述猪肺疫的临床症状和病理变化特点。

2.简述多杀性巴杆菌涂片镜检的要点。

实训 5-12　猪弓形体病的诊治技术

一、实训目标和要求

掌握猪弓形体病临床诊断要点与实验室诊断步骤与方法，熟悉该病防治关键环节。通过理论与实践相结合，从而使学生可以灵活运用所学知识，满足生产实际的需求。

二、实训设备和材料

1.器材　显微镜、恒温培养箱、恒温水浴锅、剪刀、镊子、酒精灯、接种环、载玻片等。

2.试剂　无菌 PBS、姬姆萨氏染液、瑞特氏染色、香柏油等。

3.动物或病料　弓形体感染猪或病变组织、小鼠等。

三、知识背景

猪弓形虫病(Toxoplasmosis)是由龚第弓形虫引起的一种原虫病，又称弓形体病。弓形虫病是一种人畜共患病，宿主的种类十分广泛，人和动物的感染率都很高。据国外报道，人群的平均感染率为 25%～50%，有人推算全世界约有至少 5 亿人感染弓形虫。猪暴发弓形虫病时可使整个猪场的猪发病，死亡率高达 60%以上。我国弓形虫感染和弓形虫病的分布十分广泛。经全国各地的调查，证实我国各地均有人和家畜弓形虫病。其终末宿主是猫，中间宿主包括 45 种哺乳动物和 70 种鸟类和 5 种冷血动物。人也可感染弓形虫病，是一种严重的人兽共患病。当人弓形虫被终末宿主猫吃后，便在肠壁细胞内开始裂殖生殖，其中有一部分虫体经肠系膜淋巴结到达全身，并发育为滋养体和包囊体。另一部分虫体在小肠内进行大量繁殖，最后变为大配子体和小配子体，大配子体产生雌配子，小配子体产生雄配子，雌配子和雄配子结合为合子，合子再发育为卵囊。随猫的粪便排出的卵囊数量很大。当猪或其他动物吃进这些卵囊后，就可引起弓形虫病。本病在 5～10 月份的温暖季节发病较多；以 3～5 月龄的仔猪发病严重。

四、实训操作方法和步骤

(一)诊断要点

弓形虫病是一种人兽共患病，病人、病畜和带虫动物，其血液、肉、内脏等都可能有弓形虫。含弓形虫速殖子或包囊(慢殖子)的食用肉类(如猪、牛、羊等)加工不当，是人群感染的主要来源。猫在本病的传播中具有重要作用，感染弓形虫的家猫在相当长的一段时间内从粪便中排出卵囊，卵囊污染环境并很快发育成熟，对人和中间宿主都具有感染率。

人、畜、禽和多种野生动物对弓形虫均具有易感性，其中包括 200 余种哺乳动物，70 种鸟类，5 种变温动物和一些节肢动物。在家畜中，对猪和羊的危害最大，尤其对猪，可引起暴发性流行和大批死亡。在实验动物中，以小鼠和地鼠最为敏感，豚鼠和家兔也较易感。

我国猪弓形虫病分布十分广泛，全国各地均有报道。且各地猪的发病率和病死率均很高，发病率可高达60%以上，病死率可高达64%。10～50 kg的仔猪发病尤为严重。多呈急性经过。

病猪突然废食，体温升高至41℃以上，稽留7～10 d。呼吸急促，呈腹式或犬坐式呼吸；流清鼻涕；眼内出现浆液性或脓性分泌物。常出现便秘，呈粒状粪便，外附黏液，有的患猪在发病后期拉稀，尿呈橘黄色。少数发生呕吐。患猪精神沉郁，显著衰弱。发病后数日出现神经症状，后肢麻痹。随着病情的发展，在耳翼、鼻端、下肢、股内侧、下腹等处出现紫红斑或间有小点出血。有的病猪在耳壳上形成痂皮，耳尖发生干性坏死。最后因呼吸极度困难和体温急剧下降而死亡。孕猪常发生流产或死胎。有的发生视网膜脉络膜炎，甚至失明。有的病猪耐过急性期而转为慢性，外观症状消失，仅食欲和精神稍差，最后变为僵猪。

全身淋巴结肿大，有小点坏死灶。肺高度水肿，小叶间质增宽，其内充满半透明胶冻样渗出物；气管和支气管内有大量黏液和泡沫，有的并发肺炎；脾肿大，棕红色；肝呈灰红色，散在有小点坏死；肠系膜淋巴结肿大。根据流行特点、病理变化可初步诊断，确诊需进行实验室检查。在剖检时取肝、脾、肺和淋巴结等做成抹片，用姬姆萨氏或瑞特氏液染色，于油镜下可见月牙形或梭形的虫体，核为红色，细胞质为蓝色即为弓形虫。

(二)实验室诊断

1.直接镜检 取肺、肝、淋巴结做涂片，用姬姆萨氏液＋瑞特氏染色液复合染色后检查；或取患畜体液、脑脊髓液做涂片染色检查；也可取淋巴结研碎后加生理盐水过滤，经离心沉淀后，取沉渣做涂片染色镜检。此法简便，但有假阴性，必须对阴性猪做进一步诊断。

2.动物接种 取肝、淋巴结研碎后加10倍生理盐水，加双抗后置室温下1 h。接种前摇匀，待较大组织沉淀后，取上清液接种小鼠腹腔，每只接种0.5～1 mL。经1～3周小鼠发病时，可在腹腔中查到虫体。或取小鼠肝、脾、脑做组织切片检查，如为阴性，可按上述方法盲传2～3代，从病鼠腹腔液中发现弓形虫便可确诊。

3.血清学诊断 国内常用有间接血凝(IHA)法和ELISA法。间隔2～3周采血，IgA抗体滴度升高4倍以上表明感染活动期；IgG抗体滴度高表明有包囊型虫体存在或过去有感染。也可采用色素试验(DT)进行诊断。近年来有人试用PCR法进行诊断。

(三)防制

1.治疗 本病多用磺胺类药物：每千克体重磺胺嘧啶(SD)70 mg和乙胺嘧啶6 mg联合应用，每日内服二次(首次加倍)，连用3～5 d；磺胺6甲氧嘧啶(SMM)60 mg，肌肉注射，每日一次，连用3～5 d；增效磺胺5甲氧嘧啶(含2%的三甲氧苄氨嘧啶)0.2 mL，每日一次肌肉注射，连用3～5 d；磺胺甲基异恶唑(SMZ)100 mg，每日内服一次，连用2～3 d。

2.预防 已知弓形虫病是由于摄入猫粪便中的卵囊而遭受感染的，因此，猪舍内应严禁养猫并防止猫进入圈舍；严防饮水及饲料被猫粪直接或间接污染。控制或消灭鼠类。大部分消毒药对卵囊无效，但可用蒸汽或加热等方法杀灭卵囊。应将血清学检查为阴性的家畜作为种畜。

五、操作重点提示

(1)遵守实训程序,服从老师指导,保证在实训时的组织性和纪律性。

(2)要有谦虚认真,实事求是的科学态度,对任何细微或简单操作,均不可应付或不动手。

(3)爱惜使用仪器设备,必须按照老师指导方法和步骤进行操作;使用药品力求节省。

(4)实训前做好工作服、手套、口罩等防护措施,避免危险操作。

(5)病原污染的台面与器械均要进行消毒处理,剩余病料和病原培养物必须消毒。

(6)实训结束后,要将所用器械进行摆放整齐,完成所需记录填写。

六、实训总结

实训结束后,以小组为单位对实训结果进行讨论和归纳总结,发表各自见解,同学之间要进行相互评价和交流心得体会,并完成各自的实训报告。

七、思考题

1.简述猪弓形体病实验室诊断流程。

2.简述猪弓形体在淋巴结中的形态特征。

3.简述猪弓形体病的临床特征。

第六篇　常见反刍动物疾病诊治综合实训

实训 6-1 羊痘的诊治技术

一、实训目标和要求

掌握绵羊痘、山羊痘的临床诊断要点与实验室诊断步骤与方法，熟悉该病防治关键环节。通过理论与实践相结合，从而使学生可以灵活运用所学知识，满足生产实际的需求。

二、实训设备和材料

1.器材 显微镜、匀质器和匀质杯、天平、恒温水浴锅、剪刀、镊子、酒精灯、接种环、载玻片等。

2.试剂 无菌 PBS、莫洛佐夫镀银染色液、香柏油等。

3.动物或病料 典型羊痘或病变组织、易感羊数只等。

三、知识背景

痘病是由痘病毒引起的一种传染病。常见有绵羊痘、山羊痘、鸡痘和猪痘等。其中以羊痘最常见。羊痘是由羊痘病毒感染引起的一种急性接触性传染病。本病在绵羊及山羊都可发生，也能传染给人。以皮肤的无毛区或少毛区出现痘疹和结痂为特征。

四、实训操作方法和步骤

(一)诊断要点

羊痘的天然传染途径为呼吸道、消化道和受损伤的表皮，以绵羊最易感。可发生于全年的任何季节，但以春秋两季比较多发，传播很快。但病愈的羊能获得终身免疫。

潜伏期一般为 6～8 d，但可短至 2～3 d，天冷时可以长达 15～20 d。

1.绵羊痘 病初体温升高至 41～42℃，精神委顿，食欲不振，脉搏及呼吸加快，间有寒战。手压脊柱时有疼痛表现。眼结膜及鼻黏膜充血发炎。此时称为疾病的前驱期，约持续 1～2 d。特征为在无毛区或少毛区发生红色圆形斑点，在斑点上很快形成结节，呈圆锥形丘疹。丘疹内部逐渐充满浆液性的内容物变成水疱。水疱内容物经过 2～3 d 变为脓性，即转为脓疱期。脓疱逐渐破裂，变为痂，称为结痂期。经过 4～6 d 脱落，遗留红色瘢痕，称为落痂期。

2.山羊痘 在病程上和绵羊痘相似，但痘的病变常局限在乳房部，少数病羊可蔓延到嘴唇或齿龈。

恶性型的山羊痘表现为体温升高达 41～42℃，精神委顿，食欲消失，脉搏增速，呼吸困难。结膜潮红充血，眼睑肿胀。鼻腔流出浆液脓性分泌物，经过 1～3 d，全身皮肤的表面出现黄豆、绿豆或蚕豆大的红色斑疹。经过 2～3 d 形成水痘，由斑疹过渡到痘疹约持续 5～6 d。9～10 d，痘疹变为脓性，随后即干涸脱落，最后形成瘢痕。

羊痘的特征性病理变化主要见于皮肤及黏膜，可见红斑、丘疹、脓疱等。黏膜型禽痘可见口腔、咽喉等处黏膜发生痘疹，初为圆形黄色斑点，逐渐扩大融合成一片黄白色假膜，撕下后留下溃疡灶。

(二)实验室诊断

典型病例根据症状、病变和流行特征即可诊断。非典型病例可采集痘疹组织涂片。用莫洛夫镀银染色法染色,或用血清学诊断、PCR 确诊。

1.染色镜检 采取新形成的丘疹做切面,在载玻片上轻轻涂抹,用莫洛佐夫镀银染色法,在显微镜下观察,可见黑色或暗褐色的圆形、散在或成双、成堆的小颗粒——巴信氏小体。根据典型特征性临床表现:在少毛或无毛的皮肤上形成红斑—丘疹—水疱—脓疱—结痂等临床病理过程,再结合剖检所见,特别是经过病理组织学检查,发现巴信氏小体,最后确诊为山羊痘。

2.中和试验 将易感羊,每组 1 只分成三组,第一组划痕接种可疑痘痂生理盐水病料;第二组将可疑病料先与抗羊痘病毒阳性抗血清中和 60 min 后,再同样划痕接种羊;第三组划痕接种无菌生理盐水为空白对照。如第一组感染有典型羊痘,第二组和第三组均无痘疹出现即可确诊为羊痘。

(三)防制

1.治疗 目前尚无特殊疗法,轻病羊多为良胜经过,无须特殊治疗,为了防止病羊继发感染和加速病羊恢复,在痘疤部可用 0.1%高锰酸钾溶液洗涤,擦干,再涂上碘甘油或紫药水。

体表病变部,以温消毒水洗涤,加 2%来苏儿。拭干后,敷以氧化锌软膏,或硼酸软膏。

若有高烧及并发症,可用抗菌药或磺胺类药物进行治疗。继发感染可用青霉素、卡那霉素合剂或先锋霉素、林可霉素、病毒灵(吗啉胍)等,配地塞米松、板蓝根注射液进行治疗。体温升高者加安乃近注射液。也可用阿米卡星或恩诺沙星,每日肌肉注射 2 次,连用 3～5 d。

2.预防 平时加强饲养管理,引进羊只时需严格检疫。定期进行预防注射。一旦发病,应认真施行隔离、封锁和消毒,并采取预防措施。

五、操作重点提示

(1)遵守实训程序,服从老师指导,保证在实验时的组织性和纪律性。

(2)要谦虚认真,实事求是的科学态度,对任何细微或简单操作,均不可应付或不动手。

(3)爱惜使用仪器设备,必须按照老师指导方法和步骤进行操作;使用药品力求节省。

(4)实训前做好工作服、手套、口罩等防护措施,避免危险操作。

(5)病原污染的台面与器械均要进行消毒处理,剩余病料和病原培养物必须消毒。

(6)实训结束后,要将所用器械摆放整齐,完成所需记录填写。

六、实训总结

实训结束后,以小组为单位对实训结果进行讨论和归纳总结,发表各自见解,同学之间要进行相互评价和交流心得体会,并完成各自的实训报告。

七、思考题

1.简述羊痘的实验室诊断流程。

2.简述羊痘的莫洛佐夫镀银染色法。

3.简述羊痘临床特征。

实训 6-2 牛病毒性腹泻-黏膜病的诊治技术

一、实训目标和要求

掌握牛病毒性腹泻-黏膜病的临床诊断要点与实验室诊断步骤与方法，熟悉该病防治关键环节。通过实践，从而使学生可以灵活运用所学知识，满足生产实际的需求。

二、实训设备和材料

1.器材 微量移液器及 Tip 头、1.5 mL 离心管若干、PCR 仪、凝胶电泳系统、紫外分析系统。

2.试剂 PCR 诊断试剂盒、反转录酶(M-MLV)及相应缓冲液、DEPC 处理的无菌超纯水、总 RNA 提取试剂、氯仿、异丙醇、70%乙醇、RNA 酶抑制剂等。

3.引物 根据已公布的 BVDV 的基因序列，选择保守性强的 5′端非编码区基因序列设计并合成一对引物，预期扩增片段 186 bp 大小，引物序列如下：

引物 F：5′-GTG AGT TCG TTG GAT GGC-3′

引物 R：5′-ACA CCC TAT CAG GCT GTG-3′

4.动物或病料 典型的牛病毒性腹泻(BVD)或牛黏膜病感染牛或其病料。

三、知识背景

牛病毒性腹泻或牛黏膜病，是由牛病毒性腹泻病毒(BVDV)引起的以黏膜发炎、糜烂、坏死和腹泻为特征的传染病。本病呈世界性分布，1980 年以来，我国从德国、丹麦、美国等国家引进奶牛和种牛时，将该病带入我国，并分离鉴定了病毒。

四、实训操作方法和步骤

(一)诊断要点

患病动物和带毒动物是本病主要传染源；牛、羊、猪、鹿、小袋鼠等是本病的易感动物；主要通过消化道和呼吸道传染，也可通过胎盘感染。

本病多表现突然发病，体温升高，稽留 4～7 d，有的第二次升高。鼻镜、口腔黏膜表面糜烂、流涎，有恶臭。紧接着出现严重腹泻，开始水泻，后带黏液和血液。病程 1～2 周，少数可达 1 个月，预后不良，多以死亡为转归。

病理变化表现为鼻镜、鼻孔黏膜，齿龈、上腭、舌面两侧及颊部黏膜有糜烂及浅溃疡，严重病例在咽、喉头黏膜有溃疡及弥漫性坏死。食道黏膜出血呈直线排列。第四胃炎性水肿和糜烂，肠淋巴结肿大。

在本病严重暴发流行时，可根据其发病史、症状及病理变化做出初步诊断，最后确诊需依赖病毒的分离鉴定和血清学检查，近年来分子生物技术如 RT-PCR 可以快速诊断，灵敏度高，因而有逐渐取代传统检测方法的趋势。

(二)实验室诊断

1.病毒核酸(RNA)的提取 选择商品化总 RNA 提取试剂盒,提取成 BVDV 基因组 RNA,操作步骤如下:

(1)取 50 mg 病料置 5 mL 玻璃匀浆器中,加入 1 000 μL 的总 RNA 提取试剂混匀,并小心研磨均匀,将匀浆液转入 1.5 mL 离心管中盖好,室温放置 10 min。

(2)加入 200 μL 氯仿,剧烈振荡 15 s,室温静置 5 min 使核蛋白质复合体彻底裂解。

(3)4℃ 12 000 r/min 离心 15 min,将上层含 RNA 的水相移入一新管中。为了降低被处于水相和有机相分界处的 DNA 污染的可能性,不要吸取水相的最下层。

(4)加入等体积的异丙醇,充分混匀液体,室温放置 10 min。

(5)4℃ 12 000 r/min 离心 15 min,弃上清,再用 70%的乙醇洗涤沉淀,然后离心,再用吸头彻底吸弃上清,在自然条件下干燥沉淀,溶于适量DEPC 处理的水中即为提取的总 RNA,可直接用于 RT-PCR 或−80℃贮存,备用。

2.病毒 cDNA 第一链的合成(反转录) 步骤如下:

在 0.2 mL 的薄壁管中,依次加入 5 倍反转录缓冲液(5×RT buffer) 2 μL;10 mmol 脱氧核糖核苷三磷酸(dNTP) 1 μL;十五个胸腺嘧啶寡链(oligod T 15) 1 μL;RNase 抑制物 0.5 μL;总 RNA 4.5 μL; 200 U/μL M-MLV 1 μL,总体积 10 μL。

反应条件:42℃ 30 min;99℃ 5 min;5℃ 5 min。

3.PCR 扩增

(1)根据扩增目的,选择引物 F 与引物 R,按 PCR 试剂盒使用说明进行。

(2)按以下次序将各成分加入 0.5 mL 灭菌 Eppendoff 管中。

成分	体积
双蒸灭菌水	13 μL
反转录产物	5 μL
引物 F(25 pmol/μL)	1 μL
引物 R(25 pmol/μL)	1 μL
10×PCR buffer	5 μL
2×PCR 预混液	25 μL
总反应体系	50 μL

(3)注意首先加入双蒸灭菌水,然后再按照顺序逐一加入上述成分,每一次要加入到液面下。

(4)全部加完后,混悬,瞬时离心,使液体都沉降到 Eppendorf 管底。

(5)在 PCR 扩增仪上执行如下反应程序:95℃ 预变性 5 min,95℃ 45 s、54℃ 45 s、72℃ 45 s,35 个循环,最后 72℃延伸 10 min,16℃终止反应。

4.电泳检测

(1)将倒胶槽两端用透明胶带封闭并放置在水平的台面上,放好梳板,使梳板齿下缘距倒胶槽板 1 mm。

(2)配制 1.0%的凝胶,加热煮沸再冷却至 60℃左右时,加入 100 μL 0.5 mg/mL 的 EB 液,充分混匀。倒胶至倒胶槽内,使厚度为 3~5 mm,排除气泡后待胶完全凝固。

(3)将胶置电泳槽中，加入 1×TAE 电泳缓冲液使其没过胶面 2～3 mm，轻轻拔出梳板。

(4)加样：取 2 μL 上样缓冲液于 Parafilm 膜上，加入 PCR 产物 5 μL，混匀后，加入点样孔中，不要溢出孔外。同时设 DNA 分子量标准。

(5)电泳：样品在负极端，接通电源，5 V/cm 恒压电泳 30～60 min 即可。

(6)检测：电泳结束，关闭电泳仪电源，取出倒胶槽，将电泳完毕的琼脂糖凝胶放在波长为 300 nm 紫外灯下观察，可见橘红色明亮带，根据电泳条带的位置判断结果。

5.结果判定　在阳性对照孔出现相应扩增带、阴性对照孔无此扩增带时判定结果。若样品扩增带与阳性对照扩增带处于同一位置，则判定为 BVDV 阳性，否则判定为阴性。

(三)防制

目前尚无有效疗法。应用收敛剂和补液疗法可缩短恢复期，减少损失。用抗生素和磺胺类药，可减少继发感染。

五、操作重点提示

(1)遵守实训程序，服从老师指导，保证在实训时的组织性和纪律性。

(2)要有谦虚认真，实事求是的科学态度，对任何细微或简单操作，均不可应付或不动手。

(3)爱惜使用仪器设备，必须按照老师指导方法和步骤进行操作；使用药品力求节省。

(4)实训前做好工作服、手套、口罩等防护措施，避免危险操作。

六、实训总结

实训结束后，以小组为单位对实训结果进行讨论和归纳总结，发表各自见解，同学之间要进行相互评价和交流心得体会，并完成各自的实训报告。

七、思考题

1.你所做的病料 RT-PCR 实验是否出现相应扩增带？

2.如果有扩增带，请对你的试验结果进行描述。如果失败，请分析其原因。

实训 6-3　牛流行热的诊治技术

一、实训目标和要求

掌握牛流行热的临床诊断要点与实验室诊断步骤与方法，熟悉该病防治关键环节。通过理论与实践相结合，从而使学生可以灵活运用所学知识，满足生产实际的需求。

二、实训设备和材料

1. 器材　微量移液器及 Tip 头、1.5 mL 离心管若干、PCR 仪、凝胶电泳系统、紫外分析系统。

2. 试剂　PCR 诊断试剂盒；反转录酶 M-MLV 及相应缓冲液、DEPC 处理的无菌超纯水、总 RNA 提取试剂、氯仿、异丙醇、70%乙醇、RNA 酶抑制剂等。

3. 引物　根据 GenBank 中已有牛流行热病毒基因核苷酸序列设计引物，进行一步法 RT-PCR 扩增，扩增长度预期为 799 bp 的片段，引物序列如下：

引物 F：5′-GGT TGC ACA GAT GCG GTT AA-3′

引物 R：5′-TTC CCC CTC TTG TTG ATG TTC T-3′

4. 动物或病料　牛流行热病牛或其病料。

三、知识背景

牛流行热又称三日热、暂时热，是由牛流行热病毒引起牛的一种急性、热性、全身性传染病。其特征为突然高热、流泪、流涎、鼻漏、呼吸促迫，后躯僵硬，跛行。发病率高，但死亡率低。本病广泛流行于非洲、亚洲及大洋洲。我国也有本病的发生和流行，分布面较广。

四、实训操作方法和步骤

(一)诊断要点

本病自然传播多经呼吸道，吸血昆虫是重要的传播媒介；主要侵害于乳牛和黄牛，水牛较少发病，以 3～5 岁牛多发，肥胖的牛病情较严重，产奶量高的母牛发病率高。本病具有明显的季节性，一般在蚊虫多生的季节流行。本病的传染力强，传播迅速，一般呈流行性或大流行性，有明显的周期性。

潜伏期为 3～7 d。

临床症状表现为突然发病，体温升高达 39.5～42.5℃，持续 1～3 d 后骤退。在体温升高时，患牛表现精神不振，食欲减退，反刍停止，脉搏、呼吸加快；多数病牛鼻炎性分泌物成线状，随后变为黏性鼻涕。流泪、结膜充血、水肿畏光；口腔发炎流涎，口角有泡沫；个别牛四肢关节浮肿、卧地不起；妊娠牛可能发生流产、死胎，泌乳量下降或停止。多数病例呈良性经过，3～4 d 很快恢复，死亡率一般不超过 1%。

病理剖检表现为口腔黏膜、上呼吸道黏膜充血、出血、肿胀。气管内充满大量泡沫状的黏液。肺显著肿大，有不同程度的水肿和间质性气肿，压迫有捻发音，切面流出大量暗紫红色泡沫状黏液。胸腔积液，呈暗紫红色。全身淋巴结充血、肿大或出血。真胃、小肠和盲肠呈卡他性炎症和渗出性出血。实质脏器浑浊肿胀或有出血点。真胃及肠黏膜为卡他性炎症或出血。关节、腱鞘、肌膜发炎。流产胎儿体表有出血点。

本病的特点是大群发生，传播快速，有明显的季节性和周期性，高热、呼吸困难、流浆液性鼻液、咳嗽、流泪、运动障碍，病程短、发病率高、病死率低。据此可做出初步诊断。但确诊本病还要作实验室检查。目前常应用 PCR 技术进行快速诊断。

（二）实验室诊断

1. 病毒核酸(RNA)的提取　选择商品化总 RNA 提取试剂盒，提取成牛流行热基因组 RNA，操作步骤参见牛病毒性腹泻-黏膜病 RT-PCR 检测技术（实训 6-2），本节不重复。

2. 一步法 RT-PCR 反应体系和条件　在 0.2 mL 的薄壁管中，依次加入一步法 RT-PCR 反应液（prime script enzyme mix）2 μL、2 倍 PCR 反应缓冲液（2×step buffer）25 μL、F 引物 1 μL、P 引物 1 μL、RNA 模板 4 μL、无 RNA 水（RNA Free H_2O）17 μL，总体系 50 μL。

反应程序：50℃预变性 30 min，94℃ 30 s、55℃ 30 s、72℃ 1 min，30 个循环，最后 72℃延伸 10 min，16℃终止反应。

3. 电泳检测　参见实训 6-2，本节不重复。

4. 结果判定　在阳性对照孔出现相应扩增带、阴性对照孔无此扩增带时判定结果。若样品扩增带与阳性对照扩增带处于同一位置，则判定为牛流行热阳性，否则判定为阴性。

（三）防制

1. 对症疗法

（1）对体温升高，食欲废绝的牛：5%葡萄糖生理盐水静脉注射；10%磺胺嘧啶钠静脉注射；30%安乃近肌肉注射。

（2）对呼吸困难、气喘病牛：输氧；5%氨茶碱，6%盐酸麻黄素液，肌肉注射，1 次/4 h；地塞米松、糖盐水缓慢静脉注射，用时应慎重。

（3）对兴奋不安的病牛：甘露醇静脉注射；氯丙嗪肌肉注射；硫酸镁缓慢静脉注射。

2. 预防措施

（1）消灭吸血昆虫。

（2）预防接种：每年 5 月份进行牛流行热疫苗注射，每头肌肉注射 4 mL，间隔 20 天加强注射一次，可获较好的免疫力。

五、操作重点提示

（1）遵守实训程序，服从老师指导，保证在实训时的组织性和纪律性。

（2）要有谦虚认真，实事求是的科学态度，对任何细微或简单操作，均不可应付或不动手。

（3）爱惜使用仪器设备，必须按照老师指导方法和步骤进行操作；使用药品力求节省。

（4）实训前做好工作服、手套、口罩等防护措施，避免危险操作。

（5）病原污染的台面与器械均要进行消毒处理，剩余病料和病原培养物必须消毒。

(6)实训结束后,要将所用器械进行摆放整齐,完成所需记录填写。

六、实训总结

实训结束后,以小组为单位对实训结果进行讨论和归纳总结,发表各自见解,同学之间要进行相互评价和交流心得体会,并完成各自的实训报告。

七、思考题

1. 简述牛流行热 PCR 诊断操作方法。

2. 简述牛流行热的临床特点。

实训 6-4　羊梭菌性疾病的诊治技术

一、实训目标和要求

掌握羊梭菌性疾病的临床诊断要点与实验室诊断步骤与方法，熟悉该病防治关键环节。通过理论与实践相结合，从而使学生可以灵活运用所学知识，满足生产实际的需求。

二、实训设备和材料

1. **器材**　显微镜、恒温培养箱、恒温水浴锅、剪刀、镊子、酒精灯、接种环、载玻片等。

2. **试剂**　无菌 PBS、羊血琼脂培养基、THB 肉汤培养基、革兰氏染液、碱性亚甲蓝、生化鉴定管、香柏油等。

3. **动物或病料**　羊梭菌性疾病羊或病变组织。

三、知识背景

羊梭菌性疾病是由梭状芽孢杆菌属中的微生物引起的一类疾病，包括羊快疫、羊猝疽、羊肠毒血症、黑疫、羔羊痢疾等病。这一类疾病在临诊上有不少相似之处，容易混淆。

四、实训操作方法和步骤

（一）诊断要点

1. **羊快疫**　是由腐败梭菌引起，主要发生于绵羊的一种急性传染病，发病突然，病程极短，其特征为真胃呈出血性、炎性损害。

绵羊发病较为多见，山羊也可感染，但发病较少，发病羊年龄多在 6～18 个月之间，腐败梭菌广泛存在于低洼草地、熟耕地、沼泽地以及人畜粪便中，感染途径一般是消化道。

临床症状表现为突然发病，往往在未发现临诊病状就突然死亡。有的病羊疝痛，臌气，结膜显著发红，磨牙，最后痉挛而死；有的表现虚弱；还有的排黑色稀便或黑色软便。一般体温不高，死前呼吸极度困难，体温高到 40℃以上，维持时间不久即死亡。

病理变化是真胃及十二指肠黏膜有明显的充血、出血，黏膜下组织水肿，甚至形成溃疡。这一病变具有一定的诊断意义。心内膜（特别是左心室）和心外膜有点状出血。肝肿大，质脆，呈煮熟状。胆囊胀大，充满胆汁。

6～18 月龄体质肥壮的羊只，突然发生死亡，剖检时在真胃黏膜出现出血性坏死病灶这一特征性病变，即可怀疑为本病。确诊需要进行微生物学检查。

2. **羊猝疽**　是 C 型魏氏梭菌所引起的一种毒血症，以急性死亡、腹膜炎或溃疡性肠炎为特征。

发生于成年绵羊，以 1～2 岁的绵羊发病较多。常见于低洼、沼泽地区，多发生于冬、春季节，常呈地方流行性。C 型魏氏梭菌随污染的饲料和饮水进入羊只消化道后，在小肠里繁殖，产生β毒素,引起羊只发病。病程短促,常未及见到病状即突然死亡。

病理变化主要见于消化道和循环系统。十二指肠和空肠黏膜严重充血、糜烂,有的区段可见大小不等的溃疡。胸腔、腹腔和心包腔积液,浆膜上有小点出血。

根据成年绵羊突然发病死亡,剖检见糜烂性和溃疡性肠炎,腹膜炎,体腔和心包腔积液,可初步诊断为猝疽。确诊需从体腔渗出液、脾取材作细菌的分离和鉴定,以及从小肠内容物里检查有无β毒素。

羊快疫和羊猝疽可混合感染,其特征是突然发病,病程极短,几乎看不到临床症状即死亡;胃肠道呈出血性、溃疡性炎症变化,肠内容物混有气泡;肝肿大质脆,色多变淡,常伴有腹膜炎。

3.羊肠毒血症 主要是绵羊的一种急性毒血症,主要是D型魏氏梭菌在羊肠道中大量繁殖,产生毒素所致。死后肾组织易于软化,因此又常称此病为软肾病。

本病以绵羊最易感,山羊次之。2～12月龄羊最易发病。发病羊多为膘情较好的。具有明显的季节性和条件性,并多散发。在牧区多发于春末夏初青草萌发和秋季牧草结子的一段时间;在农区,则常常是在收菜季节,羊食入多量的菜根、菜叶,或收了庄稼后羊群抢食大量谷类的时候发病。

临床症状特点为突然发作,往往在看出症状后绵羊便很快死亡。症状可分为两种类型:一类以搐搦为其特征,另一类以昏迷和静静地死去为其特征。

前者在倒毙前,四肢出现强烈的划动,肌肉震颤,眼球运动,磨牙,口水过多,随后头颈显著抽缩,往往于2～4 h内死亡。后者病程较缓,其早期症状为步态不稳,以后倒卧,并感觉过敏,继以昏迷,角膜反射消失。有的病羊发生腹泻,通常在3～4 h内静静地死去。

病理变化表现为肾表面充血、出血,呈软泥状,稍加触压即碎烂。肝肿大,胆囊肿大1～3倍。肺充血、水肿,小肠黏膜充血、出血,严重的整个肠壁呈血红色,有的有溃疡。全身淋巴结肿大、充血。胸膜有出血。胸腔或腹腔积有较多量的渗出液。心包液增多,心外膜有出血点。

由于病程短促,生前确认较难。剖检所见软肾,体腔积液,小肠黏膜严重出血等特征,可做出初步诊断,但确诊还需要实验室检验。

4.羊黑疫 又名传染性坏死性肝炎,是由B型诺维氏梭菌引起的绵羊和山羊一种急性高度致死性毒血症,病变的特征是肝实质坏死。

本菌能使1岁以上的绵羊感染,以2～4岁的绵羊发生最多。发病羊多为营养良好的肥胖羊只,山羊也可感染,牛偶尔感染。本病的发生经常与肝片吸虫的感染密切相关。

本病在临诊上与羊快疫、肠毒血症等极其类似。多为未见有病而突然死亡。

病羊尸体皮下静脉显著扩张,其皮肤呈暗黑色外观。胸部皮下组织经常水肿,浆膜腔有液体渗出,暴露于空气易凝固,液体常呈黄色,但腹腔液略带血色。左心室心内膜下常出血。真胃幽门部和小肠充血、出血。肝充血肿胀,从表面可看到或摸到有一个到多个凝固性坏死灶,坏死灶的界限清晰,灰黄色,不整圆形,周围常为一鲜红色的充血带围绕,坏死灶直径可达2～3 cm。羊黑疫肝的这种坏死变化具有诊断意义。

5.羔羊痢疾 羔羊痢疾是初生羔羊的一种急性毒血症,以剧烈腹泻和小肠发生溃疡为特征。本病常使羔羊发生大批死亡,给养羊业带来重大损失。

发病的诱因主要是母羊怀孕期营养不良,羔羊体质瘦弱;其次,气候寒冷,特别是大风雪后,羔羊受冻;另外,哺乳不当,羔羊饥饱不均也可促使发病。本病主要危害7日龄以内的羔羊,其中又以2～3日龄的发病最多,7日龄以上的很少患病。传染途径主要是消化道,也可能通过脐带或创伤而感染。

(二)实验室诊断

1.病料的采取

(1)羊快疫由腐败梭菌引起，其微生物学诊断一般是检测死亡羊心血和肝、脾等脏器中的病原菌，尤其是肝检出率高。

(2)羊猝疽是由C型产气荚膜梭菌(魏氏梭菌)引起的，其诊断是采集体腔渗出液、脾做细菌分离和鉴定。也可用小肠内容物的离心上清液静脉接种小鼠，检测有无毒素。

(3)羊肠毒血症由D型产气荚膜梭菌(魏氏梭菌)引起的，其病料需采取肠内容物分离细菌，并确定其能产生ε毒素，才能确诊。

(4)羊黑疫由诺维梭菌引起，可采集肝分离鉴定细菌，并作毒素检查。

(5)羔羊痢疾由B型产气荚膜梭菌引起，采集肝、肠内容物等病料。

2.涂片镜检　将心血、肝、脾、肾等新鲜病料制成涂片，用革兰染色后镜检。梭菌两端钝圆、单在及呈短链状的革兰氏阳性细菌，也有呈长丝状者。可形成芽孢，病料涂片常形成荚膜。

3.分离培养　将分泌物、肝、脾、心血等病料划线接种于血液琼脂平板上，置37℃厌氧培养24 h。或接种石蕊牛乳培养基，置80℃ 30 min后，置37℃厌氧培养6～8 h。

4.培养特性　本菌只在无氧环境中生长。石蕊牛乳培养基培养6～8 h有暴烈发酵现象，产生大量气体，牛乳凝固被冲成蜂窝状为产气荚膜梭菌生长特点。在厌氧条件下，产气荚膜梭菌在血平板上可形成双溶血环。

5.动物接种　将肠内容物5～10倍生理盐水稀释后，离心取上清，接种小鼠0.1～0.2 mL可检测有无梭菌毒素。根据不同血清型毒素进行中和试验，可检测毒素的血清型，从而进行确诊。

(三)防制

本病病程短促，往往来不及治疗，必须加强平时的防疫措施。当本病发生严重时，转移牧地，可收到减少和停止发病的效果。

发病时采用对症疗法用强心剂，抗生素等药物，青霉素80万～160万U，1～2次/日。SMZ，5～6 g/次，连用3～4次。10%安钠咖加5%葡萄糖1 000 mL静脉注射。

常发地区，每年可定期注射多联苗。我国已试制成功羊厌气菌五联苗，能同时预防羊快疫、猝疽、肠毒血症、羔羊痢疾、黑疫。

五、操作重点提示

(1)遵守实训程序，服从老师指导，保证在实训时的组织性和纪律性。

(2)要有谦虚认真，实事求是的科学态度，对任何细微或简单操作，均不可应付或不动手。

(3)爱惜使用仪器设备，必须按照老师指导方法和步骤进行操作；使用药品力求节省。

(4)实训前做好工作服、手套、口罩等防护措施，避免危险操作。

(5)病原污染的台面与器械均要进行消毒处理，剩余病料和病原培养物必须消毒。

(6)实训结束后，要将所用器械进行摆放整齐，完成所需记录填写。

六、实训总结

实训结束后，应以小组为单位对实训结果进行讨论和归纳总结，发表各自见解，同学之间要进行相互评价和交流心得体会，并完成各自的实训报告。

七、思考题

1. 简述羊梭菌性疾病的种类及相应病原。
2. 说明不同梭菌性羊疾病的病料采集方法。

实训 6-5　布氏杆菌病的诊治技术

一、实训目标和要求

熟悉布氏杆菌的生物学特性及分离培养方法；掌握布氏杆菌的诊断方法；熟悉布氏杆菌病的防治方法。

二、实训设备和材料

(1)布氏杆菌玻板凝集抗原、试管凝集抗原、布氏杆菌标准阳性和阴性血清、待检动物血清；

(2)革兰氏染色液、2%沙黄、1%孔雀绿、香柏油、二甲苯、擦镜纸等；

(3)载玻片，盖玻片，恒温培养箱，9×10 mm 试管(灭菌)，试管架，1 mL、5 mL 和 10 mL 移液管，一次性注射器和洗耳球等。

三、知识背景

布氏杆菌可引起人和多种动物的急性和或慢性感染，以发热、流产为主要特征，是一种重要的人兽共患病病原，不仅危害畜牧生产，而且严重损害人类健康，因此在医学和兽医学领域都极为重视。在动物上，该病主要以羊、牛、猪、犬等家畜发病为主，临床表现为生殖器、胎膜发炎以致流产、不育以及各种组织的局部病灶；人主要通过皮肤、黏膜、消化道及呼吸道感染，可造成网状内皮系统增生、菌血症等病理反应。布氏杆菌属于胞内寄生菌，可通过消化道、呼吸道、皮肤接触侵入体内，被吞噬细胞吞噬后可抵抗吞噬细胞的消化降解而逃避机体免疫，可经吞噬细胞流入到淋巴结内和其他组织中继续生长繁殖。当细菌从淋巴结等感染病灶内反复释放入血液，则可引起机体的反复菌血症，临床上表现为反复发热，又称波浪热。动物感染布氏杆菌后 3～6 周，可产生Ⅳ型变态反应。

布氏杆菌为革兰氏阴性，菌体呈球形、球杆形或短杆形，新分离的趋向于球形，无芽孢、无荚膜、无鞭毛、不运动。本菌为专性需氧菌，但初代分离培养时生长缓慢，常需要 5～10 d 或更长的时间方可长出肉眼可见的菌落，需 5%～10%的 CO_2。最适生长温度为 37℃，最适 pH 为 6.6～7.4。该菌在液体培养基中生长时呈轻微浑浊，无菌膜，但长时间培养可见菌环或厚的菌膜形成。在固体培养基上，该菌呈现出光滑(S)型、粗糙(R)型和黏液(M)型等形态，S 型菌落表面光滑湿润、有光泽、无色透明、菌落大小不一；R 型菌落不太透明，表面灰暗，颜色由无光泽白色、淡黄色或浅黄色到褐色；M 型菌落呈浑浊不透明、黏胶状；除此以外还可见到 S 到 R 之间的过渡型菌落。该菌经姬姆萨氏染色呈紫色。由于该菌对阿尼林染料吸附较为缓慢，经改进后采用柯兹罗夫斯基或改良 Zie hl-Neelsen 等鉴别染色法可染成红色，可与其他细菌相区别。

布氏杆菌常表现为慢性或隐性感染，其诊断和检疫主要依靠血清学检测和变态反应；近年来，随着新技术的发展，分子生物学技术(核酸探针技术及聚合酶链式反应等)、酶联免疫吸附试验(ELISA)、免疫荧光抗体试验以及细胞系检查技术也用于布氏杆菌病的诊断。血清学检测方法有十多种，其中凝集试验(试管凝集、玻板凝集及平板凝集)是布氏杆菌病血清学中一种最古老的，也是最经典的检查方法之一。由于其具有特异性较强，方法简便，判定容易，具有很高的诊断价值，所以至今仍然是兽医临床上广泛使用的方法。

由于布氏杆菌为人兽共患病原，可造成实验室感染，所以凡涉及可能存在活菌的样本，检测均应在生物安全 2 级试验室进行，培养及活菌操作均应在生物安全 3 级试验室操作。

四、实训操作方法和步骤

(一)血清学检查

布氏杆菌病主要的诊断和检疫手段为血清学检查和变态反应检查，其中血清学检查是通过检查布氏杆菌抗体来诊断是否存在感染，是最为常用的布氏杆菌诊断手段，通常采用试管凝集反应和玻板凝集反应方法进行。

1.玻板凝集反应

(1)取洁净的载玻片一片，用蜡笔画成 2 行 4 列的方格，依次编号为 A、B、C、…、H。

(2)用吸管或移液器在 A～D 方格内分别依次加入 0.08 mL、0.04 mL、0.02 mL、0.01 mL 的待检血清，E 格加入布氏杆菌抗原 0.08 mL，F 格加入布氏杆菌阳性血清 0.08 mL，G 格加入阴性血清 0.08 mL，采用直立接触玻板方式加入。

(3)将布氏杆菌玻板凝集抗原摇匀，用抗原滴管或移液器吸取凝集抗原，在每个待检血清方格内垂直加 1 滴或 50 μL。

(4)从 G 格到 A 格的方向，依次用火柴棒或吸头混合待检血清和凝集抗原，摊开呈直径约 1 cm 的圆形。

(5)静置 3～4 min，轻轻转动玻片，观察凝集颗粒的形成，并按照以下标准判定结果：

①出现大凝集片，液体完全透明，及 100%凝集，判定为#；

②有明显凝集片和颗粒，液体几乎完全透明，即 75%凝集，判定为+++；

③有可见凝集片和颗粒，液体不甚透明，即 50%凝集，判定为++；

④仅仅可见凝集颗粒，液体浑浊，即 25%凝集，判定为+；

⑤液体均匀浑浊，与静置前无差异，即无凝集，判定为－。

在判定结果时，首先观察抗原、阳性血清和阴性血清格的结果，若抗原格无凝集片或颗粒，且阳性血清格判定为#，阴性血清格判定为－，则本次试验结果成立；若上述三格任何一格出现异常则应重做试验。

2.试管凝集反应

(1)用生理盐水稀释待检血清。不同动物血清稀释度不同，猪、犬、羊的血清采用 1∶25，1∶50，1∶100 和 1∶200 四个稀释度；牛、马骆驼采用 1∶50，1∶100，1∶200 和 1∶400 四个稀释度。在大规模检疫时可只用两个稀释度，即猪、犬、羊为 1∶25 和 1∶50，牛、马、骆驼为 1∶50 和 1∶100。

(2)取 7 支 3 mL 规格的试管(带试管塞)，分别编号为 1～7，1～4 号管加不同稀释度的血清，5～7 号管为对照管，其中 5 号管加布氏杆菌抗原，6 号管加布氏杆菌阳性血清，7 号管加阴性血清。

(3)按照表 6-1 加入 0.5%苯酚(石碳酸)生理盐水，然后用 1 mL 吸管或移液器吸取待检血清0.2 mL 加入1号管中，反复吸吹3～5次将血清与管中石碳酸生理盐水充分混匀，吸出1.5 mL 弃掉，然后再吸出0.5 mL 加入2号管中，按照前面的吸吹法混匀管中液体，吸出0.5 mL 到3号管中，依次类推，至4号管，混匀后弃掉0.5 mL。5号管不加待检血清，6号管加1∶25稀释的布氏杆菌血清0.5 mL，7号管加1∶25稀释的阴性血清0.5 mL。

表 6-1　布氏杆菌试管凝集反应加样程序

样品	1号管	2号管	3号管	4号管	5号管	6号管	7号管
	1:25	1:50	1:100	1:200	抗原对照	阳性血清 1:25	阴性血清 1:25
0.5%石碳酸生理盐水	2.3	0.5	0.5	0.5	0.5	—	—
待检血清	0.2	0.5	0.5	0.5	—	0.5	0.5
		弃掉 1.5			弃掉 0.5		
抗原	0.5	0.5	0.5	0.5	0.5	0.5	0.5

(4)每管加入0.5%石碳酸生理盐水稀释20倍的布氏杆菌抗原0.5 mL。

(5)在各管加入抗原后，将7支试管同时充分混匀，置于37℃恒温箱中反应24 h，然后观察并记录结果。

(6)结果判定：根据管中液体的清亮程度和管底沉淀物的形成予以判定。

＃：100%菌体被凝集，液体完全透明，底部形成伞状沉淀，振荡时沉淀物呈片状、块状或颗粒状。

＋＋＋：75%菌体被凝集，液体略呈浑浊，菌体大部分凝集于试管底部，振荡时有较大的凝聚块悬起。

＋＋：50%菌体被凝集，液体不甚透明，管底有明显的凝集沉淀，振荡时有块状或小片絮状物。

＋：25%菌体被凝集，液体透明度不明显或不透明，有轻微的沉淀或仅有沉淀的痕迹。

－：菌体不被凝集，液体不透明，管底无凝集，有时可见管底有一部分沉淀，但振荡后立即散开呈均匀浑浊。

结果成立的前提是5和7号管判定为"－"，6号管判定为"＃"或"＋＋＋"则本次试验结果成立，否则需重新试验。样品的判定标准为：通常以出现50%凝集(＋＋)及以上的血清最大稀释度为该血清的凝集效价。牛、马和骆驼凝集价在1∶100以上判定为阳性，(1∶50)～(1∶100)为可疑，1∶50以下为阴性；猪、山羊、绵羊和犬的凝集价在1∶50以上判定为阳性，(1∶25)～(1∶50)为可疑。

3.虎红平板凝集试验　虎红平板抗原为用虎红(四氯四碘荧光素钠盐)使抗原细菌染色的酸性(pH 3.6～3.8)缓冲平板抗原，能抑制引起非特异性反应的IgM和增强特异性IgG的活性，其反应敏感、稳定，特异性优于试管凝集试验。操作方法：取被检血清和虎红平板抗原各0.03 mL，滴于玻板上，混匀，4～10 min内出现任何程度凝集者即为阳性反应。

4.其他凝集试验　除了上述凝集试验外，还有乳汁环状试验、乳清凝集试验和精液凝集试验。

乳汁环状试验：主要应用于奶牛和奶山羊的布氏杆菌病诊断，是判定奶牛群是否有布氏杆菌病存在的一种初筛试验。其试验原理为患畜乳汁中含有凝集素，可用三苯基四氮唑染色的抗原（红色）作乳汁环状试验检测。操作方法是取鲜奶 1 mL（可以是 10 头牛以下的混合乳，也可以是 1 头牛的牛奶，也可以是 1 头牛 1 个乳房的牛奶）置于小试管中，加入染色抗原 2 滴，混匀后置于 37℃恒温箱中 45 min。若乳汁中有相应抗体（主要为 IgG），则出现凝集，被凝集的红色抗原将随乳脂上浮到乳柱表面，形成红色环，乳柱为白色；如无相应的抗体，则不凝集，乳柱为红色，上浮的乳脂环为白色。但凡是凝固乳、初乳和患乳房炎牛的牛奶用本法均不能做出正确诊断。脱脂乳和煮沸过的乳也不能作环状反应。

精液凝集试验：公畜（特别是公猪）患布氏杆菌病时，其精液浆中有凝集素。取精液按常规方法作试管凝集反应，凝集价为 1∶5 以上者则为阳性。

5.补体结合试验 补体结合试验被认为是准确性最高的一种方法，特别是对慢性病例的检出具有优越性。操作程序：可将布氏杆菌凝集反应抗原稀释 60～70 倍用作补体反应的抗原，待检血清经 56～58℃（驴骡血清为 62℃）加热 30 min，稀释 10 倍用于试验。反应时用一个单位的补体，2 个单位的溶血素，常量操作可按表 6-2 进行。

表 6-2 布氏杆菌补体结合试验操作程序

加入成分	待检血清试验管	待检血清对照管	抗原对照管	补体对照管	溶血素对照管
抗原	0.5		0.5		
生理盐水		0.5	0.5	1.0	1.5
1∶10 待检血清	0.5	0.5			
补体(1 个单位)	0.5	0.5	0.5	0.5	
37℃水浴 20 min					
溶血素(2 个单位)	0.5	0.5	0.5	0.5	0.5
2.5%红细胞	0.5	0.5	0.5	0.5	0.5
37℃水浴 20 min 后观察结果					

（二）细菌学检查

1.显微镜检查 本试验须在生物安全 2 级或以上实验室进行。采集患畜病料直接涂片，用常规染色和鉴别染色（常用柯兹洛夫斯基染色），然后显微镜下直接观察菌体。病料最好用流产胎儿的胃内容物、肺、肝和脾或流产胎盘、羊水等，也可用阴道分泌物、乳汁、血液、精液和尿液等。若发现革兰氏染色阴性、柯兹洛夫斯基染色呈红色球状杆菌或短小杆菌，即可做出初步的疑似诊断。

2.分离培养 本试验须在生物安全 3 级实验室进行。布氏杆菌虽可在普通培养基上生长，有些菌株需要血清或吐温-40（Tween-40）才能生长。血清葡萄糖琼脂、吐温葡萄糖琼脂、胰蛋白胨琼脂、胰蛋白酶消化大豆琼脂（trypticase-soy agar，TSA）和 Albimi Brucella agar（ABA）等培养基常用于布氏杆菌分离培养。病料接种于血清葡萄糖培养基或 TSA 上进行培养。为了抑制杂菌生长，特别是当病料有可能被污染时，可在培养基中加入 1∶20 万的龙胆紫（甲紫）或 1∶50 万的结晶紫，也可能在每毫升培养基中加入放线菌酮 0.1 mg、杆菌肽 25 IU、多黏菌素 B 6 IU 以抑制杂菌生长。同时接种两份，一份置于浓度为 10% 的 CO_2 培养箱中培养，另一份置于常规培养箱中培养。每 3 d 观察一次，如有细菌生长，可挑取疑似菌落做细菌鉴定；如无细菌生长，可继续培养至 30 d，仍无菌生长者可认为是阴性。确实为疑似菌落后作纯化培养，再以布氏杆菌抗血清做玻片凝集试验。结合细菌鉴定和玻片凝集试验结果做出布氏杆菌诊断。

3.动物试验　本试验须在生物安全 3 级实验室进行。豚鼠是布氏杆菌分离检查中最适宜的实验动物。一般以病料组织悬液、阴道洗液或全乳、血液等材料对豚鼠腹腔或皮下接种，剂量一般为 1～2 mL。每份病料至少接种 2 只豚鼠，其中一只在接种后 3 周剖杀，另一只在接种后 6 周剖杀。剖杀前采血进行凝集反应试验，滴度在 1：5 以上者为阳性。剖检时，注意观察肉眼可见病变，若出现乳淋巴结肿大、肝坏死灶、脾肿大或发生结节、睾丸及附睾脓肿、四肢关节肿胀等病变则应怀疑为阳性；可取组织用血清葡萄糖琼脂进行细菌分离培养。

（三）变态反应检查

动物感染布氏杆菌后 3～6 周可产生Ⅳ型变态反应，临床上可用布氏杆菌水解素进行诊断。取 0.2 mL 水解素注射于羊尾根皱褶处或猪耳部皮内，24 h 和 48 h 各观察一次，若注射部位发红肿胀即可判为阳性反应。此法对慢性病例检出率高，且注射水解素后无特异性抗布氏杆菌抗体产生，不妨碍以后血清学检查。将凝集反应、补体结合反应和变态反应结合使用，检查结果更加准确。

五、操作重点提示

（1）布氏杆菌是重要的人兽共患病病原，在进行活菌试验时，应严格遵守生物安全措施和个人防护规则。

（2）本实训中所用的待检动物血清必须是新鲜的，血清应无明显血块或凝块、无严重溶血或腐败气味。血清应在采集后 24 h 内送到实验室，最迟不能超过 3 d。若不能按期送达，则需要在采集后每 0.9 mL 血清加入 0.1 mL 0.5%的石碳酸，并立即振荡混匀。

（3）不能单凭某单一试验结果就下结论，特别是大规模畜群诊断时要进行必要的其他血清学和细菌学检查，再与畜群健康情况及临床检查相结合进行综合判断。

六、实训总结

（1）记录玻板凝集反应和试管凝集反应的结果，并判断待检血清的凝集价。

（2）观察布氏杆菌格兰氏染色和柯兹洛夫斯基标准染色片，辨认并画出镜检视野中所见的布氏杆菌形态。

七、思考题

1.布氏杆菌病血清学诊断有哪几种方法？各有何优点？

2.疑似布氏杆菌猪流产胎儿一只，如何进行细菌学检查？

实训 6-6　牛巴贝斯虫病的诊治技术

一、实训目标和要求

掌握牛主要致病巴贝斯虫的发病症状和特点。掌握薄片血液涂片的制作方法。能够正确识别和判断各种巴贝斯虫的形态特点。

二、实训设备和材料

1. **器材**　生物显微镜(含油镜镜头)、载玻片、染色缸。

2. **试剂**　吉姆萨氏染色液、甘油、甲醇、香柏油。

3. **教学示范标本**　双芽巴贝斯虫血涂片标本、牛巴贝斯虫血涂片标本。

三、知识背景

牛巴贝斯虫病是由顶复门(Apicomplexa)梨形虫纲(Piroplasmia)巴贝斯科(Babesiidae)巴贝斯属(*Babeisa*)的巴贝斯虫(*Babesia boris*)经蜱传所导致的血液原虫病,其发病特征主要表现为发热、血红蛋白尿、溶血性贫血和死亡。牛巴贝斯虫的种类较多,但普遍被公认的具有致病性的有4种,即双芽巴贝斯虫、牛巴贝斯虫、大巴贝斯虫和分歧巴贝斯虫。巴贝斯虫主要分布在有牛蜱生活的北纬32°至南纬30°地区;在我国,主要分布于河南、河北、陕西、安徽、湖北、湖南、福建、西藏、贵州和云南等省(自治区)。牛巴贝斯虫病对养牛业的发展危害较大,给畜牧业造成严重的损失。目前,常用的治疗巴贝斯虫病的药物有咪唑苯脲、三氮脒、阿托伐醌、克林霉素、奎宁和阿奇霉素等。

(一)病原形态

1. **双芽巴贝斯虫**　双芽巴贝斯虫为大型虫体,寄生于牛红细胞中,虫体呈环形、椭圆形、梨形(单个或成对)或不规则形等形态,典型的形状为成双的梨籽形,尖端以锐角相连,在出芽生殖阶段还可见到三叶形的虫体;虫体大小大约为4.5 μm×2.0 μm,长度大于红细胞半径。虫体多位于红细胞的中央,每个红细胞内虫体数目多为1～2条,很少见3条或以上的(图6-1)。在吉姆萨氏染色血液涂片上,染色质多为两团,位于虫体边缘,呈紫红色,胞质呈淡蓝色,中部淡染或不着色,边缘较深,呈空泡状的无色区。

2. **牛巴贝斯虫**　牛巴贝斯虫为小型虫体,呈环形、椭圆形、单梨形或双梨形及阿米巴形等。虫体长度小于红细胞半径,多位于红细胞边缘或偏中部,成双的虫体尖端排列呈钝角或一字形。吉姆萨氏染色呈淡蓝色,染色质成团,红色,位于虫体一端或边缘部,虫体中部淡染或不着色,边缘着色较深。在自然感染的牛巴贝斯虫病例中,红细胞染虫的概率一般不超过1%。每个红细胞内一般为1～2条虫体。

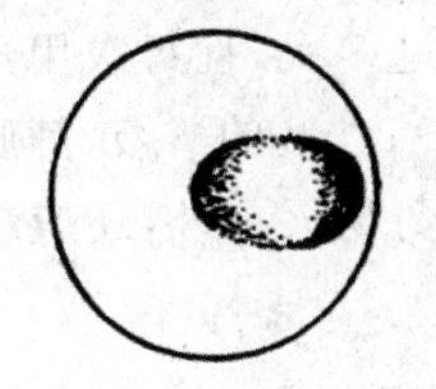

图 6-1　红细胞内的双芽巴贝斯虫

(二)生活史

1.**双芽巴贝斯虫**　双芽巴贝斯虫的生活史需要通过两个宿主的转换才能完成,具有典型的孢子虫的三阶段生活史,包括裂殖生殖、配子生殖和孢子生殖三个发育阶段。蜱是目前证明唯一可传播双芽巴贝斯虫的媒介。

2.**牛巴贝斯虫**　牛巴贝斯虫的生活史目前尚未完全清楚,但基本上与双芽巴贝斯虫相似。虫体随蜱的叮咬而进入牛体内,首先进入血管内皮细胞,发育为裂殖体,再经过裂殖生殖,产生许多不同形态的个体。裂殖体崩解后,可破内皮细胞而出;有的虫体进入红细胞内,以出牙生殖或二分裂方式进行繁殖;有的虫体则可再度浸入血管内皮细胞重复其裂殖生殖过程;还有的虫体在血液中被白细胞吞噬而死亡。

(三)致病性

1.**双芽巴贝斯虫**　双芽巴贝斯虫的酶可导致动物发病,其可使感染动物血液中出现大量的扩血管物质,如激肽释放酶、血管活性肽等,从而导致低压性休克综合征。当虫体在红细胞内繁殖时,因机械性损伤作用和掠夺营养,可造成宿主红细胞大量破坏,发生溶血性贫血,造成宿主结膜发白和黄染。染虫红细胞和非染虫红细胞大量发生凝集及附着在毛细血管内皮细胞,致使循环血液中红细胞数和血红蛋白量显著下降,血液稀薄,血内胆红素增多而导致黄疸。同时,因红细胞数目减少、血红蛋白量的降低,会引起宿主机体组织供氧不足,全身代谢障碍和酸碱平衡失调,因而出现实质细胞(如肝细胞、心肌细胞、肾小管上皮细胞)变性,甚至坏死。某些组织淤血、水肿;加之虫体毒素和代谢产物在体内蓄积,可作用于中枢神经系统和自主神经系统,引起宿主体温中枢的调节功能障碍及自主神经机能紊乱,宿主出现高热、昏迷。

2.**牛巴贝斯虫**　牛巴贝斯虫的致病机制与双芽巴贝斯虫相似,两者也经常混合感染。牛巴贝斯虫各虫株之间的致病性互有差异,澳大利亚和墨西哥株的致病性强。因此,澳大利亚和墨西哥的牛巴贝斯虫的重要性超过双芽巴贝斯虫。但我国此病的分布不如双芽巴贝斯虫普遍。牛巴贝斯虫的致病过程与双芽巴贝斯虫非常相似,主要感染红细胞。不同的是牛巴贝斯虫红细胞染虫率低于双芽巴贝斯虫,一般不超过1%;有学者认为这可能与红细胞被感染后黏性变大,使其容易黏附于血管壁上,以至于血涂片中仅能观察到少量的被感染红细胞。

(四)防治方法

巴贝斯虫病要及时确诊,尽快治疗。通常在发病动物发热时采耳静脉血作涂片检查虫体。常用的治疗药物有贝尼尔(三氮脒)、吖啶黄、咪唑苯脲和硫酸喹啉脲等。三氮脒,又名贝尼尔,临用时配成5%的水溶液,深部肌肉注射和皮下注射。黄牛剂量3～7 mg/kg体重,水牛

1 mg/kg 体重，乳牛 2～5 mg/kg 体重。可根据情况重复应用，但不得超过 3 次，且每次用药间隔需大于 24 h。吖啶黄，又名黄色素，用生理盐水或蒸馏水配成 0.5%～1.0%的溶液，静脉注射。牛、羊剂量为 3～4 mg/kg 体重，极量为 2 g/头。除了应用特效的药物灭虫外，还应结合对症和支持疗法，灭蜱、药物预防和疫苗预防相结合。

四、实训操作方法和步骤

1.巴贝斯虫形态学观察

(1)双芽巴贝斯虫：双芽巴贝斯虫为大型虫体，长度大于红细胞的半径；感染的红细胞内多为两条虫体，呈梨籽形，尖端以锐角相连。

(2)牛巴贝斯虫：牛巴贝斯虫主要寄生于黄牛、水牛的红细胞内，每个红细胞内有 1～3 条虫体；牛巴贝斯虫是一种小型虫体，虫体长度小于红细胞半径，双梨籽形虫体以尖端连成锐角，位于红细胞偏中央或边缘。

2.血液涂片的制作及染色

(1)从牛的颈静脉采集血液；

(2)将血液滴在洁净的载玻片的一端，取另一块载玻片，并将其一端置于血液前方，匀速向后移动玻片将血液沿接触面散布均匀，即成薄的血片；

(3)待血液自然干燥，在血薄片上加入 3 滴甲醇固定 2 min，弃甲醇后自然干燥；

(4)将染色液(用前将蒸馏水与染液原液按 2∶1 稀释)直接滴在血薄片上或将血薄片浸在用 10 份蒸馏水和 1 份染液原液稀释好的染色液中染色 30 min(过夜最好)；

(5)取出血薄片，用水冲洗，干燥，镜检。

五、操作重点提示

(1)巴贝斯虫为血液寄生虫，在病畜发热高温期，未用药物时采血可提高虫体检出率；

(2)涂片时应时红细胞均匀分布于玻片上，血膜不宜过厚，否则会影响虫体观察；

(3)血液涂片必须充分干燥后再用甲醇固定，以免血膜脱落。

六、实训总结

(1)画出观察到的牛双芽巴贝斯虫和牛巴贝斯虫虫体形态，并用语言进行描述。

(2)记录血液薄片的制作和染色方法，画出观察到的血液中虫体形态，并判断是何种巴贝斯虫。

七、思考题

1.牛巴贝斯虫诊断时如何提高虫体检出率？

2.如何制作高质量的血液涂片？

实训 6-7　牛泰勒虫病的诊治技术

一、实训目标和要求

掌握牛主要致病泰勒虫的种类、致病特点和防治方法；掌握厚片法制作血液涂片及染色方法；能够判别环形泰勒虫配子体和裂殖体。

二、实训设备和材料

1.**器材**　生物显微镜(含油镜镜头)、载玻片、染色缸。

2.**试剂**　姬姆萨氏染色液、甘油、甲醇、香柏油。

3.**教学示范标本**　环形泰勒虫配子体、裂殖体血涂片标本。

三、知识背景

牛泰勒虫是梨形虫目的原虫，可经蜱传播导致的牛、马和羊等家畜血液原虫病。泰勒虫的发病特征主要表现为高热、贫血、出血、消瘦和体表淋巴结肿胀。我国至少存在 3 种能感染牛的泰勒虫，其中环形泰勒虫致病性最强，主要感染黄牛、奶牛；瑟氏泰勒虫中等致病性，也感染黄牛和奶牛；中华泰勒虫致病性最弱，已发现的宿主有黄牛和牦牛。牛环形泰勒虫病是一种季节性很强的地方性流行病，流行于我国西北、华北和东北的一些地区，多呈急性经过，以高热、贫血、出血、消瘦和体表淋巴结肿胀为特征，发病率和病死率都很高。

(一)牛环形泰勒虫病原形态

环形泰勒虫寄生于红细胞内的虫体称为血液型虫体(配子体)，虫体很小，形态多样，有圆环形、椭圆形、圆点形、杆形、逗点形、十字形等。环形虫体的染色质位于边缘呈半月形，虫体大小为 0.6～1.6 μm。病畜红细胞染虫率一般为 10%～20%，最高达 95%；通常一个红细胞内可寄生 2～3 个虫体。圆形类虫体的比例始终高于杆形类虫体，比例一般为(2.1～16.8)∶1。

(二)生活史

环形泰勒虫的子孢子随着蜱叮咬牛体吸血时进入牛体，首先侵入局部淋巴结的巨噬细胞和淋巴细胞内进行裂体增殖，形成大裂殖体(无性体)。无性体发育成熟后破裂为许多大裂殖子，这些大裂殖子随后又侵入其他的巨噬细胞和淋巴细胞而重复裂体增殖过程，同时也可随淋巴和血液向全身扩散。裂体增殖反复进行到一定阶段后，有的可形成小裂殖体(有性型)，成熟后破裂，里面的许多小裂殖子进入红细胞内成为配子体(血液型虫体)。配子体可随蜱叮咬吸血而进入蜱体内，在蜱体内配子体从红细胞内溢出，形成大、小配子，两者结合后形成合子，进而发育为能动的动合子。动合子可进入蜱唾液腺泡细胞内成为合孢体，然后分裂成许多子孢子。子孢子可随着蜱叮咬牛而进入牛体，重新开始其在牛体内的发育和繁殖。

(三)致病性

本病主要在舍饲条件下发生，其发生与流行随蜱的出没而呈现明显的季节性。在内蒙古及西北地区，本病于6月份开始发生，7月份达到高峰期，8月份平息。流行地区1～3岁的牛发病多，患畜痊愈后可带虫而不发病，带虫免疫可达2.5～6年。环形泰勒虫感染后的潜伏期为14～20 d，常取急性经过。病畜体温升高到40～42℃，为稽留热型，4～10 d内维持在41℃上下。少数病牛呈弛张热或间歇热。

(四)防治方法

至今尚无针对环形泰勒虫的特效治疗药物。目前主要通过使用比较有效的杀虫药物，再配合对症治疗，特别是输血疗法，同时加强饲养管理，达到大大降低死亡率的效果。目前常用的药物有磷酸伯氨喹啉(PMQ)、三氮脒、黄花蒿、青蒿琥酯等。针对本病预防的关键是消灭牛舍和牛体的蜱(璃眼蜱)，切断传染源，还可通过接种牛环形泰勒虫裂殖体胶冻细胞虫苗来使牛体获得免疫力。

四、实训操作方法和步骤

1.泰勒虫不同阶段形态学观察

(1)泰勒虫配子体：配子体呈小环形、短棒状或逗点状。在每个细胞中通常有1～5个虫体，大小为0.7～2.9 μm，姬姆萨染色后原生质呈浅蓝色，染色质呈紫红色。

(2)泰勒虫裂殖体：裂殖体有不同的形状和大小，存在于淋巴细胞的胞质或淋巴液中。通常经姬姆萨染色后可看到浅蓝色的原生质背景上有暗紫色的数目不等的核质。

2.厚片法血液涂片的制作及染色观察

(1)将新采集的牛血液滴1～2滴在洁净的载玻片的一端；

(2)取另一块载玻片，用玻片一角将血液涂散至直径1 cm；

(3)待血液自然干燥(1 h及以上)；

(4)将血涂片置于蒸馏水中，使红细胞溶解，血红蛋白脱落，血膜呈灰白色为止；

(5)在血薄片上加入3滴甲醇固定2 min，弃甲醇后自然干燥；

(6)将染色液(用前将蒸馏水与染液原液按2∶1稀释)直接滴在血薄片上或将血薄片浸在用10份蒸馏水和1份染液原液稀释好的染色液中染色30 min(过夜最好)；

(7)取出血薄片，用水冲洗，干燥，镜检。

五、操作重点提示

(1)注意配子体和裂殖体形态上的差异，在镜检观察时注意其染色质颜色的差异。

(2)涂布好的血涂片自然干燥一般需1 h或以上，干燥不彻底则血膜黏着不牢，染色时容易脱落。

六、实训总结

(1)画出观察到的环形泰勒虫配子体和裂殖体形态，并用语言进行描述。

(2)记录厚片法血液涂片的制作和染色方法，画出观察到的血液中虫体形态。

七、思考题

1.环形泰勒虫配子体和裂殖体形态学及染色上的差异有哪些？

2.厚片法血液涂片的制作和染色步骤有哪些？

实训 6-8　犊新蛔虫病的诊治技术

一、实训目标和要求

掌握犊新蛔虫病的发病特点和症状；掌握犊新蛔虫虫卵形态特征；熟悉犊新蛔虫病的防治方法。

二、实训设备和材料

犊新蛔虫虫卵永久装片、显微镜、尺子、纸、铅笔等。

三、知识背景

犊新蛔虫病的病原体为弓首科的牛新蛔虫（*Neoascaris vitulorum*），主要寄生于出生犊牛的小肠内，引起肠炎、下泻、腹部膨大和腹痛等症状。该病分布很广，遍及世界各地，多发于我国南方各地的牛。

（一）病原体

牛新蛔虫虫体粗大、呈淡黄色，角皮较为薄软。食道呈圆柱形，后端由一个小胃与肠管相连。雌雄异体，雄虫长 11～26 cm，有一对交合刺，尾部有一小锥突，弯向腹面（图 6-2）；雌虫长 14～30 cm，尾直，生殖孔开口于虫体前部 1/8～1/6 处。虫卵近似球形，大小为（70～80）μm×（60～66）μm，壳厚，外层呈蜂窝状，胚细胞为单细胞期。

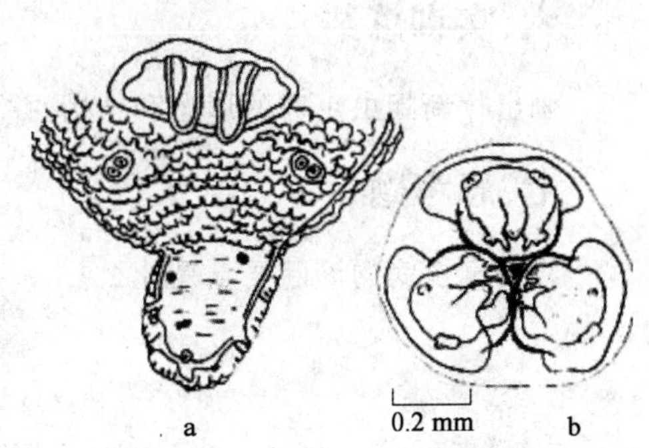

图 6-2　犊牛新蛔虫虫体形态结构

a. 雄虫尾端锥突　b. 唇部顶面观

（二）发育史

雌虫在小肠内产卵，然后随着粪便被排出体外，在适宜的温度（27℃）和湿度下发育为幼虫；幼虫在卵壳内进行第 1 次蜕化，变为 2 期幼虫，及感染性虫卵。牛吞食感染性虫卵后，幼虫在小肠内溢出，穿过肠壁，移行至肝、肺等器官，进行第 2 次蜕化，变为第 3 期幼虫；待母牛怀孕后期便移行至子宫，进入胎盘羊膜液中，进行第 3 次蜕化，变为第 4 期幼虫，被胎牛吞入肠内发育；胎牛出生后幼虫在小肠内进行第 4 次蜕化后经 25～31 d 发育为成虫；成虫可在肠内生活 2～5 个月，后逐渐从宿主体内排出，开始下一个繁殖周期。

（三）诊断与防治

本病主要发生于 5 月龄以内的犊牛。过去认为子宫感染是唯一的感染途径，但有研究表明该虫可随母乳传播，犊牛可因喝了带虫的母乳而感染。感染后的犊牛主要变现为消化失调，食欲不振和腹泻；肠黏膜受损后可引起肠炎，排多量黏液或血便，有特色臭味。病畜消瘦、反应迟钝、后肢无力、站立不稳；有的腹部鼓胀，有疝痛症状。可用哌嗪类药物、左旋咪唑、丙硫咪唑等药物进行驱虫预防和治疗，对患病的犊牛应于15～30日龄进行驱虫。

四、实训操作方法和步骤

犊新蛔虫虫卵的观察步骤如下。

(1)检查显微镜，接通电源，调好显微镜，将犊新蛔虫虫卵永久装片置于显微镜载物台上；

(2)用10倍物镜找到虫卵位置，通过调焦观察到清晰的虫卵外观；

(3)观察并记录虫卵的颜色和形状，画出虫卵形状；

(4)用40倍物镜观察虫卵壳层数、厚薄程度、表面是否光滑；

(5)观察虫卵内幼虫的形态、颜色和大小，画出幼虫形态。

五、操作重点提示

(1)观察虫卵时应先用低倍镜找到虫卵，观察外形，然后用高倍镜观察虫卵内部结构。

(2)观察虫卵时应注意调节显微镜光圈大小或灯的亮度，使视野的亮度适中，过亮或过暗都可能观察不到虫卵。

六、实训总结

画出犊新蛔虫虫卵的形态和结构，并用语言进行描述。

七、思考题

犊新蛔虫病的诊断要点是什么？

实训 6-9　牛前胃弛缓的诊治技术

一、实训目标和要求

掌握前胃弛缓的发病特点和症状；掌握并实操牛前胃弛缓的诊断方法；熟悉牛前胃弛缓的治疗方法。

二、实训设备和材料

瘤胃穿刺针、套管针、pH 计、细胞计数板、革兰氏染色液、烧杯、外科手术刀、缝合器材、一次性注射器和洗耳球等。

三、知识背景

前胃弛缓，是反刍动物瘤胃、网胃、瓣胃神经肌肉感受性降低，平滑肌自主运动性减弱，内容物转运迟滞所引发的消化障碍综合征。其临床特征是食欲减退，甚至废绝，反刍障碍，前胃运动微弱乃至停止。

胃肠道的通畅及平滑肌固有的自主运动性是反刍动物胃肠道正常运转的基本条件，而这两个条件都是由胃肠神经机制、体液机制以及胃肠内环境，尤其酸碱环境刺激，通过内脏-内脏反射进行调控的。

根据发病环节的不同，可以将前胃弛缓分为五种病例类型：

(1)酸碱性前胃弛缓。当前胃内容物 pH 超出正常范围(6.5～7.0)，如过量摄入谷类等高糖饲料导致 pH 偏低时，常发生酸性前胃弛缓；过量摄入高蛋白或高氮饲料导致 pH 偏高时，则可引起碱性前胃弛缓。

(2)神经性前胃弛缓。创伤性网胃腹膜炎时因损伤迷走神经腹支和胸支所引发的迷走神经性消化不良是典型的例证。应激性前胃弛缓亦属此类。

(3)肌源性前胃弛缓。包括瘤胃、网胃、瓣胃的溃疡、出血和坏死性炎症所引发的前胃弛缓。

(4)离子型前胃弛缓。包括生产瘫痪、泌乳搐搦、运输搐搦、妊娠后期血钙过低或血钾过低所造成的前胃弛缓。

(5)反射性前胃弛缓。包括创伤性网胃炎、瓣胃阻塞、真胃变位、真胃阻塞、肠便秘等胃肠道疾病过程中，是通过内脏-内脏反射的抑制作用所继发的症状性前胃弛缓。

前胃弛缓的病因可分为原发性(单纯性)病因、继发性病因和医源性病因 3 种。

原发性前胃弛缓主要因饲养管理不当所致，饲料的突然改变，如粗饲料不足而突然增加精料，或某一种精料改变成另一种精料，日粮配合比例不当，饲料腐败、发霉或饮用污染水等均可引发该病；管理不当，如突然由放牧改为圈养，圈舍阴暗潮湿，密度过大，长途运输等也可引发该病。

继发性前胃弛缓大多由许多器官系统疾病和其他各科疾病引发。

医源性前胃弛缓是由于长期或大剂量内服药物(如磺胺类或抗生素),破坏了瘤胃内正常菌群,从而引起消化机能紊乱造成的。

前胃弛缓的治疗主要以健胃消导、防腐止酵、强心补液和防止自体中毒为原则。

对于原发性前胃弛缓,可视瘤胃内容物的多少而禁食1～2 d;可用拟胆碱药(如新斯的明、毛果芸香碱等)、促反刍液(配方:每500 mL含氯化钠25 g、氯化钙5 g、安钠咖1 g)、B族维生素等药物治疗,同时辅以硫酸镁或石蜡油等缓泻止酵,清理胃肠。根据瘤胃pH的不同而进行调整,如pH降低,可用氢氧化镁、小苏打内服或静脉注射5%碳酸氢钠或碳酸盐缓冲合剂(CBM);如pH偏高,用食醋加水或醋酸盐缓冲合剂(ABM)内服。

继发性前胃弛缓的治疗应积极治疗原发病,然后按原发性前胃弛缓方法治疗。若在治疗过程中出现屡治屡发、病情反复,可考虑采取微生物疗法,即将健康牛的瘤胃液移植到病牛瘤胃中,或采取微生态制剂等进行治疗。

四、实训操作方法和步骤

1.瘤胃的常规诊断检查

(1)视诊:发病牛多表现为腹围缩小,左肷部下陷。常伴发间歇性臌气,尤其是变质饲料所致,多伴发轻度或中度瘤胃臌气。

(2)触诊:瘤胃内容物充满,发硬,呈生面团状,拳压留痕10余秒以上不恢复。

(3)听诊:瘤胃蠕动次数正常(1～3次/min)或减少,蠕动音低,持续时间低于15 s,无峰值或出现双峰。

2.瘤胃液pH检查

采用瘤胃穿刺法取瘤胃液用于pH检查。瘤胃液的正常pH为6.5～7.0,pH偏高或偏低均不正常。通过穿刺法取得瘤胃液,用精密pH试纸(5.5～9.0)检测瘤胃液的pH。

3.瘤胃纤毛虫活力检查

取瘤胃液1 mL,稀释10倍、100倍及1 000倍后滴于血细胞计数板上,在显微镜下分别进行纤毛虫计数,并与正常值(50万～100万/mL瘤胃液)进行对比。

4.瘤胃液沉淀活性试验

确定微生物活性,即吸取瘤胃液,滤去粗粒,将滤液静置于烧杯内,保持溶液温度与体温一致,记录微粒物质漂浮的时间。正常瘤胃液中微粒物质漂浮时间为3 min以内,若为前一日采食,则在9 min以内;漂浮时间延长,即表明有严重的消化不良。

5.纤维素消化试验

将棉线一端拴在一小金属球上,悬于盛有待检瘤胃液的容器中,进行厌气温溶,观察棉线消化断离的时间,若超过60 h(正常50 h),即显示消化不良。

五、操作重点提示

(1)瘤胃的常规检查时,应事先固定好牛,不要站在牛后脚正后方和斜侧方,以免被踢伤;应在安静的环境下进行检查。

(2)穿刺法取瘤胃液时,所用的器具均要事先高压灭菌处理,穿刺口处用碘伏和酒精棉球消毒。

六、实训总结

(1)记录瘤胃常规检查结果:视诊状态,触诊反应及听诊的瘤胃蠕动音频率。

(2)记录瘤胃液 pH,纤毛虫活力,瘤胃液沉淀活性试验及棉线消化溶断时间。

七、思考题

1.简述前胃弛缓症状及诊断要点。

2.瘤胃检查有哪些方法?

实训 6-10 牛创伤性网胃炎的诊治技术

一、实训目标和要求

掌握牛创伤性网胃炎的发病原因和症状;掌握创伤性网胃炎的防治方法。

二、实训设备和材料

牛饲草、精料、磁力棒、金属网筛、金属探测仪。

三、知识背景

牛创伤性网胃炎是由于饲料中混入金属异物(如铁钉、铁丝、铁片)及其他尖锐异物,通过进食进入网胃并穿透或创伤网胃壁而引起的网胃及相关脏器的炎症。由于饲养管理不当或饲料加工调制不当使得金属或非金属异物被混入饲料或饲草中,牛在进食时可能吞咽这些异物,进入网胃内后导致胃壁或胃壁上的植物神经发生器质性损伤或收到粘连性压迫,造成前胃消化功能发生紊乱,从而引起前胃出现消化障碍。病畜主要表现为非人为刺激引起的疼痛表现明显,站立姿势异常,呈前高后低站立;起卧姿势异常,似马样起卧;运动姿势异常,运步缓慢小心,痛苦呻吟;愿上坡而不愿下坡,愿走软地而不愿走硬地。排粪无力、呻吟,不敢强力努责;粪少而干、色深,有黏液和潜血,呈煤焦油状。

根据肉牛吞入异物的尖锐程度、大小以及方位有所不同,会造成不同的创伤性质,可分成壁间型、叶间型和穿孔型。

(1)壁间型是指食入的异物会导致网胃黏膜和肌层被刺伤,但不会是浆膜层发生损伤,且有增生的结缔组织包绕在异物上,只有炎症反应比较明显时才会表现出临床症状,即前胃弛缓等,有时还会导致壁间发生脓肿,或者由于炎症蔓延至浆膜而导致胃壁与其他器官发生粘连。

(2)叶间型是指食入的异物能够刺入黏膜,但之后被网胃的蜂窝状小巢彻底固定,使其无法游走,从而只会引起轻度的损伤,通常不会表现出任何临床症状。

(3)穿孔型是指食入的异物能够穿透胃壁,开始时只会引起局限性腹膜炎的病变,表现发热和疼痛,且异物往往还会刺伤其他脏器,尤其是心包非常容易被刺伤,从而引起心包腔内发生纤维性、浆液性渗出或者化脓性病变,最终会引起败血症或者脓毒症。

对创伤性网胃炎主要以预防为主,通过加强饲养管理,防止饲料中混杂异物可大大减少该病的发生。牛场可在饲料加工设备上增设消除金属异物的电磁装置或用磁铁鼻环以除去饲料中的金属异物;用不同口径网筛过滤非金属异物。对创伤性网胃炎的治疗,目前尚无理想的措施。一般用大剂量的抗菌消炎药物控制炎症,促进机体对金属异物的组织化包埋,必要时可通过投放取铁器取出异物。

四、实训操作方法和步骤

1.饲料中金属和非金属异物的观察与清理

(1)将待检饲料摊开在地面,尽量散开;

(2)观察饲料的形状、颜色等形状;

(3)戴上帆布手套,用手小心有序的拨动饲料,仔细检查其中非饲料形状和颜色的异物;

(4)将异物挑出进行鉴别,统计饲料中异物的种类和数量。

2.观看或参观大型牛饲料加工或饲养企业的饲料加工设施

(1)按照企业要求登记进入,穿戴好相应的工作服和防护用具;

(2)进入饲料加工区,观察饲料生产设施的结构,生产方法等;

(3)重点观察饲料加工过程中金属探测仪的位置、结构和工作原理。

五、操作重点提示

(1)在徒手检查饲料中异物时,一定要戴上帆布手套操作,以免被饲料中尖锐异物扎伤。

(2)在企业参观饲料加工设施时,应在工作人员的引领下,听从工作人员的安排,不得私自靠近仪器设备,以免被仪器设备砸伤或造成其他的伤害。

六、实训总结

(1)记录并统计饲料中异物的种类和数量;

(2)记录金属检测仪下牛体内金属异物的种类。

七、思考题

1.牛创伤性网胃炎的发病原因有哪些?

2.如何预防牛创伤性网胃炎?

第七篇　常见马属动物疾病诊治综合实训

实训 7-1　马传染性贫血的诊治技术

实训 7-2　马传染性脑脊髓炎的诊治技术

实训 7-3　马鼻疽的诊治技术

实训 7-4　马腺疫的诊治技术

实训 7-5　马伊氏锥虫病的诊治技术

实训 7-1　马传染性贫血的诊治技术

一、实训目标和要求

通过实训，能够熟悉马传染性贫血的发病特点，掌握其诊断及防制技术。

二、实训设备和材料

患病马的标本、挂图或影像，显微镜、载玻片、听诊器、温度计(兽用体温表)、穿刺针、洗胃器、保定绳、输液器、16 号长针头、消毒药水，根据需要还可准备骨剪、手术刀、剪子、镊子、标本缸、广口瓶、福尔马林、解剖盘，血液学检查所需系列器材等等。

三、知识背景

马传染性贫血(简称马传贫)是马、骡、驴的一种病毒性传染病。临床特征为稽留热或间歇热，发热期以贫血、出血、黄疸、心脏衰弱、浮肿和消瘦等变化明显，无热期症状减轻或暂时消失。本病几乎遍及世界各地。

(一)病原

马传贫病毒，其核酸为 RNA。用马(驴)白细胞培养的病毒，经电子显微镜观察常为球形颗粒，直径为 80～135 nm，中间有一大小 40～60 nm 的类核体，外有 9 nm 的被膜包裹。

病毒存在于病马的血液和肝、脾、肾、淋巴结、骨髓等脏器中，以血液、肝、脾含毒量最高。对外界的抵抗力较强，在干草上的干燥血液中的病毒，至少可保持 180 d 尚有毒力，在粪尿中能生存 75 d，但对厩肥进行生物热处理，30 d 可杀死；在 0～2℃条件下，毒力可保持 6 个月至 2 年，日光照射经 1～4 h 死亡；煮沸立即杀死；血清中的病毒，经 56℃ 1 h 处理，可完全灭活。常用消毒药如 2%～4%氢氧化钠、3%克辽林、3%漂白粉、20%草木灰水等，均可在 20 min 内杀死。

(二)流行病学

在自然情况下马的易感性最强，骡、驴次之。无论品种、性别、年龄均有易感性，但以进口马和良种马的易感性较强。

传贫病马和带毒马是本病的主要传染来源。特别是发热期病马的血液和肝、脾、淋巴结、骨髓等脏器中，含有多量病毒，并随同乳汁、精液、粪尿、鼻汁、唾液、泪液等，排出体外而散播传染。而无热期的慢性、隐性和临床治愈的传贫病马，能长期带毒传播本病。

本病主要通过吸血昆虫(虻、蚊、刺蝇、蠓等)叮咬皮肤感染；亦可通过污染的草料、饮水等，经消化道或配种传染。由于病马血中带毒，因此常可通过被病马污染的医疗器械(如采血针、注射器、肝穿刺器等)而传播本病。

通常本病呈地方性流行或散发。无严格的季节性，但以吸血昆虫多的夏秋季节(7～9 月份)发生较多。新疫区常取急性经过,死亡率高;老疫区则多为慢性,死亡率逐渐降低。

此外,营养不良、过劳、厩舍阴暗潮湿、卫生条件太差以及寄生虫病等,均能促使本病发生。

四、实训操作方法和步骤

(一)流行病学调查

了解、调查病马患病的基本情况及环境条件的变化,听取畜主或饲养人员对病马发病情况及经过的介绍。包括发病时间、地点,发病后的临床表现,疾病的变化过程,可能的致病因素等;过去的发病情况以及饲养管理情况等等。

(二)临诊症状

马传贫潜伏期长短不一,人工感染 10～30 d,短的约 5 d,长的可达 90 d。按病程及临床表现一般可将本病分为急性、亚急性、慢性和隐性四种病型。共同症状如下:

病马体温升高 39～41℃及以上,呈稽留热或间歇热。发热初期多数病马可视黏膜潮红、充血,轻度黄染及眼结膜水肿。随着病程的发展,贫血症状逐渐加重,可视黏膜逐渐变为黄白至苍白。在可视黏膜上(尤其是舌下),出现大小不一的出血点。新鲜的为鲜红色,陈旧的为暗红色。降温后出血点逐渐消失,若温度再升,则出血点可再次出现。

检查病马心脏,出现心搏动亢进,第一心音增强,缩期杂音,心音分裂、重复和浑浊等变化。因心机能衰弱,血液循环障碍,病马前胸、腹下、四肢下部、包皮等处。常发生无热痛面团样肿胀。

病马精神沉郁,食欲减少,逐渐消瘦,容易疲劳和出汗。在病的中、后期,由于肌肉变性,坐骨神经受害,病马表现后躯无力,运步摇晃,急转弯困难,尾力减退或消失。重症病马有时可见中枢神经系统的机能紊乱,而呈现兴奋及沉郁等神经症状。

血液学检查,在发热期及退热后的头几天内,红细胞可减少到 500 万以下,血红蛋白量降低到 40%(5.8 g)以下。白细胞在发热初期稍增多,并出现嗜中性白细胞一时性增多,以后白细胞数趋向减少在 4 000～5 000 个左右。

由于马传贫病毒能刺激吞噬细胞系统。使该细胞增生并吞噬大量变性的红细胞及其碎片,在细胞内酶的作用下,将其中的血红蛋白转变成含铁血黄素。此种吞噬有含铁血黄素的细胞,称为吞铁细胞,自组织中脱落后进入血液,出现于静脉血液中。此外,血液中的单核细胞、嗜中性白细胞等,也能吞噬含铁血黄素而成为吞铁细胞。因此在发热期与退热后的头几天内,从静脉血中易查出吞铁细胞。其检出率可高达万分之二以上。按细胞质内含铁血黄素的分布状态不同,可将吞铁细胞分为弥漫型、颗粒型和混合型三种。急性和亚急性病马多为颗粒型和混合型,慢性病马多为弥漫型。

吞铁细胞并非是本病所特有的,凡能使红细胞破坏而引起肝血铁症的疾病(如焦虫病、锥虫病等),都有程度不同的吞铁细胞出现。若作好鉴别诊断,这一指标对马患传贫仍具有一定的诊断价值(因健康马血液中无吞铁细胞),而对骡、驴检疫时无须检查此项(因健康骡、驴血液中常可出现吞铁细胞)。各型传贫病马的临床特点如下:

(1)急性型:多见于新疫区的流行初期。体温突然升高到 40～41℃及以上,一般稽留 8～15 d,有的病例体温升高 1～2 d后,暂时降温后又急剧升高到 40～41℃及以上,稽留至死亡。

发热期间临床症状及血液学变化明显，病程短者 3～5 d，最长的不超过 30 d。

(2)亚急性型：常见于流行中期。体温升高到 39.5～40.5℃，有的达到 41℃以上。持续 3～10 d 后骤退到常温。然后呈反复发作的间歇热，温差倒转现象较多。临床症状和血液学变化在发热期明显，而无热期则减轻或消失。心脏机能仍然不正常。病程一般为 2 个月。

(3)慢性型：常见于老疫区。病马呈现反复发作的间歇热，但发热程度不高，发热时间短(2～3 d)，无热期长，可持续数周、数月，温差倒转现象更为多见。有热期的临床症状比亚急性型病例轻微，特别是发热持续期短而无热期长的病马，临床症状更不明显。

(4)隐性型：无任何明显症状，但体内长期带毒。

(三)病理剖检

急性型以败血性变化为主；亚急性和慢性型，败血性变化较轻，主要呈现贫血和吞噬细胞增生性炎症变化。

最常见的病变是黏膜、浆膜的各种大小出血点，皮下黄红色胶样浸润。血液稀薄，体腔积液，肌肉呈土黄色。淋巴结肿大，切面多汁、溢血。脾淤血肿大，切面呈暗红色或紫红色，脾小体肿大、隆起，呈结节状(西米脾)。肝肿大，黄褐色，易碎，有溢血，切面肝小叶结构模糊，中央静脉淤血而使其呈槟榔花纹(豆蔻肝)。肾表面常密布粟粒大的出血点，实质浊肿、脂变，呈灰黄色。心肌变性脆弱，无光泽，高度浊肿，黄红色，好似开水烫过，心脏纵沟和冠状沟的脂肪上有点状出血，心内膜(特别是左心内膜)常见斑点状出血。个别病例有出血性肠炎变化，特别是盲肠的浆膜与黏膜有针尖状的出血点或出血斑。骨髓病变主要是长骨(肱骨和股骨)的红骨髓增生，红髓区扩大，黄髓区缩小，红黄骨髓界限不清。在病程特别长而贫血十分严重的病例，骨髓呈乳白色胶冻状。

(四)初步诊断

可根据流行病学、临床症状、血液学检查及病理变化进行综合诊断，有条件时可作血清学、病毒学及生物学诊断。

(五)提出防制措施

为了预防和扑灭本病，须贯彻执行“马传染性贫血防治试行规定”，切实做好如下几方面的工作。

(1)坚持自繁自养，不从疫区购进或交换马匹。平时加强饲养管理，搞好环境及厩舍的卫生，防止吸血昆虫叮咬。

(2)采用测温、临床诊断、血液学检查、肝活组织检查、“补反”或“琼扩”等试验，做好检疫工作。除定期对马群检疫和进出口的检疫外，对解除封锁三年以内的老疫点(区)和受本病威胁的地区，要重点检疫并搞好“六查”[即查由外地引进、同病马有血缘关系(包括哺乳幼驹)、分类归群、发过高热、经常外出和有可疑症状的马]。若发现可疑病马，应及时确诊和处理。对已确定疫点(区)内的所有马属动物，立即进行普遍检疫。

(3)隔离：对检出的病马和可疑马，必须远离健康马厩分别隔离，以防扩大传染。对可疑病马要及时进行分化。

(4)封锁：疫点确定后立即进行封锁，严禁马匹调动和任意交换。自疫点隔离出最后一匹传贫病马之日起，经一年检疫未再发现病马时，可解除封锁。

(5)消毒：对传贫病马和可疑马所污染的马厩、马场、诊疗场、解剖场地和饲养管理用具及诊疗器械等，都应严格消毒。常用的消毒药有2%～4%氢氧化钠溶液、3%来苏儿溶液等。粪便应放在一定地点堆积发酵3个月以上。

消灭吸血昆虫可用0.5%美曲膦酯(敌百虫)、0.1%敌敌畏。在蚊虻活动季节应每隔2～3 d喷洒一次。隔离厩舍可用2%敌百虫、0.5%敌敌畏消毒。

(6)处理：为杜绝传染，对确诊病马一般不进行治疗，予以扑杀，尸体就地深埋或烧毁。在疫区可试用马传贫弱毒疫苗(组织苗及驴体反应苗)，免疫剂量为皮内注射0.5 mL或皮下注射2 mL，免疫后3个月获得保护，可持续10个月。

五、操作重点提示

(一)本病应注意与以下疾病相区别

(1)马血孢子虫病：本病流行有一定的地区性和季节性(马焦虫病通常发生于3～5月份，四联焦虫病发生于6～7月份)，通过蜱传播；高热稽留，一般不反复发热，病势发展很快，食欲废绝，黄疸、血尿、呼吸困难等症状明显；血检可在红细胞内发现虫体；用抗血孢子虫药(马焦虫病用台盼蓝、四联焦虫病用黄色素、阿卡普林)有效。

(2)马锥虫病：其中马媾疫可通过交配传染，多发生于配种以后；外生殖器浮肿、结节、溃疡和白斑；体躯皮肤上出现无热痛的轮状丘诊；腰神经与后肢神经麻痹呈现步态强拘、后躯摇晃、跛行等症状，少数病马颜面神经麻痹、耳下垂、嘴唇歪斜，外生殖器黏膜刮取物中可检出虫体。

马伊氏锥虫病则浮肿、黄疸，贫血发生迅速而明显，病的末期后躯发生运动障碍，有的复发病例出现眼光凝视或头颈弯向一侧，或作转圈运动等神经症状；血检可发现虫体。

马媾疫和马伊氏锥虫病均可用贝尼尔、安锥赛硫酸甲酯等治疗。

(3)马钩端螺旋体病：除马易感外，猪、牛、羊及人也感染发病。多数马感染后症状不显；少数病马出现发热、贫血、黄疸、出血及肾炎等症状，有的发生周期性眼炎。尿和血液中可发现虫体。青、链霉素治疗有效。

(4)马营养性贫血病：多因饲养管理不良，使役不当所致。体温不高，颈静脉血中无吞铁细胞，无传染性。改善饲养管理，停止使役，适当休息，病马很快复壮。

(二)马传贫病马判定标准

根据临床综合诊断所掌握的材料，在排除类似疾病的前提下，凡符合下列条件之一者，即可判定为马传贫病马。

(1)体温在39℃以上(一岁内幼驹39.5℃以上)，呈稽留热或间歇热，并具有明显症状和血液学变化者。

(2)体温在38.6℃以上(一岁内幼驹39℃以上)，呈稽留热、间歇热或不规则热，临床症状和血液学变化不够明显，但吞铁细胞在万分之二以上(或连续两次万分之一以上)，或肝组织学检查呈明显反应者。

(3)病史中体温记载不全，但系统检查具有明显的临床和血液学变化，吞铁细胞在万分之二以上或连续两次万分之一以上者。

(4)可疑马传贫病马死后，根据生前诊断资料，结合尸体剖检和病理组织学检查，其病变符合马传贫病变化者。

六、实训总结

实训结束后，以小组为单位对实训结果进行讨论和归纳总结，发表各自见解，同学之间要进行相互评价和交流心得体会，并完成各自的实训报告。

七、思考题

1. 马传染性贫血按病程及临床表现一般分为哪些类型？

2. 马传贫弱毒疫苗免疫剂量及保护期为多少？

实训 7-2　马传染性脑脊髓炎的诊治技术

一、实训目标和要求

通过实训，能够熟悉马传染性脑脊髓炎的发病特点，掌握其诊断及防制技术。

二、实训设备和材料

患病马的标本、挂图或影像，显微镜、载玻片、听诊器、温度计(兽用体温表)、穿刺针、洗胃器、保定绳、输液器、16 号长针头、消毒药水，根据需要还可准备骨剪、手术刀、剪子、镊子、标本缸、广口瓶、福尔马林、解剖盘，组织切片检查等系列器材。

三、知识背景

马传染性脑脊髓炎是由病毒所引起的急性传染病。此病已发现多种类型，有波那型(Borna)、美洲型(包括由三种病毒所致的西方型、东方型、委内瑞拉型)和俄罗斯型等。现就俄罗斯型马传染性脑脊髓炎加以叙述。本病在临诊上以神经症状和黄疸为特征。病理剖检特点呈现明显的中毒性肝营养不良。病程短促，死亡率较高。

(一)病原

病原为俄罗斯型病毒，分为第一和第二型，其大小为 80～120 nm，对温度的抵抗力不强，一般消毒药均能杀死。

(二)流行病学

本型病毒自然感染只限于马，通常以 6～10 岁的壮年马多发，老马和骡、驴极少发病。人工接种可传染于绵羊、猪、猫、幼犬、兔及小鼠等。人不感染。

病马和带毒马及其他带毒动物，可成为传染源；通过蜱、蚊传播，每年 7～9 月份发生较多；常呈地方散发性流行。

四、实训操作方法和步骤

(一)流行病学调查

了解、调查病马患病的基本情况及环境条件的变化，听取畜主或饲养人员对病马发病情况及经过的介绍。包括发病时间、地点，发病后的临床表现，疾病的变化过程，可能的致病因素等；过去的发病情况以及饲养管理情况等等。

(二)临诊症状

马传染性脑脊髓炎潜伏期约 4 周，临床上一般可分为沉郁型、狂暴型和混合型，以混合型多见。

(1)沉郁型:病马表现精神委顿,常打哈欠,间或磨牙,长时间垂头呆立,呈昏睡状态。咽喉、唇舌麻痹,视觉发生紊乱。

(2)狂暴型:由沉郁转为狂暴时,病马极度兴奋不安,乱冲乱撞,攀登饲槽,扒墙跳壁,遇障碍物不知停止,引起撞伤或挫伤,有的作转圈运动。病马的应激性增高,肌肉搐搦或痉挛性收缩,随后发生麻痹或卧地不起,不久死亡。

(3)混合型:此型多见。病马以沉郁开始,接着转为兴奋,其症状为上述两型交替出现。通常仅发病初期体温升高,后转为正常或偏低,结膜黄疸明显,肠蠕动减弱或停止,排粪少,粪球干而小,被覆黏液,尿少色红黄。血液检查血液黏稠,血沉缓慢,红细胞数增加,白细胞数减少,血清中胆红素显著增加,并呈直接或双相反应。

病程数小时至数日,长者可达3周。及时治疗,多数病马可逐渐康复,恢复后的病马无后遗症。

(三)病理剖检

脑膜及脊髓充血,有时发生水肿,脑脊髓液增量,脑实质和脑室壁有时有出血点,病初肝肿大而脆,后大部分肝细胞坏死,肝组织萎缩柔软,表面与切面色淡黄或棕黄,以后变为以红色为主的红黄相间的斑块状。皮下结缔组织常有浆液浸润并黄染,心肌脆弱,内外膜有出血点。心、肾实质变性,肠系膜淋巴结肿大。在胃、盲肠、结肠和直肠内充满大量干硬的内容物。肺淤血水肿。膀胱积尿。

(四)采取组织样品,观察组织学变化

肝小叶结构模糊,肝细胞索紊乱,大部分肝细胞(特别是小叶中心部的肝细胞)坏死和崩解,小叶周围的肝细胞肿大脂变。脑实质充血、水肿,神经细胞变性,少数病例于血管周围有少量圆形细胞浸润,神经胶质细胞增生不明显。

(五)初步诊断

本病尚无可靠的特异性诊断方法。可根据病马的神经症状,明显黄疸,肠音稀少,血沉缓慢,血清胆红素增量及发病多为壮龄马,结合病理剖检变化主要为中毒性肝营养不良和轻度的非化脓性脑炎,即可做出初步诊断。

(六)防制措施

预防本病要设法做好蚊、蜱杀灭工作,防止引入传染源。不从疫区购入马匹,实行自繁自养,若引进马匹,应隔离观察两周再混群。

平时要加强饲养管理,增加马体抵抗力。在本病流行期间,可适当加喂食盐,促进消化,增加饮水量。有些单位应用碘化钾2.5～3 g,安钠咖0.2～0.4 g,蒸馏水25～30 mL,混合过滤,煮沸灭菌,一次静脉注射,有一定的预防效果。

早期发现的病马,应做好隔离消毒,可用3%氢氧化钠溶液、3%～5%来苏儿或10%石灰乳消毒污染的马厩、用具等。治疗以对症为主,降低脑内压,调整大脑机能,保护肝脏,疏通肠道,解除酸中毒及水盐代谢紊乱,强心利尿,防止并发症。

五、操作重点提示

(1)应与马乙型脑炎和霉玉米中毒相区别(表 7-1)。

表 7-1　马流行性乙型脑炎、马传染性脑脊髓炎、马霉玉米中毒的鉴别

项目	马流行性乙型脑炎	马传染性脑脊髓炎	马霉玉米中毒
流行病学	3岁以下幼驹多发(特别是当年驹)。除马、骡外,猪、牛、羊及人均可感染发病。多呈散发,通过蚊叮咬传染。有严格的季节性,以7～9月份多发	主要发生于6～10岁的壮马,马驹、老马和骡、驴极少发病。多发生于7～9月份。散发,由蚊、蜱传染	驴感受性最高,其次为骡和马。重劳役发病多。一群中短时多发。有吃霉玉米的病史,停喂后发病减少或停止。吃奶的幼驹没有发病的
临床症状	病初体温升高(39～41℃),主要表现沉郁和兴奋等神经症状,黄疸轻微,血沉稍快,血清胆红素稍增加,多呈直接反应阳性。死亡率低,愈后有后遗症	体温多无变化,除神经症状外,黄疸特别明显。肠音稀少。血清胆红素增量,呈直接反应或双相反应阳性。死亡率较高,愈后无后遗症	体温正常。无黄疸,血清胆红素含量无明显变化。粪内有潜血,病程短,病愈后无后遗症。妊娠后期母马易发生早产,生下幼驹多数很快死亡
病理剖检	主要变化在脑,脑膜充血、淤血、水肿,呈典型的非化脓性脑炎。血管周围圆形细胞浸润——细胞套。神经细胞变位,胶质细胞增生	主要变化为中毒性肝营养不良。肝充血,脂变或萎缩。并有轻度的非化脓性脑炎	大脑白质有出血,水肿,实质坏死,常见软化灶(液化性坏死),切片不见包涵体。口腔黏膜多出血,坏死溃疡,胃黏膜充血,出血及溃疡
血清学诊断	用马乙型脑炎补反呈阳性	用马乙型脑炎补反呈阴性	用马乙型脑炎补反呈阴性

(2)对需要治疗的病马,应做好护理工作,置安静宽敞处,指定专人看管,以防外伤发生。不能站立的病马,要厚垫褥草,经常翻动,防止发生褥疮。

六、实训总结

实训结束后,以小组为单位对实训结果进行讨论和归纳总结,发表各自见解,同学之间要进行相互评价和交流心得体会,并完成各自的实训报告。

七、思考题

1. 马传染性脑脊髓炎潜伏期多少？临床上有哪几种类型？
2. 马传染性脑脊髓炎主要病理变化有哪些？

实训 7-3　马鼻疽的诊治技术

一、实训目标和要求

通过实训,能够熟悉马鼻疽的发病特点,掌握其诊断及防治技术。

二、实训设备和材料

患病马的标本、挂图或影像,显微镜、载玻片、听诊器、温度计(兽用体温表)、穿刺针、洗胃器、保定绳、输液器、16 号长针头、消毒药水,根据需要还可准备骨剪、手术刀、剪子、镊子、标本缸、广口瓶、福尔马林、解剖盘等系列器材,鼻疽菌素等等。

三、知识背景

马鼻疽是马、骡、驴的一种慢性传染病。其病的特征在鼻腔、肺、皮肤或其他脏器中,形成特异性的鼻疽结节和溃疡。

(一)病原

病原为鼻疽假单胞菌,又称鼻疽杆菌,中等大小、无运动、不形成芽孢和荚膜的多形性杆菌。革兰氏阴性。幼龄培养菌短小整齐,而老龄培养菌则呈显著的多形性,在组织内体形较长,两端钝圆,形状平直或微弯曲。当用稀释石炭酸复红或碱性美蓝染色时,着色不匀,呈颗粒状。

本菌对外界抵抗力不强,在干燥的病料中 1～2 周死亡,直射日光下 24 h 左右死亡,在潮湿的马厩土壤中可存活 20～30 d,在水槽中可生存数周以上;75℃ 1 h,煮沸数分钟死亡。2%福尔马林、3%来苏儿、10%氢氧化钠等,1 h 内均能将其杀死。土壤消毒可用 40%石灰乳。

(二)流行病学

马、骡、驴均易感,其中以驴最易感,兽类如狮、虎、犬、猫等,误食病肉也能感染。经常与病马、病料接触的人,常因不慎和消毒不严而被感染,并多呈急性经过。实验动物猫最敏感,豚鼠次之。在自然条件下,牛、羊和猪则无易感性。

病马是本病的主要传染源,特别是开放性及活动性病马,危害性更大。慢性鼻疽病马能长期带菌和周期性排菌,成为马群中最危险的隐患。

在鼻疽结节和溃疡中的大量鼻疽杆菌,可随病马的鼻、肺、支气管和皮肤溃疡及分泌物排出体外,污染饲料、饮水、厩舍、场地、用具等,当病马与健畜同槽饲喂或互相啃咬时,可经消化道或损伤的皮肤、黏膜而传染,也可经呼吸道,个别的可经胎盘或交配感染。

本病无严格的季节性,一年四季均可发生。新疫区常为暴发式流行或散发,老疫区多为长期缓慢的地方性流行。使役过度、厩舍拥挤、营养不良、感冒和创伤等,均为发病诱因。

四、实训操作方法和步骤

(一)流行病学调查

了解、调查病马患病的基本情况及环境条件的变化,听取畜主或饲养人员对病马发病情况及经过的介绍。包括发病时间、地点,发病后的临床表现,疾病的变化过程,可能的致病因素等;过去的发病情况以及饲养管理情况等等。

(二)临诊症状

马鼻疽潜伏期人工感染2～4 d,自然感染约4周至数周。临床上按病变部位不同,一般可分为三型,即肺鼻疽、鼻腔鼻疽和皮鼻疽。单独发生或混合发生。驴、骡患鼻疽常为急性,尤其是驴,由于机体易感性大,病菌可直接进入血流繁殖,并迅速扩散到全身,呈败血症死亡。而马多为慢性,但有时也可转为急性。在三型中,常先发生于肺,至于鼻腔和皮肤的损害大都为继发。

1.**肺鼻疽**　常有干而无力的短咳,呼吸稍感困难,肺部听诊有干性或湿性啰音。当肺部病变融合形成较大的肺炎灶或空洞时,则在该病变部位听诊有啰音、支气管呼吸音,肺泡音减弱或消失;叩诊时出现半浊音、浊音或破壶音。机体逐渐消瘦,易于疲劳。可出现外生殖器、乳房和四肢下端等处水肿。当机体抵抗力降低时,未能及时治疗及护理,则病情可恶化,病灶中的鼻疽杆菌可向鼻腔或体表转移,成为开放性鼻疽(即以下两型)。

2.**鼻腔鼻疽**　由肺部病变转移而来。病初鼻黏膜潮红,呈泛发性鼻炎,一侧或两侧鼻孔有浆液鼻汁,渐转为黏性或脓性,掺杂有血丝。随后鼻黏膜上有小米粒至高粱米粒大小的小结节,突出于黏膜面,呈黄白色,周围绕以红晕。结节破溃后,坏死、崩解形成溃疡。多数溃疡互相融合,可达指甲大,边缘不整齐,隆起,底部凹陷,溃疡面呈灰白色或黄色如猪脂状。若溃疡能愈合,则呈放射状或冰花状闪光疤痕,夹杂于溃疡间呈微红或白色,扁平或略高于表面;若病变加深,可致鼻中隔和鼻甲壁黏膜坏死和脱落,甚至鼻中隔穿孔。同时颌下淋巴结肿大,初期热痛且可移动,以后变为硬固而无痛感,表面凸凹不平,若与周围组织愈着,则不能移动。亦有偶见皮软破溃,流出黄色脓汁,不久又愈合。

3.**皮鼻疽**　又称飞鼠或鼠疮,通常由肺鼻疽转移而来。结节和溃疡发生于皮肤和皮下组织,多见于四肢、胸侧和腹下,尤以后肢多发。结节大小不一(核桃大至鸡蛋大),破溃后流出黄色或混有血液的黏稠脓汁,并形成深陷形如火山口状的溃疡。溃疡边缘不整齐,底呈黄白色,不易愈合。在结节和溃疡附近的淋巴管肿大、硬固,并沿淋巴管径路蔓延,形成串珠状索肿。若发生于后肢,往往由于病灶的扩大,引起皮肤高度肥厚,皮下组织增生形成"象皮腿",病马运动障碍,出现跛行。

(三)病理剖检

只在特殊情况下进行。剖检须做好防护工作,防止检查人员受感染。本病特异性病变,最多见于肺,其次是肝、脾、淋巴结、鼻腔及皮肤等处。

肺中的结节多少不定,新鲜的大小如粟粒大至黍粒大,呈半球状凸起于肺表面,也有散在于肺深部组织内,半透明,浅灰白色,周围有红色充血带,陈旧的周围形成包膜,结节中心发生干酪样坏死或钙化。严重的呈鼻疽性肺炎，出现小叶性肺炎灶，扁豆大，初为棕红色肝变区，后中心部发生干酪样坏死，外绕红晕，周围组织呈现黄色胶冻样浸润。有的在化脓菌的作用下软化，形成脓肿或空洞；有的肺炎灶因机化而变硬。

在鼻腔、喉头、气管等黏膜及皮肤上，可见结节、溃疡及疤痕。

(四)初步诊断

可根据流行病学调查、临床症状及病理剖检做出诊断。在大规模检疫时，以临床检查及鼻疽菌素点眼为主。

鼻疽菌素点眼试验：试验前须将两眼详细检查，如健康无结膜炎、眼炎、外伤等，才能进行本试验。若一侧眼患病，则在另一侧进行。一般在清晨点眼，其方法于健康眼的一侧结膜囊内滴入鼻疽菌素3～4滴(0.2～0.3 mL)，经3 h、6 h、9 h各检查一次，在第6 h检查时，对无反应或反应不明显的马应翻眼检查，尽可能在第24 h再检查一次，每次检查结果均应记录在检疫表内以备判定。

凡阳性者有结膜炎，眼睑肿胀，脓性分泌物；阴性者无反应或仅轻微充血、流泪，可疑者结膜潮红、轻度肿胀，分泌灰白色黏液性(非脓性)或浆液性分泌物中混有黏液性分泌物。当发现可疑时，可于5～6 d后作第二次点眼，用原剂量滴入同一眼中，如仍呈疑似反应或阴性反应时，判为阴性，如为阳性时，判为阳性。

(五)防治措施

目前对鼻疽尚无菌苗进行免疫，应认真执行马鼻疽防制措施规定。同时，要做好以下几方面工作。

(1)常发本病地区，每年春、秋两季各进行一次检疫(以临床检查和鼻疽菌素点眼试验为主)。根据检疫结果分为三类：开放性鼻疽病马、阳性病马(即鼻疽菌素点眼阳性，无开放性鼻疽症状)、健康马。对于开放性鼻疽病马应立即扑杀，深埋或烧毁，严禁剥皮吃肉；对非开放性阳性病马应立即隔离，限制在隔离场所内饲养、放牧和使役。

(2)不从疫区输入马属动物。若购入或调入时，须经临床检查及点眼试验，无病时才能混群。对外出运输或乘骑的马，要加强护理，防止传染。

(3)对病马污染的环境及用具彻底消毒(价值不大的可烧毁)。厩舍和饲槽用1%氢氧化钠溶液消毒，饲槽消毒后用清水刷洗干净，鞍挽用具可用6%来苏儿消毒。

(4)治疗。对体重300 kg的病马，每日用土霉素2～3 g，每天或隔日一次肌肉注射，连续用20～30 d，可达临床治愈。

五、操作重点提示

(1)点眼前头部应避光、避风，防止风沙；点眼后应注意缰绳拴短，以防摩擦眼睛，影响结果判定。

(2)由于骡、驴眼结膜的敏感性较马低，对鼻疽菌素的反应性差，特别是驴，点眼甚至不呈现反应，故应改用其他方法检疫。少数开放性鼻疽病马，由于身体过度衰弱，对鼻疽菌素点眼可不出现反应。

(3)凡经临床治愈的病马，体内仍可能存在鼻疽杆菌，因此不得与健康马或开放性鼻疽马同群饲养,应归入阳性马群。

(4)本病应与马腺疫、流行性淋巴管炎加以区别(表 7-2)。

表 7-2 鼻疽、马腺疫和流行性淋巴管炎鉴别

区分		马鼻疽	马腺疫	马流行性淋巴管炎
病原		鼻疽杆菌,革兰氏阴性,在未破开的脓肿及淋巴结材料中易培养成功	腺疫链球菌,革兰氏阳性,在脓汁涂片中呈串珠状链条(由 40～50 个组成)	流行性淋巴管炎囊球菌在脓汁涂片中,呈椭圆形或西瓜子状,有二层膜,清晰可见
易感动物		马属动物,不分年龄、性别,均易感染	4 月龄至 4 岁的马最易感染,1 岁左右的幼驹发病率最高	马属动物,不分年龄、性别,均易感染
临床症状	皮肤上溃疡	边缘不整,深陷呈喷火口状,底部呈猪油状,分泌物黏稠,溃疡多发生于后肢,不易愈合	皮肤上无溃疡可见	边缘较平坦,底部呈鲜红色,疡面常有肉芽赘生而呈蕈状(蕈状溃疡),分泌物黏稠,多发生于前肢及颜面部,比鼻疽易于愈合
临床症状	鼻汁	鼻汁黏性或脓性,有时带血(鼻腔鼻疽)。鼻腔中有鼻疽特有的结节及溃疡	病初即流浆液黏液性鼻汁,继则变为脓性,但鼻腔无鼻疽性结节、溃疡及疤痕	无鼻汁或有时见有少量黏液脓样鼻汁,鼻腔中溃疡少见
临床症状	颌下淋巴结	呈固着性肿胀,无热无痛,不易化脓	呈急性肿胀,热痛,硬固,易于化脓,脓汁排出后,迅速愈合	通常不肿胀,肿大时多能移动,且有时化脓。脓汁流出后,逐渐愈合
临床症状	病理	多为慢性,急性者多预后不良	多为急性,常取良性经过	一般为慢性,如不及时治疗,常取恶性经过
变态反应		鼻疽菌素点眼试验“+”	无	囊球菌素试验“+”

六、实训总结

实训结束后,以小组为单位对实训结果进行讨论和归纳总结,发表各自见解,同学之间要进行相互评价和交流心得体会,并完成各自的实训报告。

七、思考题

1. 马鼻疽潜伏期一般多久?

2. 临床上,马鼻疽按病变部位不同分哪些类型?

实训 7-4　马腺疫的诊治技术

一、实训目标和要求

通过实训，能够熟悉马腺疫的发病特点，掌握其诊断及防治技术。

二、实训设备和材料

患病马的标本、挂图或影像，显微镜、载玻片、听诊器、温度计（兽用体温表）、穿刺针、洗胃器、保定绳、输液器、16 号长针头、消毒药水，根据需要还可准备骨剪、手术刀、剪子、镊子、标本缸、广口瓶、福尔马林、解剖盘，细菌学检查和血液学检查所需器材等等。

三、知识背景

马腺疫（又称槽结、喉骨胀）是马、骡、驴的一种急性传染病，由马链球菌马亚种所致。典型病例临床特征为发热、上呼吸道黏膜发炎及颌下淋巴结呈急性化脓性炎症。世界各地均有此病发生。

（一）病原

马链球菌马亚种（过去称为马腺疫链球菌），属于 C 群链球菌。菌体一般呈球形或椭圆形，直径 0.4～1 μm，不产生芽孢，不能运动。为革兰氏阳性，但较易出现染色变异而成为革兰氏阴性。用脓汁或渗出液涂片，经 1∶10 稀释的石炭酸复红或美蓝染色着色较好。

本菌在脓汁中常排列成弯曲串珠状链条（由 40～50 个或更多的球菌构成）；在固体培养基上常呈短链。在含有血或血清的培养基上极易生长，状似露珠，能产生明显的β-型溶血。加热易使毒力破坏，日光照射 6～8 h 死亡。但在干脓或血液内的病原体，能生存并能保持毒力达数周。5%石炭酸、2%福尔马林、3%～5%来苏儿 10 min 内可杀死病菌。

（二）流行病学

马最易感，驴、骡次之。其中以 4 月龄至 4 岁的马多发，1 岁左右的幼驹发病率最高，老马或哺乳幼驹（1～2 月龄）易感性较低。在马场，幼驹断乳后发病较多。康复后的马可获终生免疫。实验动物以小鼠最敏感，家兔与豚鼠次之。

病马及带菌马为主要传染源。自然感染一般经间接接触，通过饲料、饮水及飞沫而传染；也可直接接触传染，如哺乳或配种。春秋两季发病较多，呈地方流行或散发。凡运动不足，厩舍空气不畅，潮湿阴暗，天气骤变，感冒及疲劳等，都可成为本病的诱因。

四、实训操作方法和步骤

（一）流行病学调查

了解、调查病马患病的基本情况及环境条件的变化，听取畜主或饲养人员对病马发病情况及经过的介绍。包括发病时间、地点、发病后的临床表现、疾病的变化过程、可能的致病因素等;过去的发病情况以及饲养管理情况等等。

(二)发病症状

马腺疫潜伏期常为4～8 d,间或有1～2 d,感冒、过劳或机体抵抗力降低,则潜伏期较短。临床上分为三种病型。

1.**一过型腺疫** 主要表现鼻黏膜卡他性炎症。体温轻度升高,鼻黏膜潮红、流出浆液性或黏液性鼻液,颌下淋巴结轻度肿胀,此时如加强护理、增强机体抵抗力,则病变不能继续发展,即可很快自愈。

2.**典型腺疫** 病初体温升高达39～40.5℃,精神委顿,食欲减少,结膜稍潮红黄染,鼻腔流出黏液性甚至脓性鼻液。当炎症波及咽喉部时,则病马头颈伸直而僵硬,咽喉部感觉过敏,出现咳嗽、呼吸和咽下困难。颌下淋巴结肿大(鸡蛋大或拳头大)(图7-1)、热痛、硬固,其周围组织炎性肿胀剧烈,可波及颜面部和喉部,热痛明显。随着炎症的发展,白细胞和局部组织细胞崩解,释放出蛋白溶解酶,使局部组织液化变成脓汁,破溃后流出,则体温下降,全身状况好转。如不发生转移性脓肿或并发症,则化脓破溃后的创内,以肉芽组织新生而逐渐愈合。病程约为2～3周。

3.**恶性型腺疫** 又称转移型腺疫。当病马抵抗力很弱,加之治疗护理不当时,则马腺疫链球菌可由化脓灶经淋巴或血液转移到咽、颈前、肩前及肠系膜等淋巴结,甚至转移到肺和脑等器官,发生脓肿。由于咽淋巴结脓肿位于深部,除鼻腔排脓外,常有部分流入喉囊,继发喉囊炎,致使喉囊蓄脓。因此,病畜低头时,由鼻孔流出大量脓汁。

图7-1 马腺疫(颌下淋巴结肿胀)

当颈前淋巴结化脓破溃后,可致颈部皮下组织的弥漫性化脓性炎症;当肠系膜淋巴结肿大化脓时,病马呈现消化不良,慢性轻度疝痛,直肠检查,可在肠系膜摸到肿大部。此外,病灶可转移至颈动脉致使糜烂导致内出血、吸入性肺炎及脓毒败血症。血液检查,白细胞总数增多,嗜中性白细胞增加。病程长短不定,常因病马极度衰弱或继发脓毒败血症而死亡。

(三)初步诊断

应注意发病年龄、季节及淋巴结化脓病症。对典型腺疫可根据病马急性化脓性颌下淋巴结炎和鼻黏膜卡他性化脓性炎,结合流行情况一般可以确诊。

对非典型腺疫如病马仅表现鼻黏膜或咽黏膜的急性卡他性炎症,而无淋巴结化脓性变化等典型腺疫特征时,不能确诊。此时可作细菌学检查。取病料(如脓汁、鼻漏及实质器官病变组织)制成涂片,用骆氏美蓝或稀释复红液染色、镜检,查出马腺疫链球菌即可确诊。

(四)防治方案

在发病季节到来之前,对易感的幼龄马属动物给予优质饲料,加强锻炼,防止感冒,增强机体抵抗力。为防止扩大传播，严防病马混入健康群。新引进的幼龄马、骡、驴，要隔离观察2周。在发病季节时，要勤检疫，及早发现病畜，隔离治疗。厩舍、用具等应进行消毒。本病治疗须根据病程的发展阶段，采取相应措施。

病初，淋巴结轻度硬固肿胀，而未化脓时，为促进炎症消除或吸收，可局部涂擦鱼石脂、樟脑酒精或外敷雄黄散(配方：雄黄、白芨、白蔹、龙骨、大黄各等份。共研末，醋调外用)，或局部用青霉素-普鲁卡因封闭。

当局部肿胀剧烈，脓肿尚未完全成熟时，可于局部涂擦刺激性较强的10%松节油软膏，促使脓肿成熟，以利切开，然后按化脓创处理。

如果病马体温升高，全身状况不好，除局部用药外，为防止败血症和脓肿转移，应配合抗生素(如青霉素、四环素、红霉素等)和磺胺类药物治疗。

当病马继发咽喉炎时，应按咽喉炎治疗；喉囊蓄脓时，可施行喉囊穿刺，排除脓汁，用0.02%呋喃西林溶液冲洗，连续数日；若病马高度呼吸困难，有窒息危险时，应及时施行气管切开术。

五、操作重点提示

(1)在咽后淋巴结患病时，可能与单纯咽炎或腮腺炎相误混，应予以区别。

(2)若体腔淋巴结患病，则诊断困难，但病马血液中的白细胞数和嗜中性白细胞数的增多及患有上呼吸道疾病的病史或同群其他马匹有典型腺疫病例，则仍可诊断为本病。

(3)临床上本病还应同马鼻疽、流行性淋巴管炎相区别(详见表7-2)。

六、实训总结

实训结束后，以小组为单位对实训结果进行讨论和归纳总结，发表各自见解，同学之间要进行相互评价和交流心得体会，并完成各自的实训报告。

七、思考题

1.马腺疫潜伏期一般有多少天？

2.临床上，马腺疫分为哪些类型？

实训 7-5　马伊氏锥虫病的诊治技术

一、实训目标和要求

通过实训，能够熟悉马伊氏锥虫病的感染特点，掌握其诊断及防治技术。

二、实训设备和材料

患病马的标本、挂图或影像，显微镜、载玻片、听诊器、温度计（兽用体温表）、穿刺针、洗胃器、保定绳、输液器、16 号长针头、消毒药水、姬姆萨氏液或瑞特氏液，根据需要还可准备骨剪、手术刀、剪子、镊子、标本缸、广口瓶、福尔马林、解剖盘，血清学反应所需器材等等。

三、知识背景与原理

伊氏锥虫病是由伊氏锥虫寄生在马属动物、牛、骆驼等家畜的血浆内，并由吸血昆虫为媒介而机械性传播的一种原虫病，又称血锥虫病或苏拉病。马、驴和骡较易感染，常呈急性经过；而牛、骆驼等多呈慢性病程。

（一）病原

伊氏锥虫为单型锥虫，细长柳叶形，长 18～34 μm，宽 1～2 μm，前端比后端尖。细胞核位于细胞中央，椭圆形。距虫体后端约 1.5 μm 处有一小点状动基体。靠近动基体为一生毛体，自生毛体生出鞭毛 1 根，沿虫体伸向前方并以波动膜与虫体相连，最后游离，游离鞭毛长约 6 μm。在压滴标本中，可以看到虫体借波动膜的流动而使虫体活泼运动。

伊氏锥虫主要是在病畜的血浆里分裂繁殖，随着血液循环也可在肝、脾、淋巴结、骨髓等脏器组织内寄生。但在虻和吸血蝇类（螫蝇和血蝇）等传播媒介的体内，不能繁殖，这些吸血昆虫仅起机械性传播本病的作用。

（二）流行特点

本病流行于热带和亚热带地区，发病季节与传播本病的昆虫的活动季节相关。但牛和一些耐受性较强的动物，吸血动物传播后，动物常受感染而不发病，等到枯草季节或劳役过度，抵抗力下降时，才引起发病。本病的宿主范围较广，除上述家畜外，犬、猪、羊、鹿、象、虎、家兔、小鼠、大鼠、豚鼠、猫和犬都能感染伊氏锥虫。

四、实训操作方法和步骤

（一）流行病学调查

了解、调查病马患病的基本情况及环境条件的变化，听取畜主或饲养人员对病马发病情况及经过的介绍。包括发病时间、地点、发病后的临床表现、疾病的变化过程、可能的致病因素等;过去的发病情况以及饲养管理情况等等。

(二)发病症状

本病的潜伏期为5～11 d。病初可表现有间歇性发热,食欲减退,呼吸、脉搏增快等。体温可升高到40℃以上,持续数日后下降,以后体温再度升高。如此反复的同时,患病马体消瘦、贫血及体躯下垂部水肿等症状逐渐加重,常有畏光流泪,结膜由充血、贫血以至出现黄疸和出血斑点。病程延续,则有沉郁、嗜睡、心力衰竭、反应迟钝以至后躯麻痹等。可在1至1个半月或延续数日后死亡。

牛和骆驼患伊氏锥虫病时,症状同马,但多数能耐过而转为慢性病程。可长期带虫。当饲养管理条件稍差或过劳时,又可发病或急性死亡。

(三)初步诊断

除观察临床症状外,需进行病原检查、动物试验和血清学诊断等。

1.病原体的检查　从病马的耳静脉采一滴血液,滴在载玻片上,加盖玻片制成压片,镜检活动的虫体,或做成血液涂片,用姬姆萨氏液或瑞特氏液染色后,镜检虫体。也可采集多量的抗凝血液,经离心沉淀后,镜检沉渣中的虫体。

2.动物接种试验　在本病流行的地区,若不易观察到病原体时,可取病畜的血液,接种于小鼠、大鼠、豚鼠、兔、猫、幼犬等的腹腔或皮下,一般经数日后,小鼠等实验动物的血液中可检查到病原体,并出现贫血等症状而后死亡。

3.血清学诊断　根据需要也可按无菌操作的要求,采集病马血清,送往检验部门进行补体结合反应等血清学诊断。

锥虫在病马血液中出现常无一定规律,尤其慢性病例更是如此,故常采用血清学反应作为辅助诊断。目前国内常用的方法为间接血凝试验、琼脂扩散试验、补体结合反应和酶联免疫吸附试验。

(四)防治措施

首先搞好环境和马厩卫生,在虻、蝇活跃季节,定期用杀虫剂处理马体;当年或去年发生过锥虫病的,可用安锥赛预防盐(有3.5个月预防效力),也可用拜耳205或锥灭定进行预防。在对症疗法和改善饲养管理的基础上,使用以下特效药物。

1.萘磺苯酰脲(那加诺、拜耳205)　以灭菌蒸馏水或生理盐水配成10%溶液静脉注射。马属动物剂量为每千克体重10 mg(极量为每头4 g),1个月后再治一次。对重症或复发病例可与"914"交替应用,"914"剂量为每千克体重15 mg,配成5%水溶液静脉注射。治疗第1天和第12天用拜耳205,第4天和第8天用"914",为一个疗程。

2.甲基硫酸喹嘧胺(安锥赛硫酸甲酯)　以灭菌蒸馏水配成10%溶液皮下或肌肉注射,剂量为每千克体重3～5 mg,隔日注射一次,连用2～3次。

3.异甲脒氯化物(锥灭定)　剂量为马每千克体重0.5 mg,使用0.5%溶液缓慢静脉注射,间隔6～14 d进行第2次注射。

五、操作重点提示

(1)预防上应加强饲养管理,增强马体的抵抗力,搞好普查检疫、消灭虻蝇等。马属动物输入和输出,必须严加检疫。在虻蝇的滋生地,可用5%滴滴涕或敌百虫等喷洒厩舍及马体,以捕杀虻蝇。

(2)根据流行特点和典型症状怀疑为本病时,可采血进行虫体检查。在病马体温升高时采血,立即做成压滴标本,在高倍显微镜下检查血浆内有无如泥鳅样活泼游动的虫体。也可采用血液涂片染色,在油镜下检查。

(3)在锥虫数量很少时,可采用集虫法,利用锥虫比重与白细胞比重相似的特点,检查白细胞层。

六、实训总结

实训结束后,以小组为单位对实训结果进行讨论和归纳总结,发表各自见解,同学之间要进行相互评价和交流心得体会,并完成各自的实训报告。

七、思考题

1.如何检测伊氏锥虫虫体?

2.目前国内常用的血清学诊断方法有哪些?

第八篇　常见小动物疾病诊治综合实训

实训 8-1　犬瘟热的诊治技术

实训 8-2　犬细小病毒感染的诊治技术

实训 8-3　犬病毒性肝炎的诊治技术

实训 8-4　兔病毒性出血热的诊治技术

实训 8-1　犬瘟热的诊治技术

一、实训目标和要求

掌握犬瘟热的临床症状和发病特点；掌握犬瘟热的诊断和治疗方法。

二、实训设备和材料

1.器材及药品　单克隆抗体、高免血清、干扰素、氨苄西林等抗生素、DMEM 培养基、细胞培养瓶、二氧化碳培养箱、恒温水浴箱、普通光学显微镜、离心机、PCR 扩增仪、水平电泳仪、40 个小孔的室玻片、冷冻切片机、凝胶成像系统。

2.动物　犬。

三、知识背景

犬瘟热(canine distemper,CD)是由犬瘟热病毒(canine distemper virus,CDV)引起的犬科、鼬科和浣熊科等动物的一种高度接触性、致死性传染病。发病率极高，死亡率可高达 80%，临床症状也极为多样，即可单独表现为呼吸系统症状，也可同时表现为严重的消化道和中枢神经系统症状，极易继发细菌感染，康复后还易遗留麻痹、抽搐、癫痫样发作等后遗症。犬瘟热是当前养犬业和毛皮动物养殖业危害最大的疫病。

(一)病原

(1)CDV 在分类上属副黏病毒科(Paramyxoviridae)麻疹病毒属(Morbillivirus)，与麻疹病毒和牛瘟病毒在抗原上密切相关，但各自具有完全不同的宿主特异性。犬瘟热病毒粒子多为球形，亦有畸形和长丝状的病毒粒子，带囊膜，囊膜表面密布纤突，具有吸附细胞的作用，直径为 110～550 nm，多数在 150～330 nm 之间。病毒的基因组为不分节、非重叠的负链 RNA，病毒粒子中的主要蛋白质有核衣壳蛋白(N)、磷蛋白(P)、大蛋白(L)、基质膜蛋白(M)、融合蛋白(F)、附着或血凝蛋白(H)，其中 N 蛋白和 F 蛋白与麻疹病毒和牛瘟病毒具有很高的同源性，是可引起交叉免疫保护的共同抗原。F 蛋白能引起动物的完全免疫应答。

(2)CDV 可在来源于犬、貂、猴、鸡和人的多种原代与传代细胞上生长，但初次培养比较困难，一旦适应某一细胞后，即易在其他细胞上生长，其中以犬肺巨噬细胞最为敏感，可形成葡萄串样的典型细胞病变，鸡胚成纤维细胞分离培养时既可形成星芒状或露珠样的细胞病变，也可在覆盖的琼脂下形成微小的蚀斑。CDV 在鸡胚绒毛尿囊膜上能形成特征性的痘斑，被用作测定 CDV 中和抗体的标准系统。适应鸡胚的 CDV 株鼠脑内接种，可引起鼠神经症状与死亡。实验感染可使鸡胚、雪貂、乳鼠、犬等发病，其中雪貂最敏感，为公认的 CDV 实验动物。

(3)CDV 抵抗力不强，对热、干燥、紫外线和有机溶剂敏感，易被日光、酒精、乙醚、甲醛、甲酚皂等杀死。本病毒在 2～4℃可存活数周，室温数天，－10℃几个月，－70℃或冻干条件下可长期存活。病毒的感染力在 0℃以上迅速丧失，干燥的病毒在室温中尚稳定，在 32℃以上则易被灭活,50～60℃ 30 min即可灭活,病毒经甲醛灭活后仍能保留其抗原性。病毒在pH 3.0时不稳定,在pH 4.5以上时尚稳定,pH 7.0有利于病毒的保存。

(三)流行病学

(1)CDV感染分布于世界各地。传染源主要是病犬和带毒犬,其次是患CD的其他动物和带毒动物。病毒存在于肝、脾、肺、脑、肾、淋巴结等多种脏器与组织中,通过眼泪、鼻汁、唾液、尿液以及呼出的空气等排出病毒,污染周围空气、饮水、食物、用具等。有些病犬临床恢复后,可长时间向外界排毒,成为不被人们注意的传染来源。不少犬场因购进带毒犬引起了本病流行。

(2)犬瘟热的易感动物有:犬科动物如犬、狼、丛林狼、豺、狐;鼬科动物如貂、雪貂、白鼬、臭鼬、伶鼬、南美鼬鼠、黄鼠狼、獾、水獭,其中以1岁以下的动物最为易感;猫科动物如虎、豹、狮等;浣熊科动物如浣熊、蜜熊、白鼻熊和小熊猫;猴被实验性感染,人尚未见CDV感染的报道。

(3)CDV的传染性极强,同一环境饲养的动物,无论采取怎样的隔离措施,最后还是难免互相传染。传播的途径主要是呼吸道,其次是消化道,通过飞沫、食物或不洁的医疗卫生用具,经眼结膜、口腔、鼻腔黏膜以及阴道、直肠黏膜而感染。

(4)CD的发生流行具有明显的品种、年龄和季节性,而且似有2～3年流行一次的周期性。离乳至1岁的犬发病率最高,但仔犬可通过初乳获得母犬70%～80%的被动免疫,老龄犬和哺乳犬虽有发病报道,但为数极少。纯种犬与当地土种犬相比,易感性明显增高。秋末夏初CD明显增多。近年来,由于养犬业的发展,犬的频繁交流调运,以致犬群的免疫水平动荡不定,发病周期性不再明显。

(四)发病机理

CDV是一种泛嗜性病毒,可感染多种细胞与组织,但亲嗜性最强的是淋巴细胞与上皮细胞。感染的自然途径是上呼吸道,病毒经呼吸道侵入机体,感染后24 h即可在扁桃体、咽后和支气管后淋巴结中发现CDV,病毒在此经2～4 d的初次增殖后进入血流,形成病毒血症。此时病毒一方面在血液淋巴细胞和单核细胞中增殖,同时随血流扩散到肝、脾、肺、乳房、胸腺、骨髓等组织和器官,并在其中的上皮细胞和淋巴组织中大量繁殖,使机体的细胞免疫与体液免疫功能受到严重破坏,招致呼吸道的支气管博代氏菌、溶血性链球菌,消化道的沙门氏菌、大肠杆菌、变形杆菌等的继发感染,引起体温升高等临床症状。出现神经症状的病犬,病毒是通过脑膜的巨噬细胞散布至脑,并在3～4周出现临床症状。

(五)症状

(1)潜伏期随机体的免疫状况和所感染病毒的毒力与数量的不同而不同,一般为3～6 d。病犬早期出现双相热型,体温升高,食欲降低,倦怠,眼、鼻流出水样分泌物,并常在1～2 d内转变为黏液性、脓性,血液检查则可见淋巴细胞减少;此后可有2～3 d的缓解期,病犬体温趋于正常,精神食欲有所好转,此时如不加强护理和防止继发感染等全身性治疗,就会很快发展为肺炎、肠炎、脑炎、肾炎和膀胱炎等全身性炎症。

(2)以上呼吸道炎症和支气管肺炎症状为主的病犬,鼻镜龟裂,呼出恶臭的气体,排出脓性鼻液,严重时将鼻孔堵塞,病犬张口呼吸,并不时以爪搔鼻;脓性结膜炎,眼睑有大量脓性分泌物，严重时甚至将上下眼睑黏合到一起，角膜发生溃疡，甚至穿孔。病犬发生先干性后湿性的咳嗽，肺部听诊时，呼吸音粗噪，有湿性啰音或捻发音。

(3)以消化道炎症为主的病犬，食欲降低或完全丧失，呕吐，排带黏液的稀便或干粪，严重时排高粱米汤样的血便。病犬迅速脱水、消瘦，与病毒性肠炎病犬症状十分相似。尤其是离乳不久的幼犬，有时仅表现为出血性肠炎症状，只有通过病原检查，才可发现CDV感染。

(4)以神经症状为主的病犬，有的开始就出现，有的先表现为呼吸道或消化道症状，7～10 d后再呈现神经症状，轻则口角、眼睑等局部抽动，重则流涎空嚼，或转圈、冲撞，或口吐白沫，牙关紧闭，倒地抽搐，呈癫痫样发作，持续时间数秒至数分钟不等，发作的次数也往往由每天几次发展到十几次，这样的病犬多半预后不良。也有的病犬表现为一肢、两肢或整个后躯抽搐麻痹、共济失调等神经症状，治愈后常留有肢体舞蹈、麻痹或后躯无力等后遗症。

(5)少数病犬出现皮肤症状，于体温升高的初期或病程末期，腹下、股内侧等皮肤薄、毛稀少的部位出现米粒至豆粒大小的丘疹，初为水疱样，后因细菌感染而发展为脓性，最后干涸脱落。有少数病犬的足垫先肿胀，后过度角化、增生，形成硬脚掌病。

(6)本病的病程及预后与动物的品种、年龄、免疫水平及所感染病毒的数量、毒力、继发感染的类型等有关。无并发症的病犬，通常很少死亡。并发肺炎和脑炎的病犬，死亡率高达70%～80%。未发生过犬瘟热的地区发生犬瘟热时，动物的易感性极高，死亡率可达90%，甚至90%以上。有些毒株仅使犬表现呼吸道症状或消化道症状，有些毒株则使多数感染犬呈现神经症状。3～6月龄的纯种仔犬发病率与死亡率明显高于其他犬。

(六)病理变化

(1)病理变化很不一致，随病程长短、临床病型和继发感染的种类与程度而不同。早期尚未继发细菌感染的病犬，仅见胸腺萎缩与胶样浸润，脾、扁桃体等组织脏器中的淋巴组织减少，一旦全身感染减轻，各器官的淋巴组织又呈进行性增生。疾病的早期，肺可见严重的局部充血、水肿及支气管炎或细支气管炎，病程延长，肺发生实变。发生细菌继发感染，可见化脓性鼻炎、结膜炎、化脓性肺炎。消化道则可见卡他性乃至出血性胃肠炎，肝肿大有出血点，胆囊充盈，胆汁墨绿。死于神经症状的病犬，眼观仅见脑膜充血，脑室扩张及脑脊液增多等非特异性脑炎变化。

(2)显微镜检查:在肺泡和细支气管内充有巨噬细胞与炎性渗出物，在支气管、细支气管及巨噬细胞内可见有包涵体;死于神经症状的病犬，可见脱髓鞘、胶质细胞增生，以及胶质细胞和神经元的核内有包涵体，偶尔也见包浆包涵体。所谓的“老龄犬脑炎”有广泛的血管周围单核细胞聚集，与人类由麻疹病毒引起的亚急性硬化性全脑炎十分相似。

四、实训操作方法和步骤

(一)犬瘟热的诊断

根据流行病学资料和临床症状，可以做出初步诊断。确诊须通过病原学与血清学检查。

1.病毒分离

(1)样品采集和处理:

①活犬可采集泪液、鼻液、唾液、粪便，病死犬可采集肝、脾、肺等组织器官。

②上述样品用无血清 DMEM 制成 20%组织悬液，10 000 r/min 离心 20 min，取上清液，经 0.45 μm 微孔滤膜过滤，滤液用于 CDV 分离。

(2)操作方法：

①细胞培养。用含 8%新生牛血清的 DMEM 培养基在细胞培养瓶(中号瓶)培养 Vero 细胞，置 37℃二氧化碳培养箱，单层细胞长至 80%～90%时，接种样品上清。

②病料接种。取 0.1 mL 处理好的样品上清接种 Vero 细胞，置 37℃二氧化碳培养箱吸附 1 h，加入无血清 DMEM 继续培养 5～7 d，观察结果。

(3)结果判定：若几种未出现细胞病变，应将细胞培养物冻融后盲传三代，如仍无细胞病变，则判为 CDV 病原分离阴性。若 Vero 细胞培养 4～5 d 出现细胞病变(如细胞变圆、胞质内颗粒变性和空泡形成，随后形成合胞体，并在胞质中出现包涵体)，可用免疫酶检测、免疫组织化学检测和 RT-PCR 三种方法之一进行确诊。

2.免疫酶检测

(1)操作方法：

①将 CDV 标准株和待鉴定的样品分别接种 Vero 细胞，接种后 5～7 d，病变达 50%～75%时，用胰蛋白酶消化分散感染细胞，PBS 液洗涤 3 次后，稀释至 1×10^5 个/mL 细胞。取有 40 个小孔的室玻片，每孔滴加 10 μL。室温自然干燥后，冷丙酮(4℃)固定 10 min。密封包装，置－20℃备用。

②取出室玻片，室温干燥后，每份 10 倍稀释的 CDV 阳性血清和阴性血清，每份血清滴加到两个病毒细胞孔和一个正常细胞孔，置湿盒内，置恒温水浴箱 37℃孵育 30 min。

③PBS 漂洗 3 次，每次 5 min，室温干燥。

④滴加 1∶100 稀释的酶结合物，置湿盒内，用恒温水浴箱 37℃孵育 30 min。

⑤PBS 漂洗 3 次，每次 5 min。

⑥将室玻片放入底物溶液中，室温下显色 5～10 min。PBS 漂洗 2 次，再用蒸馏水漂洗 1 次。

⑦吹干后，在普通光学显微镜下观察，判定结果。

(2)结果判定：

①若 CDV 阴性血清与正常细胞和病毒感染细胞反应均无色，且 CDV 阳性血清与正常细胞反应无色，与 CDV 标准毒株感染细胞反应呈棕黄色或棕褐色，则判定阴、阳性对照成立。

②在符合上述结果的条件下，待鉴定病毒感染细胞与 CDV 阳性血清和阴性血清反应均称无色，判为 CDV 阴性，相应动物犬瘟热感染阴性。

③在符合上述结果的条件下，待鉴定病毒感染细胞与阴性血清反应呈无色，而与 CDV 阳性血清反应呈棕黄色或棕褐色，判为 CDV 阳性，相应动物犬瘟热感染阳性。

3.免疫组织化学检测

(1)样品处理：对疑似 CD 的病死犬或扑杀犬，立即采集肺、脾、胸腺、淋巴结和脑等组织，置冰瓶内立即送检。不能立即送检者，将组织块切成 1 cm×1 cm 左右大小，置体积分数为 10%的福尔马林溶液中固定，保存，送检。

(2)操作方法：

①新鲜组织按常规方法制备冰冻切片。冰冻切片机切片风干后用丙酮固定 10～15 min，新鲜组织或固定组织按常规方法制备石蜡切片(切片应用白胶或铬矾明胶做黏合剂，以防脱)。

②去内源酶：用过氧化氢甲醇溶液或盐酸酒精溶液37℃作用20 min。

③胰蛋白酶消化：室温下，用胰蛋白酶溶液消化处理2 min，以便充分暴露抗原。

④漂洗：PBS漂洗3次，每次5 min。

⑤封闭：滴加体积分数为5%的新生牛血清或1∶10稀释的正常马血清，37℃湿盒中孵育30 min。

⑥加10倍稀释的CDV阳性血清或阴性血清，37℃湿盒中孵育1 h或37℃湿盒中孵育30 min后4℃过夜。

⑦漂洗：PBS漂洗3次，每次5 min。

⑧加1∶100稀释的酶结合物，37℃湿盒孵育1 h。

⑨漂洗：PBS漂洗3次，每次5 min。

⑩底物显色：新鲜配制的底物溶液显色5～10 min后漂洗。

⑪从90%乙醇开始脱水、透明、封片、普通光学显微镜观察。

⑫试验同时设阳性、阴性血清对照。

(3)结果判定：

①被检组织与阴性血清作用后应无着染，若出现黄色或棕褐色着染，判定阴性对照不成立，应重复试验。

②在符合上述结果的条件下，被检组织与CDV阳性血清作用后本底清晰，细胞质内呈现黄色或棕褐色着染，判为CDV阳性，相应动物犬瘟热感染阳性。

4.RT-PCR检测

(1)病料的采集及处理：采集的样品包括犬的泪液、鼻液、唾液、粪便及病死犬的肝、脾、肺等组织器官。将待检组织或粪便样品加等体积生理盐水研磨匀浆，3 000 *g* 离心15 min，收集上清液待检。口腔拭子、粪拭子用少量生理盐水浸润后，取上清液待检。经细胞病原分离培养的样品，收集细胞沉淀待检。CDV阳性对照样品和阴性对照样品的同样处理。

(2)总RNA提取：分别取100 μL待检样品、CDV阳性样品和阴性样品的上清液各装入1.5 mL无RNA酶的Eppendorf管，加入1 mLTrizol试剂，用枪头充分吹打20～30次；13 000 *g* 离心15 min；取上层水相；加500 μL异丙醇，颠倒数次混匀，−20℃防止20 min；13 000 *g* 离心10 min；弃上清，沉淀用1 mLDEPC水配制的75%乙醇清洗；8 000 *g* 离心10 min；弃上清，沉淀室温干燥10 min；加20 μLDEPC水溶解RNA沉淀。RNA溶液在2 h内进行反转录合成cDNA模板。另外，RNA提取也可采用市售的商品化RNA提取试剂盒进行。

(3)cDNA模板制备：取17 μL总RNA溶液，加10倍反转录酶浓缩缓冲液2.5 μL、dNTP 1.5 μL、随机引物2 μL、RNA酶抑制剂1 μL、反转录酶1 μL，室温放置10 min后，置PCR仪上经42℃、60 min，70℃、10 min。

(4)PCR检测：在0.2 mLPCR薄壁管中，按每个样品10倍Taq酶浓缩缓冲液2.5 μL、dNTP0.5 μL、Taq酶0.5 μL、cDNA模板2 μL、上游引物和下游引物(CDVF、CDVR)各0.5 μL、三蒸水18.5 μL，配制PCR检测体系。将PCR管置PCR仪上按如下程序扩增：首先94℃变性2 min；在94℃ 30 s，55℃ 30 s，72℃ 40 s进行35个循环；最后72℃ 3 min。用TBE电泳缓冲液配制1.5%的琼脂糖平板(含0.5 μg/mL EB)，将平板放入水平电泳仪，使电泳缓冲液刚好没过胶面，将10 μL PCR产物和2 μL加样缓冲液(6×)混匀后加入样品孔。在电泳时设立 DNA 标准分子量做对照。5 V/cm 电泳约 30 min，当溴酚蓝到达底部时停止，用凝胶成像系统观察结果。

(5)结果判定：

①经 RT-PCR 检测，CDV 阳性对照样品可扩增出大小为 455 bp 的核酸片段，且阴性对照样品无扩增条带，否则试验结果视为无效。

②在符合上述结果的条件下，若待检样品扩增出了大小为 455 bp 的核酸片段，则初步判定 CDV 核酸阳性；若待检样品无扩增条带或扩增条带大小不为 455 bp，则判定 CDV 核酸阴性。

③待检样品扩增出的阳性基因片段应进行核酸序列测定，若其序列与提供的比对序列的同源性≥90%，则可确诊为 CDV 核酸阳性，否则判定 CDV 核酸阴性。

④若 CDV 核酸阳性且病原分离也呈阳性，则可判定 CDV 病毒感染阳性。

5. 血涂片 直接采血涂片，姬姆萨染色，在红细胞和白细胞（主要是淋巴细胞和嗜中性粒细胞）中可检出同样的包涵体。包涵体嗜酸性染色，大小为 1～2 μm，呈圆形或椭圆形，主要在细胞质中，偶见细胞核中。1 个细胞中有 1～10 个（平均为 2～3 个）包涵体。本法对急性病犬的检出率不如检查病毒抗原高，但包涵体在细胞中的存在时间比病毒抗原长，因此，较适用于病程长的犬的诊断。不过，随着病程延长，检出率降低。

6. 犬瘟热金标快速检测试纸条（CDV-Ag） 目前广泛使用 CDV-Ag 快速检测试纸做诊断，方法是用棉签取眼、鼻、口腔分泌物，放入稀释液中充分搅拌混合，吸取上清液，滴入测试条样品孔中，10 min 后观察结果，呈现 1 条红线者为阴性，2 条红线者为阳性，但此法只适用于排毒高峰病例的检测，病料中病毒含量不足会出现假阴性。

（二）犬瘟热的治疗

1. 本病的特异疗法是大剂量使用 CDV 单克隆抗体、干扰素、抗血清或 γ-球蛋白，抗血清以 2 mL/kg 体重的剂量皮下注射，1 次/d，3 d 为一疗程。抗病毒制剂病毒唑 1～2 mg/kg 体重，静脉注射，1 次/d，7 d 为一疗程。但只是在病毒感染初期尚未侵入细胞内以前，有一定效果；当出现明显临床症状时，则无效。

2. 为控制继发感染，大量使用广谱抗生素。

3. 病程长、有脱水症状的犬，大量补给葡萄糖和电解质混合液，并加入大剂量维生素 B_1 和维生素 C。此外，还可对症选用强心剂、利尿剂、收敛药、止吐药、止咳祛痰药等。

4. 对出现脑神经症状的犬，投与扑癫酮 250～1 000 mg/d，分 3 次口服；或安定 100～200 mg/次，肌肉注射；或口服安宫牛黄丸，对缓解症状有一定效果，但彻底恢复困难。

5. 中药疗法：早期高热不退，在应用其他药物同时，可应用清开灵注射剂或口服中药：板蓝根 20 g、双花、连翘、黄芪、茯苓各 10 g，麦冬、大黄、黄芩、冬花各 8 g，白术、半夏、甘草各 7 g，石膏 40 g，水煎内服，每日一剂，连用 5～6 剂；后期食欲废绝，可用补中益气汤加味：黄芪、白术、陈皮、升麻、柴胡、党参、当归、甘草各 10～15 g，有血便加槐花 10 g、焦地榆 8 克；粪便腥臭加黄连、大黄、黄檗各 8 g；有结膜炎加知母 6 g，水煎服，1 日 1 剂。

五、操作重点提示

本病死亡率和淘汰率较高，预防接种尤为重要。

1. 只有完整的 CDV 才能使犬同时产生细胞免疫与体液免疫，而且只有同时具备这两种免疫力的犬，才能对 CDV 产生完全的免疫。体液免疫主要由中和抗体组成，可以中和细胞外游离的 CDV，已经进入到细胞内的病毒则需依靠细胞免疫来清除。体液免疫可以通过初乳和胎盘被动传递给新生幼犬，使其在一定时间内免遭 CDV 感染，但也可干扰其对疫苗的主动免疫；另外，CDV 能使犬的免疫力受到不同程度的抑制，表现为细胞吞噬功能下降，极易继发感染，因此，在进行 CD 的预防注射时，一定要考虑体内的抗体水平及疫苗导致的暂时性机体抵抗力下降。

2. 影响 CD 弱毒疫苗免疫效果的因素较多，首免日龄非常重要，最理想的办法是根据母犬的血清中和抗体水平与幼犬吃初乳的情况来确定首免日龄。母犬 CD 抗体水平很低或生后因某种原因未吃初乳的幼犬，2 周龄时即可首次免疫接种；防疫条件好的或非疫区可于 8～12 周龄起，每隔 2 周重复免疫 1 次，连续免疫 2～3 次；疫区受 CD 感染威胁的犬，可先注射一定剂量的 CD 高免血清做紧急预防，7～10 d 后再接种疫苗。为防止在母源抗体下降期间感染发病，可于断奶时进行首次免疫；为防止母源抗体对首次免疫的干扰，可适当增加以后的免疫剂量与次数；为防止免疫犬在产生免疫力之前感染发病，注射疫苗期间，严防与病犬或可疑病犬接触。新引进的犬，一定要隔离检查；原有的犬，尤其是种犬和曾经感染过犬瘟热的犬，需定期进行抗体检查和 CDV 带毒检查。CDV 中和抗体在 1∶100 以下的需及时加强免疫，对带毒犬应作淘汰处理。

3. CDV 灭活疫苗目前已经极少应用，因为抗体滴度下降很快，与初乳抗体相似，每 10 d 下降 50%，不论灭活疫苗中是否加入佐剂，抗体持续期都比弱毒疫苗短得多。近几年国内外都已研制出犬瘟热弱毒疫苗，经实际免疫应用，获得了较好的免疫效果。近年来，成犬接种犬瘟热弱毒疫苗时偶有发生接种性脑炎，母犬分娩后 3 d 注射疫苗易使仔犬发生脑炎，要引以为戒。

六、实训总结

CD 是由 CDV 引起的一种传染性极强的病毒性疾病。临床特征为病犬早期表现双相热型、急性鼻卡他，随后以支气管炎、卡他性肺炎、严重的胃肠炎和神经症状为特征。少数病例出现鼻部和脚垫的高度角化。本病多发生于 3～6 月龄幼犬，青年犬也有感染。由于本病危害较严重，因为以预防为主，犬需要定期接种疫苗，以防感染本病。

七、思考题

1. 犬瘟热患犬的病理变化是怎样的？
2. 犬瘟热患犬的症状有哪些？
3. 犬瘟热患犬的诊断方法有哪些？

实训8-2　犬细小病毒感染的诊治技术

一、实训目标和要求

掌握犬细小病毒的临床症状和发病特点；掌握犬细小病毒的诊断和治疗方法。

二、实训设备和材料

1.器材及药品　单克隆抗体、高免血清、干扰素、氨苄西林等抗生素、96孔“V”形微量反应板、1.5 mL Eppendorf管、0.2 mL PCR薄壁管、恒温水浴箱、普通光学显微镜、离心机、PCR扩增仪、水平电泳仪、冷冻切片机、高速台式冷冻离心机、凝胶成像系统。

2.动物　犬。

三、知识背景

(一)病原

CPV属于细小病毒科(*Parvoviridae*)细小病毒属(*Parvovirus*)成员，单链小DNA病毒，为了与犬小病毒相区别而命名为CPV-2。病毒粒子呈圆形，直径20～24 nm，呈二十面体对称，无囊膜，由32个壳粒组成。基因组为单股线状DNA，在DNA两端各有一个发夹样的回纹结构。成熟的病毒粒子含有3种或4种结构多肽。CPV与猫泛白细胞减少症病毒(FPLV)和水貂肠炎病毒(MEV)抗原关系极为密切，核酸酶切图谱分析具有80%的同源性。

CPV对外界理化因素抵抗力非常强。粪便中的病毒可存活数月至数年，4～10℃可存活半年以上。病毒对pH3和乙醚、氯仿、醇类和去氧胆酸盐有抵抗力，但对紫外线、福尔马林、β-丙内酯、次氯酸钠、氨水和氧化剂等消毒剂敏感。

(二)流行病学

CPV主要感染犬，偶尔也可感染貂、狐、狼等其他犬科动物和鼬科动物。各种年龄、性别和品种的犬均易感，但纯种犬易感性较高，2～4月龄幼犬易感性最强，病死率也最高。本病一年四季均可发生，以冬、春季多发。饲养管理条件骤变、长途运输、寒冷、拥挤等均可促使本病发生。

病犬为主要传染源。人工感染后3～4 d即可通过粪便向外界排毒，此时病毒呈单个散在，传染性也最强；后期由于肠黏膜分泌的IgA和随出血进入肠道中的血液IgM特异性抗体的增多，病毒被凝集在一起，感染性降低。康复犬仍可长期通过粪便排毒。健康犬主要通过饮水等经消化道感染病毒。因此，对病犬污染的饲具、用具、运输工具和饲养人员等进行严格消毒是防止本病传播的主要措施。

(三)症状

CPV自然感染的潜伏期为7～14 d。多数呈现肠炎综合征,少数呈现心肌炎综合征。肠炎综合征的病犬,经1～2 d的厌食、软便,间或体温升高之后,迅速发展成为频繁呕吐和剧烈腹泻,排出恶臭的酱油样或番茄汁样血便,并迅速出现眼球下陷、皮肤失去弹性等脱水症状,很快出现耳鼻发凉、末梢循环障碍、精神高度沉郁等休克状态。血液检查可见红细胞压积增加,白细胞减少,常在3～4 d内昏迷而死。

呈心肌炎综合征的病犬,常突发无先兆的心力衰竭,或在肠炎康复之后,突发充血性心力衰竭。表现为呻吟、干咳,黏膜发绀,呼吸极度困难。心内杂音,心跳加快,常在数小时内死亡。

(四)病理变化

尸体眼球下陷、腹部蜷缩,极度消瘦脱水及肛门周围附有血样稀便。肠炎综合征型:小肠中段和后段肠腔扩张,浆膜血管明显充血,肠管外观紫红,肠内容物呈酱油样或果酱样;有些动物,整个小肠表现充血和明显出血;肠系膜淋巴结肿胀充血;胸腺萎缩、水肿,肝、脾仅见淤血变化。心肌炎综合征型:肺局部充血、出血及水肿;心肌红黄相间,虎斑状,有时有灶状出血。

(五)组织学检查

肠炎综合征型的最突出变化是小肠隐窝上皮坏死脱落,肠绒毛明显萎缩,肠腺消失,残存的腺体扩张,并含有坏死的细胞碎屑;肠管固有层充血、出血和炎性细胞浸润。淋巴组织严重坏死,上皮细胞中有时可发现包涵体。胸腺间质水肿,皮质细胞减少,胸腺小体发生玻璃样变。心肌炎综合征型的组织学特征则为心肌纤维的弥漫性淋巴细胞浸润,间质水肿与局限性心肌变性,呈典型的非化脓性心肌炎变化,在病变的心肌细胞中有时可发现包涵体和CPV粒子。

四、实训操作方法和步骤

(一)犬细小病毒病的诊断

在犬场中,离乳不久的仔犬几乎同时发生呕吐、腹泻、脱水等肠炎综合征,而且排出的稀粪恶臭带血,死亡率很高,就应怀疑为CPV感染。但由于肠炎型犬瘟热、犬冠状病毒、轮状病毒感染,以及某些细菌、寄生虫感染和急性胰腺炎,也常呈现肠炎综合征,所以诊断时一定要注意鉴别。

1.血凝试验(HA)的操作方法

(1)样品采集活犬的泪液、鼻液、唾液、粪便,病死犬的肝、脾、肺等组织器官。将待检组织或粪便样品加等体积生理盐水研磨匀浆,3 000 *g* 离心15 min,收集上清液待检;口腔拭子、粪拭子用少量生理盐水浸润后,取上清液待检。

(2)在96孔"V"形微量反应板上进行,自左至右各孔加100 μL生理盐水。

(3)于左侧第1孔加50 μL待检样品于1.5 mL Eppendorf管,混合均匀后,吸50 μL至第2孔,混合均匀后,吸50 μL至第3孔,依次倍比稀释,至第11孔,吸弃50 μL,稀释后病毒稀释度为第1孔1∶2,第2孔1∶4,第3孔1∶8……最后12孔为对照。

(4)由左至右依次向各孔加1%猪红细胞悬液50 μL置微型混合器上振荡,使血细胞与病毒充分混合,在 37℃温箱中作用 15～30 min 后,待对照红细胞已沉淀可观察结果。

(5)判定结果:以 100%凝集(血球呈颗粒性伞状凝集沉于孔底)的病毒最大稀释孔为该病毒血凝价,即一个凝集单位,不凝集者红细胞沉于孔底呈点状。

2.血凝抑制试验(HI)的操作方法

(1)根据 HA 试验结果,确定病毒的血凝价,配成 4 个血凝单位病毒溶液。

(2)在 96 孔"V"形微量板上进行,用固定病毒稀释血清法,自第 1 孔至第 10 孔各加 50 μL 生理盐水,11 和 12 孔分别为 4 单位 CPV 细胞病毒培养液和抗犬细小病毒阳性血清对照。

(3)第 1 孔加犬细小病毒阳性血清 50 μL,混合均匀、吸 50 μL 至第 2 孔,依此倍比稀释至第 10 孔,吸弃 50 μL,如此稀释后血清浓度为第 1 孔 1∶2,第 2 孔 1∶4,第 3 孔 1∶8……

(4)由第 1 孔至 11 孔各加 50 μL 4 单位待测病毒液,第 12 孔 50 μL 血清,混合均匀,置 37℃温箱再作用 15～30 min,待 4 单位病毒已凝集红细胞可观察结果。

(5)判定结果:被已知犬细小病毒阳性血清抑制血凝者,该病毒为犬细小病毒。

3.PCR 检测

(1)病料的采集及处理:采集的样品包括犬的泪液、鼻液、唾液、粪便及病死犬的肝、脾、肺等组织器官。将待检组织或粪便样品加等体积生理盐水研磨匀浆,3 000 *g* 离心 15 min,收集上清液待检。口腔拭子、粪拭子用少量生理盐水浸润后,取上清液待检。经细胞病原分离培养的样品、收集细胞沉淀待检。CPV 阳性对照样品和阴性对照样品进行同样处理。

(2)DNA 抽提:取上清液 465 μL,加入 25 μL10%十二烷基硫酸钠和 10 μL 的 20 mg/mL 蛋白酶 K,50℃水浴摇床上放置 2 h;加入等量的饱和酚溶液 500 μL,振荡混匀 20 s,12 000 *g* 离心 5 min,取上清液加入等量的酚∶三氧甲烷∶异戊醇(25∶24∶1),振荡混匀 20 s,12 000 *g* 离心 5 min,取上清液;再加入等量的三氯甲烷∶异戊醇(24∶1),振荡混匀 20 s,12 000 *g* 离心 5 min,取上清液;最后加入两倍体积的无水乙醇,上下颠倒混匀,12 000 *g* 离心 10 min,弃上清,室温干燥后,加入 50 μL 双蒸水溶解沉淀,即得 DNA 模板,－20℃贮存备用。CPV 阳性对照样品和阴性对照样品与待检样品同步进行样品处理,并进行 DNA 抽提。另外,DNA 抽提也可采用市售的商品化 DNA 抽提试剂盒进行。

(3)PCR 检测:在 0.2 mL PCR 薄壁管中,按每个样品 10 倍 Taq 酶浓缩缓冲液 2.5 μL、dNTP 0.5 μL、Taq 酶 0.5 μL、DNA 模板 2 μL、上游引物和下游引物(CPVF、CPVR)各 0.5 μL、三蒸水 18.5 μL,配制 PCR 检测体系。将 PCR 管置 PCR 仪上按如下程序扩增:首先 94℃变性 2 min;再 94℃ 30 s,55℃ 30 s,72℃ 40 s 进行 35 个循环;最后 72℃ 3 min。用 TBE 电泳缓冲液配制 1.5%的琼脂糖平板(含 0.5 μg/mL EB),将平板放入水平电泳仪,使电泳缓冲液刚好没过胶面,将 10 μL PCR 产物和 2 μL 加样缓冲液(6×),混匀后加入样品孔。在电泳时设立 DNA 标准分子量作对照。5 V/cm 电泳约 30 min,当溴酚蓝到达底部时停止,用凝胶成像系统观察结果。

(4)结果判定:

①经 PCR 检测,CPV 阳性对照样品可扩增出大小为 609 bp 的核酸片段,且阴性对照样品无扩增条带,否则试验结果视为无效。

②在符合上述的条件下,若待检样品扩增出了大小为 609 bp 的核酸片段,则初步判定犬细小病毒核酸阳性;若待检样品无扩增条带或扩增条带大小不为 609 bp,则判定犬细小病毒

核酸阴性。

③待检样品扩增出的阳性基因片段应进行核酸序列测定，若其序列与提供的比对序列的同源性大于等于 90%，则可确诊为犬细小病毒核酸阳性，否则判定犬细小病毒核酸阴性。

④若犬细小病毒核酸阳性且病原分离也呈阳性，到可判定犬细小病毒感染阳性。

4.电镜与免疫电镜观察　直接用粪便的上清液做电镜负染检查。此法尤其适用于后期病毒被凝集成团失去血凝性的 CPV 感染，也可同时发现犬瘟热、犬冠状病毒、轮状病毒等其他病毒感染。如仅发现少量散在的 CPV 样粒子，为区别是 CPV 还是无致病性的非致病性犬微小病毒 MVC，可加 CPV 特异血清感作，进行免疫电镜观察。

5.CPV Ag 快速检测试纸诊断　用棉签取直肠内粪便，于稀释液中充分混匀，吸取上清液，滴入测试条样品孔中，10 min 后观察结果，呈现 1 条红线者为阴性，2 条红线者为阳性。

(二)犬细小病毒病的治疗

(1)CPV 感染的特点是病程短急、恶化迅速，心肌炎综合征型病例常来不及救治即死亡，肠炎综合征型病例若及时合理治疗，可明显降低死亡率。

(2)早期大剂量注射犬细小病毒单克隆抗体或高免血清(每千克体重 0.5～1.0 mL)，同时进行强心、补液、抗菌、抗休克等对症治疗，同时注意保暖、禁食等护理。补液可根据犬的脱水程度与全身状况，决定所需添加的具体成分和静脉滴注量，通常在 5%的糖盐水中加维生素 K_3、止血敏、维生素 C、辅酶 A、ATP、氨苄西林钠等，上、下午各静脉滴注 1 次。呕吐者禁食禁饮，肌肉注射爱茂尔或胃复安。肠音亢进者使用抗胆碱药。补液盐($NaCl$ 3.5 g，$NaHCO_3$ 2.5 g，KCl 1.5 g，葡萄糖 20 g，加水至 1 000 mL)深部灌肠，可纠正酸中毒、电解质紊乱和脱水。痊愈初期停喂牛奶、鸡蛋、肉类等高脂肪高蛋白食物，有利于减轻胃肠负担，加速康复过程。

(3)当犬出现肠麻痹时可用温水加活性炭制成悬液进行高压灌肠，或灌服小儿口服补液盐，以彻底清除肠内容物。同时可配合应用中药内服，如“葛根芩连汤加味”(葛根、黄芩、黄连、白头翁、山药、地榆、甘草)；白头翁汤加味(白头翁、黄连、黄檗、双花、白芍、枳壳、茵陈、甘草)。

五、操作重点提示

(1)除加强饲养管理外，主要通过定期注射疫苗来预防本病。目前国内已有犬细小病毒疫苗生产。通常采用如下的免疫程序：幼犬于 6～8 周龄、10～11 周龄、13～14 周龄时进行 3 次免疫，妊娠母犬产前 20 d 免疫 1 次，成年犬每年接种 3 次疫苗。

(2)从疫区引进犬时，要进行隔离观察，如犬群出现流行苗头时，应尽快诊断，及早采取果断隔离、消毒措施，并对犬群易感犬采取血清及药物预防。消毒可用 4%福尔马林溶液或 2%次氯酸钠。

(3)犬舍注意保暖、通风，本病发生后，除应加强一般性防疫措施外，更应做到及时隔离病犬，对犬舍及饲养用具，可用 2%～4%火碱、10%～20%漂白粉或 5%～6%亚氯酸钠反复多次消毒，以防扩大传播。

六、实训总结

犬细小病毒病是由犬细小病毒引起的一种急性传染病。临床上以出血性肠炎或非化脓性心肌炎为特征，多发于3～6月龄幼犬。犬感染CPV发病急，死亡率高，常呈暴发性流行。本病一年四季均可发生，但以冬春季多发。纯种犬比杂种犬和土种犬易感性高。且本病无特效疗法，因此控制CPV感染的根本措施是免疫接种。

七、思考题

1. 犬细小病毒病患犬的病理变化是怎样的？
2. 犬细小病毒病患犬的症状有哪些？
3. 犬细小病毒病患犬的诊断方法是什么？

实训 8-3　犬病毒性肝炎的诊治技术

一、实训目标和要求

掌握犬病毒性肝炎的临床症状和发病特点;掌握犬病毒性肝炎的诊断和治疗方法。

二、实训设备和材料

1.器材及药品　单克隆抗体、高免血清、干扰素、氨苄西林等抗生素、细胞培养瓶、恒温水浴箱、普通光学显微镜、离心机、水平电泳仪、冰冻切片机。

2.动物　犬。

三、知识背景

犬病毒性肝炎,又叫犬传染性肝炎(infectious canine hepatitis,ICH)是由犬Ⅰ型腺病毒(canine adenovirus type-1, CAV-1)引起的急性病毒性传染病,以肝小叶中心坏死、肝实质细胞和上皮细胞出现核内包涵体、出血时间延长和肝炎为特征。CAV-1 可引起狐的脑炎,因此犬传染性肝炎又称狐狸脑炎。

(一)病原

CAV-1 属于腺病毒科(Adenoviridae)哺乳动物腺病毒属(*Mastadenorivus*)。病毒粒子呈圆形,无囊膜,直径 70～80 nm,为二十面体对称,有纤突,纤突顶端有一个直径 4 nm 的球形物,具有吸附细胞和凝集红细胞的作用。基因组为双股线状 DNA,长约 31 kb。根据 DNA 上各基因转录时间的先后顺序不同,区分为 E1 ～E4 和 L1 ～L5 等基因区段,分别编码病毒的早期转录蛋白和结构蛋白。

CAV-1 易在犬肾和犬睾丸细胞内增殖,但也可在猪、豚鼠和水貂等的肺和肾细胞中不同程度的增殖。感染细胞出现肿胀变圆,聚集成葡萄串样,并能使单层细胞产生蚀斑。形成的核内包涵体,最初为嗜酸性,随后变为嗜碱性。CAV-1 感染的细胞不产生干扰素,病毒的增殖也不受干扰素的影响。病毒在细胞内连续传代后易于降低其对犬的致病性。已经感染犬瘟热病毒的细胞,仍可感染和增殖犬腺病毒。CAV-1 可凝集人 O 型和豚鼠的红细胞(但 CAV-2 不能凝集豚鼠的红细胞,利用这一特性,可将 2 型犬腺病毒鉴别开来),对鸡红细胞的凝集性很差,不能凝集犬、小鼠、兔、绵羊、马和牛的红细胞。

CAV-1 的抵抗力较强,对温度和干燥有很强的耐受力。50℃ 150 min 或 60℃ 3～5 min 才能将其杀死。在室温和 4℃条件下,可分别存活 90 d 和 270 d。对乙醚、氯仿和 pH 3.0 具有抵抗力。甲醛、碘仿和氢氧化钠可用于杀灭 CAV-1。

(二)流行病学

CAV-1 感染遍布世界各地,不仅可感染家养的犬、狐,而且广泛流行于野生的狐、熊、狼、郊狼和浣熊等野生动物。

本病一年四季均有发生，各种性别、年龄和品种的犬、狐均易感，但以断乳至1岁的动物发病率和死亡率最高，如与犬瘟热混合感染，死亡率则更高。

本病的传播途径主要经消化道传染。病犬和带毒犬通过眼泪、唾液、粪、尿等分泌物和排泄物排出病毒，污染周围环境、饲料和用具等，犬通过舔食、呼吸而感染。人工接种如点眼，皮下、肌肉、静脉注射，口服和气雾等均可引起发病。康复后带毒的动物是本病最危险的传染源，尿中排毒可达6～9个月。

（三）临诊症状

各种年龄的犬都可感染，但最常发生于小犬。潜伏期较短，自然情况下，该病经口和咽感染，6～9 d发病。病毒首先在扁桃体进行初步增殖，接着很快进入血流，引起体温升高等病毒血症，然后定位于特别嗜好的肝细胞和肾、脑、眼等全身小血管内皮细胞，引起急性实质性肝炎、间质性肾炎、非化脓性脑炎和眼色素层炎等症状。临床上分最急性、急性和慢性3型。

1. **最急性型** 见于流行的初期，病犬无临床症状而突然死亡。

2. **急性型** 症状类似急性感冒，出现高热稽留、畏寒、不食，渴欲增强，眼鼻流水样液体；精神高度沉郁，可视黏膜黄疸，巩膜黄疸，蜷缩一隅，时有呻吟，剑突处有压痛，胸腹下有时可见有皮下炎性水肿；也可出现呕吐和腹泻，吐出带血的胃液和排出果酱样的血便；血液检查可见白细胞减少和血凝时间延长，通常在2～3 d内死亡，死亡率达25%～40%；恢复期的病犬，约有1/4出现单眼或双眼的一过性角膜浑浊，其角膜常在1～2 d内被淡蓝色角膜翳覆盖，2～3 d后可不治自愈，逐渐消退，即所谓“蓝眼”病变。

3. **慢性型** 见于流行后期，病犬仅见轻度发热，食欲时好时坏，便秘与下痢交替。此类病犬死亡率较低，但生长发育缓慢，有可能成为长期排毒的传染来源。

（四）病理变化

病理变化差异较大，主要的病理变化涉及病毒对肝和血管内皮的损害。最急性型和急性型病例，齿龈黏膜苍白，有时有点状出血，扁桃体水肿出血。最突出的变化是肝肿胀、质脆，切面外翻，肝小叶明显；特征变化是胆囊壁水肿明显，有时有出血点。腹腔中常有血性液体或全血，含纤维蛋白，遇空气极易凝固。肝或肠管表面有纤维蛋白沉着，并常与膈肌、腹膜粘连。肠系膜淋巴结明显水肿、出血，肠内容物常混有血液。

组织学检查，呈广泛性肝细胞坏死和出血，肝细胞内有大的核内包涵体；局灶性间质性肾炎时，肾小球或肾小管的上皮内也可见到包涵体。电镜超薄切片检查，可见肝细胞内呈晶格状排列的CAV-1及其前体。眼色素层炎时，可在色素层的沉淀物里找到由CAV-1抗原抗体形成的免疫复合物。

四、实训操作方法和步骤

（一）犬传染性肝炎的诊断

1.病毒的分离与鉴定

(1)制备样品：CAV-1存在于病犬扁桃体、肝、脾等组织器官中。无菌采集这些器官，用无血清的DMEM制成20%组织悬液，3 000 r/min离心30 min。取上清10 000 r/min离心20 min，取上清。

(2)细胞培养：用含8%新生牛血清的DMEM培养基，在37℃培养MDCK细胞。每3～4 d传代一次，细胞长成单层时，用于CAV-1分离。

(3)病料接种：将0.1 mL处理好的组织悬液接种MDCK细胞，37℃吸附1 h，加入无血清DMEM继续培养3～5 d，观察结果。

(4)结果观察：CAV-1感染MDCK细胞3～5 d表现为细胞增大变圆、变亮，折光性增强、聚集成葡萄串状。若第一次接种未出现细胞病变，应将细胞培养物冻融后盲传3代，如仍无细胞病变，则判为CAV-1检测阴性。

(5)CAV-1的鉴定：将出现细胞病变的细胞培养物，用1%人O型红细胞进行血凝试验，血凝试验阳性者，再用CAV-1单克隆抗体进行血凝抑制试验，鉴定毒株。

2.酶联免疫吸附试验(ELISA)

(1)样品采集：采集被检犬血液，分离血清。血清应新鲜、透明、不溶血、无污染，密装于灭菌小瓶内，－4℃或－30℃保存或立即送检。试验前将被检血清统一编号，并用样品稀释液做1∶160倍稀释。

(2)操作方法：

①试验设阴性对照、阳性对照各两孔和空白对照一孔。

②在微孔反应板孔中加入1∶160稀释的待检血清、阴性对照血清、阳性对照血清各100 μL，充分混匀后，置37℃作用20 min。

③弃去各孔中液体、甩干。每孔加满洗涤液漂洗3次，每次2 min，甩干。

④每孔加入酶结合物100 μL，置37℃作用20 min。

⑤弃去各孔中液体、甩干。每孔加满洗涤液漂洗3次，每次2 min，甩干。

⑥每孔加入底物100 μL，置37℃作用20 min。

⑦每孔加入终止液50 μL，置酶标仪于450 nm波长测定各孔吸光度(OD)值。

(3)结果判定：

①阳性对照血清OD值≥0.8；阴性对照血清OD值≤0.1，试验成立。

②若阴性对照OD均值－空白对照OD值小于0.03，按0.03计算。

③临界值的计算；临界值＝0.17＋(阴性血清对照孔OD均值－空白对照孔OD值)。

④待检样本的OD值－空白对照OD值所得的差≥临界值，即判为CAV-1抗体具有保护效价；小于临界值，即判为CAV-1抗体未达到保护效价。

3.免疫酶组织化学法

(1)样品采集：对疑似ICH的病死犬或扑杀犬，立即采集肝、扁桃体等组织数小块，置冰瓶内立即送检。不能立即送检者，将组织块切成1 cm×1 cm左右大小，置体积分数为10%的福尔马林溶液中固定，保存，送检。

(2)操作方法：

①新鲜组织按常规方法制备冰冻切片。冰冻切片风干后用丙酮固定10～15 min；新鲜组织或固定组织按照常规方法制备石蜡切片，常规脱蜡至PBS(切片应用白胶或铬矾明胶作黏合剂，以防脱片)。

②去内源酶：用过氧化氢甲醇溶液或盐酸酒精溶液37℃作用20 min。

③胰蛋白酶消化:室温下,用胰蛋白酶溶液消化处理 2 min,以便充分暴露抗原。

④漂洗:PBS 漂洗 3 次,每次 5 min。

⑤封闭:滴加体积分数为 5%的新生牛血清或 1∶10 稀释的正常马血清,37℃湿盒中作用 30 min。

⑥加适当稀释的标准阳性血清或标准阴性血清,37℃湿盒中作用 1 h 或 37℃湿盒中作用 30 min 后 4℃过夜。

⑦漂洗:PBS 漂洗 3 次,每次 5 min。

⑧加适当稀释的酶结合物,37℃湿盒中作用 1 h。

⑨漂洗:PBS 漂洗 3 次,每次 5 min。

⑩底物显色:新鲜配制的底物溶液显色 5～10 min 后,用 PBS 漂洗 2 次,去离子水漂洗 1 次。

⑪衬染:苏木素或甲基绿衬染细胞核或细胞质。

⑫从 90%乙醇开始脱水、透明、封片,普通光学显微镜观察。

⑬试验同时设阳性对照和阴性对照。

(3)结果判定:阳性和阴性对照片本底清晰,背景无非特异着染,阳性对照组织细胞胞浆呈黄色至棕褐色着染,试验成立;被检组织细胞胞浆、偶见胞核呈黄色至棕褐色着染,即可判为 CAV-1 抗原阳性。

(二)犬传染性肝炎的治疗

本病无特效药物。此病毒对肝的损害作用在发病 1 周后减退,因此,主要采取对症治疗和加强饲养管理。

1. 病初大量注射抗犬传染性肝炎病毒的高效价血清,可有效地缓解临床症状。但对特急性型病例无效。

2. 补液保肝可用 50%葡萄糖溶液 20～50 mL,复方氯化钠溶液 50～100 mL,维生素 C 500 mg,三磷酸腺苷二钠 100 mg,维生素 B_1 300 mg,静脉输注,并口服肝泰乐片,连用 3～5 d。

3. 对贫血严重的犬,可输全血,间隔 48 h 以 17 mL/kg 体重的量,连续输血 3 次。为防止继发感染,投与广谱抗生素,以静脉滴注为宜。

4. 对过敏性角膜炎,可使用阿托品消除疼痛,防止日光照射。出现角膜浑浊,一般认为是对病原的变态反应,多可自然恢复。若病变发展使前眼房出血时,用 3%～5%碘制剂(碘化钾、碘化钠)、水杨酸制剂和钙制剂以 3∶3∶1 的比例混合静脉注射,每天 1 次,每次 5～10 mL,3～7 d 为 1 个疗程。或肌肉注射水杨酸钠,并用抗生素点眼液。注意防止紫外线刺激,不能使用糖皮质激素。

5. 对于表现肝炎症状的犬,可按急性肝炎进行治疗。

6. 中药可试用柴胡 6 g、大黄 6 g、黄芩 4 g、虎杖 4 g、郁金 3 g、乌梅 4 g、白芍 4 g、丹参4 g、赤芍 6 g、枳壳 3 g、制半夏 3 g,水煎口服,1 次/d,连用 3 d 或内服茵陈蒿汤。

五、操作重点提示

1. 犬传染肝炎是由犬传染性肝炎病毒引起的急性败血性传染病。以肝小叶中心坏死、肝实质细胞核内出现包涵体及出血时间延长为特征。本病诊断时,根据突然发病和出血时间延长，一般是犬传染性肝炎的暗示。发热和明显的鞍形体温曲线、白细胞减少及肝性血清活性升高，基本可以诊断。

2. 犬瘟热，感染初期的症状与本病极相似，但犬瘟热呈双相热，且无肝细胞损害的临床病理变化；钩端螺旋体病，有肾损害的尿沉渣及尿素氮的变化，无白细胞减少和肝功能变化；丙酮苄羟香豆素中毒，症状与本病非常相似，但无白细胞减少和体温升高。

六、实训总结

1. CAV-1 的患犬最急性病例，患犬在呕吐、腹痛和腹泻等症状出现后数小时内死亡。急性型病例，患犬体温呈马鞍型升高，精神沉郁，食欲废绝，渴欲增加，呕吐，腹泻，粪中带血。亚急性病例，特征性症状是患犬角膜一过性浑浊，即“蓝眼病”，有的出现溃疡。慢性病例多发于老疫区或疫病流行后期，患犬多不死亡，可以自愈。

2. CAV-1 的患犬主要表现败血症变化。在实质器官、浆膜、黏膜上可见大小、数量不等的出血斑点。肝肿大，呈斑驳状，表面有纤维素附着。胆囊壁水肿增厚，灰白色，半透明，胆囊浆膜被覆纤维素性渗出物，胆囊的变化具有一定的诊断意义。

3. 国内外最早使用病死犬肝制备的脏器灭活苗，现在广泛使用 CAV-1 细胞培养弱毒苗。由于该病常与犬瘟热等病毒性疾病并发，所以实际工作中，常将其与犬瘟热、副流感、细小病毒性肠炎等弱毒疫苗联合使用，应用结果表明无免疫干扰现象。

4. CAV 感染症的一个重要特点是康复犬长期带毒达 6～9 个月，成为本病的重要传染来源，一些犬场、狐场长期存在本病的原因就在于此。为彻底控制本病，必须坚持免疫与检疫相结合，在加强免疫的同时，重视对新引进动物和原有康复动物的检疫。

七、思考题

1. 犬传染性肝炎患犬的病理变化有哪些？

2. 犬传染性肝炎患犬的症状有哪些？

3. 犬传染性肝炎患犬的诊断方法是什么？

实训 8-4　兔病毒性出血热的诊治技术

一、实训目标和要求

掌握兔病毒性出血热的临床症状和发病特点；掌握兔病毒性出血热的诊断和治疗方法。

二、实训设备和材料

1.器材及药品　单克隆抗体、高免血清、干扰素、氨苄西林等抗生素、细胞培养瓶、恒温水浴箱、普通光学显微镜、离心机、微量振荡器、冰冻切片机。

2.动物　兔。

三、知识背景

兔病毒性出血热(rabbit viral hemorrhagic disease; RHD)，俗称“兔瘟”是由兔病毒性出血症病毒引起的兔的一种急性、高度接触性传染病，以呼吸系统出血、肝坏死、实质脏器水肿、淤血及出血性变化为特征。

(一)病原

兔病毒性出血热是由嵌杯病毒科的兔出血症病毒(rabbit hemorrhagic disease virus, RHDV)引起的严重威胁养兔业的病毒性疫病。RHDV 病毒粒子呈球形，直径 25～35 nm。有核衣壳，无囊膜。

RHDV 基因组为单股正链 RNA，仅含两个 ORF，ORF1 的长度约占整个基因组全长的 94%，编码一个多聚蛋白。该多聚蛋白在蛋白酶解过程中被病毒编码的蛋白酶进一步酶解加工释放，可产生 1 个主要结构蛋白 VP60 和多种非结构蛋白。VP60 在诱导抗病毒感染的免疫反应中起重要作用，是病毒免疫保护性抗原。RHDV 至今未找到合适的稳定的传代细胞，所以现仍然采用本动物兔来增殖病毒制备疫苗。病毒能凝集人红细胞。RHDV 只有一个血清型。RHDV 免疫原性很强，无论是自然感染耐过量，还是接种疫苗的免疫兔，均可产生坚强的免疫力。新生仔兔可从胎盘和母乳中获得母源抗体，抗体水平与母体几乎相同。

(二)流行病学

本病初次发生时常呈暴发性流行，发病率可达 100%，病死率可达 90%以上，成为危害养兔业的严重传染病。本病自然条件下只发生于兔，不同品种、不同性别的兔都可感染发病，其中以长毛兔最为易感，2 月龄以上兔的易感染性最高，2 月龄以内兔的易感染性较低，哺乳期的仔兔一般不发病死亡。本病的传染源是病兔和带毒兔，可通过分泌物和排泄物排毒。感染康复兔可带毒和从粪中排毒 1 个月以上。本病的传播方式可以通过病兔或其分泌物和排泄物与易感兔直接接触传染，也可通过被污染的饮水、饲料、毛剪等用具、沾染病毒的人员等间接接触传播。本病在老疫区多呈地方流行性，一年四季都可发生，在天气突然改变、气候潮湿寒冷时更易发。

(三)症状

自然感染的潜伏期 2～3 d,人工感染的潜伏期 38～72 h。按照临诊症状可分最急性、急性和慢性三个型,其中最急性和急性多数发生于青年兔和成年兔。

1.**最急性型**　部分感染兔突然发病,没有明显症状,迅速死亡,一些正在采食的兔突然抽搐而死。部分病例体温升高到 41℃,持续 6～8 h 死亡。最急性型病例多发生在易感兔群传入此病的初期。

2.**急性型**　感染兔体温升高到 41℃以上,食欲不振,饮欲增加,精神委顿,死前出现挣扎、咬笼架等兴奋症状,随着病程发展,出现全身颤抖,身体侧卧,四肢乱蹬,惨叫而死。病兔死前肛门常松弛,流出附有淡黄色黏液的粪球,肛门周围的兔毛也被这种淡黄色黏液污染。部分病死兔鼻孔中流出泡沫状血液。病程 1～2 d。急性型病例多发生在兔群流行此病的中期。

3.**慢性型**　感染兔体温升高到 41℃左右,精神委顿,食欲不振,被毛凌乱,迅速消瘦,最后衰弱而死。部分病兔耐过后生长缓慢,发育受阻。慢性型病例多发生在老疫区或兔群流行此病的后期。

(四)病理变化

1.剖检可见特征病变主要包括:①气管和支气管内有泡沫状血液,鼻腔、喉头和气管黏膜淤血和出血;肺严重充血、出血,切开肺时流出大量红色泡沫状液体。②肝淤血、肿大、质脆,表面呈淡黄或灰白色条纹,切面粗糙,流出多量暗红色血液。

2.其他剖检病变,可见胆囊胀大,充满稀薄胆汁。部分病例脾充血增大 2～3 倍。肾皮质部有针尖大小出血点。部分病例心内外膜有少量出血点。胸腺水肿,有少量出血点。胃肠充满内容物,胃的部分区域黏膜脱落,小肠黏膜充血、出血。肠系膜淋巴结肿大。妊娠母兔子宫充血、出血。

四、实训操作方法和步骤

(一)兔病毒性出血热的诊断

本病在临诊上与兔巴氏杆菌病引起的出血具有相类似的症状,因此根据流行病学、临诊症状和病理变化往往只能获得初步诊断结论,确诊需要结合实验室检查结果进行综合分析。

1.**血凝和血凝抑制试验**　在一定条件下,RHDV 能凝集人 O 型红细胞,产生可见的凝集反应,根据这一特异性检测兔肝组织中有无 RHDV 抗原。取病死兔肝,制成 1∶10 悬液,离心后取上清液,并用红细胞做血凝试验和血凝抑制试验。如果血凝试验阳性且能够被抗兔病毒性出血症阳性血清抑制,即可确诊。HA 滴度小于等于 1∶16 判为阴性,对阳性(HA 滴度大于 1∶16)检测结果,选用同一种方法重试,如仍为阳性则判为阳性。

2.**琼脂扩散试验**　取病死兔肝制成 10%悬液,离心沉淀后的上清液作为抗原,与阳性血清进行琼脂扩散试验,可做出诊断。该法具有简便、特异等优点,适合基层使用,但敏感性稍低。

3. RT-PCR

(1)引物设计：根据 RHDV FDR 株序列针对 VP60 基因区段设计引物。

(2)RNA 提取：

①在生物安全柜内，取 RHDV 感染的兔肝组织 50～100 mg，置于灭菌玻璃研磨器中，加 1 mL 灭菌 PBS(pH 7.4)充分研磨。

②将肝组织匀浆转移至 1.5 mL 离心管中，加入 1 mL Trizol Reagent，混匀，室温放置 10 min。

③加 0.2 mL 三氯甲烷，充分混匀 10 s，室温放置 10 min，4℃ 12 000 r/min 离心 15 min。

④取上清，加等体积异丙醇，室温 20 min，4℃12 000 r/min 离心 15 min。

⑤弃上清，沉淀以 1 mL 75%乙醇(现用现配)洗涤后，室温干燥至 RNA 呈透明膜状。

⑥加 40 μL DEPC-H_2O 溶解 RNA(沉淀)，紫外分光光度仪测定所提 RNA，立即急性反转录(RT)或－70℃保存。

(3)反转录(RT)：

①RT 反应体系为 25 μL，依此加入如下成分：5 μL 5×AMV RT buffer，5 μL dNTP mixture(2.5 mmol/L each)，1 μL 随机引物(500 μg/mL)，0.5 μL RNase inhibitor(40 U/μL)，12.5 μL RNA 模板，1 μL AMV RTase(10 U/μL)。

②反转录反应条件为：37℃ 90 min，95℃ 5 min，所得 cDNA 可用作 PCR 反应模板。

③每次进行 RT 时均设标准阳性、阴性及空白对照。

(4)RT-PCR：

①PCR 反应体系为 50 μL，一次加入如下成分：5 μL 10×PCR buffer，2 μL $MgCl_2$ (25 mmol/L)，2 μL dNTP mixture，1 μL 正向引物 P1(50 pmol/L)，1 μL 反向引物 P2 (50 pmol/L)，2 μL cDNA，0.5 μL Taq DNA polymerase(5 U/μL)，36.5 μL ddH_2O。

②PCR 反应参数为：95℃预变性 5 min；94℃ 1 min，59℃ 1 min，72℃ 1 min，共 30 次循环；最后一次循环后 72℃再延伸 10 min。

③每次进行 RT-PCR 时均设标准阳性、阴性及空白对照。

(5)琼脂糖凝胶电泳：

①配制 2%琼脂糖凝胶(含 0.5 μg/mL 溴化乙啶)。

②取 PCR 扩增产物 8 μL，分别与 2 μL 的 6×载样缓冲液混匀，加到凝胶孔格中。

③电泳缓冲液为 1×TAE 缓冲液，电泳条件为 100 V 恒压电泳 30～60 min，紫外透射仪下观察结果。

(6)RHDV 基因的克隆、鉴定及序列测定：

①RHDV RT-PCR 和 RT-nested PCR 产物经 2%琼脂糖凝胶电泳后，用洁净锋利的手术刀切下目的条带，用 Wizard PCR Preps DNA Purification System 回收纯化，取 1 μL 电泳检测。

②10 μL 的连接反应体系中一次加入下列成分：5 μL 2×rapid ligation buffer，pGEM-T easy vector 1 μL，回收纯化的 PCR 目的片段 3 μL，1 μL T4 DNA ligase，连接反应条件为：室温 1 h，4℃12 h。

③取 5 μL 连接产物转化 *E. coli* DH 5α 感受态细胞，然后将转化的菌液均匀涂布于含氨苄青霉素(100 μg/mL)的 LB 平板上，37℃培养过夜。挑取光滑、圆整的白色菌落，接种于含

氨苄青霉素(100 μg/mL)的 LB 液体培养基,37℃ 200 r/min 摇振培养 6 h,然后用胶粒小量提取试剂盒制备质粒 DNA 供限制性酶切分析,并进行 PCR 鉴定。

④将筛选到的阳性克隆分别送检测单位,以 T7 和 SP6 通用引物,用 ABI 测序仪进行序列测定,测序结果经计算机软件分析与 GenBank 中相关序列进行同源性比较。

(7)结果判定:每个样本均进行两侧试验检测,以标准 Marker 及阳性对照为基准,在 368 bp 处见到电泳条带并测序结果正确者为阳性。

(二)兔病毒性出血热的治疗

目前尚无有效治疗兔病毒性出血病的化学药物。兔群一旦发病,应该立即进行封锁、隔离、彻底消毒等措施。对兔群中没有临诊症状的兔实行紧急接种疫苗。临诊症状较轻的病兔注射高免血清进行治疗,成年兔 3～4 mL,仔兔及青年兔 2～3 mL,具有较好疗效。临诊症状危重的病兔可扑杀,尸体深埋。病、死兔污染的环境和用具等进行彻底消毒。

免疫预防兔场除了平时坚持定期消毒和切实有效执行兽医卫生防疫措施外,疫苗免疫是预防兔病毒性出血病的关键措施。目前使用得较多的疫苗是兔病毒性出血症灭活苗或兔病毒性出血症-兔巴氏杆菌病二联灭活苗,一般 20 日龄首免,2 月龄加强免疫一次,以后每 6 个月免疫一次。

五、操作重点提示

1. 兔病毒性出血热尚无有效治疗药物,但在病初用高免血清治疗,剂量成年兔 3～4 mL,仔兔及青年兔 2～3 mL,疗效较好。

2. 本病重在预防。平时坚持自繁自养,认真执行兽医卫生防疫措施,定期消毒,禁止外人进入兔场,更不准兔及兔毛商贩进兔舍购兔、剪毛。新引进的兔需要隔离饲养观察至少 2 周,无病时方可入群饲养。

3. 目前,有效的预防措施是定期预防注射脏器组织灭活苗。一年免疫二次,剂量 1 mL。注射后 4 d 即能产生高滴度的内源性干扰素,而阻止病毒复制;注射后 7～10 d 产生免疫力,幼兔 20 日龄开始初免。

4. 未防疫接种的兔群发生疫情时,立即封锁疫点,暂时停止种兔调剂,关闭兔及兔产品交易市场。疫群中未病兔紧急接种疫苗,轻病兔注射高免血清,扑杀重病兔,尸体和病死兔深埋。病、死兔污染的环境和用具等彻底消毒。

5. 在非疫区发现疫点时,可考虑采取全群扑杀、销毁病兔和可疑病兔尸体,无害处理未病兔胴体及其内脏和彻底消毒兔舍内外环境等综合性防治措施消灭本病。

六、实训总结

1. 兔病毒性出血症俗称“兔瘟”,或称兔出血症,是由兔病毒性出血症病毒引起的兔的一种急性、高度接触性传染病。特征为呼吸系统出血,肝坏死,实质脏器水肿、淤血及出血性变化。

2. 病毒可凝集人的 O 型红细胞,凝集特性较稳定,HI、AGP、ELISA 和中和试验证实,世界范围内的 RHDV 为同一血清型。病毒在肝、脾、肾及血液含量最高。RHDV 可在乳鼠体内生长繁殖。引起规律性死亡,且可回归兔发病死亡。

3. 本病在新疫区多呈暴发性流行。成年兔、肥壮兔和良种兔发病率和病死率都高达

90%～95%，甚至100%。历时仅8～10 d，一般疫区的平均病死率78%～85%。本病一年四季均可发生，但北方以冬、春寒冷季节多发。

4.本病的潜伏期为2～3 d。

最急性型：多发生在流行初期，突然发病，迅速死亡，几乎无明显症状，一般在感染后10～12 h，体温升高至41℃，稽留经6～8 h而死。

急性型：多在流行中期发生。①体温升高至41℃以上。②食欲减退，渴欲增加。③精神委顿，皮毛无光泽，迅速消瘦。④死前有短期兴奋，挣扎，狂奔，咬笼架，继而前肢俯伏，后肢支起，全身颤抖，倒向一侧，四肢划动，惨叫几声而死。⑤少数病死兔鼻中流出泡沫样血液。病程1～2 d。

慢性型：多见于老疫区或流行后期。病兔体温升高到41℃左右，精神委顿，食欲不振，被毛杂乱无光泽，最后消瘦、衰弱而死。耐过病兔生长迟缓，发育较差，粪便排毒至少1个月之久。

5.在疫区根据流行病学特点、典型的临诊症状和病理变化，一般可以做出诊断。在新疫区确诊可进行病原学检查和血清学试验。

6.发病时的措施：紧急接种、隔离、消毒，轻病兔注射高免血清，剂量成年兔3～4 mL，仔兔及青年兔2～3 mL，疗效较好。重病兔扑杀，尸体和病死兔深埋。病死兔污染的环境和用具等彻底消毒。

七、思考题

1.兔病毒性出血热的病理变化有哪些？

2.兔病毒性出血热的症状有哪些？

3.兔病毒性出血热的诊断方法是什么？

参考文献

[1] 陈溥言.兽医传染病学.6版[M].北京:中国农业出版社,2016.
[2] 陆承平.兽医微生物学.5版[M].北京:中国农业出版社,2013.
[3] 王洪斌.兽医外科学.5版[M].北京:中国农业出版社,2014.
[4] 王建华.兽医内科学.4版.[M].北京:中国农业出版社,2015.
[5] 陈杖榴.兽医药理学.3版[M].北京:中国农业出版社,2012.
[6] 黄国清.邬向东,张学栋.动物疾病防治[M].北京:中国农业大学出版社,2017.
[7] 王书林.兽医临床诊断学.3版[M].北京:中国农业出版社,2014.
[8] 王权东.兽医临床诊断学.2版[M].北京:中国农业出版社,2010.
[9] 林德贵.兽医外科手术学.5版[M].北京:中国农业出版社,2012.
[10] 侯加法.小动物疾病学.2版[M].北京:中国农业出版社,2015.
[11] 赵德明,张仲秋等主译.猪病学.10版[M].北京:中国农业大学出版社,2014.
[12] 苏敬良,高福,索勋译.禽病学.11版[M].北京:中国农业出版社,2005.
[13] 刘金华,甘孟侯.中国禽病学.2版[M].北京:中国农业出版社,2016.
[14] 羊建平,张君胜.动物病原体检测技术[M].北京:中国农业大学出版社,2013.